国家出版基金项目
NATIONAL PUBLICATION FOUNDATION

国家出版基金项目
"十三五"国家重点出版物出版规划项目

先进复合材料丛书

高性能纤维与织物

中国复合材料学会组织编写
丛书主编 杜善义
丛书副主编 俞建勇 方岱宁 叶金蕊
编　　著 俞建勇 赵　谦 祖　群 胡方田 等

中国铁道出版社有限公司
CHINA RAILWAY PUBLISHING HOUSE CO., LTD.

内 容 简 介

"先进复合材料丛书"由中国复合材料学会组织编写，并入选国家出版基金项目。丛书共 12 册，围绕我国培育和发展战略性新兴产业的总体规划和目标，促进我国复合材料研发和应用的发展与相互转化，按最新研究进展评述、国内外研究及应用对比分析、未来研究及产业发展方向预测的思路，论述各种先进复合材料。

本书为《高性能纤维与织物》分册，全书共 20 章，其中第 1 章至第 7 章为高性能纤维篇，重点论述特种玻璃纤维、碳纤维、陶瓷纤维、芳纶纤维、UHMWPE 和 PBO 纤维的发展历程、最新制造技术和应用实例等；第 8 章至第 18 章为高性能纤维织物篇，详细论述 10 大类高性能纤维织物的结构、成型原理、制造装备和应用实例等；第 19 章和 20 章为高性能纤维与织物评价技术篇，论述从单根纤维到各类纤维织物的结构与性能或功能的评价方法，为高性能纤维与织物的特性提供评价依据。

本书内容先进，适合从事高性能纤维与织物的科技工作者参考，也可供新材料科研院所、高等院校、新材料产业界、政府相关部门、新材料技术咨询机构等领域的人员参考。

图书在版编目(CIP)数据

高性能纤维与织物 / 中国复合材料学会组织编写；

俞建勇等编著 . ——北京：中国铁道出版社有限公司，

2020.12

(先进复合材料丛书)

ISBN 978-7-113-27728-4

Ⅰ.①高… Ⅱ.①中… ②俞… Ⅲ.①纺织纤维

Ⅳ.①TS102

中国版本图书馆 CIP 数据核字(2021)第 026574 号

书　名：**高性能纤维与织物**
作　者：俞建勇　赵　谦　祖　群　胡方田　等

策　划：初　祎　李小军
责任编辑：亢丽君　　　　　编辑部电话：(010)51873205　　　电子信箱：1728656740@qq.com
封面设计：高博越
责任校对：焦桂荣
责任印制：樊启鹏

出版发行：中国铁道出版社有限公司 (100054，北京市西城区右安门西街 8 号)
网　　址：http://www.tdpress.com
印　　刷：中煤 (北京) 印务有限公司
版　　次：2020 年 12 月第 1 版　2020 年 12 月第 1 次印刷
开　　本：787 mm×1 092 mm　1/16　印张：24.25　字数：524 千
书　　号：ISBN 978-7-113-27728-4
定　　价：158.00 元

序

新材料作为工业发展的基石，引领了人类社会各个时代的发展。先进复合材料具有高比性能、可根据需求进行设计等一系列优点，是新材料的重要成员。当今，对复合材料的需求越来越迫切，复合材料的作用越来越强，应用越来越广，用量越来越大。先进复合材料从主要在航空航天领域应用的"贵族性材料"，发展到交通、海洋工程与船舰、能源、建筑及生命健康等领域广泛应用的"平民性材料"，是我国战略性新兴产业——新材料的重要组成部分。

为深入贯彻习近平总书记系列重要讲话精神，落实"十三五"国家重点出版物出版规划项目，不断提升我国复合材料行业总体实力和核心竞争力，增强我国科技实力，中国复合材料学会组织专家编写了"先进复合材料丛书"。丛书共12册，包括：《高性能纤维与织物》《高性能热固性树脂》《先进复合材料结构制造工艺与装备技术》《复合材料结构设计》《复合材料回收再利用》《聚合物基复合材料》《金属基复合材料》《陶瓷基复合材料》《土木工程纤维增强复合材料》《生物医用复合材料》《功能纳米复合材料》《智能复合材料》。本套丛书入选"十三五"国家重点出版物出版规划项目，并入选2020年度国家出版基金项目。

复合材料在需求中不断发展。新的需求对复合材料的新型原材料、新工艺、新设计、新结构带来发展机遇。复合材料作为承载结构应用的先进基础材料、极端环境应用的关键材料和多功能及智能化的前沿材料，更高比性能、更强综合优势以及结构/功能及智能化是其发展方向。"先进复合材料丛书"主要从当代国内外复合材料研发应用发展态势，论述复合材料在提高国家科研水平和创新力中的作用，论述复合材料科学与技术、国内外发展趋势，预测复合材料在"产学研"协同创新中的发展前景，力争在基础研究与应用需求之间建立技术发展路径，抢占科技发展制高点。丛书突出"新"字和"方向预测"等特色，对广大企业和科研、教育等复合材料研发与应用者有重要的参考与指导作用。

本丛书不当之处，恳请批评指正。

杜善义

2020 年 10 月

前　言

"先进复合材料丛书"由中国复合材料学会组织编写，并入选国家出版基金项目和"十三五"国家重点出版物出版规划项目。丛书共 12 册，围绕我国培育和发展战略性新兴产业的总体规划和目标，促进我国复合材料研发和应用的发展与相互转化，按最新研究进展评述、国内外研究及应用对比分析、未来研究及产业发展方向预测的思路，论述各种先进复合材料。本丛书力图传播我国"产学研"最新成果，在先进复合材料的基础研究与应用需求之间建立技术发展路径，对复合材料研究和应用发展方向做出指导。丛书体现了技术前沿性、应用性、战略指导性。

材料是人类经济社会建设的重要基石，如今众多新型材料不断登上工业领域的大舞台，其中高性能纤维以其优异的力学性能、环境稳定性等特性尤为引人瞩目，已成为高科技产业的重要支撑材料，并在国民经济和国防建设中扮演着战略物资的重要角色。

高性能纤维增强的先进复合材料具有突出的结构-功能-制造可设计性，使高端装备轻量化成为现实。其自身性价优势随经济和科技发展不断增强，带动了高性能纤维增强先进复合材料向更平价化的工业与民用领域不断拓展，已涵盖包括基础设施、交通工具、体育休闲、劳动防护等装备和器材在内的广大领域。为此，国务院《"十三五"国家科技创新规划》（国发〔2016〕43 号）明确指出大力发展先进结构材料技术、高性能纤维及其复合材料的技术与应用，推动相关领域的快速发展。

相较于传统材料，高性能纤维仅经历了几十年的发展历程，但需求增长有力带动了该材料的快速发展，材料品种推陈出新，材料性能不断提升，呈现出百花齐放的态势。20 世纪 50 至 60 年代，美国、日本、英国等国家相继开发了高强玻璃纤维、碳纤维和芳纶等具有更高力学性能的人造纤维，20 世纪 70 年代开发了超高分子量聚乙烯（UHMWPE）等有机聚合物纤维以及耐高温无机氧化或非氧化物的陶瓷纤维生产技术，20 世纪 80 年代开发了具有良好力学和耐热性的聚对亚苯基苯并二噁唑（PBO）纤维，并于 20 世纪 90 年代实现了工业化生产。我国高性能纤维研发起步较晚，在国外专利布局缜密、核心技术高度成熟却秘而不宣的环境下，国内高校、科研院所和企业始终坚持自主研发，不断加深对高性能纤维分子结构、纤维成形机理及微观缺陷控制机制等认知，同时加大产业技术开发力度，实现了高性能纤维从无到有、从弱到强的转变。规模化高效织造、纤维复合材料加工及界面性能的有效调控促进了国产高性能纤维与织物的成功应用，部分产品的性能达到或超过对标产品，成功走出了一条自主创新、持续攻坚的高性能纤维国产化道路。

近年来，全球高性能纤维生产规模不断扩大，其低成本化、多功能化、耐极端环境等特性不断提升，纤维及织物的智能化和制造的高效与绿色等技术也在快速推进。同时，高性能纤维织物的设计、加工及应用评价等技术也得到快速发展。高性能纤维织物结构及其成型工艺常与通用产业织物不同，除保留传统的一维纤维纱线和两维平面织物外，为更好发挥高性能纤维结构增强特性，纤维的长度、束纱宽度、纤维在三维空间不同取向等定制化设计与性能评估已成为高性能纤维织物研究与开发重点。

本书以先进复合材料用纤维及其织物为对象，系统总结了高性能纤维与织物研究与应用进展，结合南京玻璃纤维研究设计院、东华大学等单位在高性能纤维和立体织物方面的最新研究成果，论述高性能纤维与织物在设计、研发、制造和应用评价等方面的最新研发成果和应用实践。本书共20章，其中第1章至第7章为高性能纤维篇，重点论述特种玻璃纤维、碳纤维、陶瓷纤维、芳纶纤维、UHMWPE和PBO纤维的发展历程、最新制造技术和应用实例等；第8章至第18章为高性能纤维织物篇，详细论述10大类高性能纤维织物的结构、成型原理、制造装备和应用实例等；第19章和20章为高性能纤维与织物评价技术篇，论述从单根纤维到各类纤维织物的结构与性能或功能的评价方法，为本书所述的高性能纤维与织物的特性提供评价依据。本书适合从事高性能纤维与织物及其先进复合材料的设计、生产制造、测试评价和工程化应用等科技工作者参考。

本书编著人员如下：

第1章：俞建勇、赵谦、祖群、张清华、张吉、冯启航、胡方田；

第2章：祖群、张焱、宋伟、黄三喜、赵谦；

第3章：祖群、徐隽骁、冯启航、邢丹丹、刘海宽、马全胜、张月义；

第4章：祖群、邢丹丹、常华巧、李小欢、唐亦囡、徐隽骁、兰琳；

第5章：常华巧、娄红莉、刘海宽；

第6章：冯启航、李小欢；

第7章：冯启航；

第 8 章：俞建勇、赵谦、胡方田、覃小红、冯启航、梁一博、张方超；

第 9 章：胡方田、周家邦、张吉、瞿书涯；

第 10 章：周家邦、徐隽骁、傅雪磊、瞿书涯、李丹丹、邢丹丹；

第 11 章：王群、梁一博、刘海宽、王芳芳、王浩；

第 12 章：程海霞、王浩、刘延友；

第 13 章：李小欢、潘梁、朱梦蝶、李丹丹、张立泉、赵谦；

第 14 章：张艳红、王芸铖、赵大娟、周正亮；

第 15 章：刘海宽、张吉、王浩；

第 16 章：唐亦囡、邢丹丹、瞿书涯、傅雪磊、赵谦；

第 17 章：张方超、王芳芳、邢丹丹、程海霞、潘梁、王浩、徐钦冉、乔志炜；

第 18 章：王群、梁一博、徐隽骁、邢丹丹、傅雪磊；

第 19 章：方允伟、李勇、徐琪、兰琳、陈美瑜、祁晨曦、瞿晓吉、孙闪闪、高超、王涛、赵吉敏、王小丽、戴永杰、张辉、陈永健；

第 20 章：黄英、赵谦、陈利、娄红莉、方允伟、郝郑涛、赵洪宝、张梅、汤丹芬、杨春玉

最后由俞建勇、赵谦、祖群、胡方田对全书进行统稿和定稿。

本书编著过程中得到东华大学张清华教授和覃小红教授、天津工业大学陈利教授、厦门大学兰琳高级工程师、威海光威复合材料股份有限公司首席科学家李书乡等专家学者的大力支持；南京玻璃纤维研究设计院和东华大学组织专业团队制定本书各章节提纲，朱建勋、于守富、陈尚等行业专家提出了宝贵的修改意见和建议。在此，特向所有对本书支持和帮助的专家、学者和领导致以衷心的感谢！

限于现有水平和有限的资料，不尽完善之处，恳请广大读者、同行批评指正。

中国工程院院士

东华大学教授

2020 年 8 月

目　　录

第1章 高性能纤维概论

21世纪三大支柱高新技术——新材料技术、信息技术以及生物技术是全球高度关注、发展最快、竞争最为激烈的高新技术领域。高性能纤维也被称为第三代合成纤维,是一类重要的新材料,已成为关乎国计民生、科技进步和国家利益的战略资源,在高新技术和工业生产等领域起着不可替代的作用,体现一个国家综合实力与创新能力[1]。作为先进复合材料的增强体,碳纤维等高性能纤维也是先进复合材料发展的重要基础和前提。

第二次世界大战以后,美国为了确保其全球领导地位,特别是科技领域,不断加大对高新技术的投入,其中就有高性能纤维领域。20世纪60年代末,研究者发现了溶致液晶现象,进而开发出Kevlar纤维和Twaron纤维,经过十年的发展,终于实现了这些纤维的产业应用。20世纪70年代中期,出现了芳杂环纤维,其中具有代表性的是聚对亚苯基苯并二噁唑(PBO)纤维,日本东洋纺(Toyobo)公司完成PBO纤维的产业化。20世纪70年代末,荷兰帝斯曼(DSM)公司通过不断改进工艺,并在世界多个地方投资设厂,实现了超高分子量聚乙烯(UHMWPE)纤维的产业化。21世纪以来,日本碳纤维产业不断壮大,从而确立了高性能纤维领域世界领先地位[2]。

目前,世界高性能纤维领域已经形成了日、美、欧盟三足鼎立的格局,这些国家在高性能纤维市场已经具有较为稳定的产品及市场占有率[3]。

高性能纤维产业的竞争格局主要是由一国企业的竞争能力决定的。美国在芳纶纤维领域的竞争地位是因为有杜邦(DuPont)等企业的支撑,日本在碳纤维领域的竞争优势是因为有东丽、东邦及三菱丽阳等碳纤维生产企业,欧盟在超高分子量聚乙烯纤维领域的优势地位主要是由荷兰DSM来奠定的。

根据相关机构统计,2019年全球超高分子聚乙烯纤维产能相对较低,为6.5万t;芳纶纤维产能为12.3万t;碳纤维产能为15.5万t,是三种主要高性能纤维产能最高的一类。

随着下游应用领域的不断扩展及高性能纤维产品性能与稳定性的不断改善,近几年来,全球高性能纤维市场需求规模呈加速扩张趋势。据统计,2011年全球高性能纤维产品的市场规模为52.4亿美元,2016年达到117.5亿美元,复合增长率达到17.5%。

近年来我国不断加大对高性能纤维产业的支持力度,高性能纤维产业整体上从无到有地建立起来。特别是改革开放以来,我国在高性能纤维领域有了长足的进步,实现一些高性能纤维的产业化,打破了长期的垄断。但是,由于高性能纤维产业的技术门槛高,全球竞争激烈,从竞争生态上来说,我国属于该行业的新进入者,因此整体上竞争力较弱[4]。现阶段虽然国内高性能纤维产品的产能已初具规模,但是在产品的稳定性和核心技术专利的拥有上仍显不足,依然处于追赶者的地位。

1.1 高性能纤维的范围、分类及基本特性

1.1.1 高性能纤维的范围

高性能纤维是指具有特殊结构、性能和用途的纤维。在化学纤维领域,按照力学性能划分,一般指比强度大于 17.6 cN/dtex,比模量在 440 cN/dtex 以上,具有高比强度、高比模量的纤维,例如碳纤维、对位芳纶纤维、超高分子量聚乙烯纤维等。除此之外,随着科技的进步,现今通常把具有耐环境、耐辐射等特殊功能的纤维,也称为高性能纤维,如陶瓷纤维、高强玻璃纤维等无机纤维。由于高性能纤维具有比普通纤维更加优异的性能,高性能纤维也被称为第三代合成纤维[5]。

1.1.2 高性能纤维的分类

根据高性能纤维的化学属性,可将其分为无机高性能纤维和有机高性能纤维两大类。

无机高性能纤维主要特点是耐腐蚀、耐高温、力学性能好。无机高性能纤维主要包括碳纤维、特种玻璃纤维、陶瓷纤维、金属纤维等,此外还有氧化铝纤维、碳化硅纤维等其他无机纤维[6]。

有机高性能纤维是由聚合物通过纺丝工艺制成,或天然纤维经过处理得到。根据分子链可自由旋转的程度将其分为刚性链有机高性能纤维和柔性链有机高性能纤维。其中,刚性链有机高性能纤维的主链中含有芳香环,分子链柔性较差,例如芳纶纤维、聚酰亚胺纤维等;而柔性链有机高性能纤维高分子主链不含芳香环,分子链柔性较好,例如超高分子量聚乙烯醇纤维、超高分子量聚乙烯纤维、超高分子量聚丙烯腈纤维等。

1.1.3 高性能纤维的基本物理性能

相比于有机高性能纤维,无机高性能纤维的力学性能及耐热性普遍较好,但是无机高性能纤维密度普遍较高。部分无机高性能纤维的力学性能见表 1.1。

表 1.1 部分无机高性能纤维的力学性能①

纤维名称	断裂强度/GPa	初始模量/GPa	断裂伸长率/%	密度/(g·cm⁻³)	软化温度/℃
S-高强玻璃纤维	4.89	86.9	5.7	2.46~2.49	约 1 056
T300 碳纤维	3.5	230	1.5	1.76	—
T700 碳纤维	4.9	230	2.1	1.8	—
M60J 碳纤维	3.9	588	0.7	1.93	—
碳化硅纤维	约 3.0	约 200	约 1	约 3.2	约 1 500
钢纤维	2.8	200	1.8	7.81	>620

注:①数据来自相关产品手册。

部分有机高性能纤维的力学性能数据见表 1.2。图 1.1 是几种纤维的应力—应变曲线示意图。

表 1.2 部分有机高性能纤维的力学性能[①]

纤维名称	断裂强度/GPa	初始模量/GPa	断裂伸长率/%	密度/(g·cm⁻³)	极限氧指数/%	软化温度/℃
Kevlar-49,US	2.9	124	2.8	约1.47	29	550
Technora-HM,Japan	3.2	18	4.5	1.39	25	500
Armos,Russia	5.5	140	3.5	1.43~1.45	32	—
Zylon-HM,Japan	5.8	280	2.5	1.56	68	650
Dyneema SK-66,Netherland	3.0	95	3.7	0.97	<28	150(熔融)
耐热型聚酰亚胺纤维	0.7	30	0.15	约1.43	38	576
高强型聚酰亚胺纤维	4.0	150	0.022	1.41	36	550

注:①聚酰亚胺纤维的数据为东华大学自发研制聚酰亚胺纤维的数据,其他数据来自相关产品手册。

图 1.2 是几种典型高性能纤维的比强度和比模量的对比(图中"SG"是材料的密度除以水的密度,是无量纲参数,GPa/SG 单位与 N/tex 单位的数据相同),从中可见有机高性能纤维密度较低这一特性所体现出的优势[7]。

表 1.3 为几种复合材料的力学性能[8]。作用在复合材料上的载荷主要由高性能纤维增强体承担,基体是将高性能纤维结合起来的纽带。相比金属材料,高性能纤维复合材料在比强度和比模量方面均有不同程度的优势,特别是在航空航天领域,应用复合材料可以明显减轻质量。

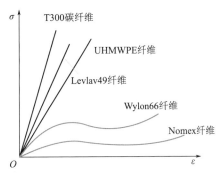

图 1-1 几种纤维的应力—应变示意图

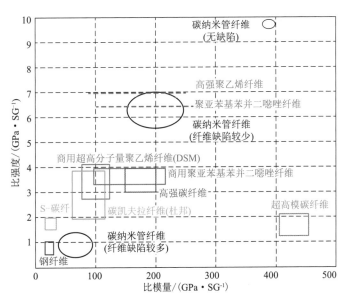

图 1.2 几种高性能纤维的比强度—比模量

表 1.3　典型连续纤维增强复合材料的力学性能

材料	密度 /(g·cm⁻³)	拉伸强度 /MPa	拉伸模量 /GPa	比强度 /[MPa·(g·cm⁻³)⁻¹]	比模量 /[GPa·(g·cm⁻³)⁻¹]
S-高强玻璃/环氧	2.0	1 790	55	895	27.5
高强碳/环氧	1.57	1 520	138	968	87.9
高模碳/环氧	1.60	1 210	221	756	138.0
Kevlar-49/环氧	1.38	1 520	86	1 101	62.3
高强碳/双马	1.61	1 548	135	961	83.9
硼纤维/Al	2.49	1 343	217	539	87.1
SiC 纤维/SiC	2.1	300	100	143	47.6
高强铝合金	2.7	647	72	240	26.7
超高强钢	7.83	1 750	207	223	26.4

1.2　高性能纤维的发展与应用

1.2.1　高性能纤维的发展历程

从早期的秸秆增强黏土到今天广泛使用的高性能纤维增强复合材料,每一次发展都是人类的重大进步。复合材料,特别是先进复合材料具有可设计性好、轻质高强、尺寸稳定性好的优点,因而比传统的金属材料等更适宜用作航空、航天的构件材料[9-11]。可以说,如果没有先进的复合材料,就不可能有现代的航天技术的突破[11]。

另外,复合材料的运用使工业设计的可设计性更好、性价比更高、实用性更好。先进复合材料的性能取决于基体和增强体的性能,另外还包括纤维和基体之间界面的有效性,而界面的有效性又依赖于所用基体性能及纤维的表面性能。从目前复合材料的发展来看,复合材料的应用还受到原材料的成本、制造成本、连接装配成本的影响[11]。

近年来,在高性能纤维中,同时具有高强度和高模量的纤维增长最快[12]。特别是有机高性能纤维中的高强高模纤维,一些类型的高强高模有机高性能纤维每年以两位数的增速迅猛增长。耐高温纤维次之,年均增长率在 5%～10%。其他类型的高性能纤维虽然增速较慢,但也不可或缺。

在各种高性能纤维中,被誉为"三大高性能纤维"的碳纤维、芳纶纤维、超高分子量聚乙烯纤维一直受到各个方面的关注。这些高性能纤维都具有优异的力学性能,同时耐腐蚀、耐环境性能也很好,被广泛应用于国防军工、工业生产、交通运输、运动休闲等多个领域,发挥着各自无可取代的作用。

1.2.2　高性能纤维发展现状

1.国外高性能纤维的生产状况

近年来,一些发达国家实施"再工业化"战略,普遍加大了对高新技术产业的投入。作为高新技术产业重要组成部分的高性能纤维产业，也得到了大量的资金、政策等方面的支持。国际上一些高性能纤维企业不断加强产业重组，同时对下游终端的需求反应更加敏锐，凭借着研发能力，品牌在竞争中处于优势地位。国外一些高性能纤维企业 2015 年部分无机、有机高性能纤维的产能分别见表 1.4 和表 1.5[15,16]。

表 1.4　国外企业 2015 年无机高性能纤维的产能

品种	生产企业(国家)	产能/(t·a^{-1})
丙烯腈基碳纤维	东丽(日)	27 100
	ZOLTEK(日)	17 400
	东邦(日)	13 900
	三菱丽阳(日)	10 200
	SGL(美)	9 000
	Hexcel(美)	7 200
	Cytec(美)	4 000
特种玻璃纤维	AGY(美)	10 000
	日东纺(日)	5 000
	玻璃钢联合体(俄)	5 000
碳化硅纤维	宇部兴产(日)	180
	日本碳素(日)	160

表 1.5　国外企业 2015 年有机高性能纤维的产能

品种	生产企业(国家)	产能/(t·a^{-1})
对位芳纶纤维	杜邦(美)	36 100
	帝人(日)	33 000
超高分子量聚乙烯纤维	DSM(荷)	18 200
	东洋纺(日)	3 200
	霍尼韦尔(美)	3 000

美国杜邦公司的 PRD 研究室先后开发出多种类型的高性能纤维，例如临位芳纶纤维、对位芳纶纤维、聚对亚苯基苯并二噁唑(PBO)纤维、聚丙烯腈基碳纤维、黏胶和沥青基碳纤维、聚苯硫醚(PPS)纤维及其他一系列无机纤维。同时，美国高性能纤维企业还注重先进技术的引进、有关研发与产业化的合作，对已有的纤维品种进行创新或者大规模生产。美国在高性能纤维产业多项举措并进，从 20 世纪 60 年代至今，逐步奠定了其在高性能纤维领域中的领导地位，每年都会产生大量高性能纤维方面的成果。

自 20 世纪 80 年代以来，日本开始重点投资高性能纤维，高性能纤维产业逐渐形成了战后日本的支柱产业之一。日本重视高性能纤维的产业化，同时针对产业化过程中出现的问题，联合多方面的力量进行攻关，从而推出了诸如东洋纺的 PBO 纤维品牌——Zylon® 这样世界闻名的高性能纤维品牌。此外，东洋纺还与荷兰 DSM 公司达成合作协议，利用 DSM 公司的 UHMWPE 进行凝胶纺丝实验，成功后在两个国家设厂生产。

美国对高性能纤维产业一直很重视，美国国家材料顾问委员会在 1992 年指出："支持高性能纤维产业的发展对保持我们的高新技术产品的领先是十分关键的。失去其领先地位会使我们的飞机制造业优势不再，还会进一步削弱包括汽车在内的多个行业的全球竞争力。"日本纤维科学与技术学会在《高性能和特种纤维》前言中提到[17]："许多低成本的人造纤维（如聚酯）的生产中心在过去从包括美国在内的西方国家转移到日本之后，最近已经从日本转移到了中国。这种转变迫使日本纤维企业将其业务战略从大规模生产改为小批量生产高质量、高性能的纤维。目前，许多高性能纤维在日本已实现工业化。"上述论述均表明美日等国家对高性能纤维产业化发展的高度重视。

2. 我国高性能纤维的生产状况

目前，我国高性能纤维发展迅速，在规模化制造、生产和应用技术研究等方面取得了良好进展，但对于某些类型的高性能纤维，还要依赖进口。例如对某些碳纤维的进口依存度约为 70%，对一些特定用途的芳纶纤维的进口依存度超过 90%，对某些超高分子量聚乙烯纤维的进口依存度不低于 40%。这类高性能纤维未来在国产替代方面有很大的空间[16,18-20]。

近年来，日、美等发达国家借助自身在碳纤维、芳纶等高性能纤维的领先地位，在高性能纤维产业领域形成了垄断，并持续对中国实行严格的技术封锁、出口管控和多方限制，严重制约着我国的国防建设和经济发展。

为突破相关技术发展瓶颈、加快产业发展、有效缓解供需矛盾，国家层面特别是在"十一五""十二五""十三五"期间出台了一系列政策，扶持高性能纤维产业发展，为其提供良好的发展环境。"十二五"期间，我国高性能纤维产业无论从纤维种类、产量，还是产品的质量、产品的应用领域，都有了巨大的发展。几种高性能纤维产能见表 1.6[16,21]。高性能纤维和织物在各个领域中还将进一步发展，不断缩小与世界先进水平的差距。

表 1.6　我国几种高性能纤维产能情况表

纤维品种	"十二五"末产能/t	近五年年均增长率
碳纤维	15 000	16.5%
特种玻璃纤维	12 000	20.2%
芳纶纤维	21 500	18.2%
超高分子量聚乙烯纤维	12 100	18.6%
聚苯硫醚纤维	10 500	215.5%
聚酰亚胺纤维	3 000	—
聚四氟乙烯纤维	4 500	—

1.2.3　高性能纤维的产业应用

高性能纤维在国防军工、工业生产以及民用的多个方面应用十分广泛。尤其是在航空、空间探索、海洋工程、信息通信、能源交通等对外形结构、减重、耐腐蚀、耐环境等方面有特殊要求的领域，高性能纤维起着不可缺少的作用[22]。

进入 21 世纪，在技术进步高速化、生产过程标准化、军事装备现代化、民用产品高性能化的大背景下,高性能纤维及其复合材料在越来越多的领域发挥着重要作用[23]。高性能纤维产业化可带动复合材料及其产业链的发展,提高先进复合材料附加值。

特种玻璃纤维在低成本先进复合材料上仍保持较好的优势,如高强玻璃纤维用于直升机旋翼和机身复合材料,低介电玻璃纤维在5G通信用印制线路板上的应用将成为特种玻璃纤维新的增长点。碳纤维首先在宇航工业获得大规模应用,越来越多飞行器的主承力件采用碳纤维立体织物增强复合材料。碳纤维复合材料在体育休闲用品上也广泛应用,如体育器材、防护用品等[24]。在工业生产领域,碳纤维为新能源交通工具提供最佳方案。连续纤维增强基复合材料已经开始在航天航空、国防等领域得到广泛应用。连续陶瓷纤维是陶瓷基复合材料的关键原材料,欧美以及日本等发达国家在陶瓷纤维增强陶瓷基复合材料的增强理论、制备工艺、破坏机理等多个方面进行了大量的研究。2015年2月,GE公司对世界上首个旋转涡轮发动机的复合材料构件进行试验并取得成功,这也为后续连续纤维增强陶瓷基复合材料在涡轮发动机以及燃气轮机上的大规模应用指明了方向[25]。连续氧化铝纤维是目前最大、系列化程度最高的连续陶瓷纤维,已在陶瓷、树脂、金属基等复合材料中作为增强体规模化使用,提高了耐热性材料的机械强度与柔韧性。超轻质热防护复合材料和充气式再入减速器热防护复合材料为未来飞行器热防护系统提供了一条崭新的途径[26,27],这其中用到了多种高性能纤维增强体,如美国NASA高超声速充气气动减速器(HIAD)的柔性热防护系统采用了美国3M公司的Nextel 440陶瓷纤维织物。

美国杜邦公司多种类型的芳纶纤维已成功地用于波音757及767型飞机的机身壳体、内部装饰件及座椅等部件,减重达30%。另外,芳纶纤维被大量用来制造防弹背心和护膝,据报道,美国已有25万以上警察备有各种类型的芳纶纤维防弹服[28]。国内光缆加强用芳纶纤维消耗量在4 000~5 000 t/a,安全防护织物用量为3 000 t/a左右[29]。

超高分子量聚乙烯纤维(UHMWPE)耐冲击性能好,荷兰DSM和日本东洋纺公司联合生产的Dynccma纤维,主要用于防弹衣、防刺衣、防护装甲等方面,在军事、航天、航海工程和高性能轻质复合材料、体育器材、生物材料、劳动防护等领域应用前景巨大[30]。

随着设计和应用研究的人员对高性能纤维认知不断加强,高性能纤维成本的不断降低,高性能纤维应用领域在持续拓展中。

1.3 高性能纤维的发展方向

随着对高性能纤维研究的不断深入,高性能纤维的应用领域不断扩大。国外在开发规模化制造技术的同时,形成了以高性能纤维的性能、功能和智能为核心的竞争力。而我国起步较晚,需要加大对高性能纤维产业投入、政策的扶持力度,从而提高我国在高性能纤维领域的竞争力[31]。高性能纤维在未来的主要发展方向可以概括为以下几个方面:

1.3.1 纤维大丝束化与低成本化

玻璃纤维高温成形,目前普通玻璃纤维拉丝丝束可以达到6 000根(6K),但特种玻璃纤维原丝束仍低于 2 000 根。碳纤维丝束也从 12K 发展到 24K，并向着 50K 发展。不断提升纺丝工艺与装备技术、开发大丝束高性能纤维原丝是实现无机高性能纤维低成本规模化生产的重要途径之一。对于碳纤维来说，在稳定品质的基础上，高效高转化率聚合、预氧化、碳化等技术是降低高性能纤维制造成本的重要环节[31]。

1.3.2　纤维差异化与产业链一体化

作为先进复合材料的增强体，应持续开发满足不同复合材料成型工艺及树脂体系要求、具有不同功能或属性的差异化高性能纤维，面向先进复合材料低成本制造技术，实现"原料—纤维—产品—复合材料"产业链的一体化发展，解决产需衔接不紧密的问题[32,33]。综合运用织造、表面处理、复合材料成型技术等一系列先进技术，开发应用于智能复合材料及增材制造的高性能纤维。在完善差异化高性能纤维产品的同时，还需要提升高端产品制造能力，开发新型特种高性能纤维及其纺织制品，提升我国高性能纤维在国际上的竞争力[34]。

1.3.3　纤维产品标准化与应用评价规范化

高性能纤维涉及多学科领域，可将其制成单向、二维、三维等不同形态的预制体，并进一步开发出智能材料、生物材料和新能源材料等新型材料，或结构功能一体化的新材料[35]。传统无机或化学纤维的产品标准及评价方法已不适用于具有新型结构与功能的高性能纤维，有关高性能纤维应用性能的科学而系统的表征方法或规范还有待进一步完善，研究人员还需进一步破解高性能纤维因难以评价而制约其应用的难题，制定高性能纤维相关的行业标准和国家标准体系迫在眉睫。

参考文献

[1] 杜善义.先进复合材料与航空航天[J].复合材料学报,2007,24(1):12.

[2] 罗益峰.世界高性能纤维竞争格局分析[J].纺织导报,2009(9):42-46.

[3] 罗益锋,罗晰旻.有机高性能纤维的研发方向与建议[J].高科技纤维与应用,2018,43(6):12-21.

[4] 赵耘甲.优化行业结构推广关键工艺[N].中国纺织报,2018-12-26(3).

[5] 刘德驹,顾东雅.抗蠕变海洋用高性能纤维的研究进展[J].科技视界,2015(8):22,188.

[6] 陈尚.高性能纤维及其复合材料公共服务平台建设[A]//复合材料产业链发展研讨会暨江苏省硅酸盐学会玻纤玻钢专委会 2017 年会会议资料[C],2017:19.

[7] KOZIOL K,VILATELA J,MOISALA A,et al. High-performance carbon nanotube fiber[J]. Science, 2007,318(5858):1892-1895.

[8] 矫桂琼,贾普荣.复合材料力学[M].西安:西北工业大学出版社,2008.

[9] KIRKENDALL C. Overview of high performance fiber optic sensing[J]. Journal of Physics,2004,393 (1):197-216.

[10] AFROUGHSABET V,BIOLZI L,OZBAKKZLOGLU T. High-performance fiber-reinforced concrete:a review[J]. Journal of Materials Science,2016,51(14):6517-6551.

[11] 马晓光,刘越.高性能纤维的发展及其在先进复合材料中的应用[J].纤维复合材料,2000(4):14-18.

[12] 罗益锋.全球高新技术纤维的最新进展[J].纺织导报,2016(1):58-66.

［13］ 裘愉发.主要高性能纤维的特性和应用［J］.现代丝绸科学与技术,2010,25(1):17-19,24.

［14］ 李科.国防科技工业涉及哪些金属材料和军工材料［J］.中国军转民,2018(4):47-51.

［15］ GOLNAR M P. New hybrid fabric brings impack resistance and vibration reduction［J］. JEC Composites Magazine,2017(112):14-15.

［16］ 张清华.高性能化学纤维生产及应用［M］.北京:中国纺织出版社,2018.

［17］ The Society of Fiber Science and Technology. High-performance and specialty fibers:concepts,technology and modern applications of man-made fibers for the future［M］. Tokyo:Springer,2016.

［18］ 陈丽瑶.碳纤维制备方法及应用［J］.科学导报,2015(5):213.

［19］ 赵家琪,赵晓明,李锦芳,等.玻璃纤维的应用与发展［J］.成都纺织高等专科学校学报,2015(3):41-46.

［20］ 罗益锋.新形势下高性能纤维与复合材料的主攻方向与新进展［J］.高科技纤维与应用,2019,44(5):1-22.

［21］ 中国化学纤维工业协会,化纤产业技术创新战略联盟.中国化纤行业发展规划研究 2016—2020［M］.北京:中国纺织出版社,2017.

［22］ BUNSELL A R. High-performance fibers［J］. Encyclopedia of Materials Science & Technology,2005(7):1-10.

［23］ SCHNEIDER J. Reinforcing composites-carbon nanotubes break new ground［J］. JEC Composites Magazine,2017(112):64-65.

［24］ 杨玉梅.碳纤维复合材料的实际应用［J］.中国粉体工业,2019(4):32-34.

［25］ 陈代荣,韩伟健,李思维,等.连续陶瓷纤维的制备,结构,性能和应用:研究现状及发展方向［J］.现代技术陶瓷,2018,39(3):151-222.

［26］ 韩杰才,洪长青,张幸红,等.新型轻质热防护复合材料的研究进展［J］.载人航天,2015,21(4):315-321.

［27］ 张友华,陈智铭,陈连忠,等.柔性热防护系统及相关热考核试验［J］.宇航材料工艺,2016,46(1):27-36.

［28］ 熊佳,黄英,王琦洁.高性能纤维的发展和应用［J］.玻璃钢/复合材料,2004(5):49-52.

［29］ 万雷,吴文静,吕佳滨,等.我国对位芳纶产业链发展现状及展望［J］.高科技纤维与应用,2019,44(3):21-26.

［30］ 张宇峰,安树林,贾广霞,等.UHMWPE 纤维的表面改性及其复合材料［J］.纺织科学研究,2005(4):1-4.

［31］ 孙晓婷,郭亚.高性能纤维的性能及应用［J］.成都纺织高等专科学校学报,2017,34(2):216-219.

［32］ 商龚平,马琳.对我国高性能纤维产业发展的思考［J］.新材料产业,2019,302(1):10-12.

［33］ 端小平,郑俊林,王玉萍,等.我国高性能纤维及其应用产业化现状和发展思路［J］.高科技纤维与应用,2012,37(1):8-13.

［34］ 冷劲松.智能复合材料及其应用［A］//中国复合材料学会,中国航空学会,中国宇航学会,中国力学学会.复合材料:创新与可持续发展(上册).北京:中国科学技术出版社,2010:9.

［35］ 毕向军,田小永,张帅,等.连续纤维增强热塑性复合材料 3D 打印的研究进展［J］.工程塑料应用,2019,47(2):138-142.

第 2 章　特种玻璃纤维

　　玻璃纤维与棉纤维相比,拉伸强度是其 7～10 倍,模量是其 6～16 倍;玻璃纤维的密度约为 2.5 g/cm³,比强度约是钢丝的 4 倍,比模量高于铝合金和高合金钢。玻璃纤维制品有纱线、二维织物、三维织物等工业纺织物或无纺织物,纤维制品与树脂复合,制成玻璃纤维复合材料。天然的玻璃纤维来自火山爆发,原来称之为火山须。工业化玻璃纤维生产技术由美国的欧文斯公司于 20 世纪 30 年代初期发明[1,2],最初是玻璃棉的生产技术,随后开发了连续玻璃纤维生产技术[3,4],历经了近 90 年工业发展,玻璃纤维已成为复合材料增强基材的主要原材料,玻璃纤维复合材料占到纤维复合材料总量的 92% 以上。

　　按照纤维玻璃组分与性能不同对玻璃纤维产品进行分类[5,6],主要有 E、A、C、S、R、D、M、AR、E-CR 共 9 种产品代号,见表 2.1[7],其中 E、A、C 三类玻璃纤维用量最大,约占玻璃纤维总量的 90%,耐腐蚀 E-CR 占比约 8%;S、R、D、M、AR 等玻璃纤维称为特种玻璃纤维,其电、力、热、耐腐蚀等性能远优于普通玻璃纤维,不过因其制造难度大,难以采用传统制造工艺和规模进行生产,因此市场占比小,约为 2%,但附加值高,且年增长率是前两者均值的 3 倍以上。

表 2.1　玻璃纤维产品分类

标准代号	玻璃纤维属性	主要纤维制品种类
E	用于一般应用,良好的电气性能	连续纤维纱、织物等
A	高碱含量	短纤维无纺织物
C	耐化学腐蚀	短纤维无纺织物
S、R	高力学性能	连续纤维纱、织物等
D	良好介电性能	连续纤维纱、织物等
M	高弹性模量	连续纤维纱、织物等
AR	耐碱	连续纤维纱、织物等
E-CR	良好的电绝缘及耐化学侵蚀	连续纤维纱、织物等

　　除了玻璃组分不同外,某些玻璃纤维应用性能可通过对纤维截面尺寸与形状特殊设计得以进一步提升,如异形截面玻璃纤维等。在航天航空、5G 通信、新能源等领域对新材料需求的驱动下,玻璃纤维持续创新,新型组分或结构的特种玻璃纤维应用不断拓展,增强的复合材料性能达到玻璃纤维复合材料最高水平。

　　我国玻璃纤维工业起步于 20 世纪 50 年代末,在当时出版了玻璃纤维的专著或译著,至今玻璃纤维研究与制造等相关内容的专著有近百种,21 世纪出版的两种专著《高性能玻璃纤维》[7]和《玻璃纤维和矿物棉全书》[8]对玻璃纤维进行了更为详尽的论述。本章介绍近年来用于复合材料的连续特种玻璃纤维研究与应用,重点是 S、D 和耐辐照等特种玻璃纤维,这类纤维作为高性能纤维家族的主要成员,为先进复合材料的发展发挥了重要作用。

2.1　高强玻璃纤维

高力学性能玻璃纤维是指玻璃纤维同时具有高强度和高模量,为简化通常称为高强玻璃纤维。高强玻璃纤维由美国欧文斯科宁(owens corning,OC)公司于 20 世纪 60 年代初因军事需要而发明,后推出商标名为 S-2 的高强玻璃纤维,目前高强玻璃纤维已是特种功能玻璃纤维中应用最广的一种[9]。特殊设计的玻璃组分决定了高强玻璃纤维优异的综合性能,除具有较高的力学性能外,还具有良好的透波、耐冲击、耐高温、耐腐蚀等性能。商业高强玻璃纤维成分主要为 SiO_2-Al_2O_3-MgO(MAS)或 SiO_2-Al_2O_3-CaO-MgO(MCAS)系统,前者称为 S 玻璃,后者为 R 玻璃。碱土铝硅酸盐高强玻璃的熔制和液相温度高[10],玻璃析晶速率高,纤维拉丝作业温度区间小,玻璃液中气泡因黏度大而难以排除,使拉丝作业困难,且力学离散性大。为提高高强玻璃纤维生产工艺性能,同时保留其优良的力学、耐热、耐腐蚀、透波等综合性能,自 20 世纪 90 年代初期,高强玻璃纤维制造商开展了一系列高强玻璃成分改进工作,以获得更佳的工艺与应用性能。

2.1.1　高强玻璃纤维成分

目前世界上具有高强玻璃纤维规模化生产能力的国家有中国(HS 系列)、美国(S-2)、日本(T)、俄罗斯(BMJI)、法国(R,现归入美国公司)。南京玻璃纤维研究设计院(以下简称南京玻纤院)1968 年开始研究高强 1 号玻璃纤维,20 世纪 70 年代中期高强 2 号玻璃纤维实现工业化生产,20 世纪 90 年代,在高强 2 号(HS2™)基础上进一步提高纤维的模量,研制出高强 4 号(HS4™)玻璃纤维,21 世纪世纪初又研制出更高强度的高强 6 号(HS6™)玻璃纤维。表 2.2 为商业高强玻璃成分与性能[9-12]。

表 2.2　商业高强玻璃成分与性能

性能	S-2 美国 AGY	R 美国 OCV	BMJI 俄罗斯玻璃钢联合体	T 日本日东纺	中国 HS6 南京玻纤院
SiO_2 的质量分数/%	65	58～60	约 60	65	62～64
Al_2O_3 的质量分数/%	25	23.5～25.5	约 25	23	22～25
MgO 的质量分数/%	10	5～6	约 15	11	10～14
CaO 的质量分数/%	0	9～11	—	<0.01	—
其他/%	<0.5	<1.0	<1.0	<0.4	<1.0
新生态单丝强度/MPa	4 500～4 890	4 400	4 500～5 000	4 650	4 600～4 800
拉伸弹性模量/GPa	84.7～86.9	83.8	95	84.3	86～88
断裂伸长/%	5.4	4.8	5.5	4.5	5.3
密度/(g·cm⁻³)	2.49	2.56	2.49	2.56	2.5
膨胀系数/K⁻¹	2.9	4.0	3.3	3.2	3.2
软化点/℃	1 056	986	945	975	1 048

从表 2.2 中可以看到，除法国 R 高强玻璃纤维成分采用 SiO_2-Al_2O_3-CaO-MgO 系（MCAS）的 R 玻璃外，我国和美、日、俄均为 S 玻璃。美国、日本和俄罗斯高强玻璃中 SiO_2、Al_2O_3 和 MgO 质量分数合计在 99％以上，其中 S-2 的形成玻璃骨架结构的 SiO_2 和 Al_2O_3 质量分数合计为 90％，Al_2O_3 和 MgO 的物质的量的比接近，这样的玻璃成分使得其不但具有较高的强度，同时具有较低的膨胀系数和较高的软化点以及良好的热稳定性。

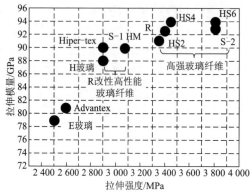

图 2.1　不同商业玻璃纤维浸胶束纱力学性能

图 2.1 是几种商业玻璃纤维浸胶束纱拉伸强度和拉伸模量（测试方法依据《玻璃纤维无捻粗纱 浸胶纱试样的制作和拉伸强度的测定》GB/T 20310—2006），其中 Advantex 属于无硼无氟的 E-CR 类玻璃纤维，H 玻璃、Hiper-tex、S-1HM 等属于 R 改性的高性能玻璃纤维。从图中可以看到，高强玻璃纤维同时具有高强度和高模量。

如前所述，与普通玻璃纤维相同，高强玻璃高温黏度大，玻璃中气泡难以排出，玻璃易析晶，这些因素将导致纤维力学性能的下降，甚至难以拉制连续纤维，为此对 SiO_2-Al_2O_3-MgO 高强玻璃成分的改进工作一直在持续。这里以日东纺（Nitto Boseki）专利为例，介绍高强玻璃纤维成分改进方法。田邨进一等[14]在 MAS 组分中引入少量 CaO 和 B_2O_3。将配合料在 1600℃下熔制 5～15h，与对比样 S-2 玻璃相比，气泡的数量减少了 53％～81％，纤维的新生态强度提高了 5％～10％，纤维成形工艺稳定。表 2.3 为提高玻璃液质量的高强玻璃纤维成分与性能。对于印制电路板或芯片基板低膨胀玻璃纤维、中空丝的限定非常严格[9]。

表 2.3　提高玻璃液质量的高强玻璃纤维成分与性能[14]

性能	S-2	E-1	E-2	E-3	E-4	E-5	权利要求	最佳
SiO_2 的质量分数/％	65.5	65.1	65	64.5	63.1	65.5	62～67	63～66
Al_2O_3 的质量分数/％	25	24.9	24.8	24.6	26	23	22～27	23～26
MgO 的质量分数/％	9.5	9.5	9.4	9.4	9.4	10	7～15	9～10
CaO 的质量分数/％	0	0.5	0.3	0.5	0.5	0.5	0.1～1.1	0.2～1.0
B_2O_3 的质量分数/％	0	0	0.5	1	1	1	0.1～1.1	0.2～1.0
拉丝温度/℃	1 471	1 466	1 462	1 445	1 445	1 460		
液相温度/℃	1 464	1 461	1 449	1 440	1 452	1 445	石英砂、氧化铝、	拉丝温度
5 h 后气泡数/个	1 051	899	495	209	195	301	滑石、硼酸钙配	1 450～1 500 ℃
15 h 后气泡数/个	111	72	22	1	1	5	合料，1 600 ℃	拉丝速度
强度/MPa	476	484	500	530	490	500	熔制 8 h	1 500 m/min
断头数/(次·d^{-1})	10	8	6	0	0	2		

为了进一步减少气泡，提高熔制效率和纤维成形工艺性，田邨进一等[15]在 MAS 玻璃组分中加入了少量过渡金属氧化物，同时取代了 Sb_2O_3 和 As_2O_3 有害澄清剂。表 2.4 为引入过渡金属氧化物玻璃成分与性能。

表 2.4 引入过渡金属氧化物玻璃成分与性能

性能	S-2	E-1	E-2	E-3	E-4	E-5	E-6	E-7	E-8	E-9
SiO_2 的质量分数/%	65	64.8	64.7	64.6	64.6	64.6	64.9	64.8	64.6	64.6
Al_2O_3 的质量分数/%	25	24.9	24.9	24.9	24.9	24.9	25	25	24.9	24.9
MgO 的质量分数/%	10	10	10	9.9	9.9	9.9	10	10	9.9	9.9
过渡金属氧化物及		Fe_2O_3	Fe_2O_3	Fe_2O_3	TiO_2	MnO_2	Co_2O_3	CuO	ZnO	CeO_2
其质量分数/%		0.2	0.4	0.6	0.6	0.6	0.1	0.2	0.6	0.6
拉丝温度/℃	1 471	1 471	1 468	1 468	1 465	1 470	1 471	1 470	1 466	1 472
气泡数/(个·6 h^{-1})	830	201	141	99	230	191	175	150	190	180
气泡/(个·15 h^{-1})	111	5	6	6	7	3	2	0	3	2
强度/MPa	476	485	480	486	471	475	480	463	472	485

为提高高强玻璃纤维成形工艺性能,拓宽纤维成形温度范围。日东纺专利[15,16]以 S-2 玻璃成分为基础,用 TiO_2、ZrO_2、CaO、Na_2O、Fe_2O_3、B_2O_3 等氧化物作为助熔剂,降低析晶上限温度和拉丝温度,减少气泡数量[9],专利成分与性能见表 2.5～表 2.7。在所研究的高强成分范围内,TiO_2、ZrO_2 的引入降低了玻璃析晶温度,使拉丝作业温度加宽,同时具有良好的介电性能。专利指出,该系统玻璃中需引入 Fe_2O_3 和 Na_2O 等氧化物作为助熔剂,Fe_2O_3 的引入可有效降低气泡数量,但 Fe_2O_3 的含量不宜超过 0.5%,专利还介绍了玻璃中析晶的晶相与气泡的关系。

表 2.5 改进工艺的高强玻璃纤维成分与性能[15,16]

性能	E-1	E-2	E-3	E-4	E-5	E-6
SiO_2 的质量分数/%	60.5	59.6	61	60.5	58	61.01
Al_2O_3 的质量分数/%	20	20	19.5	20	22	20.51
CaO 的质量分数/%	4	3.3	2	4	5.5	4.06
MgO 的质量分数/%	10.5	12.6	12	10.5	10.5	11.56
TiO_2 的质量分数/%	4.51	4	3.2	2.81	3.02	2.6
ZrO_2 的质量分数/%	0	0	1.8	1.7	0.5	0
Fe_2O_3 的质量分数/%	0.23	0.24	0.24	0.23	0.22	0.15
Na_2O 的质量分数/%	0.26	0.26	0.26	0.26	0.26	0.12
$SiO_2 + Al_2O_3$ 的质量分数/%	80.5	79.6	80.5	80.5	80	81.52
$SiO_2 + Al_2O_3$/CaO 的质量分数/%	20.13	24.12	40.24	20.13	14.55	20.08
1 000 泊的温度/℃	1 361	1 340	1 363	1 347	1 347	1 360
液相温度/℃	1 310	1 310	1 330	1 320	1 310	1 320
ΔT/℃	51	30	33	48	37	40
强度/GPa	3.86	4.18	4.05	3.79	3.83	3.97
模量/GPa	81	83.8	87.8	83.3	83.3	85.3
膨胀系数($\times 10^{-7}$)/℃	32.2	33.5	31.3	32.7	34.3	34.1
介电常数(1 MHz)	5.7	5.6	5.5	5.7	5.8	5.7
介电损耗(1 MHz)	0.001 5	0.001 5	0.001 5	0.001 5	0.001 6	0.001 5

表 2.6　对比成分与性能[15,16]

性能	C-1	C-2	C-3	C-4
SiO_2 的质量分数/%	64.83	59.9	60.6	59
Al_2O_3 的质量分数/%	24.95	24.98	20.1	21
CaO 的质量分数/%	0.05	9	1	7.95
MgO 的质量分数/%	9.98	6	14	8.08
TiO_2 的质量分数/%	0	0	4.01	3.6
ZrO_2 的质量分数/%	0	0	0	0
Fe_2O_3 的质量分数/%	0.06	0.03	0.17	0.21
Na_2O 的质量分数/%	0.13	0.09	0.13	0.25
$SiO_2+Al_2O_3$ 的质量分数/%	89.78	84.88	80.7	80
$SiO_2+Al_2O_3$/CaO 的质量分数/%	1 761.96	9.43	80.7	10.06
1000 泊的温度/℃	1 469	1 417	1 345	1 352
液相温度/℃	1 465	1 363	1 356	1 270
ΔT/℃	4	64	−12	82
强度/GPa	4.56	3.96	3.66	3.44
模量/GPa	84.3	80.1	86.4	82.6
膨胀系数($\times 10^{-7}$)/℃	28	34.6	32	37.6
介电常数(1 MHz)	5.3	6.3	5.6	6.1
介电损耗(1 MHz)	0.001 8	0.00 2	0.001 6	0.001 6

表 2.7　引入 TiO_2、ZrO_2 的玻璃成分改进工艺情况[15,16]

性能	E-1	E-2	E-3	E-4	E-5	C-1	C-2	C-3
SiO_2 的质量分数/%	65.21	64.54	65	65	64.8	64.8	59.85	63.55
Al_2O_3 的质量分数/%	21.7	21.5	21.5	19	21.6	24.92	23.96	21.17
MgO 的质量分数/%	11.01	10.9	10.5	10.5	10.95	9.97	9.98	10.73
TiO_2 的质量分数/%	0.75	1.25	2.7	2.7	0.8	0.02	2.49	1
ZrO_2 的质量分数/%	0.75	1.25	0	0	1.23	0	3.49	0
CaO 的质量分数/%	0.05	0.05	0.05	0.05	0.05	0.05	0.05	0.05
Na_2O 的质量分数/%	0.11	0.11	0.11	0.1	0.11	0.12	0.12	0.11
Fe_2O_3 的质量分数/%	0.4	0.4	0.14	0.14	0.35	0.14	0.05	0.39
B_2O_3 的质量分数/%	0	0	0	0	0	0	0	3
SiO_2/Al_2O_3 的质量分数/%	1.97	1.97	2.05	1.81	1.97	2.5	2.4	1.97
1 000 泊温度/℃	1 447	1 437	1 445	1 435	1 442	1 464	1 439	1 422
液相温度/℃	1 425	1 415	1 415	1 417	1 420	1 467	1 400	1 388
ΔT/℃	22	22	30	18	22	−3	−4	34
析晶相	堇青石	堇青石	堇青石	鳞石英	堇青石	莫来石	堇青石	堇青石
强度/GPa	4.51	4.34	4.58	4.31	4.29	4.51	3.79	3.93
模量/GPa	86.9	92.5	86.8	84.6	90.6	85	82	82.6
介电常数(1 MHz)	4.3	6.5	9	9.5	7.5	13.5	4.5	4.3

2.1.2 高强玻璃纤维结构与性能

1932 年来自美国芝加哥大学的挪威籍学者扎哈里阿森(W. H. Zachariasen)提出玻璃结构的无规则网络学说[17]，这一学说重点给出了玻璃结构的连续性、统计均匀性和无序性[18]。高强玻璃纤维中含较高的氧化铝，而铝的配位环境较为复杂，当有足够的游离氧平衡铝的电价时，铝将形成四面体进入网络，部分硅氧四面体被铝氧四面体(AlO$_4$)所取代。研究表明[19-22]，即使在过碱或过碱土含量的铝硅酸盐中，仍有少量铝形成 5 配位的铝(AlO$_5$)，而对于高铝含量的玻璃，则有少量铝作为网络外体位于八面体(AlO$_6$)之中。研究表明高强玻璃中也存在五配位的(AlO$_5$)结构[23]。

表 2.8 和表 2.9 分别为四种典型玻璃纤维成分与性能[23,24]，从表中可以看到，当玻璃中 SiO$_2$ 和 Al$_2$O$_3$ 的质量分数相近时，Li$_2$O、B$_2$O$_3$ 和 MgO 的变化没有引起玻璃纤维强度的变化，进一步提高 SiO$_2$ 的质量分数，如 S-2 玻璃 SiO$_2$ 的质量分数达到 68%，可提高玻璃纤维拉伸强度。

表 2.8　玻璃纤维成分[23]

样品	SiO$_2$ 的质量分数/%	Al$_2$O$_3$ 的质量分数/%	MgO 的质量分数/%	Li$_2$O 的质量分数/%	B$_2$O$_3$ 的质量分数/%	其他成分的质量分数/%	M/LB[MgO/(Li$_2$O+B$_2$O$_3$)] 的质量分数/%
HS-A 实测	59.12	15.23	19.2	3.58	2.42	0.45	3.185
HS-B 实测	58.92	15.11	22.81	1.78	1.02	0.36	8.064
S-2[25] 文献	68.7	15.5	15.7	—	—	—	—
E 玻璃实测	57.5	8.6	0.5	—	6	CaO 27.4	—

表 2.9　玻璃纤维的性能[23]

样品	密度/(g·cm⁻³)	离子堆积/%	新生态强度/MPa	纤维模量/GPa	浸胶束丝强度/MPa	浸胶束丝模量/GPa
HS-A	2.477 3	53.1	4 446	84.0	3 340	91.2
HS-B	2.536 5	53.2	4 403	86.2	3 373	93.8
S-2	2.456 5	51.6	4 890	86.9	3 870	92.3
E	2.545 4	51.2	3 527	72.3	2 569	78.8

图 2.2 是四种玻璃的黏度—温度曲线[23]，S 高强玻璃的黏度高于 E 玻璃，使得这类玻璃熔制和拉丝作业温度都很高，在 MAS 玻璃中 SiO$_2$ 的增加对玻璃黏度的提升作用显著。

由于高强玻璃网络聚合度高，带来了较强的析晶趋势，析晶对玻璃而言是必须避免的缺陷，一旦玻璃中残留晶体，严重时将造成玻璃纤维强度下降幅度达到 50%[26]。而在高强玻璃 MgO-Al$_2$O$_3$-SiO$_2$ 中添加 Li$_2$O、B$_2$O$_3$，降低

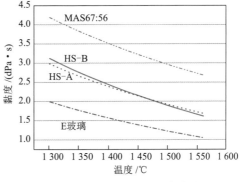

图 2.2　四种玻璃黏度拟合曲线

MgO 的含量则有助于降低高强玻璃纤维析晶趋势。借助差示扫描（DSC）热分析的析晶动力学研究表明[24]，M/LB 比值较高的 HS-A 高强玻璃，初始析晶的活化能更高（表 2.10）玻璃越稳定。

表 2.10　HS 玻璃的特种温度和析晶活化能[24]

HS-A 升温速率 β /(K·min⁻¹)	T_g/℃	T_{p1}/℃	初始析晶峰 E_{c1} /(kJ·mol⁻¹)	$<n_1>$	T_{p2}/℃	第二析晶峰 E_{c2} /(kJ·mol⁻¹)	$<n_2>$
5	727.4	916.2			1 018.3		
10	733.4	931.8	486.5	1.1	1 055.7	186.8	3.1
15	737.3	943.6			1 088.6		
20	738.9	948.3			1 117		
HS-B 升温速率 β /(K·min⁻¹)	T_g/℃	T_{p1}/℃	初始析晶峰 E_{cl} /(kJ·mol⁻¹)	$<n_1>$	T_{p2}/℃	第二析晶峰 E_{c2} /(kJ·mol⁻¹)	$<n_2>$
5	751.6	909.7			984.2		
10	759.3	928.2	356.4	1.5	1 024	243.9	2.5
15	770.2	942.2			1 041.2		
20	787.4	954.3			1 057.1		

2.1.3　高强玻璃纤维制造技术

由于高强纤维玻璃熔制温度高、黏度大、易析晶等，其制造装置与工艺远不同于普通玻璃纤维。美国 S-2 高强玻璃熔制温度高达 1 650 ℃，普通的耐火材料难以长期承受如此高温，因而采用内衬铂铑合金的熔制装置（Paramelters）[27]。图 2.3 为美国专利介绍的 Paramelters 装置示意图[28]。熔化装置由弧形的铂铑合金板（PtRh20）作为电极通电，铂铑板上面分布很多小孔，熔化好的玻璃液通过小孔流入炉腔澄清，这种形式的铂铑合金板不易变形下沉，并且增加了玻璃液与发热体的接触表面积，玻璃液通过高温加热，防止未熔化好的料流入澄清区，正常生产运行时，铂铑合金板的工作温度比漏板工作温度高约 223 ℃（铂铑合金板工作温度可以升至 1 677 ℃，漏板工作温度可以升至 1 454 ℃）。这种垂直熔化的方法由于采用了铂铑合金作电极发热体，配合料可以在很高的熔化温度下快速熔化，并能很方便地调节熔化温度，因此 Paramelters 装置直接熔化拉丝技术可以应用于生产小批量的特种玻璃纤维，也可应用于研究不同成分的配合料的熔化性能和拉丝性能。

电熔窑适合熔制高温、难熔、深色、批量少的特种玻璃纤维。图 2.4 是国内一座日产 1.4～3.0 t 高强玻璃纤维全电熔窑，窑内熔制温度高达 1 630 ℃。窑炉结构为方形、深池、底插电极、冷顶运行。供电方式采用 Scott 二相供电，磁性变压器调压。在窑炉的设计上同时要解决诸如：析晶、流液洞侵蚀、电窑烤窑、启动、通电和窑炉寿命与保温等一系列问题。对于透热性好的玻璃料，在电熔加热的基础上也可在表面辅助火焰加热，进一步提高玻璃液表面温度，促进玻璃液中气泡的排出[29]。

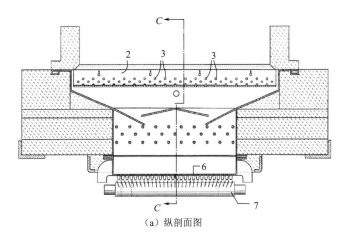

（a）纵剖面图

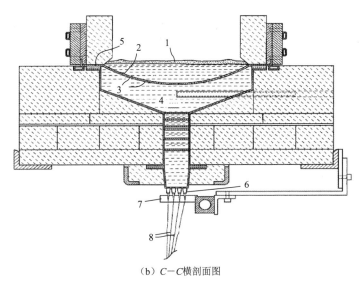

（b）C－C横剖面图

图 2.3 Paramelters 装置示意图

1—配合料；2—电加热发热体（PtRh20）；3—流液孔；4—澄清区；5—连接导线；6—漏板；7—冷却器；8—玻纤原丝

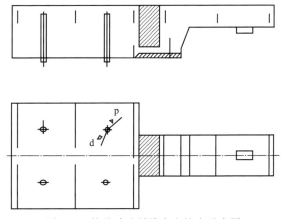

图 2.4 特种玻璃纤维全电熔窑示意图

2.1.4 高强玻璃纤维工程应用

1. 装备轻量化应用

20 世纪 60 年代初美国将 S 玻璃纤维应用到"民兵Ⅱ"洲际弹道导弹第三级发动机壳体上,降低导弹质量[30]。1965 年国外媒体报道,美国采用高强玻璃纤维(S-2 994 HTS)浸渍环氧树脂缠绕工艺制造发动机壳体[30],代替合金钢运用于北极星(Polaris)导弹上。最初采用合金钢制造的北极星导弹壳体(A1)的最远射程只有 1 600 km,而使用高强玻璃纤维制造的北极星导弹(A2)的第二级发动机的最远射程能达到 2 400 km,随后高强玻璃纤维代替金属应用在北极星(A3)的第一极发动机上,从而使质量减少了 65%,最远射程可达 4 000 km。高强玻璃纤维最初研发目标就是武器装备的轻量化。美国单兵"红眼"红外地对空导弹、美国 M72 步兵轻型反坦克武器(LAW)发射筒、英国"劳 80"发射筒,以及 F1 式 88.9 mm 单兵火箭发射筒和 72 mm ARPAC 型反坦克火箭发射筒均采用玻璃纤维增强树脂基复合材料制成[31-34]。

高强玻璃纤维在防弹复合材料应用领域充分体现了其性能与成本综合优势。例如,当战车发动机功率一定时,其作战机动能力,或者其机动性与车辆自身质量相关[35],应用轻质高强、具有良好抗弹性能和优良耐疲劳性能的轻质材料替代传统的金属材料[36-40],舰船防弹靶板也采用高强玻璃纤维[41],有助于实现装备的轻量化。

高强玻璃纤维在飞机主结构件复合材料上典型的应用是直升机旋翼主桨叶[42-44],它采用高强玻璃纤维无捻粗纱浸渍环氧树脂制成预浸料窄带,用窄带缠绕成主桨叶和尾桨复合材料。与金属桨叶相比,在质量和动态特性、质量分布控制相同的条件下,高强玻璃纤维复合材料桨叶处于比较低的应力水平,疲劳寿命可达 6 000 飞行小时以上,甚至是无限寿命[45]。

高强玻璃纤维还用于结构透波一体化复合材料。在预警机雷达罩制造过程中,采用高强玻璃纤维制造兼顾电性、力学性能的功能结构复合材料[46]。对某工程用单脉冲相控阵天线平板天线罩,罩蒙皮材料选用 SW-280A/3218 和 SW-110A/3218 预浸料[47],平板天线罩采用热压罐成型工艺方法,蒙皮与蜂窝胶接采用共固化工艺方法,平板天线罩物理性能、电性能及力学性能均满足设计要求。

2. 民用领域应用

波音公司采用 S-2 高强纤维制造货运输送带;波音预警机等多种飞机雷达罩将高强玻璃纤维用于增强基材;飞机的机身、机翼外壳、飞机地板、民用直升机叶片和传动件等复合材料也采用高强玻璃纤维;A380 飞机的机身外壳等部位上应用 S-2 玻璃纤维增强 GLARE 板等。

近年来,随着电子设备的小型化及轻量化,印制电路板的薄型化及高密度化正日益推进。印制电路板要求优异的操作性(高的刚性)和优异的尺寸稳定性。为了满足这些要求,作为印制电路板的增强材料的玻璃纤维要求具有高的弹性模量及低的线膨胀系数,高强玻璃纤维热膨胀系数小于 $4 \times 10^{-6} K^{-1}$,弹性模量比无碱高 19%,国外已采用高强 S 或 T 玻璃纤维制造印制电路板封装基板材料[48,49]。

此外,高强玻璃纤维在压力容器、光缆/电缆加强芯、电机绝缘材料等工业领域,以及在棒球棒和冲浪板等体育器材上已有应用,而且需求量在不断扩大。

2.2 低介电玻璃纤维

低介电玻璃纤维具有密度低、介电常数及介电损耗低、介电性能受环境温度和频率等外界影响因素小等特点[50]。欧美日等国家采用低介电玻璃纤维制造飞机雷达、飞机电磁窗、隐身及印制线路板等。最早由法国圣戈班开发的 D 玻璃纤维介电常数小,但工艺性和化学稳定性差,难以规模化生产。随电子通信向高频、大容量、小型化方向发展,欧美日等国家开发了用于高频印制电路板基材用的新型低介电玻璃纤维,日本于 20 世纪 90 年代中期率先研制开发 NE 玻璃纤维制造覆铜板基材[10]。南京玻纤院 20 世纪 90 年代开发 D_3、D_k 等低介电玻璃纤维,D_k 玻璃纤维增强印制电路板(PCB 板),基板的介电常数降低 0.3 以上。

2.2.1 低介电玻璃纤维成分

表 2.11 为国内外不同牌号商业低介电玻璃纤维成分与性能,图 2.5 为不同玻璃纤维介电常数与损耗的对比,低介电玻璃纤维介电性能良好,且成形温度低于早期圣戈班的 D 玻璃纤维,具有更好的可制造性。

表 2.11 国内外商业低介电玻璃纤维成分与性能

性能	法国圣戈班	日本日东纺	美国 AGY	中国南京玻纤院
	D	NE	L-glass	D_3
SiO_2 的质量分数/%	72~75	52~56	54~58	—
B_2O_3 的质量分数/%	20.5	15~20	24~27	—
Al_2O_3 的质量分数/%	—	10~15	11~14	—
MgO+CaO 的质量分数/%	1	<10	5~6	—
R_2O 的质量分数/%	<4	<1	—	—
F_2 的质量分数/%	—	—	<2	—
成型温度 T_F/℃,黏度为 10^2 Pa·s	1 410	约 1 350	约 1 350	约 1 350
介电常数(10 GHz)	4.3	<4.7	≤4.7	4.5
介电损耗(10 GHz)	0.002 5	0.003 5	≤0.003 5	0.003 2

表 2.12 为日东纺 1999 年申请的低介电玻璃纤维专利[51]中部分玻璃纤维成分,与 D 和 E 玻璃进行对比,该发明的玻璃介电常数和损耗均小于 E 玻璃,成形温度均低于 D 玻璃 46 ℃以上,玻璃在沸水中溶出量低 89.2%,所发明的低介电玻璃与 D 玻璃相比具有更好的工艺性和化学稳定性。

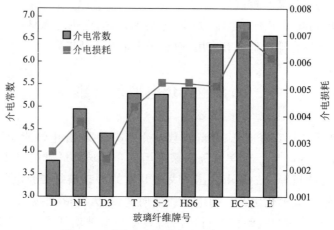

图 2.5　不同玻璃纤维介电性能(10 GHz)

表 2.12　日东纺专利中低介电玻璃纤维成分与性能[51]

性能	1	2	3	4	5	6	D	E
SiO_2 的质量分数/%	53.00	55.00	57.00	55.50	54.40	54.70	75.30	54.70
B_2O_3 的质量分数/%	20.00	18.00	15.50	17.00	19.00	19.00	20.50	6.30
Al_2O_3 的质量分数/%	14.70	16.00	15.00	13.00	6.00	15.00	0.00	14.30
CaO 的质量分数/%	4.00	2.00	4.70	5.00	4.70	4.00	0.60	22.70
MgO 的质量分数/%	4.00	5.70	5.00	4.70	3.00	4.00	0.40	0.60
$CaO+MgO$ 的质量分数/%	8.00	7.70	9.70	9.70	7.70	8.00	1.00	23.30
Li_2O 的质量分数/%	0.15	0.15	0.15	0.15	0.15	0.15	0.60	0.00
Na_2O 的质量分数/%	0.15	0.15	0.15	0.15	0.15	0.15	1.10	0.30
K_2O 的质量分数/%	0.00	0.00	0.00	0.00	0.00	0.00	1.50	0.10
$Li_2O+Na_2O+K_2O$ 的质量分数/%	0.30	0.30	0.30	0.30	0.30	0.30	3.20	0.40
TiO_2 的质量分数/%	3.00	2.00	2.00	4.00	2.00	2.50	0.00	0.20
F_2 的质量分数/%	1.00	1.00	0.50	0.50	0.50	0.50	0.00	0.50
介电常数(1 MHz)	4.70	4.70	4.70	4.70	4.70	4.70	4.30	6.70
介电损耗(1 MHz)	8.00	9.00	9.00	9.00	8.00	8.00	10.00	12.00
100 Pa·s 的温度/℃	1 295	1 336	1 340	1 315	1 312	1 310	1 410	1 200
B_2O_3 挥发量($\times 10^{-6}$)	4.00	2.00	3.00	4.00	4.00	4.00	50.00	0.10
耐水损失率(133 ℃,24 h)/%	0.40	0.40	0.40	0.40	0.40	0.40	3.70	0.40

2.2.2　低介电玻璃纤维的结构与性能

玻璃中电介质的极化过程可用介电常数 ε 来表征,根据电学理论,介电常数 ε 与电介质极化率 a 的关系如下[18]:

$$\varepsilon = 1 + 4\pi a \tag{2.1}$$

在真空中 $a=0$，因此 $\varepsilon=1$。作为电绝缘材料的介电常数 ε 要小，相反地，作为电容器用的介电常数 ε 要大。玻璃的极化包括电子位移极化、离子位移极化和取向极化[17]，不同组成的玻璃的介电常数不同，石英玻璃的介电常数 $\varepsilon=3.75$，含 $80\%PbO$ 的重铅玻璃的介电常数 $\varepsilon=16.2$。ε 随 R_2O 质量分数的增加而变大，而重金属氧化物对玻璃的 ε 值影响最大，PbO、BaO 质量分数大的玻璃，介电常数也较大。

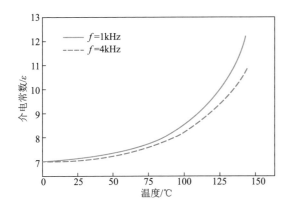

图 2.6 $16Na_2O$-$10CaO$-$74SiO_2$ 玻璃的介电常数 ε 与温度和频率的关系[52]

除与玻璃成分相关外，温度对介电常数也有明显的影响[52]，温度升高虽然对离子极化影响不大，但会增大阳离子迁移率，从而使介电常数增大。$16Na_2O$-$10CaO$-$74SiO_2$ 玻璃的介电常数 ε 与温度和频率的关系如图 2.6 所示[52]，从图中可看出，介电常数还与频率相关，频率低时，离子还能跟上电场的变化，在频率高时，阳离子的作用减小，介电常数随着频率的增大而降低。在 4.5×10^8 Hz，介电常数将随着碱金属（按照 Li—Na—K 的顺序）质量分数的提高而增大，如图 2.7 所示。

玻璃的介电损耗是指在一定频率的交流电压作用下，极化或吸收现象使部分电能转化为热能而损耗。在理想情况下回路中电压 V 与电流 I 之间的相位角是 $90°$。现在由于介电损耗的存在，V 和 I 间出现相位差角 θ，它小于 $90°$。即 $\delta=90°-\theta$。因此作为电介质的玻璃的功率损耗，即介电损耗 Q 为

$$Q = VI\cos(90°-\delta) = VI\sin\delta \approx VI\tan\delta \tag{2.2}$$

与介电常数相同，介电损耗与玻璃成分、温度和频率相关，如图 2.8 所示，总的损耗由电导损耗、松弛损耗、变形损耗、谐振损耗组成[18,52]。

(1)电导损耗：由网络外离子沿电场方向移动而产生。电导损耗与频率的关系为

$$\tan\delta = \frac{2\gamma}{f\varepsilon} \tag{2.3}$$

式中　γ——电导率；

　　　ε——介电常数；

　　　f——频率。

此种损耗与电导率的大小有关，引起电导率改变的所有因素也是影响此类损耗的因素，即损耗随着温度的升高、频率的降低而增大。

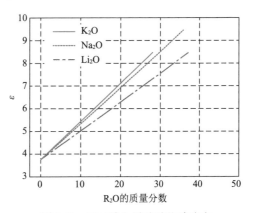

图 2.7 二元碱金属硅酸盐玻璃在 4.5×10^8 Hz 及室温下的介电常数[52]

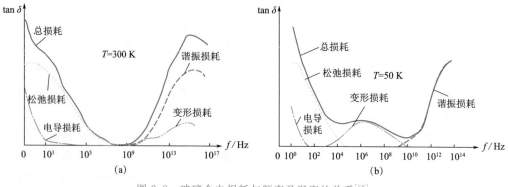

图 2.8 玻璃介电损耗与频率及温度的关系[52]

(2)松弛损耗:由网络外离子在一定势垒间移动所产生。与电导损耗相比,松弛损耗出现在较高频率(5~10^5 Hz)处。当温度升高时,它的极大值向高频方向移动,而增大频率时,则向高温方向移动。

(3)变形损耗:由玻璃网络松弛变形而造成,它随温度和频率的变化而变化。

(4)谐振损耗:由玻璃网络外离子或网络骨架本征振动吸收能量所造成,这种损耗一般发生在频率$>10^7$ Hz 的范围。

在室温以上,频率在 1 MHz 以下时,玻璃的介电损耗主要是电导损耗和松弛损耗[18,52]。这种损耗受网络外离子的浓度、活动的程度和结构强度等影响。因此,在玻璃化学组成中,凡是增大电导率的氧化物都会增大介电损耗。在 R_2O-B_2O_3-SiO_2 系玻璃中,当 R_2O 的含量正好使得[BO_3]→[BO_4]时,由于网络结构的加强,$\tan \delta$ 出现极小值。温度和频率对玻璃的介电损耗也有影响,随着温度的升高,结构网络疏松,碱离子的活动能力增大,介电损失增大。

杜钊、岳云龙等[53]研究了 $RO(CaO+MgO)$-Al_2O_3-B_2O_3-SiO_2 系玻璃的结构及化学稳定性、密度和介电性能,玻璃的成分范围为(以质量分数计):SiO_2,53.33%~65.46%;B_2O_3,12%~26.67%;Al_2O_3,6%~18%;CaO,2%~8%;MgO,2%~8%。结果表明:随着 SiO_2/B_2O_3 物质的量比值的增大,玻璃网络结构更为完整,玻璃密度呈现逐渐增大的变化趋势,耐酸失重逐渐减小,耐碱失重比例逐渐增大,介电常数逐渐增大,介电损耗先减小后增大;随着 Al_2O_3/B_2O_3 物质的量比值的增大,AlO_4 的量增多,BO_3 的量先增大后减小,密度总体上呈现增大的趋势,耐酸失重比例先减小后增大,耐碱失重比例逐渐增大,介电常数呈现增大的趋势,介电损耗先减小后增大。近年来国内一些学者还研究了 TiO_2、BaO、CeO_2 和 La_2O_3 等稀土氧化物的添加对 $RO(CaO+MgO)$-Al_2O_3-B_2O_3-SiO_2 系低介电玻璃结构与性能影响[54-58],进一步拓展了低介电玻璃纤维成分设计范围,使低介电玻璃纤维具有良好的工艺性和更低的膨胀系数。

2.2.3　低介电玻璃纤维制造技术

用于 PCB 板或透波的复合材料需要有高可靠的电性能,相应材质的均匀性要求高。首先是气泡问题,如果玻璃液中存在着微小气泡,在拉丝时气泡被迅速拉长,形成空心段,称"空心丝",在基板被钻孔及孔内喷镀时,容易造成镀液和铅液渗入到气泡的空洞中,易引起从阳极向阴极方向生长而形成导电性细丝物的现象(conductive anodic filament,CAF),使得 PCB 板的电绝缘性能下降,导致线路发生短路,造成严重后果[59]。玻璃中气泡来源非常复杂,如玻璃液澄清过程中未排出的硅酸盐反应溶解气泡、均化降温过程温度梯度不合理带来的二次气泡、三相界面颗粒物夹杂气泡、耐火材料溶解气泡等,低介电玻璃黏度比 E 玻璃黏度大,气泡排出阻力大,因而对于电子级的低介电玻璃纤维而言玻璃气泡的排出过程控制或者澄清方法至关重要。

玻璃液澄清方法有常压澄清和减压澄清两种[60,61]。常压澄清包括鼓泡、高温澄清、加澄清剂等方法,大部分玻璃熔制的澄清过程是在常压下进行的。减压澄清是通过压力降低使已有气泡尺寸增大,气泡中气体分压降低,气体溶解度降低,熔融体中气体呈过饱和,使熔融体中的气体向气泡迁移,气泡随之又长大。玻璃液中气体成分减少,促进澄清剂的分解,使分解反应可在较低温度下发生。当恢复至常压后,压力增加,玻璃液中的气体溶解度增加,溶解量从饱和变为不饱和,有利于消除残余气泡。即使澄清后熔体中还残留少量微小气泡,也会由于气体从气泡向熔融体中的转移,最终使气泡变小,直到完全澄清。根据相关专利资料[62,63],日本日东纺和旭硝子等公司均开发了减压澄清技术,以降低玻璃中气泡。

电子产品越来越轻薄短小,促使玻璃纤维不断地变薄,甚至达到超薄的程度,而传统的玻璃纤维由于布面的经纬纱交叠处有凸起,影响覆铜板(CCL)的整体性能[59]。在 20 世纪80 年代中期,国外研制成功一种被称为"开纤布"的新型电子布,采用高压射水的流水压力或通过机械应力等物理方法进行开纤处理[64],使得电子布的经纬纱开松摊平,提高布面平滑性,纱线间空隙被填满或缩小。开纤布应用于半固化片和 CCL 板上,可以提高板的浸透性和加工性,也降低了线路板玻璃编织效应(fiber weave effect)的不利影响。玻璃纤维布开纤方法有高压水喷、辊筒、高压射流、超声振动等,有研究表明[64],在用透气率表征开纤效果时,高压水喷开纤效果优于辊筒开纤。对于超薄布,国内开发高压射流开纤技术已用于0.05 mm厚度以下的开纤[65]。

CCL 板用的超极薄玻纤布主要采用降低经纬纱围出的孔隙面积、所用纱进行扁平化加工、玻纤布实现开纤化三方面技术[59],此外,后处理剂和处理工艺的改进对提升玻纤布基板的层间绝缘可靠性亦至关重要。玻璃纤维布的表面处理影响 CCL 板的外观、性能以及 PCB板的成型加工性能和电性能等。常用的方法是采用偶联剂溶液处理,偶联剂种类、处理液配方、处理工艺等均是各电子布制造企业的核心技术。

2.2.4 低介电玻璃纤维在线路板上应用

频率为 300 MHz～300 GHz,波长为 1 m～1 mm 的高频电路中,微波传输速度是由光速和绝缘层的介电常数所决定,它们之间的关系如下[66]:

$$v = k_1 \times \frac{c}{\varepsilon^{1/2}} \tag{2.4}$$

式中　v——微波传输速度；

　　　k_1——常数；

　　　c——光速；

　　　ε——材料的介电常数，或称 D_k。

从式(2.4)可以看到，绝缘材料的介电常数 D_k 越低，信号的传输速度越快。

信号传输过程一些信号会损耗，包括导体的损耗和介质的损耗等，损耗随着频率增大而增大，它们之间的关系如下：

$$a = k_2 \times \tan \delta \times \frac{\varepsilon^{1/2}}{c} \tag{2.5}$$

式中　a——介质损耗；

　　　k_2——常数；

　　　$\tan \delta$——介电损耗角正切，或称 D_f。

从式(2.5)可以看到，绝缘材料的介电常数和介电损耗角越低，信号传输损耗越低。

随着电子信息技术的进一步发展以及人们需求的不断提高，低频率无线电波（3 kHz～300 MHz）日益拥挤，迫使通信传输向更高频率发展，移动通信行业从 1G、2G 逐步发展至 3G、4G 以及已经到来的 5G，正是通信行业从低频向高频发展的显著代表。图 2.9 为高频线路板应用情况[67]。CCL 板是制造 PCB 板基础材料，对于 PCB 板的性能、加工性、成本等方面影响较大。低频电子传统 PCB 基材多采用酚醛树脂和环氧树脂，目前应用最广泛的产品是玻璃纤维增强环氧树脂 FR-4，但在高频电路中，传统 PCB 基材的树脂基体、填料和纤维增强等各组分的化学结构和物理结构所决定的材料的介电性能均无法满足高频信号传输质量要求，信号会因传输损耗过大而产生"失真"现象。

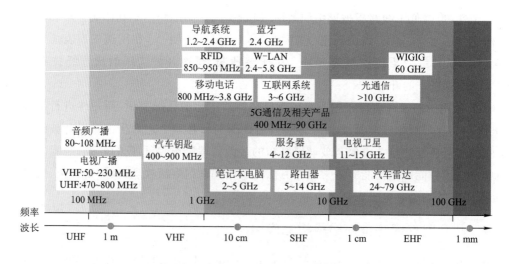

图 2.9　高频线路板应用情况[67]

PCB 板的 D_k 和 D_f 的影响因素主要有树脂、增强材料、树脂含量、应用频率、温度湿度等[68]，降低 PCB 板的 D_k 和 D_f 可以从树脂、增强材料、树脂量这三个方面进行考虑，纤维树脂复合材料的介电常数可按式(2.6)进行计算[69]。

$$\lg \varepsilon = \varphi_f \lg \varepsilon_f + (1 - \varphi_f - \varphi_0) \lg \varepsilon_m + \varphi_0 \lg \varepsilon_0 \qquad (2.6)$$

式中　ε_f——玻璃纤维的介电常数；

　　　ε_m——树脂基体的介电常数；

　　　ε_0——空气的介电常数；

　　　φ_f——玻璃纤维的体积分数；

　　　φ_0——空隙率。

　　介电损耗依据式(2.7)计算：

$$\tan \delta = [\varepsilon_m \varepsilon_0 \tan \delta_f + (1 - \varphi_f - \varphi_0) \tan \delta_m + \varphi_0 \varepsilon_f \varepsilon_m \tan \delta_0] \varepsilon / \varepsilon_f \varepsilon_m \varepsilon_0 \qquad (2.7)$$

式中　$\tan \delta_f$——玻璃纤维的介电损耗角正切；

　　　$\tan \delta_m$——树脂基体的介电损耗角正切；

　　　$\tan \delta_0$——空气的介电损耗角正切。

ε_f、ε_m、ε_0、φ_f、φ_0同式(2.6)。

　　由式(2.6)、式(2.7)可知，降低树脂和玻璃纤维介电常数，或提高树脂含量有助于降低板材的介电常数；提高玻璃纤维的体积分数有利于降低介电损耗，如图 2.10 所示，因而 PCB 板的介电性能应综合考虑树脂、玻璃纤维性能及成本因素。

　　用于印制电路板的低介电玻璃纤维制品以细纱和薄布为主，表 2.13 为美国 AGY 公司网站介绍的低介电玻璃纤维(L-glass)细纱及其电子布规格。由于电子产品越来越轻薄短小，玻璃纤维布厚度可以

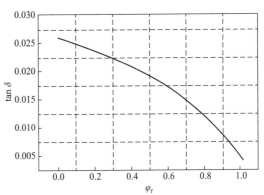

图 2.10　聚酯复合材料玻璃纤维体积分数与介电参数的关系[69]

做到十几微米，表 2.13 中低介电玻璃纤维布厚度均低于 0.1 mm，最薄的仅为 19 μm。

表 2.13　L-glass 典型印制电路板织物规格

有捻纱规格	典型 IPC 织物规格	公称厚度/mm
LC7-19 1×0 Z40	2 116	0.094
LC6-15 1×0 Z40	3 313	0.084
LC5-10 1×0 Z40	1 078,1 080	0.043,0.053
LC4.5-4.9 1×0 Z40	106,1 067	0.033,0.035
LC4.5-3.7 1×0 Z40	1 037	0.027
LC4-2.9 1×0 Z40	1 027	0.019

表 2.14 和表 2.15 为南京玻纤院生产的增强型 D_3 低介电玻璃纤维纱线和玻璃纤维布的规格与性能,其中 D_3 低介电玻璃纤维布已制定相关军用标准[70]——《低介电透波玻璃纤维布规范》(GJB 9473—2018)。

表 2.14　D_3 低介电玻璃纤维纱线性能

性能	D_3 C8-12×2×3S110 JD₃	D_3 C8-24×1×3S110 JD₃
线密度/tex	72±5	72±5
公称捻度/(捻·m⁻¹)	110±9	110±9
捻向	S	S
纤维直径/μm	8.0	8.0

表 2.15　D_3 低介电玻璃纤维布性能[70]

产品代号	单位面积质量 /(g·m⁻²)	经纬密度 /(根·10 mm⁻¹) 经向	纬向	拉伸断裂强力 (25×200 mm)/N 经向	纬向	可燃物含量 /%
D_3 W210B-N	210±15	16±1	12±1	≥1 300	≥900	0.70~1.30

表 2.16 为采用日东纺 NE 低介电玻璃纤维制造的 N4000-13 和 N4000-13 SI 基板性能,表 2.17 为采用南京玻纤院 D_3 低介电玻璃纤维制造的基板性能[71,72]。研究表明采用低介电玻璃纤维的基板 N4000-13SI,树脂含量变化对基材电容量等影响小于 E 玻纤基材[73]。

表 2.16　NelcoPark 公司的 N4000-13 和 N4000-13 SI 基板性能

电性能		N4000-13	N4000-13 SI	测试方法
介电常数 (50% 树脂含量)	1 GHz（射频阻抗）	3.7	3.4	IPC-TM-650.2.5.5.9
	2.5 GHz（分体腔）	3.7	3.2	
	10 GHz（带状线）	3.6	3.2	IPC-TM-650.2.5.5.5
	10 GHz（分体腔）	3.7	3.3	
介电损耗 (50%树脂含量)	2.5 GHz（分体腔）	0.009	0.008	
	10 GHz（带状线）	0.009	0.008	IPC-TM-650.2.5.5.5
	10 GHz（分体腔）	0.008	0.007	
体积电阻率 /(MΩ·cm)	C-96 / 35 / 90	10⁸	10⁸	IPC-TM-650.2.5.17.1
	E-24 / 125	10⁷	10⁸	IPC-TM-650.2.5.17.1
表面电阻率/MΩ	C-96 / 35 / 90	10⁷	10⁷	IPC-TM-650.2.5.17.1
	E-24 / 125	107	10⁷	IPC-T M-650.2.5.17.1
电强度/(V·mm⁻¹)		4.7×10⁴	3.9×10⁴	IPC-TM-650.2.5.6.2
介电击穿强度/kV		＞50	＞50	IPC-TM-650.2.5.6
耐电弧/s		123	123	IPC-TM-650.2.5.1

表 2.17 D_3 低介电玻璃纤维基板性能

序号	项目		结果
1	T_g(DMA)/℃		＞350
2	T_d(5%loss)/℃		437.39
3	T-300 CTMA/min		＞60
4	CTE	a_1($\times 10^6$)/℃	41.4
		a_2($\times 10^6$)/℃	82.2
		50~260℃	1.0
5	D_k/D_f	1 GHz	3.77/0.007 8
		10 GHz	3.55/0.009 9
6	燃烧性(UL-94)/级		V-0

2.3 其他特种玻璃纤维

2.3.1 耐辐照玻璃纤维

国内有专业耐辐照玻璃纤维产品作为保温或绝缘材料用于强辐射环境,制品主要有保温棉毡或织物,国外没有耐辐照玻璃纤维专属种类,在辐照环境下采用不含硼的玻璃纤维。

托卡马克"Tokamak"一词源于俄文中环形(toroidal)、真空室(kamera)、磁(magnit)、线圈(kotushka)的首字母组合,意为"带磁线圈的环形腔",最初在 20 世纪 60 年代末由苏联研发,是一台设计利用聚变能量的实验机,国际热核聚变实验堆(international thermonuclear experimental reactor, ITER)建成后将是世界上最大的托卡马克,是目前运行最大机器的 2 倍。图 2.11 为托卡马克示意图。托卡马克的"心脏"是它的环形真空室,在这里气态氢燃料转

图 2.11 托卡马克示意图

变成等离子体,其带电粒子可以被放置在容器周围的巨大磁线圈塑造和控制。由于聚变将产生巨大的辐射能量,因此对巨大磁线圈的材料就有着非常苛刻的要求,即耐辐照、绝缘、有足够的力学强度和耐击穿电压等。

中国科学院(以下简称中科院)等离子体物理研究所在成功建设中国第一个超导托卡马克 HT-7 的基础上,于 2003 年提出了"EAST"项目,EAST 由实验"experimental"、先进"advanced"、超导"superconducting"、托卡马克"tokamak"四个单词首字母拼写而成,它的中文意思是"先进实验超导托卡马克",同时意指"东方"。在该项目中我国自行设计研制了国际首个全超导托卡马克装置,虽然 EAST 的大小是 ITER 的 1/3,半径是 ITER 的 1/4,但位形与 ITER 相似且更加灵活,而且将比 ITER 早 10~15 年投入运行,它是在 ITER 之前国际上

最重要的稳态偏滤器托卡马克物理实验装置。图 2.12 和图 2.13 为玻璃纤维绕制线圈实物图和 EAST 装置图。

图 2.12　玻璃纤维绕制线圈全貌

图 2.13　EAST 装置图

EAST 项目使用南京玻纤院开发的耐辐照玻纤带作为主要增强基材，完成了校正场（CC）线圈的全部绕制工作，并且已经于 2019 年投入试验中。

中科院合肥等离子体物理研究所采用南京玻纤院开发的高强耐辐照玻璃纤维带作为超导线圈绝缘材料，其研发的 PF2、PF6 线圈获得了 ITER 项目总部的认可，并且项目成员国之一的俄罗斯也开始使用该种高强玻璃纤维进行相关的研究工作。

耐辐照玻璃纤维还可作为核反应堆装置的压力容器及一回路管道的保温层材料。作为保温材料是由耐辐照玻璃纤维经短切、开松、梳理和针刺而成的棉毡，棉毡外包覆耐辐照玻璃纤维布并用耐辐照纱线缝合固定。辐照试验表明，耐辐照保温材料在快中子注量为 1.03×10^{19} n/cm^2、热中子注量为 4.21×10^{19} n/cm^2 和 γ 射线吸收计量为 5.47×10^{6} Gy 的辐射条件下，未见脆裂、粉碎和结团等现象，表现出良好的耐辐射性能。

2.3.2　生物医疗用玻璃纤维开发

玻璃纤维及可降解的玻璃纤维等在生物医学上已有广泛应用，主要集中在医疗器械领域。医疗器械是现代医学不可或缺的工具或手段，对于维护人类健康、救治伤残、提高生活质量具有重要的意义和巨大的社会效益。随着医疗器械的发展，玻璃纤维也涉足其中，获得越来越多的应用。

以生物可降解的磷酸盐玻璃纤维增强同样可生物降解的聚乳酸或壳聚糖复合材料作为人体骨板，用于固定受伤的生物骨骼，避免了目前普遍的金属骨板需要二次手术的烦琐，并且由于其具有与骨骼接近的模量[74-78]（图 2.14）更有利于骨骼的恢复。磷酸盐玻璃以五氧化二磷（P_2O_5）为主要网络形成体，因此其基本结构单元是磷氧四面体（PO_4），但每一个磷氧四面体中有一个带双键的氧，带双键的磷氧四面体是 P_2O_5 玻璃结构中的不对称中心，这种玻璃具有良好的生物学特性，不会对生物组织造成毒害作用。

全世界对于磷酸盐玻璃的研究已经开展了几十年，并且对其研究的兴趣日趋强烈。由于磷酸盐玻璃具有生物可降解的特性，它非常适合制作医学内固定材料。降解速率可以通过调整玻璃组分来实现，在玻璃组分中加入如钙镁锌等成分还可以促进骨组织生长。聚乳酸是以植物淀粉(如玉米)为原料制成的新型生物可降解高分子材料,无毒,降解产物为二氧化碳和水,具有良好的机械性能和物理性能。但由于其物理性能有限,并且没有骨生长促进作用,目前越来越多的研究倾向于将磷酸盐玻璃纤维增强聚乳酸基质制作复合材料。

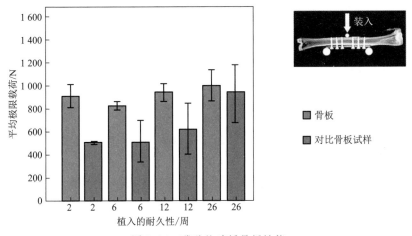

图 2.14　磷酸盐玻纤骨板性能

目前治疗骨折的手段依然依赖体内固定装置,如骨板和骨钉等。传统的骨折内固定材料多为金属材料,如不锈钢、钛合金等。这些金属的刚度远大于人体骨组织,易引起应力屏蔽,导致骨质疏松;而且金属材料不能降解,容易锈蚀,因此会引发过敏发炎等症状;再者,金属材料需要二次手术取出,加重了伤者的痛苦,并且手术后原骨折部位易再次骨折。基于以上金属材料的种种弊端,生物可降解材料具有广阔的医学应用前景。

近年来国外开展了生物玻璃纤维增强可降解聚合物探索性研究,这种复合材料既发挥增强材料的力学性能,同时要保证基体材料具有良好的生物相容性。国内外对磷酸盐连续玻璃纤维及其增强复合材料虽都有初步研究,但开发的磷酸盐玻璃纤维成形工艺有限(基本局限于用单丝和短切丝毡等纤维产品来制作复合板材),复合板材可设计性有限,因此限制了增强材料更广泛应用的可能。将玻璃通过多孔拉丝工艺制成纱线,进而织造织物结构作为板材的增强体,增加板材的性能可设计性,利于未来扩大生产。因此磷酸盐玻璃纤维作为生物复合材料能够投入现实使用的关键材料,需要对玻璃成分开展深入研究,力求达到在生物相容性良好的大前提下,机械性能尽可能优越,拉丝工艺尽可能稳定,玻璃降解速率可控。

2.4　特种玻璃纤维研究与发展趋势

产业发展需要科技支撑,特种玻璃纤维创新技术得到了国家科技政策的大力支持,国家高技术研究发展专项("863"计划)、国家科技支撑计划、国防关键技术攻关计划、国防配套科技计划、国防重点基础研究计划,包括省市地方政府科技计划和企业的自主研发投入等,对新型特种玻璃纤维、低成本制造技术、纤维应用等特种玻璃纤维创新发展给予了有力的推动,同时促进了特种玻璃纤维的使用性能与工艺性能不断提升。特种玻璃纤维从发明到应用推广代表了玻璃纤维科学与技术发展方向，它作为新材料产品价值链的上游产品，在需求牵引下，产品应用价值不断提升，在新材料产业链上发挥重要作用。

随着科学与技术的发展，在玻璃纤维生产研发技术不断提升以及玻璃纤维市场需求的不断推动下，对玻璃纤维的要求越来越高。要在保留传统玻璃纤维耐热、绝燃和耐氧化的共性前提下，还要求玻璃纤维在外部力、光、热、电等物理条件，以及酸、碱和盐等化学环境仍然具有更高的承受能力，具有传统玻璃纤维所不具备的优异性质和特殊功能，因此特种玻璃纤维的开发与应用在持续推进中。

2.4.1　特种玻璃纤维功能化与性能预测

国内外特种玻璃纤维成分开发主要围绕高力学性能、耐腐蚀、低介电等特性进行，关注的重点仍是如何不断提升玻璃纤维的功能优势，尤其是在力学、电性能、耐腐蚀、耐高温方面的优势。除了设计开发新成分玻璃纤维外，通过表面处理技术、改变纤维物理结构等方法以进一步提升传统玻璃纤维性能，或通过采用先进的制造技术来提高纤维质量和性能，等等，特种玻璃纤维行业在不断推进规模化制造的同时加快了玻璃纤维更优功能化步伐。值得注意的是，近年来开发的玻璃纤维成分大都还在已有的高性能玻璃分类范畴内，新型功能玻璃纤维如生物可降解玻璃纤维、特殊介电性能玻璃纤维、半导体玻璃纤维、异形结构等不同功能或种类玻璃纤维尚需加强商业化应用开发。从玻璃组分中微调或常规掺杂已经难以满足玻璃纤维特殊功能需求，为此需调整研发思路，利用大数据方法结合非晶态新理论研究，研究结构与成分、性能的关系并构建预测模型。通过建立数学模型设计玻璃纤维配方，同时利用模型的信息，直观揭示成分—性能之间的密切联系，从而大大提升了新配方的开发效率，缩短了研发周期。

原有商业化玻璃纤维研究开发途径主要是利用经验或检索文献分析，然后按照相应的分析理论结果进行配方设计和试验验证，再重新优化。这种传统"查阅资料—设计配方—实验验证—调整修正"的摸索式研究需要大量的资源和时间。传统的经验公式构建预测模型主要是以大量实验数据为基础，利用数学方法对实验数据的整理拟合建立的模型。这种模型构建的方法不依赖理论和计算能力，操作使用简便。因此前期的预测模型构建普遍采用此类方法，如日本创建的数据库 INTERGLAD，目前至少已经收录了 30 万条玻璃配方性能信息，涵盖了玻璃的黏度、密度、力学性能、光学性能、电学性能和液相线温度等信息及相应的预测模型。系统化、数字化建立的玻璃性能数据库 SciGlass，将文献、专利及相关资料的 40 万条数据系统收集后（并不断更新中），构建性能预测模型并建立了一种可视化商业使用软件，得到很好的推广应用。这种模型构建需要大量数据积累，且无法保证收集到的数据的准确性，因此实验的偏差比较大。并且预测对玻璃数据库体系依赖性强，新玻璃体系偏离原始数据库或成分偏离较大时预测甚至会产生失准。

近年来关于材料计算、材料基因等相关研究不断增多。随着超级计算机的快速发展，高通量超运算能力在材料结构模拟中越来越精准，采用微观结构模型对性能预测的方式成了研究热点。材料的成分—结构—性能三者是相互依存，相互影响的。成分的变动导致结构的改变,表现在材料性能的变化中。因此利用三者的密切联系构建材料的预测模型,指导实验开发在晶体材料研发中已经得到普遍应用。但是由于玻璃材料具有短程有序长程无序的复杂结构,因此其模拟计算更加困难。目前国内外关于结构模拟的方法主要采用第一性原理分子动力学理论和拓扑理论两种方式[79-83]。

第一性原理分子动力学模拟(AIMD)模型主要是利用势函数计算原子之间的力问题,其具体的模拟过程:对一个由(一定数量的)离子(原子)构成的体系,利用密度泛函数迭代自洽求解体系总势和相应的电子总能量,然后按照公式求解每个离子(原子)的作用力,并在此对离子的位置坐标进行数值积分,产生新的构型。从新的构型不断重复直到体系在一定温度条件下趋向动态平衡,最后获得平衡状态下每个离子(原子)的结构参数。因此第一性原理分子动力学模拟是一种对体系结构的拟合。通过 AIMD 理论的计算,能够揭示体系结构的变化规律,同时利用结构的变化反馈成分与性能变化最直接的作用。但是其对计算方法和计算能力要求较高,耗时较长;此外由于计算能力的限制,材料体系的预测尺寸较小且目前还无法涉及过多元素组成的体系模拟。拓扑理论与分子动力学模拟不同,其不考虑玻璃体系中粒子间的键长、键角等键性因素,而是通过玻璃网络结构束缚构成多面体的空间和角度束缚状态的定量分析来研究拓扑结构对玻璃性能的影响。但是拓扑束缚理论只关注拓扑结构及配位数,忽略了不同元素、键性导致的不同拓扑结构对玻璃刚性的影响,因此计算结构仍比较模糊。

从相关研究成果看,预测模型的构建难点在于预测结果精准且可靠,尽管部分模型相关系数极高,误差分布等模型参数较优,但是在实验验证过程中仍然出现预测大偏差或失准的情况,这在商业预测系统及期刊已公开发表的部分半经验公式和结构模型的预测当中,同样无法回避。因为数据库及经验公式构建的模型,无法对所有配方预测面面俱到;模型拟合的空白区或由于原始数据的准确性较低导致模拟失准;而结构预测模型由于模型结构尺寸及元素的限制,并且结构模型模拟涉及的材料成型过程与实际的区别很大,因此结构模型的预测变化趋势明显,但是精准度不够。综上所述,作为预测模型,其精准度是最重要的一个参数。因此结合数据库数据及模型与结构模型相互优化验证才能有效提高模型精准度,满足预测系统的商业化应用要求。

2.4.2　纤维系列化与制品定制化

多样化的特种玻璃纤维伴随着玻璃表面处理技术、纤维制品深加工技术的发展,结合产品的应用,特种玻璃纤维制品的可设计性越来越强。

南京玻纤院高性能玻璃纤维已成系列化,从 HS2、HS4、HS6 到 M 及 HMS 等玻璃纤维,产品力学特性、工艺性能和产品特性与市场需求密切结合,不同种类和规格的玻璃纤维满足不同用户的特定需求。南京玻纤院特种玻璃纤维包括低介电、耐高温、耐辐照、高效过滤、保温隔热、光导纤维等多种功能产品,为复合材料等应用领域提供差异化的解决方案,同时也为我国基础工业和国防建设提供规模化和专业化定制产品。特种玻璃纤维系列化及制品定制化开发一方面提升了其对传统材料的替代和转换能力,另一方面拓展了特种玻璃纤维在新材料产业领域的应用。

特种玻璃纤维与制品定制化也给生产制造带来了挑战,对应于单一玻璃组分、大规模生产,从浸润剂及表面处理、纤维制品深加工等途径实现规模化定制;而对应于多组分、中小规模玻璃纤维,在玻璃纤维成分设计及窑炉结构上,应更多考虑不同成分玻璃纤维生产的互换性,包括窑炉过渡料工艺的稳定性和产品的可用性、纺织加工装备的灵活性等。通过研究开发玻璃及浸润剂成分与性能关系、窑炉玻璃熔制及纤维成形等数学模型,不断优化成分、熔制及纤维成形等设计参数,开发玻璃纤维制造自动化控制技术,进一步开发智能化控制系统,在线优化工艺参数,提高特种玻璃纤维性能及稳定性,构建整个制造系统的柔性,提升从组织管理到技术系统及支撑环境以适应市场需求变化的快速重构能力,开发特种玻璃纤维的柔性制造技术。

2.4.3 产业信息化与制造智能化

与传统玻璃纤维相同,特种玻璃纤维也将面临激烈竞争的市场环境,提高企业核心竞争力和产品性价比成为特种玻璃纤维开发过程中必须面对的问题。随着人力成本的不断上涨,企业需通过自动化技术来提升生产力,解决"用工难"。另一方面在自动化基础上,企业应加快信息化制造系统建设,应用信息化技术去整合生产、经营、设计、制造、管理等数据,为企业的决策提供准确而有效的数据信息,使企业能够对市场需求做出迅速反应[84-86]。美国推出"工业互联网",德国提出"工业4.0"概念,机器人、数字化制造等多项技术正在掀起新一轮工业革命。随着特种玻璃纤维市场应用不断扩大,其规格和品种在不断增加,特种玻璃纤维产业信息化已成为其重要发展方向,特别是特种玻璃纤维柔性制造技术离不开生产系统的自动化和信息化结合。国内外玻璃纤维企业都有巨资投入进行工厂智能制造升级。玻璃纤维制造是一个长流程生产线,玻璃熔制、纤维成形、制品加工等因其工艺限定在特定时间内,首先可以通过建立自动化物流提高生产效率,进一步还需要对玻璃熔制与纤维成形工艺进行再创新,开发玻璃纤维短流程高效成形与先进控制技术,包括对玻璃纤维计算机辅助设计、模糊控制技术、人工智能、专家系统及智能传感器技术、人工神经网络技术等关键技术进行深入开发,实现玻璃纤维关键流程的智能制造,进而高度集成多品种定制化研发与生产的技术、装备、物流、管理等系统平台,对客户需求或生产环境的变化做出快速反应,丰富玻璃纤维智能制造内涵。

参考文献

[1] OWENS ILLINOIS GLASS CO. Method and apparatus for making glass wool:US2133235A [P]. 1933-11-11.

[2] OWENS ILLINOIS GLASS CO. Glass wool and method and apparatus for making same:US2133236A [P]. 1938-10-11.

[3] OWENS ILLINOIS GLASS CO. Textile material:US2133237A [P]. 1938-10-11.

[4] OWENS ILLINOIS GLASS CO. Glass fabric:US2133238A [P]. 1938-10-11.

[5] 全国玻璃纤维标准化技术委员会(SAC/TC 245). 玻璃纤维产品代号:GB/T 4202—2007 [S]. 北京:中

国标准出版社,2007:4.

[6] Textile glass-Yarns-Designation: ISO 2078:2016[S/OL]. [2020-3-10]. https://www.antpedia. com/standard/7621235-8. html.

[7] 祖群,赵谦.高性能玻璃纤维[M].北京:国防工业出版社,2017.

[8] 张耀明,李巨白.玻璃纤维与矿物棉全书[M].北京:化学工业出版社,2001.

[9] 祖群,陈士洁,孔令珂.高强度玻璃纤维研究与应用[J].航空制造技术,2009(15):92-95.

[10] 祖群.高性能玻璃纤维发展历程与方向[J].玻璃钢/复合材料,2014(9):19-23.

[11] 李浩业.掺杂金属氧化物对 SiO_2-Al_2O_3-CaO-MgO 系统高强度玻璃纤维性能的影响[D].上海:东华大学,2014.

[12] 祖群.高性能玻璃纤维研究[J].玻璃纤维,2012 (5):16-23.

[13] 全国玻璃纤维标准化技术委员会.玻璃纤维无捻粗纱浸胶纱试样的制作和拉伸强度的测定: GB/T 20310—2006 [S].北京:中国标准出版社,2006:7.

[14] 日东纺织株式会社.高强玻璃纤维用组成物:08231240A[P].1995-02-28.

[15] 日东纺织株式会社.玻璃纤维用组成物:11021147A[P].1997-01-26.

[16] 日东纺织株式会社.玻璃纤维用组成物:2003171143[P].2002-09-30.

[17] ZACHARIASEN W H. The atomic arrangement in glass[J]. Journal of the American Chemical Society, 1932, 44(10):3841-3852.

[18] 西北轻工业学院.玻璃工艺学[M].北京:中国轻工业出版社,1982.

[19] 张璐,田英良,李俊杰,等. Na/Al 比对 Na_2O-Al_2O_3-SiO_2 玻璃体系微观结构的分子动力学模拟研究[J].燕山大学学报,2017,41(4):317-322,328.

[20] 刘钦,尤静林,王媛媛,等.硬玉熔体和玻璃的结构研究[J].光谱学与光谱分析,2013,33(10):2705-2710.

[21] DANIEL R. NEUVILLE, CORMIER LAURENT, MASSIOT DOMINIQUE. Al coordination and speciation in calcium aluminosilicate glasses: Effects of composition determined by 27 Al MQ-MAS NMR and Raman spectroscopy[J]. Chem Geol, 2006,229(1):173-185.

[22] LINDA M. THOMPSON, STEBBINS J F. Non-stoichiometric non-bridging oxygens and five-coordinated aluminum in alkaline earth aluminosilicate glasses: Effect of modifier cation size[J]. J Non-Cryst Solids, 2012, 358(15):1783-1789.

[23] 祖群,张焱,黄松林,等. SiO_2-Al_2O_3-MgO 玻璃纤维结构与性能-MgO/($Li_2O+B_2O_3$)的影响[J].玻璃纤维,2016(5):1-10.

[24] ZU Q, HUANG S X, ZHANG Y, et al, Compositional effects on mechanical properties, viscosity, and crystallization of (Li_2O, B_2O_3, MgO)-Al_2O_3-SiO_2 glasses[J]. Journal of Alloys and Compounds, 2017(08):552-563.

[25] MARK E, GREENWOOD, DAVID H, DAVID M M. High strength glass fiber[J/OL]. (1996-06-16)[2020-03-06]. http://www.agy.com/agy-library/.

[26] 扎克.玻璃纤维物理化学性质[M].北京:中国工业出版社,1966.

[27] WILLIAMS S. Improvement in the measurement and control of glass melt temperature of high strength, continuous glass fiber[J]. Dissertations & Theses - Gradworks, 2011(1):1258-1262.

[28] TODD M. HARMS. Method and apparatus for directly forming continuous glass filaments: US2011/0146351A [P]. 2011-06-23.

［29］ 中材科技股份有限公司.一种高强玻璃纤维池窑拉丝方法及其装置:CN103011580B［P］.2012-12-26.

［30］ 王起生.新型玻璃纤维在飞行体和宇宙飞行中的应用[J].橡胶参考资料,1972(8):31-32.

［31］ 徐光磊.含内衬纤维复合材料发射筒力学性能研究[D].南京:南京理工大学,2013.

［32］ 高永忠.纤维增强树脂基复合材料在武器装备上的应用[C]//中国复合材料学会.南京复合材料技术发展研讨会论文集.北京:中国宇航出版社,2005:25-29.

［33］ 魏庆生,彭宗法.单兵肩射筒式武器回顾与展望[J].轻兵器,2006(14):11-13.

［34］ 刘铭.攻坚新利器中国 DZJ08 式单兵多用途攻坚弹武器系统[J].轻兵器,2010(20):10-14.

［35］ 杨洪忠,邱桂杰.装甲车辆上用轻质装甲材料综述[C]//中国硅酸盐学会玻璃钢分会.第十五届玻璃钢/复合材料学术年会论文集,2003:21-25.

［36］ 叶鼎全.玻璃纤维的防弹防爆应用[C]//中国硅酸盐学会玻璃纤维分会.全国玻璃纤维专业情报信息网第三十次工作会议论文集,2009:91-94.

［37］ 段建军,杨珍菊,张世杰,等.纤维复合材料在装甲防护上的应用[J].纤维复合材料,2012,29(3):12-16.

［38］ 董鹤鸾,凌根华.高强度玻璃纤维装甲复合材料的研发与应用[J].高科技纤维与应用,2005(5):45-51.

［39］ 赵俊山,王勇祥,邱桂杰,等.结构/功能一体化轻质复合防弹材料研究[J].玻璃钢/复合材料,2005(1):22-24.

［40］ 韩辉,李楠.防弹纤维复合材料及其在武器装备中的应用[J].高科技纤维与应用,2005(1):45-48.

［41］ 方志威,侯海量,李永清,等.高强玻璃纤维板抗高速破片侵彻性能试验[J].工程塑料应用,2017,45(12):102-106.

［42］ 孟雷,程小全,胡仁伟,等.直升机旋翼复合材料桨叶结构设计与选材分析[J].高科技纤维与应用,2014,39(2):16-23.

［43］ 朱凯,沈超.高强玻璃纤维/3232A 复合材料性能研究[J].玻璃钢/复合材料,2012(3):67-69.

［44］ 杨岩.3232A/S4C10-800 玻璃粗纱预浸带的等同性评定[J].高科技纤维与应用,2013,38(2):38-42.

［45］ 胡和平,邓景辉.直升机旋翼桨叶复合材料选材现状与分析[J].直升机技术,2002(1):1-5.

［46］ 沈利新.高性能舰载雷达罩透波材料的优化设计[J].材料工程,2009(S2):119-122,126.

［47］ 刘梦媛,蔡良元,白树成.某工程用单脉冲相控阵天线平板天线罩工程化研制[C]//中国航空学会.大型飞机关键技术高层论坛暨中国航空学会 2007 年学术年会论文集,2007:10.

［48］ 日东纺织株式会社.玻璃纤维:CN103339076B［P］.2015-10-02.

［49］ 蔡积庆.低热膨胀高弹性模量玻纤环氧覆铜箔板[J].印制电路信息,2008(11):29-35.

［50］ 祖群.特种玻璃纤维应用与发展[A]//中国硅酸盐学会玻璃纤维分会.全国玻璃纤维专业情报信息网第 35 届年会暨中国硅酸盐学会玻纤分会会议资料,2014:28-41.

［51］ Nitto Boseki CoLtd. glass fiber having low dielectric constant and woven fabric of glass fiber made therefrom:Europe, EP1086930B1［P］.1999-12-15.

［52］ 舒尔兹.玻璃的本质结构和性质［M］.黄照柏,译.北京:中国建筑工业出版社,1984.

［53］ 杜钊.印刷电路板用低介电铝硼硅酸盐玻璃结构与性能的研究[D].济南:济南大学,2012.

［54］ 徐兴军,岳云龙,杜钊,等.TiO_2 对 $CaO-Al_2O_3-SiO_2$ 玻璃结构和性能的影响[J].玻璃纤维,2012,(2):1-4,8.

［55］ 黄三喜.稀土氧化物掺杂铝硼硅酸盐系统玻璃的制备[D].济南:济南大学,2015.

[56] 贾絮.稀土氧化物掺杂 Al_2O_3-B_2O_3-SiO_2 系统玻璃结构与性能的研究[D].济南:济南大学,2013.

[57] 袁伟伟.镁铝硼硅系低介电常数纤维玻璃的结构和性能研究[D].重庆:重庆理工大学,2016.

[58] 卢亚东.稀土氧化物对低介电玻纤结构与性能影响的研究[D].济南:济南大学,2018.

[59] 蒋利华,朱月华,张娜,等.低介电玻纤布研究现状及其在高频印制电路板的应用[J].玻璃纤维,2016(3):1-6.

[60] 李启甲,毕洁.玻璃熔制的减压澄清[C]//中国硅酸盐学会玻璃分会.全国玻璃窑炉技术研讨交流会论文集,2004:20-24.

[61] 梁德海.玻璃行业的节能降耗与污染减排[C]//中国硅酸盐学会玻璃分会.全国玻璃窑炉技术研讨交流会论文集,2007:1-17.

[62] 日东纺织株式会社.制造玻璃纤维用的玻璃熔融装置及利用该装置的玻璃纤维制造方法:CN102348655B[P].2014-03-26.

[63] 旭硝子株式会社.玻璃熔融物制造装置、玻璃熔融物制造方法、玻璃物品制造装置及玻璃物品制造方法:CN201580053034.X[P].2014-9-30.

[64] 程柳静.玻璃纤维电子布扁平化(开纤)技术的应用[J].玻璃纤维,2014(6):18-21.

[65] 杜甫.电子级玻璃纤维布开纤方法的研究[J].印制电路信息,2014(8):9-14.

[66] 粟俊华.低介电常数和低介质损耗覆铜板材料的介绍[J].印制电路信息,2011(4):17-24.

[67] 中信建投.掘金高频覆铜板基材新蓝海[EB/OL].(2018-08-13)[2020-03-06],http://www.cs.com.cn/gppd/sdqs/201808/t20180813_5856937.html.

[68] 沈宗华,董辉,姜欢欢,等.高频高速覆铜板材料研究进展[C]//中国电子材料行业协会覆铜板材料分会.第十四届中国覆铜板技术·市场研讨会论文集,2013:83-93.

[69] 周祝林,蒋汉生,陆贤巽,等."地面雷达天线罩用玻璃纤维增强塑料蜂窝夹层结构件规范"的试验论证及分析[J].纤维复合材料,1996(2):42-49,31.

[70] 中材科技股份有限公司.低介电透波玻璃纤维布规范:GJB 9473—2018[S].

[71] 辜信实,李志光.新型玻纤布和玻璃粉在覆铜板中的应用[J].覆铜板资讯,2015(1):43-45.

[72] 喻宗根,辜信实.高频覆铜板的开发[J].印制电路信息,2010(3):22-24.

[73] 张洪文.如何选择适合于设计3~6GHz电路的PCB基板材料[J].覆铜板资讯,2009(4):15-20.

[74] 石宗利,张媛,强小虎,等.CPP/PLLA单向纤维骨内固定复合材料制备和性能[J].机械工程学报,2004,40(11):53-57.

[75] HAN N,AHMED I,PARSONS A J,et al.Influence of screw holes and gamma sterilization on properties of phosphate glass fiber-reinforced composite bone plates[J].Journal of Biomaterials Applications,2013,27(8):990-1002.

[76] AHMED I,PARSONS A J,PALMER G,et al.Weight loss,ion release and initial mechanical properties of a binary calcium phosphate glass fibre/PCL composite[J].Acta Biomaterialia,2008,4(5):1307-1314.

[77] 中材科技股份有限公司.一种生物相容磷酸盐基连续玻璃纤维及由其制备的织物:CN105819697B[P/OL].2016-08-31.

[78] 中材科技股份有限公司.一种生物活性磷酸盐基连续玻璃纤维纺织复合材料及其用途:CN105818492B[P].2016-08-31.

[79] 赵谦,祖群,齐亮,等.分子动力学模拟预测氧化钠含量对二元钠硅酸盐玻璃弹性模量的影响[J].硅酸盐学报,2018,46(11):1558-1567.

［80］　DU J，CORMACK A N. The medium range structure of sodium silicate glasses：a molecular dynamics simulation［J］. Journal of Non-Crystalline Solids，2004，349(10-11)：66-79.

［81］　CHRISTIE J K ，AINSWORTH R I ，De Leeuw N H. Ab initio molecular dynamics simulations of structural changes associated with the incorporation of fluorine in bioactive phosphate glasses［J］. Biomaterials，2014，35(24)：6164-6171.

［82］　SMEDSKJAER M M ，HERMANSEN C ，YOUNGMAN R E . Topological engineering of glasses using temperature-dependent constraints［J］. MRS Bulletin，2017，42(1)：29-33

［83］　ZENG H ，YE F ，LI X ，et al. Elucidating the role of AlO 6 -octahedra in aluminum silicophosphate glasses through topological constraint theory［J］. Journal of the American Ceramic Society，2017，100 (4)：1396-1401.

［84］　宣秀君，杜戛健. 企业信息化与提升企业的核心竞争力［J］. 管理观察，2003(11)：15-17.

［85］　周兴华. 论企业信息化的前期准备工作［J］. 产业与科技论坛，2011(2)：220-221.

［86］　冯璐. 我国企业信息化建设的层次与模式分析［J］. 情报科学，2003(7)：74-76.

第3章 碳 纤 维

按照国际标准化组织的定义,碳纤维(carbon fiber)是利用有机前驱体形成的热解碳为原料的一类碳元素质量分数在 90% 以上的纤维[1]。在碳纤维结构中,碳原子间合成微晶结构并沿纤维轴取向,使碳纤维呈现非常高的比强度和比模量,应用于复合材料的增强体。碳纤维一般按照有机前驱体进行分类,主要有聚丙烯腈基(PAN-based)、沥青基(Pith-based)、黏胶基(Rayon-based)等碳纤维。此外,碳纤维还包括碳纳米纤维(CNF)和碳纳米管(CNT)等特种碳纤维。

碳纤维的发明主要集中在英国、美国和日本三个国家[2-5],源于人类对光明的追求——白炽灯的开发。英国人约瑟夫·威尔森·斯万爵士(Sir Jo-seph Wilson Swan)将细纸条碳化,于 1860 年发明了一盏以碳纸条为发光体的半真空碳丝电灯,1879 年美国人托马斯·阿尔瓦·爱迪生(Thomas Alva Edison)将椴树内皮、黄麻、马尼拉麻或大麻等富含天然线性聚合物的材料定型成所需要的尺寸和形状,并在高温下对其进行烘烤碳化成了碳纤维。1892 年爱迪生获得了美国专利,发明了最早商业化的碳纤维。但这类碳纤维还不是真正意义上的碳纤维,近半个世纪后,航空航天、体育休闲等领域的发展,对轻质高强的碳纤维增强复合材料提出了新的需求,碳纤维也在不断提升纤维强度和模量,提高产品质量和生产效率,降低制造成本等,成为名副其实的高性能纤维。

据不完全统计,国内已有 200 余册与碳纤维及其复合材料相关的中文专著或译著。在师昌绪、杜善义、季国标院士组织的"十二五"国家重点出版规划项目"高性能纤维技术丛书"中,由徐樑华、曹维宇、胡良全编著的《聚丙烯腈基碳纤维》于 2018 年出版[6]。该丛书详细介绍了 PAN 基碳纤维制备的全流程、碳纤维应用、碳纤维生产装备研制、碳纤维生产装置研制、生产过程安全运行保证等。山东大学王成国和朱波合著《聚丙烯腈基碳纤维》[7]对聚丙烯腈基碳纤维的全流程制造及碳纤维应用进行了论述。更早期译著是 1973 年出版的由北京航空工艺研究所赵渠森研究员编译的《高强度高模量碳纤维》[8],该书对国外碳纤维的发展特点和结构,以及碳纤维复合材料制造工艺及其应用进行了介绍。航天材料及工艺研究所的冯志海和李同起研究员合著的《碳纤维在烧蚀放热复合材料中的应用》[9]一书中系统阐述了碳纤维的表面特征、成分、结构和性能在烧蚀放热复合材料成型过程中的演变过程,并对烧蚀放热复合材料受碳纤维性能影响的规律给予介绍。国外碳纤维及其复合材料的专著或篇章也有数百份之多,从更多的角度论述碳纤维及其复合材料的科学与技术。本章参阅相关文献资料,介绍碳纤维研究基础、生产制造技术、工程应用和发展,旨在通过对碳纤维的进一步了解,能有助于推动碳纤维研究与应用。

3.1 PAN 基碳纤维

3.1.1 PAN 基碳纤维的结构与性能

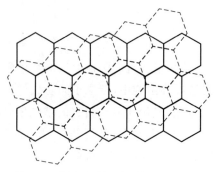

图 3.1 碳原子不规则的堆积混层结构

PAN 基碳纤维的结构一般由沿纤维轴向的不完全石墨化结构组成,属于乱层石墨结构与类石墨结构的共存体[6],前驱体 PAN 分子链的取向决定碳纤维中石墨结构的堆积大小和取向,使 PAN 基碳纤维的抗拉强度相对较高。图 3.1[10] 和图 3.2[1] 为 PAN 基碳纤维典型结构模型,碳纤维的一个显著的结构特征是在表面层中,石墨基面的方向是纤维的径向。碳化前驱体的表面结构具有相当数量的石墨边缘和非晶态区域,这些区域极有可能被表面处理所修饰。同时,由于石墨化前驱体的表面结构,石墨边缘和非晶态区域急剧减少,转变为石墨基面,石墨在石墨化过程中作为石墨晶体充分生长,基面对表面处理具有很强的抵抗能力。由于石墨基面在碳纤维表面形成的表面能较低,导致碳纤维的键合性能下降。

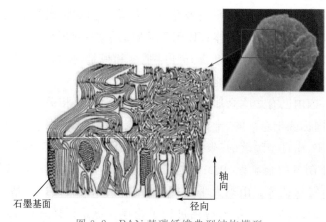

石墨基面

轴向

径向

图 3.2 PAN 基碳纤维典型结构模型

碳纤维属脆性材料,拉伸强度受到缺陷的强烈影响。碳纤维在前驱体聚合到预氧化和碳化等的过程中,都存在导致拉伸强度下降的因素。为降低表面缺陷的尺寸和数量,在掌握从前驱体聚合物到碳化过程各阶段物理化学转变知识的基础上,有针对性地开发从聚合到碳化的多项技术。碳纤维强度的提高历程如图 3.3 所示。利用电子显微镜对亚微米直径的拉伸断裂单丝进行了大量的观察,分析纤维的断裂机理。结果表明,表面缺陷的微型化(小到在电子显微镜下看不见),推动了碳纤维的拉伸强度的提升。中科院化学研究所研究了高性能 PAN 基碳纤维结构中微缺陷取向角 B_{eq} 和平均长度 L

与碳纤维模量间的关系,如图 3.4 所示,表明了随着模量增大微缺陷的角度与长度先增大后减小[11]。

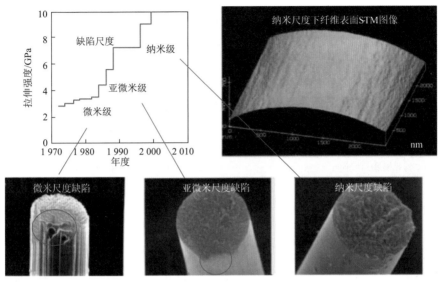

图 3.3 碳纤维微观缺陷与宏观力学性能

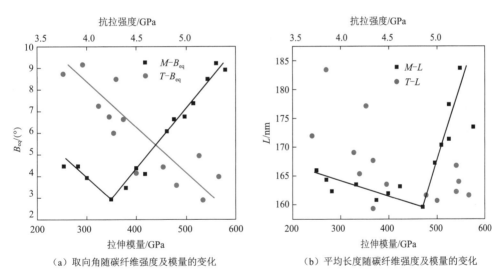

（a）取向角随碳纤维强度及模量的变化　　　（b）平均长度随碳纤维强度及模量的变化

图 3.4 微缺陷取向角 B_{eq} 和平均长度 L 与其碳纤维强度（T）和模量（M）的相关性

碳纤维的力学性能与其他纤维的对比如图 3.5 所示,PAN 基碳纤维的体密度仅为 $1.7\sim2.0 \text{ g/cm}^3$,因而比强度和比模量高,断裂伸长率在 $1.5\%\sim2.2\%$。图 3.6 所示为不同碳纤维力学性能对比,由图可知 PAN 基碳纤维力学性能变化范围宽,可设计性好,且具有良好的编织性能。PAN 碳纤维在碳纤维复合材料应用占比达 90% 以上。碳纤维热膨胀系数小,制品尺寸稳定性好;导电导热性好,不会出现蓄热和过热现象;生物相容性好,生理适应性强,具有优越的 X 射线穿透性。

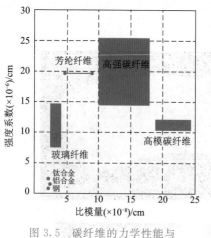

图 3.5 碳纤维的力学性能与
其他材料的对比

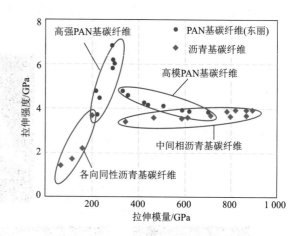

图 3.6 不同碳纤维力学性能对比

3.1.2 PAN 基碳纤维的制造技术

PAN 基碳纤维是以聚丙烯腈为前驱体而制备的,故其制备工艺首先要从丙烯腈单体的聚合开始。将丙烯腈单体聚合得到纺丝原液,可分为一步法和两步法:直接在溶剂中聚合,反应完成后脱除未反应的单体、引发剂和气泡,称为一步法;先聚合并分离出聚合体,再将其溶解在溶剂中,称之为两步法。纺丝原液经喷丝板喷出,如图 3.7 所示。一般采用湿法(纤维自喷丝板喷出后直接进入凝固浴中)或干喷湿法(纤维自喷丝板喷出后经过一段空气层后再进入凝固浴中)进行纺丝,形成聚丙烯腈初生纤维,两种方法区别如图 3.8 所示。凝固浴的作用是将溶液细流中的溶剂萃取出来并使非溶剂向细流内扩散,最终使溶液细流凝固成初生纤维。初生纤维还需经水洗、牵伸、热定型、干燥等一系列工序最终制得 PAN 原丝。

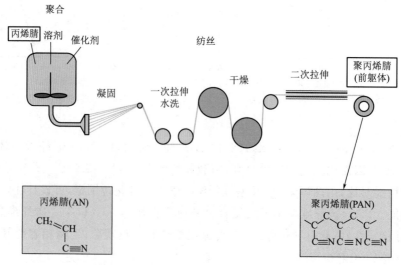

图 3.7 用于前驱体纤维生产的纺丝工艺[1]

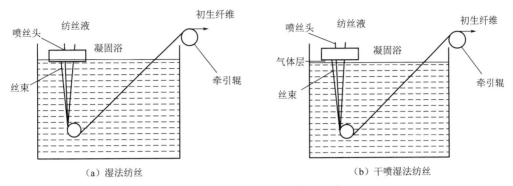

图 3.8 湿法与干喷湿法纺丝工艺

　　PAN 原丝通过预氧化、碳化、表面处理，方可得到 PAN 基碳纤维。如图 3.9 所示，预氧化的过程是指在 200～300 ℃的温度下对纤维进行梯度加热。在这过程中子氰基上的氮原子与相邻子氰基上的碳原子相结合发生环状交联，形成耐热耐温的吡啶环梯形结构。碳化是指将预氧丝在惰性气氛保护下通过梯度升温，脱除非碳元素，形成类石墨结构的碳纤维。这个过程可分为两个阶段：第一阶段是在 350～900 ℃之间，称之为低温碳化，低温碳化是要脱除一定量的非碳原子（排除了大量的水和二氧化碳、焦油、氢氰酸等），进一步稳定结构和提高致密性，为纤维承受更高碳化温度奠定结构基础；第二阶段是 1 000 ℃以上，称之为高温碳化，高温碳化使纤维的梯形结构逐步改变为平面片状共轭体系的乱层石墨结构，结构变化导致纤维产生明显增大的收缩应力和张力[12]。经过高温碳化后的纤维表面活性差，表面张力下降，与基体树脂的浸润性变差，会影响到后续制备的复合材料性能，所以要进行表面处理。表面处理的主要目的是使碳纤维表面生成大量的活性官能团，增大比表面积及粗糙度。表面处理的方法有气相氧化、液相氧化及电化学氧化。电化学氧化是目前最常用的方

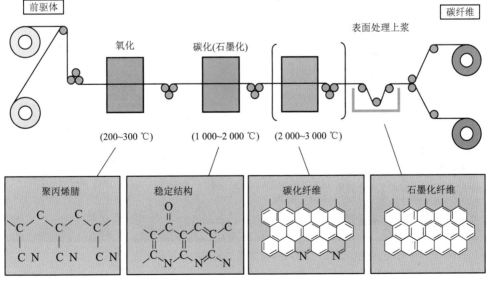

图 3.9 碳纤维热处理工艺流程

法,通常在线配套使用。利用碳纤维的导电特性使用碳纤维作为阳极进行电化学氧化,电解形成活性氧并氧化碳纤维表面,产生含氧官能团以提高其复合材料界面性能。碳纤维的氧化程度不同会影响界面性能,可由反应温度、电解质浓度、处理时间、电流大小等参数调节进行控制[13]。目前最常使用的是碳酸氢铵等铵类电解液,因为其不腐蚀设备,且电解效果较好。电化学氧化处理后的碳纤维要进行充分水洗、烘干。

原丝制备技术是 PAN 基碳纤维制备的核心技术,制备工艺可分为溶液湿法纺丝和干喷湿法纺丝两种[14]。湿法纺丝技术制备的纤维表面具有沟槽结构,该结构规整,有利于促进复合材料的界面性能。而干喷湿法纺丝技术纺丝速度快,成本较低,制备的碳纤维表面光滑无沟槽,纤维本身力学性能、耐磨性能较好而界面性能较差[15]。因其良好的耐磨性,一般适用于储氢气瓶等壳体缠绕方面。

碳纤维的表面形貌结构是影响复合材料界面结构性能的重要因素,图 3.10 为日本东丽、东邦公司典型碳纤维表面形貌[6],这种沟槽状表观来源于湿法纺丝工艺制备的原丝。如前所述,碳纤维具有较强的惰性,与高分子树脂等基体结合性差,影响复合材料力学性能的发挥,在碳纤维制备过程中还需对其表面进行处理,目前工业上基本都是电解氧化法处理。此外,还需对碳纤维进行上浆,类似于玻璃纤维浸润剂,但组分与浸润剂组分不同。碳纤维上浆的作用是将碳纤维集束,改善碳纤维的加工工艺性能,减少碳纤维之间摩擦,同时在碳纤维表面形成的聚合物层能够起到类似玻璃纤维浸润剂中的偶联剂作用,改善碳纤维与树脂基体之间的化学结合,提高复合材料的界面性能。碳纤维上浆剂需综合考虑成膜性,对纤维的保护性,与树脂的相容性、环保性和成本等,根据相似相溶原则,选择与基体树脂材料类似的组分,如环氧树脂体系上浆剂等。

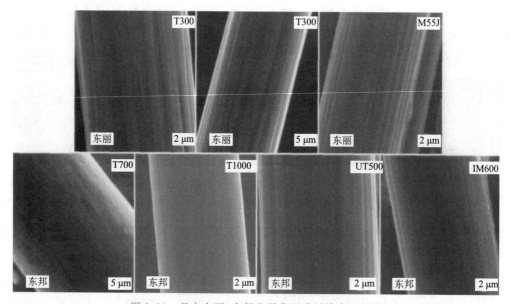

图 3.10　日本东丽、东邦公司典型碳纤维表面形貌

3.1.3 PAN 基碳纤维的工程应用

由于碳纤维的优异性能,使其成为先进复合材料最为重要的增强材料。碳纤维复合材料具有轻质高强、耐高温、耐腐蚀、耐疲劳、结构尺寸稳定性好、可设计性强等优点,在航空航天、国防军工和民用工业等各个领域得到了广泛应用。

表 3.1 和 3.2 分别为日本东丽公司和中国威海拓展纤维有限公司 PAN 基碳纤维的性能参数。碳纤维编织性良好,可编织成三维立体织物预制体,与树脂或陶瓷基复合材料具有优异的结构功能一体化特性。

表 3.1 日本东丽公司 PAN 基碳纤维的有关性能参数

规格		丝数/根	拉伸强度 /MPa	拉伸模量 /GPa	伸长率/%	线密度 /(g·km⁻¹)	密度 /(g·cm⁻³)	含碳量 /%
T300	1K	1 000	3 530	230	1.5	66	1.76	93
	3K	3 000	3 530	230	1.5	198	1.76	93
	6K	6 000	3 530	230	1.5	396	1.76	93
	12K	12 000	3 530	230	1.5	800	1.76	93
T300B	1K	1 000	3 530	230	1.5	66	1.76	93
	3K	3 000	3 530	230	1.5	198	1.76	93
	6K	6 000	3 530	230	1.5	396	1.76	93
	12K	12 000	3 530	230	1.5	800	1.76	93
T400HB	3K	3 000	4 410	250	1.8	198	1.8	94
	6K	6 000	4 410	250	1.8	396	1.8	94
T700SC	6K	12 000	4 900	500	2.1	800	1.8	93
	12K	24 000	4 900	500	2.1	1 650	1.8	93
T800SC	24K	24 000	5 880	294	2	1 030	1.8	—
T800HB	6K	6 000	5 490	294	1.9	223	1.81	96
	12K	12 000	5 490	294	1.9	445	1.81	96
T830HB	6K	6 000	5 340	294	1.8	223	1.81	96
T1000GB	12K	12 000	6 370	294	2.2	485	1.81	95
M35JB	6K	6 000	4 510	343	1.3	225	1.75	99
	12K	12 000	4 700	343	1.4	450	1.75	99
M40JB	6K	6 000	4 400	377	1.2	225	1.77	99
	12K	12 000	4 400	377	1.2	450	1.77	99
M46JB	6K	6 000	4 200	436	1.0	223	1.84	99
	12K	12 000	4 200	436	0.9	445	1.84	99
M50JB	6K	6 000	4 120	475	0.9	216	1.88	99

续上表

规格		丝数/根	拉伸强度 /MPa	拉伸模量 /GPa	伸长率/%	线密度 /(g·km⁻¹)	密度 /(g·cm⁻³)	含碳量 /%
M55J	6K	6 000	4 020	540	0.8	218	1.91	99
M55JB	6K	6 000	4 020	540	0.8	218	1.91	99
M60JB	3K	3 000	3 820	588	0.7	103	1.93	99
M30SC	18K	18 000	5 490	294	1.9	760	1.73	—

表 3.2　中国威海拓展纤维有限公司 PAN 基碳纤维有关性能参数

规格		单丝直径 /μm	丝数 /根	拉伸强度 /MPa	拉伸模量 /GPa	伸长率 /%	线密度 /(g·km⁻¹)	体密度 /(g·cm⁻³)	含碳量 /%
GQ3522W	3K	7.0	3 000	3 530	230	1.5	198	1.78	93
	6K	7.0	6 000	3 530	230	1.5	400	1.78	93
	12K	7.0	12 000	3 530	230	1.5	800	1.78	93
	24K	7.0	24 000	3 530	230	1.5	1 600	1.78	93
	48K	7.0	48 000	3 530	230	1.5	3 200	1.78	93
GQ4522W	3K	7.0	3 000	4 900	255	1.9	198	1.78	94
	12K	7.0	12 000	4 900	255	1.9	800	1.78	94
GQ4522D	12K	7.0	12 000	4 900	230	2.1	800	1.80	93
	24K	7.0	24 000	4 900	230	2.1	1 600	1.80	93
QZ5526W	6K	5.0	6 000	5 490	294	1.9	223	1.80	96
	12K	5.0	12 000	5 490	294	1.9	445	1.80	96
	24K	5.0	24 000	5 490	294	1.9	890	1.80	96
QZ5526D	12K	5.0	12 000	5 880	294	2.0	515	1.80	96
	24K	5.0	24 000	5 880	294	2.0	1 030	1.80	96
QZ6026D	12K	5.0	12 000	6 370	294	2.2	510	1.80	96
GM3040W	3K	7.0	3 000	2 740	392	0.7	182	1.81	99
	6K	7.0	6 000	2 740	392	0.7	364	1.81	99
	12K	7.0	12 000	2 740	392	0.7	728	1.81	99
QM4035W	6K	5.0	6 000	4 410	377	1.2	225	1.78	99
	12K	5.0	12 000	4 410	377	1.2	450	1.78	99
QM4040W	6K	5.0	6 000	4 210	436	1.0	223	1.84	99
	12K	5.0	12 000	4 210	436	1.0	445	1.84	99
QM4045W	6K	5.0	6 000	4 120	475	0.9	218	1.88	99
	12K	5.0	12 000	4 120	475	0.9	436	1.88	99

续上表

规格		单丝直径/μm	丝数/根	拉伸强度/MPa	拉伸模量/GPa	伸长率/%	线密度/(g·km⁻¹)	体密度/(g·cm⁻³)	含碳量/%
QM4050W	3K	5.0	3 000	4 020	540	0.8	109	1.91	99
	6K	5.0	6 000	4 020	540	0.8	218	1.91	99
QM4055W	3K	5.0	3 000	3 820	588	0.7	103	1.93	99
	6K	5.0	6 000	3 820	588	0.7	206	1.93	99

制造复合材料构件碳纤维增强基材产品有碳纤维料粒、SMC 片材、短切纤维、织物、丝束和预浸料等,预浸料是由碳纤维纱或布、树脂、离型纸等材料构成的片材,经过涂膜、热压、冷却、覆膜、卷取等工艺加工成的半固化复合材料产品。复合材料构件加工工艺包括挤出、喷射、模压、RTM、丝束缠绕、自动铺放和真空热压罐等,各工艺用原料及复合材料构件特点见表 3.3[1]。

表 3.3 碳纤维复合材料产品工艺及特性

成型工艺	材料形态	产品形态	工艺特点	产品性能	生产效率	备注
注射成型	粒料	可以成型复杂形态	大批量生产、产品尺寸较小	×	◎	
模压成型	片材片状模塑料(SMC)预浸料	多数呈扁平形态	大批量生产、产品尺寸较大	×—△	◎	非连续纤维
喷射成型	短切纤维	可以成型复杂形态	中等批量生产、产品尺寸中到大型	×—△	○	
树脂传递模型(RTM)	织物	可以成型复杂形态	中等批量生产、产品性能较好	○—◎	△	连续纤维
缠绕成型(FW)	纤维束	螺旋桨状、圆筒状、轴状	中等批量生产、产品性能较好	○—◎	△—○	
热压罐成型	预浸料	扁平状、曲面状	小批量生产、产品性能较好	◉	×	

注:1. ×、△、○、◎分别表示产品性能或生产效率较低、中等、较高、高;
2. —表示介于两种性能之间。

(1)航空航天应用

如图 3.11 所示,碳纤维在航空器上应用的范围越来越广。从 20 世纪 60 年代末到 20 世纪 70 年代初,碳纤维复合材料首次应用于军用飞机,并在 F 系列战斗机中逐步增加用量占比,碳纤维复合材料的使用有利于提高战机的超高音速巡航、超视距作战、高机动性和隐身等特性。随后碳纤维复合材料开始向民用飞机上发展,有效减轻了飞机的质量。美国波音公司推出的 B787 飞机上约 60% 的结构部件都是采用强化碳纤维塑料复合材料制成,是世界上第一款采用复合材料作为主承力结构件的大型商用喷气式客机[16,17]。

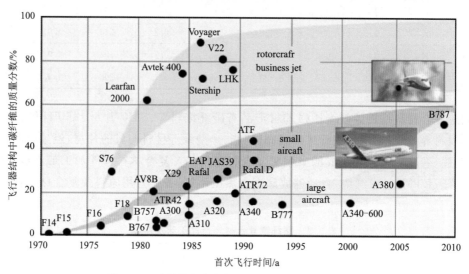

图 3.11　碳纤维复合材料在航空飞行器上应用历史

除飞机外,碳纤维还成功应用于尖端武器装备上。将碳纤维复合材料应用在战略导弹的弹体和发动机壳体上,可极大减轻导弹自身质量以增大导弹的射程和突击能力。采用碳纤维与塑料制成的复合材料制造的战略导弹质轻而动力消耗少,可节约燃料并增加航程。据报道,战略导弹的弹头质量每减少 1 kg 就可增程 20 km[18]。

冯志海等人研究了 T300 级碳纤维增强碳/碳烧蚀防热复合材料涉及的基础问题,探索了碳纤维结构、成分和表面特征等的演变规律和碳纤维性能变化规律,阐明了碳纤维的特征与碳/碳复合材料性能的关系[19]。结果表明,碳纤维中非碳杂元素随着热处理温度升高而逐渐逸出,在 1 800 ℃ 以下基本完成,同时碳纤维的结构发生向类石墨结构的转变,1 800 ℃以上碳纤维结构变化则主要为内部碳层的长大和调整。碳纤维中的非碳杂元素是造成碳纤维抗氧化性能和力学性能下降的主要原因[19]。虽然国产碳纤维与进口碳纤维在成分、结构和表面特征等方面存在一些差异,但通过国内研究人员的努力,经过碳/碳工艺适应性调整,使国产碳纤维可以在烧蚀防热复合材料中应用。

(2)交通轻量化应用

碳纤维目前已实现作为汽车、高铁等交通工具装饰材料的应用,未来在结构材料方面也具有极大的潜力。大幅度提高碳纤维的用量占比,可助力实现汽车轻量化,大大节约能源消耗。中科院研发的碳纤维汽车中大量使用了碳纤维复合材料,该车比普通汽车质量减轻了60%,在同样用油情况下,每小时可以多行驶 50 km[16]。而且,碳纤维的抗冲击性能更好,可提高汽车的整体安全性。用碳纤维做成的方向盘,机械强度和抗冲性更高。

(3)土木建筑应用

碳纤维在工业与民用建筑物的加固补强中具有良好的应用。用碳纤维管制作的桁梁构架屋顶,比钢材轻50%左右,使大型结构物达到了实用化的水平,而且施工效率和抗震性能得到了大幅度提高。此外,碳纤维补强混凝土结构时,减少了螺栓等连接材料的使用,对原混凝土结构扰动较小,施工工艺简便[20]。

(4)体育休闲应用

碳纤维轻质高强,因而取代金属材料被推广应用于球拍、球杆、钓鱼竿、自行车、滑雪杖、滑雪板、帆板桅杆、航海船体等运动用品[21]。

(5)其他应用

除了用于航空航天领域、国防领域和体育用品外,碳纤维在风力发电叶片、钻井平台、压力容器、医疗器械、海洋开发、新能源等领域也有广阔的应用前景[22]。

3.2 沥青基碳纤维

3.2.1 沥青基碳纤维的结构与性能

如图3.12所示,沥青基碳纤维的起始材料大致分为两类:通用型碳纤维和高性能碳纤维。来自各向同性沥青的碳纤维,即使经过高温煅烧也不能形成石墨结构,通常称为通用型碳纤维;由于碳纤维具有高强度、高模量的特性,由中间相沥青衍生而来的碳纤维经高温煅烧而形成石墨结构,被称为高性能碳纤维。沥青基碳纤维是以短纤维的形式提供的,因其难以工业化生产连续纤维,这一点是沥青基碳纤维的最大的不足。尽管连续沥青基碳纤维比短纤维生产难度大得多,但其应用前景是广阔的。

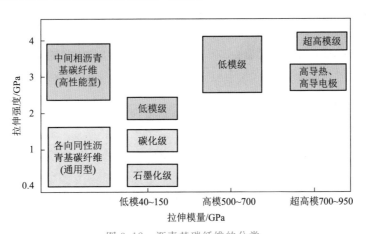

图3.12 沥青基碳纤维的分类

以中间相沥青为原料制备的碳纤维,其石墨层取向于纤维轴的方向如图3.13所示。位于石墨层方向上的碳碳双键(称为"a"方向)具有极高的强度和刚度,这种晶体结构反映在最终产品碳纤维的强度和刚度上。此外,沥青基碳纤维在室温左右的负热膨胀系数和极高的导热系数,是由这种石墨"a"方向的特性决定的,这些特性是石墨晶体高模量沥青基碳纤维的重要性能。当采用不具有液晶性质的各向同性螺距作为起始材料时,上述石墨层沿纤维轴方向的取向和石墨晶体的生长是不够的。因此,碳纤维的拉伸模量和强度较低,导热系数较低,正热膨胀系数。这些性能与包括 PAN 基碳纤维在内的普通碳纤维有很大的不同。从图 3.14 和图 3.15 的电镜图中可以看出,各向同性沥青基碳纤维具有明显不同的截面和纤维结构。因此,在纤维形成过程中,沥青基碳纤维的特性可以通过原始沥青的性质或石墨晶体生长的控制而发生不同程度的变化。

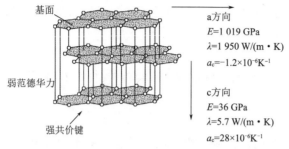

a方向
$E=1\,019\,\text{GPa}$
$\lambda=1\,950\,\text{W/(m·K)}$
$a_c=-1.2\times10^{-6}\text{K}^{-1}$

c方向
$E=36\,\text{GPa}$
$\lambda=5.7\,\text{W/(m·K)}$
$a_c=28\times10^{-6}\text{K}^{-1}$

图 3.13　石墨的晶体结构

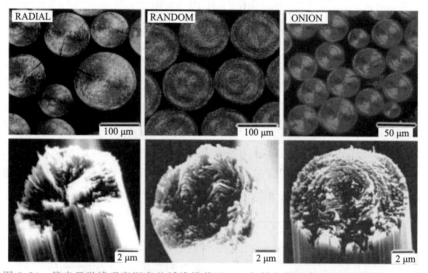

图 3.14　偏光显微镜观察沥青基纤维横截面(上)扫描电镜观察石墨纤维横截面(下)

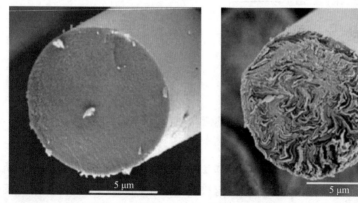

图 3.15　XN-05®无定形碳纤维(左)和高模量碳纤维(右)扫描电镜 SEM 照片

　　图 3-16 为 PAN 基和沥青基,如日本石墨纤维公司(简称 NGF)和通用沥青基碳纤维的拉伸强度与拉伸模量之间的关系。商用 PAN 基碳纤维的抗拉强度最高可达 6 500 MPa;而

标准型 PAN 碳纤维拉伸模量为 230～300 GPa，最大为 600 GPa。对于沥青基碳纤维，低模量型的拉伸模量约 50 GPa，最高模量级的拉伸模量可达 900 GPa 以上。

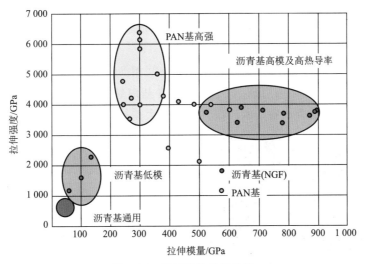

图 3.16　碳纤维的机械性能

3.2.2　沥青基碳纤的制造技术

沥青基碳纤维的生产工艺如图 3.17 所示。

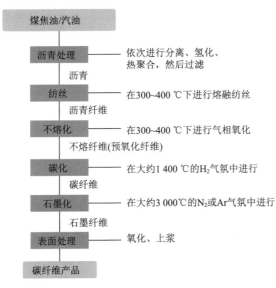

图 3.17　沥青基碳纤维生产工艺流程

1. 沥青的处理工艺

沥青基碳纤维的原料来源于石油、煤炭等芳香族有机物。一般为石油炼制过程中流体催化裂化(FCC)装置所产生的底油、石脑油裂解装置所产生的乙烯底油、焦炭生产过程中所产生的煤焦油。利用超强酸催化剂,以萘、甲基萘、蒽等为原料,通过聚合反应合成了一些沥青。一般来说,这些粗沥青必须通过蒸馏、溶剂萃取、机械分离等方法进行提纯,以去除杂质,并通过加氢改性。必要时,通过热聚合得到可纺性高的沥青。在此阶段,纺丝原料沥青的软化点需要适当调整。纺丝原料沥青大致分为不含液晶的各向同性沥青和含液晶的中间相沥青。

图 3.18(a)和图 3.18(b)分别为各向同性和中间相沥青基碳纤维的偏振光显微镜照片。各向同性沥青基由非石墨化碳组成,而中间相沥青基由易石墨化碳组成。由于原沥青的石墨化性能不同,这两种沥青制备的碳纤维性能有很大差异。

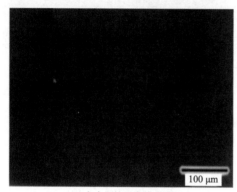 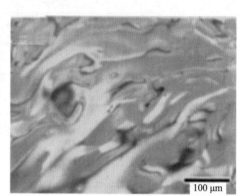

100 μm   100 μm

（a）各向同性沥青基碳纤维　　　　　　　　（b）中间相沥青基碳纤维

图 3.18　各向同性沥青基碳纤维的偏光显微镜图

在各向同性沥青基碳纤维中,由于软化温度降低,纺丝温度降低,纺丝更加容易。然而,在所得到的沥青基碳纤维的熔融过程(对应于 PAN 基碳纤维的稳定化过程或氧化过程)中,软化点较低的纤维熔融变得更加困难。作为一种折中,为了保持各向同性,获得尽可能高的软化温度是很重要。对于中间相沥青,试图提高各向异性必会导致软化温度升高。软化温度越高,纺丝操作温度越高。由于纺丝过程中的分解和聚合,导致纺丝性能明显下降。因此,有必要在适当的软化温度下制备中间相沥青,以保持较大的各向异性区域。

2. 纺丝工艺

对于各向同性沥青这种材料,由于纤维的取向和内部作用一般较弱,因此纺丝方法和纺丝条件对产品纤维的性能和结构影响不大。而对于中间相沥青这种材料,纺丝方法和纺丝条件对产品纤维的结构影响较大。在毛细管喷嘴[23]流动过程中,中间相沥青的聚合物液晶发生取向,液晶的芳香环的取向与纤维轴向相同。另一方面,与 PAN 基碳纤维一样,由非线性聚合物分子组成的中间相沥青可以在垂直于纤维轴的横截面方向上形成有序取向的结构。

图 3.14 显示中间相沥青基碳纤维横断面的径向、随机和洋葱状特征截面结构,该特征截面结构是由纺丝工艺条件决定。图 3.13 上部为从毛细管喷嘴流出的未拉伸沥青基碳纤维截面的偏振光显微镜照片。这些照片表明,径向、洋葱状的定向结构是由中相沥青的定

向形成。另一方面,图 3.18(a)所示的 XN-05 碳纤维(NGF)的各向同性沥青没有显示特征横截面结构,图 3.18(b)是观察到的中间相沥青基碳纤维。

透射电子显微镜(TEM)拍摄的碳纤维纵断面网格条纹图像如图 3.19(a)所示。各向同性沥青基 XN-05 碳纤维(来自 NGF)透射电镜照片虽然没有观察到石墨结构的发展,但从高模量中间相沥青基碳纤维的有序晶格条纹图像[图 3.19(b)],可以清楚地看出石墨结构沿纤维轴向的发展。

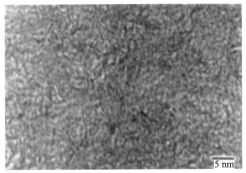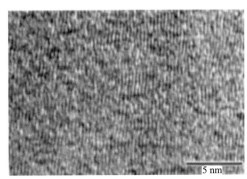

（a）非晶态碳纤维　　　　　　　　　　（b）高模量碳纤维

图 3.19　XN-05 沥青基碳纤维沿纤维长度方向表面晶格条纹图

3. 不熔工艺

不熔工艺是指保护纤维在随后的高温碳化过程中,不发生软化或熔融的过程。这种不熔过程会导致沥青基碳纤维的交联和脱氢,这是一个温度比熔融纺丝得到的沥青基碳纤维软化温度低的氧化过程。换句话说,不熔是沥青基纤维的氧加成反应,是一种固气反应,氧通过沥青固体扩散渗透后与沥青分子的活性组分发生反应[13,14]。因此,工业上该反应是一种固相扩散受限反应,重要的是控制氧化反应放出的热量。

4. 碳化、石墨化和表面处理工艺

碳化是利用在氮气或氩气等惰性气体中对注入纤维进行热处理的过程。在此过程中,以 CO_2、CO 等形式去除前一次注入过程中引入的氧气,同时生成 H_2 和碳氢化合物,如 CH_4、C_2H_6 等。与 PAN 基碳纤维和人造丝基碳纤维不同的是,沥青基碳纤维的碳化率高达 80% 左右,这主要取决于原始沥青的性质和注入过程的条件。在碳化过程后,如有必要,对碳纤维进行石墨化处理。在这一过程的几至几十秒内,石墨的晶体生长得到了实现。其次,对碳化或石墨化碳纤维进行表面处理,主要是为了提高纤维与树脂的黏接性。该工艺对连续型纤维是必不可少的,一般采用电解氧化法制备,与 PAN 基碳纤维一样。最后,对纤维进行施胶处理,从而完成了沥青基碳纤维。

3.2.3　沥青基碳纤维的工程应用

表 3.4 为日本石墨纤维公司沥青基碳纤维性能。

表 3.4　日本石墨纤维公司沥青基碳纤维

规格		丝数/根	拉伸强度/MPa	拉伸模量/GPa	伸长率/%	线密度/(g·km⁻¹)	体密度/(g·cm⁻³)
YSH-70A	1K	1 000	3 630	720	0.5	75	2.14
	3K	3 000	3 630	720	0.5	250	2.14
	6K	6 000	3 630	720	0.5	520	2.14
	12K	12 000	3 630	720	0.5	1 040	2.14
YSH-60A	1K	1 000	3 830	630	0.6	75	2.12
	3K	3 000	3 830	630	0.6	250	2.12
	6K	6 000	3 830	630	0.6	520	2.12
	12K	12 000	3 600	630	0.5	1 040	2.12
YSH-50A	1K	1 000	3 830	520	0.7	75	2.10
	3K	3 000	3 830	520	0.7	250	2.10
	6K	6 000	3 830	520	0.7	520	2.10
XN-90	6K	6 000	3 430	860	0.4	880	2.19
XN-80	6K	6 000	3 430	780	0.5	890	2.17
	12K	12 000	3 430	780	0.5	1 780	2.17
XN-60	6K	6 000	3 430	620	0.6	890	2.12
	12K	12 000	3 430	620	0.6	1 780	2.12
XN-15	3K	3 000	2 400	155	1.5	470	1.85
XN-10	3K	3 000	1 700	110	1.6	475	1.70
XN-05	3K	3 000	1 100	54	2.0	410	1.65

图 3.20 为 XN-05(弹性模量 54 GPa)沥青基和其他 PAN 基(弹性模量 230 GPa)碳纤维层合板静冲击弯曲断裂试验结果。从图中可以看出,含 XN-05 层的层合板的吸振能力比仅用 PAN 基碳纤维制成的层合板提高了 3 倍[25]。图 3.21 为碳纤维增强塑料(CFRP)试件弯曲断裂试验后的截面图,低模量沥青基碳纤维(XN-05)试样的初始弯曲断裂发生在拉伸侧,因为压缩断裂应变大于拉伸断裂应变。对于通用 CRFP(PAN-230 GPa),压缩破坏应变小于拉伸破坏应变,因此初始断裂发生在压缩侧处[12]。从图中可以看出,表面由低模量沥青基碳纤维组成的夹层试样的总强度和断裂吸收能均有所提高。这是因为聚丙烯腈基碳纤维在表面能够承受最大的压缩应变,有效地提高了碳纤维的抗拉强度。

沥青基碳纤维以中间相沥青为原料,其最大的特点是在纤维轴向容易获得高导热性和高拉伸模量。如图 3.22 所示,某些沥青基碳纤维的导热系数高达 1 000 W/(m·K),远优于金属材料。此外,沥青基碳纤维的负热膨胀系数可以通过沥青基碳纤维与其他基体的结合方便地实现零热膨胀系数材料。

利用沥青基碳纤维高热导率和负热膨胀系数的特点制作天线反射器、太阳能阵列等各种卫星部件,开辟了沥青基碳纤维新的应用,这种导热系数高于金属的高导热材料在电子设备领域也得到了广泛的应用,如热接口和高导热电路板等。

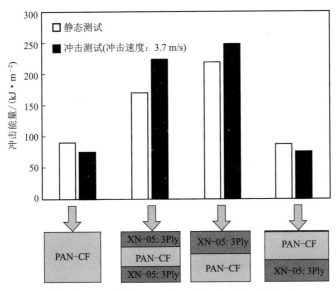

图 3.20 用低模量碳纤维改进初始能量（XN-05）

XN-05　　　　　　　PAN-230 GPa　　　　　　XN-05/PAN/XN-05

图 3.21 弯曲试验的弯曲破坏模式

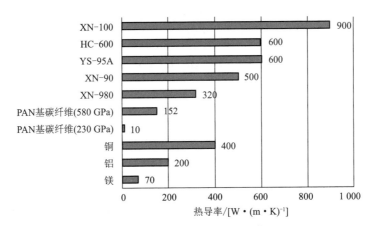

图 3.22 不同材料的导热性能

此外,沥青基高模量碳纤维具有较好的减振性能。与金属或陶瓷材料相比,CFRP 具有良好的减振性能。沥青基碳纤维的阻尼性能优于聚丙烯腈基碳纤维,这一趋势在拉伸模量较高的碳纤维中表现得更为明显。这些特点适用于输送大型液晶面板和机床制造部件的机械手,缩短了加工时间,提高了加工精度。这种减振特性也为运动休闲领域做出了贡献,例如高尔夫球杆和球拍的良好击球感和自行车的可用性的提高。

3.3 黏胶基碳纤维

碳纤维最初起源时就尝试过将棉、麻、黏胶等各种纤维素纤维用作原料制备碳纤维,其中黏胶因其纤维截面为圆形,且纤维强度高,均匀性好,微晶含量高而更适合于工业化生产。经过人们的不断研究开发,连续黏胶基碳纤维于 1961 年正式面世。随后由于 PAN 基碳纤维更具优势,黏胶基碳纤维逐渐不受重视,产量有所下降。但在航天工业中,由于黏胶基碳纤维具有密度低、纯度高、断裂伸长率大等优良性能,美国、俄罗斯等国依然保留一定的生产规模[26]。国内东华大学潘鼎教授团队对黏胶基碳纤维基础与应用进行了系统的研究[26-32],对黏胶基碳纤维国产化做出了重要贡献。本节对国内黏胶基碳纤维研究与应用情况进行介绍。

3.3.1 黏胶基碳纤维的结构与性能

黏胶基碳纤维(RCF)是最早开发并实现工业化生产的一种碳纤维。与 PAN 基碳纤维、沥青基碳纤维相比,黏胶基碳纤维具有如下独特的性能[33]:

(1)密度低,制造的构件更轻。

(2)石墨化程度较低,导热系数小,是理想的隔热材料。

(3)碱金属及碱土金属含量低,飞行过程中因燃烧产生的钠光弱,不易被雷达发现。

(4)生物相容性好,可以用于制造医用生物材料,如医用电极、韧带、骨架板和假骨[34]。

黏胶基碳纤维也有不足之处,最主要的是生产过程中因操作条件难以控制,生产左旋葡萄糖等副产物造成设计碳收率较低,碳纤维强度不理想。因此,该材料通常只用于航空航天非承压及民用领域。表 3.5 为黏胶基碳纤维的一些物理性能[34]。

表 3.5 普通黏胶基碳纤维性能

性能	黏胶基碳纤维	黏胶基石墨纤维
纤维直径/μm	5～7	5～7
拉伸强度/MPa	400～600	600～800
弹性模量/GPa	25～35	60～80
延伸率/%	1.5～2.0	1.0～1.5
密度/(g·cm^{-3})	1.4	1.5～1.8
电阻率($\times10^{-2}$)/(Ω·cm)	4	4
碳的质量分数/%	91～95	99.6

除强度平均值外,不匀率(CV 值)亦是评判碳纤维力学性能优劣的重要指标之一。理论研究已证明,碳纤维内部存在的缺陷是导致其强度远小于理论值 180 GPa 和分散性较大的主要原因。研究黏胶基碳纤维氧化阶段给予不同的拉伸比对纤维力学性能影响,结果表明纤维在完全松弛的状态下被氧化,获得的黏胶基碳纤维强度平均值较高[35]。这是由于氧化阶段的纤维本身强度较低,无法承受外力拉伸,较大的拉伸比会导致新的缺陷产生,甚至导

致纤维断裂,影响碳纤维强度。故在氧化阶段应保持纤维处于完全松弛状态,获得最高的强度,并尽可能降低不匀率。而实际的生产中因考虑纤维自重,碳纤维不能完全松弛,需给予一定张力避免与氧化炉管下壁摩擦而影响质量[35]。

东华大学等开展了国产细旦的黏胶基原丝碳化的探索,研究发现细旦原丝纤维较常规原丝相比制备的碳纤维性能更高,且可在碳化中施加适当张力使强度显著提高[36,37]。

3.3.2　黏胶基碳纤维的制造技术

黏胶基碳纤维的原料来自木材、竹子、棉花等天然植物中的天然纤维素,经蒸煮、精选、漂白、再精选、抄浆、脱水干燥等一系列步骤,最终得到纤维素浆粕。纤维素浆粕通过碱化、老成、黄化、溶解、纺丝等工艺制备得到黏胶纤维原丝,再通过酸洗、水洗、催化浸渍、氧化、碳化等工艺得到黏胶基碳纤维。其生产过程相对于 PAN 基碳纤维的工艺多了前处理,如图 3.23 所示[38]。由于黏胶纤维在生产过程中工艺要求的关系,可能会存在部分金属离子,这对后续的碳化过程是不利的,容易造成碳纤维的空洞缺陷,需要提前去除。酸洗和水洗的目的就是去除黏胶纤维中残留的金属离子。催化浸渍的作用主要是为了改变裂解历程,使黏胶纤维在裂解过程中尽可能提高碳收率[39,40]。

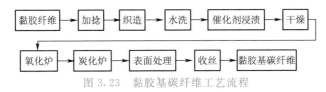

图 3.23　黏胶基碳纤维工艺流程

热分解分四个阶段,反应过程如图 3.24 所示。

阶段一(25～150 ℃):分子间脱水。

阶段二(150～240 ℃):分子内开始脱水,生成了 C＝O、C＝C 键。

阶段三(240～400 ℃):热裂解和分子内脱水,生成碳四残链(碳四残链是转化为碳纤维的结构基础)。

阶段四(400～700 ℃):乱层石墨结构的形成。

黏胶丝的裂解反应分为两步,一是纤维素的脱水、重排、碳碳双键的羧基的析出、二氧化碳、一氧化碳、水的放出和残碳的生成;二是纤维素的解聚,生成左旋葡萄糖等挥发性焦油。黏胶纤维如果以水的形式脱去分子中的 H、O 等,则其理论得率将大于 44%,但生产的实际收率不足 30%。

同样,黏胶基碳纤维的强度主要受微结构、裂纹和缺陷、表面形态等因素的影响。首先,黏胶丝的质量对黏胶基碳纤维的强度影响至关重要,黏胶丝的皮芯结构原丝直径离散系数越小,截面形状越近似圆形、纤度越小,则强度离散越小,易于得到高强度碳纤维。东华大学吴琪琳、潘鼎等以 Lyocell 纤维作为碳丝原丝[41],采用常规的黏胶基碳纤维催化体系,制备出强度为国内常规碳纤维强度 2 倍的 Lyocell 基碳纤维。Lyocell 纤维是用杂环的有机溶剂 N-甲基吗啡-N-氧化物的水溶剂直接溶解纤维素熔窑,再经凝固浴析出制得,该制备方法解决了传统黏胶基纤维生产的高污染、高能耗的问题,同时所制得纤维的结构为全皮层结构,截面为圆形,结晶度高,性能优异。

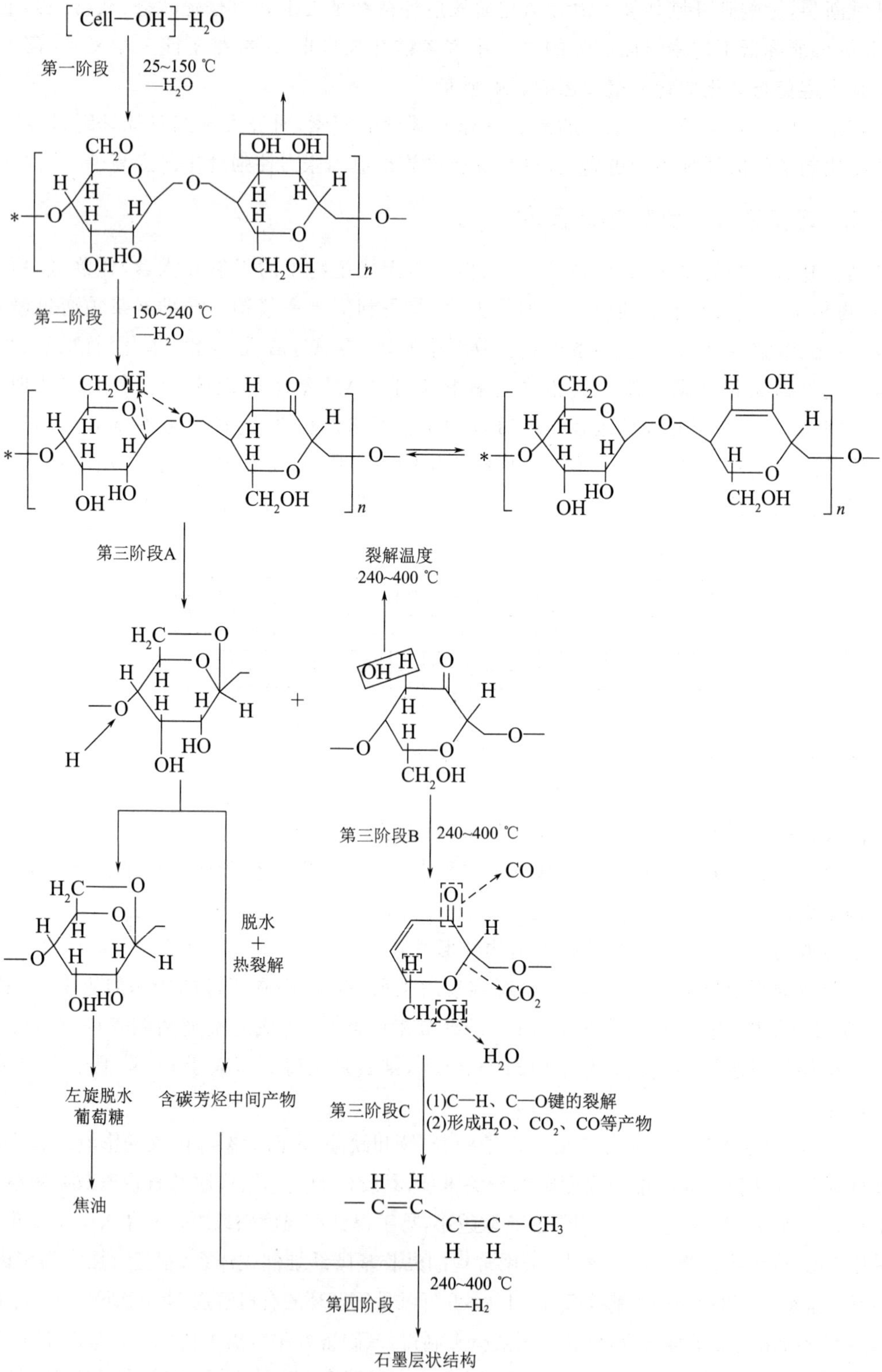

图 3.24 纤维素转化为碳纤维的反应

3.3.3 黏胶基碳纤维的工程应用

1. 武器装备

利用黏胶基碳纤维耐烧蚀的特性和酚醛树脂残碳量高、焦化强度高和发烟量少的优势，将二者的性能叠加，获得具有优异综合性能的复合材料，美国和俄罗斯将黏胶基碳纤维增强酚醛树脂复合材料用于战略武器的隔（防）热材料。因此，美国和俄罗斯仍然保留有年产百吨级黏胶基碳纤维的生产能力。

黏胶基碳纤维可作为导弹大面积放热层的主要骨架材料，其性能关系到导弹的作战性能。表 3.6 为黏胶基碳纤维和 PAN 基增强酚醛树脂（S-157）复合材料的线烧蚀和质量烧蚀对比[42]，黏胶基碳纤维复合材料的氧-乙炔线烧蚀率和质量烧蚀率均小于 PAN 基碳纤维复合材料，其中氧-乙炔线烧蚀率前者是后者的 65%，质量烧蚀率前者是后者的 92%，而且黏胶基碳纤维复合材料的氧-乙炔线烧蚀率和质量烧蚀率的离散系数也小于 PAN 基碳纤维复合材料。

表 3.6　S-157PF/PCF 与 S-157PF/RCF 的氧-乙炔烧蚀试验对比

复合材料	线烧蚀			质量烧蚀		
	线烧蚀率 /(mm·s^1)	标准差 /(mm·s^1)	离散系数 /%	质量烧蚀率 /(g·s^1)	标准差 /(mm·s^{-1})	离散系数 /%
S-157PF/PCF	0.032 2	0.012	37	0.088 5	0.007 4	8.4
S-157PF/RCF	0.021 0	0.006	29	0.081 7	0.005 6	6.9

2. 加热器材

黏胶基碳纤维因具有导电性和可加工性，可作为发热元件与其他绝缘材料复合，制造成各种形状、不同功率、不同用途的加热器材。

3. 医用生物

黏胶基碳纤维与生物的相容性良好，可制造医用生物材料，如医用电极、探头、韧带、骨夹板和夹骨[39]。

4. 服用防护

结合黏胶基碳纤维良好的导电性能及服用性能，可用于制造防静电、防电磁波的服装。

3.4　碳纤维发展趋势

3.4.1　碳纤维发展历史

伴随 20 世纪人造纤维的发展，美国人威廉姆·F·阿博特（William F. Abbott）最先以化学纤维、黏胶纤维等再生纤维素纤维为原料，提高了碳纤维的强力。20 世纪 50 年代初，美国 Wright-Patterson 空军基地以黏胶纤维为原料，试制碳纤维成功，产品作火箭喷管和鼻锥的烧蚀材料。1956 年美国联合碳化物公司（Union Carbon Corporation）试制高模量黏胶基碳纤维成功,商品名"Thornel-25"投放市场,同时开发了应力石墨化的技术,提高碳纤维的强度与模量。

1964年英国皇家航空研究所(RAE)的威廉姆·瓦特等成功地打通了制造高性能PAN基碳纤维(在热处理时施加张力)的技术途径,对PAN纤维预氧化、PAN纤维热裂解与碳纤维模量关系、PAN基碳纤维强度等进行了系统的研究,关注点是碳纤维作为增强材料的应用性能,从而制备出真正意义上的高强高模碳纤维。英国Roll-Roys公司利用RAE技术生产PAN基碳纤维,率先采用碳纤维增强树脂(CFRP)技术研制飞机发动机进气叶片,但未能成功。

1959年日本大阪工业技术研究所近藤昭男博士(Dr. AkioShindo)受美国国家碳材料公司(US National Carbon Company)人造丝基碳纤维研究启发,发明了用PAN原丝制造碳纤维的方法,但制得的碳纤维力学性能仅为1.6 GPa。20世纪70年代,专长化纤制造的日本东丽公司采用羟基丙烯腈(hydroxyl acrylonitrile)聚合物作为前驱体研制碳纤维,改进了聚丙烯腈聚合物的力学性能,缩短了氧化时间,该公司将碳纤维作为重要产业项目,在获得大阪工业技术研究所专利授权的同时还与美国联合碳化物公司签署了聚丙烯腈纤维技术与碳化技术互换协议。1970年7月Torayca碳纤维进入市场,之后其他公司也相继投入PAN基碳纤维的生产。

原丝制备技术是PAN基碳纤维制备的核心。日本东丽公司生产的所有碳纤维产品中,采用湿法纺丝工艺路线制备的碳纤维牌号有T300、T800H、M40J、M55J等,采用干喷湿法纺丝工艺路线制备的碳纤维牌号有T700S、T800S、T1100G等。各国碳纤维企业,以不同的溶剂路线工艺研发出高强、高强中模、高模和高模高强等四种系列碳纤维产品。

我国的PAN基高强碳纤维研究起始于20世纪60年代,经历了长期低水平徘徊、技术转型和快速发展三个阶段。20世纪60年代,吉林石化的硝酸法技术代表了当时的国内水平,这一阶段的国产碳纤维主要用于制备功能复合材料。20世纪90年代后期,北京化工大学开展有机溶剂体系制备高强碳纤维原丝技术研究,并推向吉林石化工程化应用,实现国产PAN碳纤维制备技术的转型。21世纪初,在国家大力支持下形成了以有机溶剂法一步法湿法纺丝工艺为主体、其他溶剂体系一步法或二步法湿法纺丝工艺并存的高强碳纤维原丝制备国产化技术体系,突破了过去30多年来国产碳纤维性能不稳定、离散度偏高、勾结强度低等难题,为高强碳纤维国产化确立了正确的技术方向[43]。我国的碳纤维事业在21世纪以来取得了长足的进步,实现了国产T300级、T700级碳纤维产业化制备,产品满足了航空、航天和国民经济若干领域的需求。在此技术基础上,在科技部、工信部、国防科工局等部门的牵头下,初步形成了有技术和产能优势的碳纤维制备企业,如威海拓展纤维有限公司、中复神鹰碳纤维有限责任公司、江苏恒神股份有限公司、山西钢科碳材料有限公司等,先后突破了高强中模T800级、T1000级碳纤维以及高强高模M40J级、M55J级碳纤维的工程化制备关键技术,掌握了具有自主特色的技术路线。

20世纪60年代的美国和日本几乎同时开展沥青基碳纤维的研究,原美国联合碳化物公司帕尔马技术中心(US Union Carbide Corp.'s Parma Technical Center)的罗格·贝肯

(Roger Bacon)1958年发现了"石墨晶须(graphite whiskers)"的超高强度现象,伦纳德·辛格(Leonard Singer)1970年发明了以中间相沥青为原料制备石墨纤维的技术。1975年美国联合碳化物公司利用中间相沥青制造高模量沥青基碳纤维"Thornel-P",1982年生产了Thornel P-SS型中间相沥青基碳纤维连续长丝的模量已达到了830 GPa,因其自身经营问题,现今其碳纤维业务为美国氰特工业公司(Cytec Industries Inc.)拥有。1965年日本群马大学教授大谷杉郎(Sugio Otani)首先制成了聚氯乙烯沥青基碳纤维,l970年吴羽化学工业公司将其资助的研究成果商业化,生产了世界上最早的沥青基碳纤维。目前,日本三菱化学工业公司(Mitsubishi Chemical Ind.)和日本石墨纤维公司(Nippon Graphite Fiber Corporation)生产中间相沥青基碳纤维。

3.4.2　碳纤维发展趋势

国内外正在通过开拓新型的、廉价的、可替代的碳纤维前躯体以及开发新的工艺方法,以降低碳纤维生产成本。日本九州大学尹宫胁研究室以廉价的无灰煤(hyper-coal)作为新型的前躯体,通过低温溶剂分离和薄层蒸发法调控其相对分子质量分布和氧含量,制备的碳纤维拉伸强度可达1 100 MPa,潜能巨大。日本新能源产业技术综合开发机构(NEDO)开发的"新型聚合物＋微波碳化＋等离子体表面处理"技术,可大幅度简化工艺,使能耗削减50%。三菱公司通过裂解轮胎冷凝物为原料,合成优质沥青,可规模化生产廉价高性能沥青基碳纤维及纳米碳管。美国橡树岭国家实验室于2001年开始低成本碳纤维制备研究,2016年发放技术许可,其"大丝束腈纶＋微波等离子碳化"技术可使成本降低50%(70～80元/kg)。德国碳纤维材料研发机构MAI碳素公司已获得德国政府8 000万欧元的支持,用于将碳纤维制造成本降低90%项目的研发。东华大学也在跟踪研究,并已试制出纺速为500～1 000 m/min的熔融纺丝的低成本PAN原丝。"PAN芳环化＋熔体或干喷湿纺＋快速氧化"技术,已获美国授权发明专利2件、日本授权发明专利5件、中国申请发明专利3件,该技术正处于中试阶段。

此外,大多数PAN基碳纤维生产企业都在积极开发碳纤维新品种,发展下游碳纤维材料产业链。日本东丽公司重点发展拉伸强度为4 000～5 000 MPa的碳纤维品种以替代T300类碳纤维[44],另外,其最新研发成功的超碳纤维(UCF)是TORAYCA®的T2000,强度高达60 GPa,相当于碳纤维理论值(180 GPa)的1/3[45]。三菱公司开发50K和60K的大丝束碳纤维新品种"PyrofilP330",性能相当于T700水平[44]。

目前,全球已经形成以日本、美国为代表的典型生产线,分别依托不同的溶剂(东丽:二甲基亚砜;三菱:二甲基甲酰胺;东邦:氯化锌),各大公司采用不同技术路线实现碳纤维的生产。国外碳纤维企业单线产能大,T300级别的碳纤维产能一般达到2 000 t以上,生产线的工位多,生产速度快,干喷湿纺速度的可达400 m/min,碳化速度可达15 m/min。

我国碳纤维产业经过10年之间的"从无到有",目前已具备千吨级生产能力的企业有8家,拥有高强型、高强中模型以及高强高模型等高性能碳纤维批量生产能力。在高强型碳纤维方面,威海拓展纤维有限公司已实现T700S级碳纤维纺丝速度500 m/min的技术突破,吉林精功碳纤维有限公司和中石化上海公司实现了 48K 大丝束碳纤维的产业化制备,为我国体育休闲、风电叶片、建筑补强等领域的应用提供了保障。在高强中模型碳纤维方面,威海拓展纤维有限公司、中复神鹰碳纤维有限责任公司等企业已实现了 T1000G 级碳纤维工程化批量制备,正在进行 T1100 级碳纤维的技术攻关。在高强高模型碳纤维方面,威海拓展纤维有限公司已实现了 M40J 级和 M55J 级碳纤维工程化批量制备,为航空航天、体育休闲等领域的应用提供了保障。

但是,我国还没有成熟的碳纤维应用市场,尤其是尚无原创型应用领域。国产碳纤维应立足于干喷湿法纺丝技术突破,提高纺丝速度和生产效率,大幅降低原丝生产的成本,突破国产碳纤维性能不稳定而制约其应用的产业化技术瓶颈。按照市场规律进行碳纤维产业布局,完善从原丝到复合材料应用的产业链。挖掘具有自主优势的应用领域,企业之间抱团发展改变"散而弱"格局,实现国产碳纤维从"有"到"强"的跨越式发展。

碳纤维以自身的优异特性将在未来获得更多的发展。从碳纤维制备角度,未来的发展方向首先将涉及多品种碳纤维的开发。民用的广阔市场对碳纤维提出了低成本的要求,开发大丝束碳纤维的批量化生产将是一个重要的领域,或许将颠覆目前的民用碳纤维市场。此外,军用领域也将继续开拓高性能碳纤维的研究,如高导热、吸波隐身等特殊用途碳纤维的开发与批量化生产,为尖端领域提供支持。

碳纤维制造也将涉及智能制造,如智能纺丝生产、数字化纤维工艺设计与制造技术、化纤生产智能物流系统等方面,包括网络化智能化(生产管理、供应链管理、设备管理、能源资源管理)、自动化智能化(智能装备)、数字化智能化(智能加工,涉及成形过程的动态建模与数字化、碳纤维原丝的性能预测、碳纤维成形过程的协同智能控制)。

复合材料学会组织编制的《复合材料学科方向预测及技术路线图》[46]预测,到 2030 年:我国将突破大丝束(24K、48K、50K)碳纤维生产关键技术,碳纤维生产成本将降低至 70 元/kg;至 2030 年,我国可突破 T1100 级高强中模碳纤维、M60J 高强高模碳纤维关键技术,并形成千吨级碳纤维生产线。到 2050 年,碳纤维价格将下降至现有服用化学纤维价格。根据国外碳纤维发展经验及水平;至 2050 年,我国可形成打造具有全球影响力的自身碳纤维品牌,并将碳纤维应用于各民用领域。

参考文献

[1] The Socirty of Fiber Science and Technology. High-performance and specialty fibers:concepts,technology and modern applications of man-made fibers for the future[M]. Tokyo:Springer,2016.

[2] 周宏.英国碳纤维技术早期发展史研究[J].合成纤维,2017,46(5):15-21.

[3] 周宏.美国高性能碳纤维技术发展史研究[J].合成纤维,2017,46(2):16-21.

[4] 周宏.日本碳纤维技术发展史研究[J].合成纤维,2017,46(10):19-25.

[5] 周宏.美、日、英高性能碳纤维技术与产业发展比较[J].科技导报,2018,36(13):8-15.

[6] 徐樑华,曹维宇,胡良全.聚丙烯腈基碳纤维[M].北京:国防工业出版社,2018.

[7] 王成国,朱波.聚丙烯腈基碳纤维[M].北京:科学出版社,2011.

[8] 赵渠森.高模量高强度碳纤维[M].北京:燃料化学工业出版社,1973.

[9] 冯志海、李同起.碳纤维在烧蚀防热复合材料中的应用[M].北京:国防工业出版社,2017.

[10] EICHHORSN S,HEARLE J W S,JAFFE M,et al. High-performance fibres[M]. New York:Woodhead Publishing Ltd,2001.

[11] 刘瑞刚,徐坚.国产高性能聚丙烯腈基碳纤维制备技术研究进展[J].科技导报,2018,36(19):32-42.

[12] 何东新.聚丙烯腈纤维的预氧化工艺与物化行为研究[D].济南:山东大学,2005.

[13] 殷永霞,沃西源.碳纤维表面改性研究进展[J].航天返回与遥感,2004,25(1):51-54.

[14] 贺福.高性能碳纤维原丝与干喷湿纺[J].高科技纤维与应用,2004(4):6-12.

[15] 冯闻,徐樑华.围绕市场发展国产碳纤维制备及其应用技术[J].高科技纤维与应用,2013,38(3):12-16.

[16] 李绩臣.电磁涡流技术应用于CFRP内部缺陷检测的方法研究[D].天津:天津工业大学,2016.

[17] 唐见茂.碳纤维树脂基复合材料发展现状及前景展望[J].航天器环境工程,2010,27(3):269-280,263.

[18] 杜善义.先进复合材料与航空航天[J].复合材料学报,2007(1):1-12.

[19] 冯志海,李同起,杨云华,等.碳纤维在高温下的结构、性能演变研究[J].中国材料进展,2012,31(8):7-14,32.

[20] 王茂章,贺福.碳纤维的制造、性质及其应用[M].北京:科学出版社,1984.

[21] 陈伟,白燕,朱家强,等.碳纤维复合材料在体育器材上的应用[J].产业用纺织品,2011,29(8):35-37,43.

[22] 罗永康,李炜,胡红,等.碳纤维复合材料在风力发电机叶片中的应用[J].电网与清洁能源,2008(11):53-57.

[23] 吕瑞涛,黄正宏,康飞宇.高导热炭基功能材料研究进展[J].材料导报,2005(11):69-72.

[24] 赵家森,曹秀格.中间相沥青碳纤维制取,结构与性能[J].合成纤维工业,1993,16(6):40-45.

[25] 黎小平,张小平,王红伟.碳纤维的发展及其应用现状[J].高科技纤维与应用,2005(5):28-34,44.

[26] 顾伟,潘鼎.粘胶基碳纤维[J].新型碳材料,1996(3):10-13.

[27] 刘占莲,潘鼎,曾凡龙.粘胶基活性炭纤维的制备[J].炭素,2003(3):9-13.

[28] 黄强,黄永秋,郑成斐,等.电化学表面处理对粘胶基碳纤维热稳定性的影响[J].东华大学学报(自然科学版),2002(6):118-121.

[29] 吴琪琳,潘鼎.国产粘胶基碳纤维强度的两种统计分布[J].材料导报,2000(11):55-56,52.

[30] 谭连江.X射线小角散射对黏胶基碳纤维微孔分形的研究[A]//中国宇航学会.复合材料:基础、创新、高效:第十四届全国复合材料学术会议论文集(下).北京:中国宇航出版社,2006:5.

[31] 赵旭晨,陈惠芳,王二轲,等.硫酸尿素催化体系对黏胶纤维热解行为的影响[J].宇航材料工艺,2009,39(1):73-77.

[32] 荣海琴,刘振宇,吴琪琳,等.对氨基苯甲酸改性的粘胶基活性碳纤维对甲醛脱除性能的研究[J].上海毛麻科技,2013(4):37-45.

[33] 张晓阳.粘胶基碳纤维及沥青基碳纤维技术进展及发展建议[J].化肥设计,2017,55(4):1-3.

[34] 郑伟.粘胶基碳纤维的制造及其应用[J].人造纤维,2006,36(4):23-27.

[35] 吴琪琳.不同拉伸条件下基于Weibull模型的粘胶基碳纤维强度分布研究[J].合成纤维工业,2002(2):25-28.

[36] 胡扬,陈惠芳,潘鼎.细旦粘胶基碳纤维及原丝结构的研究[J].宇航材料工艺,2004(2):41-44.

[37] 邓靖平.不同纤度粘胶基碳纤维原丝的工艺及结构性能研究[J].高科技纤维与应用,2004(2):21-

24,32.

[38] 李新莲,温月芳,杨永岗,等.影响粘胶基碳纤维收率和性能的因素研究[J].高科技纤维与应用,2004(2):33-38,45.

[39] 贺福,赵建国,王润娥.粘胶基碳纤维[J].化工新型材料,1999(1):3-10.

[40] 夏春霞,闫亚明,贺福,等.粘胶基炭纤维技术经济问题浅析[J].新型炭材料,2001(2):61-65.

[41] 吴琪琳.一种新型的纤维素基碳纤维材料的研制[A]//中国仪器仪表学会仪表材料分会.第四届中国功能材料及其应用学术会议论文集,2001:4.

[42] 姜河,王树伦,齐风杰,等.不同种类碳纤维增强酚醛树脂烧蚀复合材料的性能对比[J].工程塑料应用,2012,40(11):8-11.

[43] 徐樑华.高性能 PAN 基碳纤维国产化进展及发展趋势[J].中国材料进展,2012,31(10):7-13,20.

[44] 余黎明.国内外聚丙烯腈基碳纤维行业分析[J].化学工业,2012,30(11):1-7.

[45] 罗益峰.超纤维及其先进复合材料的最新进展[J].纺织导报,2017(2):44-47.

[46] 复合材料学会.复合材料学科方向预测及技术路线图[M].北京:中国科学技术出版社,2019.

第4章 陶瓷纤维

陶瓷纤维具有耐高温、低密度、高强度、耐磨损、抗腐蚀等优异性能,在结构材料(尤其是高温结构材料)领域具有广泛的应用前景[1],由陶瓷纤维增强的复合材料不但韧性大幅提升,其耐高温性能也显著提高。因此,作为复合材料的增强材料,常用于航空航天、冶金、化工、能源等领域。

陶瓷纤维分为氧化物纤维和非氧化物纤维两大类。氧化物纤维主要是基于 Al_2O_3 或 Al_2O_3-SiO_2 陶瓷纤维[2],在高温氧化环境下仍具有较高的强度和模量,但即使是多晶氧化物纤维,在过高的温度下也会晶粒长大,纤维变脆,并发生严重高温蠕变,因此氧化物陶瓷纤维大都在 1 100 ℃ 以下使用。基于 SiC 或 Si_3N_4 的非氧化物纤维,高温蠕变率低,可长期在 1 200 ℃ 使用[2],而非氧化物陶瓷纤维中氧含量越低越好。国内外研究重点是不断提升陶瓷纤维生产效率的低成本制造技术,提高氧化物纤维的耐高温蠕变性能,提高非氧化物陶瓷纤维的抗氧化性和致密性,降低成本制造技术[3]。

陶瓷纤维增强复合材料相较于碳纤维复合材料,其在有氧环境下的耐高温性较好,且其密度低于金属基复合材料,如比镍基合金轻 60%。欧美和日本等国家陶瓷纤维开发有近 40 年历史,形成了多个商业化的系列化产品,21 世纪以来更将陶瓷纤维增强陶瓷基体复合材料(CFCC)作为重要研究开发项目。如日本三菱株式会社将直径 10 μm 的陶瓷纤维编织成三维结构,经复合后作为战斗机用发动机和火箭发动机部件进行验证,于 2005 年在火箭发动机上实现了工程应用。另外陶瓷纤维还可以作为金属材料的增强体。如碳化硅纤维可以作为增强体应用于铝、钛、镁和铜等金属材料。

4.1 碳化硅纤维

碳化硅(SiC)又称金刚砂,是一种典型的共价键结合物,由美国工程师艾奇逊(E. G. Acheson)在 1891 年电熔金刚石时偶尔发现的一种碳化物,其主要分为两种,一种为人工合成,一种为天然形成。其中,天然碳化硅又称为碳硅石,在自然环境中较为罕见。碳化硅早期主要应用于机械加工行业。因其优异的高温热稳定性、高温热传导性、耐酸碱腐蚀性等,国内外众多科学家试图将粉粒状的材料做成连续纤维,但均以失败告终。

后期,科学家通过合成含有碳和硅的有机化合物,并经过一系列的生产工艺制备出含有 Si—C 结构的无机纤维。连续碳化硅纤维是一种多晶陶瓷纤维,具有较高的比强度、比模量,同时具有耐高温、抗氧化、耐化学腐蚀及优异的电磁波吸收特性,可作为增强材料应用于复合材料,使得具有优异的耐高温、抗氧化及较高的力学性能,尤其在高温抗氧化特性上更显突出[4]。

从碳化硅发现迄今的百余年中,碳化硅纤维已成为众多高新技术领域不可或缺的先进陶瓷材料,如航空航天、军事装备、核能工业、半导体、特种化工、特殊光学材料等,因此被誉为继碳纤维之后出现的又一种国际新型战略性纤维材料,受到国内外材料界的广泛认可[5]。

4.1.1 碳化硅纤维的结构与性能

碳化硅以共价键为主,约占 88%,是一种典型的共价键结合的化合物,其基本结构单元为 Si—C 四面体,属于密堆积结构。密堆有三种不同的位置,记为 A、B、C,依赖于堆积顺序,Si—C 键表现为立方闪锌矿或六方纤锌矿结构,即 β-SiC 和 α-SiC 型晶体结构。如堆积顺序为 ABCABC,则得到立方闪锌矿结构,记作 3C—SiC 或 β-SiC。若堆积顺序为 ABAB,则得到纯六方结构,记为 2H—SiC。其他多型体为以上两种堆积方式的混合,两种最常见的六方晶型是 4H 和 6H,堆积方式分别为 ABCB′ABCB 和 ABCACB′ABCACB[6]。如图 4.1 所示。碳化硅的晶型主要由单向堆积方式来决定,已经发现的同质多型体就有 250 多种。

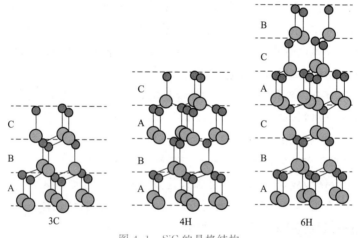

图 4.1　SiC 的晶格结构

在 SiC 的多种型体之间存在着一定的热稳定性关系。在温度低于 1 600 ℃时,SiC 的晶体结构为 β-SiC。当高于 1 600 ℃时,β-SiC 通过再结晶的方式缓慢转变成 α-SiC 的各种多型体(如 4H、15R 和 6H 等)。4H—SiC 在 2 000 ℃左右容易生成;15R 和 6H 多型体均需在 2 100 ℃以上的高温才易生成;但 15R 的热稳定性比 6H 多型体差,对于 6H—SiC,即使温度超过 2 200 ℃,也是非常稳定的[7]。

碳化硅相对分子质量为 40.07,密度为 3.16~3.2 g/cm³,具有较高的硬度与耐磨性,SiC 的莫氏硬度为 9.2~9.3,处于金刚石与黄玉之间[8]。

SiC 材料的热稳定性比较高,并且没有固定的熔点。在高温下,SiC 将分解为含硅的 SiC 蒸气和 C 的固态形式(石墨)[9]。常温常压下,SiC 材料非常稳定,一般不与其他物质发生化学反应。但是在高温和有氧气存在下,SiC 材料的表面将生成薄薄的 SiO_2 钝化层能阻止 SiC 的进一步氧化,因此碳化硅具有良好的高温特性,常被用作耐高温部件,如高温燃气轮机的燃烧室、涡轮转子叶片,燃烧室火焰筒等。但使用时,应避免与铁、锰等金属氧化物(如 FeO、MnO、MgO 等)相接触,以避免金属氧化物对表面保护膜的破坏而使其内部继续氧化。

4.1.2　碳化硅纤维的制备

碳化硅纤维具有较高的抗拉强度、抗蠕变性能、耐高温、抗氧化、耐化学腐蚀及优异的电磁波吸收特性,可用作增强材料广泛应用于聚合物基、金属基及陶瓷基复合材料[10],在航天航空、兵器和核工业等高技术领域具有广阔应用前景。目前主要采用四种制备方法来生产连续碳化硅纤维,即化学气相沉积法、粉末烧结法、活性炭纤维转化法、先驱体转化法[11-13]。

1. 化学气相沉积法

最早实现连续制备碳化硅纤维的方法是化学气相沉积法(CVD),起始于 20 世纪 60 年代,采用甲基硅烷类化合物(如 CH_3SiCl_3 等)在氢气流作用下,于灼热的细钨丝(W)或碳纤维(C)芯丝表面上进行化学反应,最终裂解为碳化硅并沉积在细钨丝(W)或碳纤维(C)上而制得。

通过此方法制备的碳化硅纤维,具有较高的纯度、力学性能及抗高温蠕变性能等,同时其作为复合材料增强体与金属和陶瓷基体具有良好相容性。但是采用此方法制备的碳化硅纤维其直径较粗,可达到 140 μm,原因主要是制备时采用的芯材直径较大,为 10 ~30 μm。因此经裂解沉积形成的碳化硅纤维柔韧性较差,编织性较低,不利于后期的预制体编织,无形中降低了生产效率、提高了生产成本、难以实现规模化生产,极大地限制了化学气相沉积法碳化硅纤维的应用。

目前采用化学气相沉积法制备碳化硅纤维的公司主要有美国 AVCO-Texton 特种纤维公司(采用碳芯生产连续碳化硅纤维),主要牌号为 SCS-2、SCS-6 SC-8、SCS-9A、SCS-UL-TRA;英国石油(BP)公司、火炸药(SNPE)公司(采用钨芯生产连续碳化硅纤维),主要牌号有 SM1040、SM1140、SM1240 系列;中国中科院沈阳金属研究所采用钨丝射频加热生产连续碳化硅纤维。

2. 粉末烧结法

粉末烧结法是采用亚微米的 α-SiC 微粉、助烧剂(如 B 或 C)与聚合物的溶液混合纺丝,经挤出、溶剂蒸发、煅烧、预烧结及烧结(>1 900 ℃)等步骤最后制得 α-SiC 纤维[10]。

该方法制备的碳化硅纤维高温条件下晶粒尺寸稳定,抗蠕变性能优势明显,但是其晶粒粗大(高达 1.7 μm),内部缺陷较多,因此采用该方法制得的碳化硅纤维强度低、直径偏粗(强度 1.0~1.2 GPa,直径 25 μm),不适宜作为增强纤维应用于高性能陶瓷基复合材料[10]。

采用此方法制备碳化硅纤维的公司主要有美国的金刚砂(carborundum)公司,其制备的碳化硅纤维 α-SiC 含量在 99% 以上,密度和模量较高,但是其制备方法本身对纤维造成的直径粗,强力低等缺陷,使得其不适用于实际的应用,因此其现已停止生产[10]。

3. 活性炭纤维转化法

活性炭纤维转化法包括三个工序,首先是将酚醛基、沥青基等有机纤维在 200~400 ℃

空气中进行几十分钟至几小时的不熔化、碳化和活化处理,从而制得活性炭纤维。然后,在一定真空度及温度在 1 200~1 300 ℃条件下,将其与在高温下由硅和二氧化硅反应生成的气态氧化硅进行化学反应,从而形成碳化硅纤维。最后,在惰性气氛下进行热处理(1 600 ℃)[14]。

利用该方法制备碳化硅纤维,工艺简单,生产成本低,但受活性碳纤维其内多孔结构的影响,制备的碳化硅纤维强度和模量偏低,因此利用此方法制备的纤维并没有进行商品化[10]。

4. 先驱体转化法[3]

先驱体转化法是由日本东北大学矢岛圣使(Yajima)教授等人于 1975 年所开创,其以聚碳硅烷(PCS)为先驱体制得直径为 10 μm 左右的连续碳化硅纤维,开创了利用先驱体制备碳化硅纤维的先河。此方法技术成熟、生产效率高、成本低是目前世界上工业化生产碳化硅纤维采用较广泛的一种方法[14]。因此世界各国纷纷对其进行开发和研究。

所谓先驱体转化法就是将含有目标元素的高聚物合成先驱体,经由纺丝形成有机纤维,然后通过一系列化学反应将有机纤维交联,最后高温热解成无机陶瓷纤维。先驱体转化法具体工艺流程主要包括四大工序,分别是先驱体合成、熔融纺丝、不熔化处理与高温烧结[14],如图 4.2 所示。

图 4.2　先驱体转化法制备碳化硅纤维的流程

在生产中先驱体的合成直接关系到碳化硅纤维的工艺性能和产品性能,因此前期的原料至关重要。可以通过对分子的设计,合成室温下稳定、可溶或可熔的具有特定组成的有机先驱体,且先驱体要具有较好的纺丝性、交联性。同时在高温裂解过程中应具有较高的产率,通常应大于 50%以上。以 SiC 纤维为例,先驱体转化法制造过程如下:

(1)聚碳硅烷的合成

矢岛圣使教授开发的聚碳硅烷合成路线是:$(CH_3)_2SiCl_2$ 与金属钠(Na)在二甲苯(xylene)中发生伍兹(Wurtz)反应,脱氯缩合获得以 Si—Si 键为主链的聚二甲基硅烷,在惰性气氛中聚二甲基硅烷经热解重排转换为以 Si—C 键为骨架的聚碳硅烷,如图 4.3 所示。在图 4.3 中,开发的 Mark Ⅰ、Mark Ⅱ和 Mark Ⅲ三种先驱体,只有 Mark Ⅱ实现工业化生产,并在合成过程使用高压釜。为了避免使用高压釜,矢岛圣使研究先将聚二甲基硅烷在 320 ℃加热转化成液态,然后液态产物回流反应 5 h 后升温至 470 ℃,去除挥发性物质,在 200 ℃以上真空中保温 2 h 后,获得产率约 35%的聚碳硅烷(以聚二甲基硅烷质量为起始质量)。国防科技大学发明了一种常压制备聚碳硅烷的方法,即常压高温裂解法,将聚二甲基硅烷在 320~420 ℃范围内进行裂解,获得液态产物为 Si—Si 主链和 Si—C 主链共存的聚碳硅烷(L-PSCS),在液态产物回流反应制备聚碳硅烷的过程中,在反应器出口处引入气态流浆反应装置。

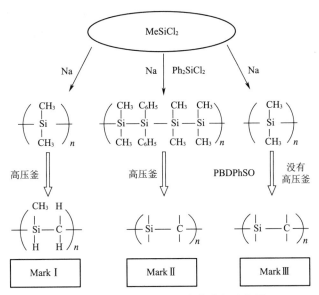

图 4.3 Yajima 聚碳硅烷合成路径示意图

（2）熔融纺丝

将先驱体聚碳硅烷喂入纺丝机，加热熔融变成液体。然后经由纺丝泵将聚碳硅烷液体流入喷丝头，并在特定的压力下将熔体通过喷丝头的小孔流出，形成液体细流，细流在纺丝通道流出时与空气接触，经过热交换冷却固化形成初生纤维（原丝）。

（3）原丝不熔化处理

不熔化处理是使先驱体发生交联，从热塑性材料转变为热固性材料，使纤维在后续高温热解过程中保持纤维形状而不并丝。不熔化处理方法有热氧化交联、无氧电子束辐照交联、含氧气氛下辐照交联、化学气相交联、不经不熔化处理等方法，其中无氧电子束辐照交联是获得高性能碳化硅纤维的较佳方法。在无氧环境下辐照原丝，聚碳硅烷交联度取决于辐照总剂量，受辐照剂量率影响不大。无氧电子束交联装置包括电子加速器和无氧电子交联束下装置。聚碳硅烷在无氧气氛下进行电子束辐照会产生三种自由基，经过电子束辐照后，需消除这些自由基以保证纤维的低氧含量。研究表明，在氮气氛保护下热处理可以消除交联丝中的自由基，避免交联丝中氧含量的增高。同样，合理的热处理温度对连续低氧碳化硅纤维十分重要。

（4）还原气氛热解

采用还原气氛（纯氢气、氢气/氩气或氢气/氮气混合气体）进行脱碳处理，可以获得近化学计量碳化硅纤维。在氢气的还原作用下，促进 Si—CH$_2$ 的断裂，在较低的温度下就生成甲基自由基，进而与氢自由基反应生成甲烷，以气体的形式逸出，达到脱碳的目的。

4.1.3 先驱体法制备连续碳化硅纤维国内外研究进展

1. 国外碳化硅纤维的发展概况

日本是世界上最早开展先驱体转化制备碳化硅纤维的国家。日本东北大学矢岛圣使教授于 1975 年发明以聚碳硅烷(polycarbosilane，PCS)为先驱体制得连续碳化硅纤维后，很快受到国际材料界的关注[15]。但是将实验室制备碳化硅纤维的方法最终转化成工业化生产，则经过了多年的努力研究及探索。1981 年在取得矢岛圣使教授的碳化硅纤维专利实施权及在日本新技术开发事业团的支持下，日本碳公司(Nippon Carbon Comany)集中 30 多名顶级材料专家研究了近 10 年，才基本实现了碳化硅纤维的工业化生产[10]。日本宇部兴产公司(UBE Industries Company)则于 1988 年获得矢岛圣使教授含钛碳化硅纤维专利实施权后实现碳化硅纤维的工程化和产业化。20 世纪末，美国 NASA 支持 Dow Corning 公司(后期转为 COI 陶瓷公司)进行连续碳化硅纤维的研究开发。根据纤维内部化学成分及各自质量分数的不同，国外通过先驱体转化法制备的碳化硅纤维主要分为三代(基本情况见表 4.1)。

表 4.1　国外三代碳化硅纤维的基本性能

类别	纤维牌号	生产厂家	交联方式	元素成分及所占质量分数	纤维直径 /μm	密度 /(g·cm^{-3})	拉伸强度 /GPa	拉伸模量 /GPa	耐热温度 /℃
第一代	Nicalon NL-200	Nippon Carbon	空气交联	$w(Si)=56.5\%$, $w(C)=31.2\%$, $w(O)=12.3\%$	14	2.55	3	200	1 200
	Tyranno Lox-M	Ube Industries	空气交联	$w(Si)=54\%$, $w(C)=32\%$, $w(O)=12\%$, $w(Ti)=2\%$	11	2.48	3.3	285	1 200
第二代	H-Nicalon	Nippon Carbon	电子束辐射交联	$w(Si)=62.5\%$, $w(C)=37\%$, $w(O)=0.5\%$	12	2.74	2.8	270	1 300
	Tyranno LOX-E	Ube Industrie	电子束辐射交联	$w(Si)=55\%$, $w(C)=37.5\%$, $w(O)=5.5\%$, $w(Ti)=2\%$	11	2.39	3.4	206	1 300
	Tyranno ZE	Ube Industries	电子束辐射交联	$w(Si)=58.5\%$, $w(C)=38.5\%$, $w(O)=2\%$, $w(Zr)=1\%$	11	2.55	3.5	233	1 300
第三代	H-Nicalon S	Nippon Carbon	电子束辐射交联	$w(Si)=69\%$, $w(C)=31\%$, $w(O)=0.2\%$	12	3.05	2.5	400	>1 500
	Tyranno SA	Ube Industries	空气交联	$w(Si)=68\%$, $w(C)=32\%$, $w(Al)=0.6\%$	11	3.02	2.8	375	>1 700

续上表

类别	纤维牌号	生产厂家	交联方式	元素成分及所占质量分数	纤维直径/μm	密度/(g·cm^{-3})	拉伸强度/GPa	拉伸模量/GPa	耐热温度/℃
第三代	Sylramic	Dow Corning	热交联	$w(Si)=67\%$, $w(C)=29\%$, $w(O)=0.8\%$, $w(B)=2.3\%$, $w(N)=0.4\%$, $w(Ti)=2.1\%$	10	3.05	3.2	400	>1 700

第一代碳化硅纤维的氧和碳元素的质量分数较高(氧的质量分数约10%,碳硅比约1.3∶1)[16]。代表的主要有日本碳公司生产的 Nicalon 系列纤维(代表牌号为 Nicalon NL-200)和日本宇部兴产公司生产的 Tyranno Lox-M 纤维。

第一代纤维在空气环境中1 000 ℃以上或惰性气氛中1 200 ℃以上时纤维内的 SiO_xC_y 相发生分解反应,产生 SiO 和 CO 小分子气体并逸出,与此同时随着温度的变化纤维内的 β-SiC 纳米晶粒迅速增长,随着 SiO_xC_y 相的分解及晶粒的增长,纤维产生了大量的孔洞和裂纹,而这些孔洞和裂纹便在纤维内形成缺陷点,导致了纤维其本身性能的降低,从而限制了其在生产中的应用[17]。为了避免以上问题的出现,降低氧含量并提高使用温度变成了第二代碳化硅纤维的研究重点。

相较于第一代碳化硅纤维,第二代氧的质量分数低(低于2%),碳的质量分数(碳硅比约1.3∶1~1.4∶1)变化较低,氧含量的降低使其在空气中1 200~1 300 ℃具有良好的热稳定性[16]。其中的代表主要是日本碳公司制备的 Hi-Nicalon 纤维和日本宇部兴产公司制备的 Tyranno ZE 纤维。两者在制备碳化硅纤维时,对原纤维进行不熔化处理时均采用在无氧气氛中利用电子辐照交联技术,使 Si—CH₃、Si—H 和 C—H 键发生交联反应形成 Si—Si 和 Si—C 键,分别制出了氧的质量分数低于1%的 Hi-Nicalon 纤维和氧的质量分数低至5%左右的 Tyranno Lox-E 纤维[16,18,19]。鉴于电子辐照进行不熔化处理的成本较高,以及 Tyranno Lox-E 纤维的性能并未有较高的提升,因此宇部兴产公司放弃了对其进行商业化生产,而是将 PCS 先驱体中的 Ti 替换成 Zr,制备了聚锆碳硅烷(PZCS)前驱体[20,21],并利用前驱体 PZCS 为原料,并经过一系列工艺流程制备出两种纤维,分别是 Tyranno ZMI 和 Tyranno ZE。其中,Tyranno ZMI 采用空气预氧化工艺制备出氧的质量分数在10%左右的碳化硅纤维,并最终实现了工业化生产,而 Tyranno ZE 则采用电子辐照工艺制备,与 Tyranno ZMI 相比,Tyranno ZE 氧的质量分数更低,但最终并没有工业化生产。

Hi-Nicalon 纤维其在空气气氛中可承受1 200 ℃以上的使用高温,惰性气氛下则可承受1 600 ℃以上高温。采用空气预氧化工艺制备出的 Tyranno ZMI 纤维相较于其他第二代纤维尽管具有较高的氧的质量分数,但与 Ti 相比其内含有的 Zr 具有较稳定的晶间相,因此其在 Ar 气氛中最高耐热温度可达到 1 500 ℃[16]。同时 Zr、Ti 元素的引入可使得纤维具有电阻率可调的特性。

虽然随着氧的质量分数的降低,第二代碳化硅纤维较第一代各方面性能都有了大幅提升。但是由于其内存在较多的碳元素,使得纤维的抗氧化性依然不够理想。因此,日本碳公司、宇部兴产公司和美国 Dow Corning 公司开始采用不同的技术路线针对此问题进行研究,最终开发了近化学计量比的第三代碳化硅纤维,第三代纤维中的氧和游离碳元素含量进一步降低,接近碳化硅的化学计量比,因此较之第一代和第二代纤维具有更好的耐高温性,品号分别为 Hi-Nicalon S、Tyranno SA 和 Sylramic(以及 Sylramic-iBN)[16]。

日本碳公司制备的近化学计量比(碳硅比为 1.05∶1)Hi-Nicalon Type S 纤维其技术路线主要是通过在 H_2 中对纤维无机化从而去除纤维内多余的碳元素。日本宇部兴产公司的生产技术路线则采用先驱体 PCS 与乙酰丙酮铝[Al(AcAc)$_3$]反应合成出聚铝碳硅烷(PACS),然后通过交联、不熔化处理的方式得到含铝的六棱柱状晶 Tyranno SA[16,22]。美国 Dow Corning公司在 Tyranno Lox-M 纤维制备工艺的基础上,采取引入 B 作为烧结助剂的方法制备出了含 B 的多晶 Sylramic 纤维,同时对纤维进行抗拉强度测试,结果显示其可达到 3.2 GPa。随后,其又与 NASA Glenn 研究中心合作,对 Sylramic 纤维进行高温氮化处理从而制备出了 Sylramic-iBN 纤维[23]。通过在无氧环境下对纤维进行高温处理以降低纤维中多余的碳和氧的方式来制备第三代碳化硅纤维,同时在制备过程中,利用引入烧结助剂的方法来降低纤维晶粒的过大生长及纤维孔洞的形成,如此进一步提高了纤维的致密化程度和耐高温性,使得其在 1 300~1 800 ℃的空气环境中时仍具有良好的热稳定性[16]。

2.国内碳化硅纤维的发展概况

与国外相比,国内碳化硅纤维的研究相对较晚。20 世纪 80 年代开始,我国相关研究机构开展了先驱体转化法制备碳化硅纤维的研究,并于 1986 年成功开发出综合性能达到国际同类产品(如日本 NicalonNL-202 纤维)水平的连续碳化硅纤维[24],为我国先驱体法工业化制备连续碳化硅纤维奠定了基础。后陆续研制出氧的质量分数小于 1%,抗拉强度超过 2.7 GPa,模量大于 250 GPa,具有较好的可编织性的第二代连续碳化硅纤维[16]。

随后,国内围绕第三代连续碳化硅纤维的关键技术开展研究。多家单位陆续开发出新一代碳化硅纤维,性能与日本 Hi-Nicalon Type S 水平相当,是国内报道耐温性能最好的碳化硅纤维,且部分实现了产业化[25,26]。

4.1.4 碳化硅纤维的应用

碳纤维其优异的力学性能、耐高温及抗氧化性和优良的电磁波吸收等特性以及与金属、树脂、陶瓷基体良好的兼容性,均使得其在多领域中用作高耐热、抗氧化材料以及高性能复合材料的增强材料,尤其在高温抗氧化特性上更显突出,特别适宜作航空发动机、临近空间飞行器及可重复使用航天器等热结构材料[10]。

1.航空航天

碳化硅基(SiC$_f$/SiC)复合材料其较高的比强度和比刚度、良好的高温力学性能、抗氧化性能和仅为高温合金密度 $1/4\sim1/3$ 的低密度，以及在不用空气冷却和不使用热障涂层的情况下，比高温合金工作温度高 $150\sim350\ ℃$ 的性能，使得其完全满足为提高发动机推重比所需要的材料，因此碳化硅基（SiC_f/SiC）复合材料被逐渐应用于航空发动机，进一步提升了战斗机机动性等关键战技指标，使得其在航空航天有着广泛的应用前景[16,27]。

鉴于 SiC_f/SiC 复合材料在热结构应用上的巨大潜力，法国 SNECMA 公司于 20 世纪 90 年代研发了 CERASEP 系列 SiC_f/SiC 复合材料，并将其应用于 M-88 型发动机中的喷管内调节，并成功地通过了试验，该试验的成功标志着航空发动机开始应用 SiC_f/SiC 复合材料，如图 4.4 所示。随后，SNECMA 公司与 PW 公司合作开展 SiC_f/SiC 复合材料在 F100 发动机的喷管部件上的工程化研究应用，安装在发动机上 F100-PW-229 和 F100-PW-220 的 CERASEPR A410 喷管密封调节片成功通过了地面加速任务试验[16,28]。

图 4.4　SNECMA 公司研制的燃烧室 SiC_f/SiC 衬套

美国 GE 公司自 20 世纪 80 年代末期开始 SiC_f/SiC 复合材料制备研究，并对 SiC_f/SiC 复合材料在航空发动机热端部件上的应用进行了大量的验证工作，且一直致力于 SiC_f/SiC 复合材料在航空发动机热端部件上的推广应用[17,29,30]。

除了在军用机飞机上广泛应用 SiC_f/SiC 复合材料，世界上的航空制造业巨头如 GE、R-R、Honeywell、P&W、波音等同时在大力推进民用航空发动机领域对碳化硅纤维增强陶瓷基复合材料的应用。其中全球最大的民用飞机发动机制造商 CFM 公司生产的应用于中型客机"LEAP"的喷气发动机就采用了耐高温碳化硅纤维为增强体的陶瓷基复合材料[16]。

通过对生产工艺的调整，可以对碳化硅纤维的电阻率在 $10^{-2}\sim10^5\ Ω·cm$ 范围内进行任意调节，由于其较大范围的电性能，使其具有多波段吸波性能，因此可将其应用于雷达吸波结构[16]。

碳化硅纤维可与金属铝等复合，而经过碳化硅纤维增强的金属基复合材料，较之未添加碳化硅纤维的金属材料具有较好的比强度、比刚度、热膨胀系数、导热性能和耐磨性能等，不仅是在军用领域，在民用领域也具有较好的应用前景[14]。

碳化硅纤维与环氧树脂、聚酰亚胺树脂组成的复合材料与碳纤维相比具有较高的压缩强度和冲击强度，以及优异的耐磨损性，这一系列的优异性能，使其广泛应用于雷达天线罩、飞行器的机构材料及各种吸波材料[31]。

2. 核工业

碳化硅纤维优异的高温强度、低的化学活性和感生放射性以及 SiC_f/SiC 复合材料的伪塑性断裂模式、可设计的物理性能和力学性能，使得其被认为是理想的核能源领域候选材料。在聚变反应堆设计中，欧盟的 PPCS-D、TAURO、美国的 ARIES-AT 和日本的 DREAM 等都选用了 SiC_f/SiC 复合材料作为包层的结构材料[32]，欧盟的 A-DC、PPCS-C、美国和中国设计的 ITER 实验包层模块则选用该复合材料制造流道插件[16,33,34]。

3. 其他

碳化硅纤维还可用于耐高温和抗氧化的过滤材料，如耐高温的传送带、熔体的过滤材料、高温烟尘的过滤器、汽车尾气的收尘过滤器等。例如，日本东京将以碳化硅纤维毡为主的过滤器用在汽车烟尘的收集装置上，而国内也有企业开发出碳化硅的尾气过滤装置[35]。

4. 碳化硅纤维的发展前景

随着航空航天技术的不断提升，将 SiC_f/SiC 复合材料应用于燃烧室、涡轮、加力燃烧室和喷管等热端部件，不仅可以提高发动机 $300\sim500\ ℃$ 的工作使用温度，还可以减重 $50\%\sim70\%$，推力提高 $30\%\sim100\%$。现有推重比 10 的发动机涡轮进口温度均突破了 1 500 ℃，而目前正在研制的推重比 $12\sim15$ 的发动机涡轮进口平均温度达到 1 800 ℃ 以上，这远远超过了高温合金及金属化合物的使用温度[36]。因此具有长寿命、轻质、耐高温、高强度的陶瓷基复合材料变成了代替高温合金应用在发动机热端部件最具潜力的材料。

GE 航空截至 2015 年已建立四处 CMC 生产基地/研发中心，在美国亚拉巴马州 Huntsville 市兴建的 CMC 基地，主要负责生产耐受温度高达 1 316 ℃ 的碳化硅陶瓷纤维，并负责将其加工成单向 CMC 预浸料，于 2018 年开始对外供货。同时 GE 和赛峰发动机对 CMC 材料的需求在十年间增长了 20 倍，并且增势不减，该基地 2018 年产量约为 6 t，将在 2028 年增长 10 倍。

连续碳化硅纤维是航天发动机实现高推重比不可或缺的热结构材料，作为增强体在航空用陶瓷基复合材料中具有较高的使用价值。不仅是在航空领域，如冶金高温碳套、柴油发动机废气处理、隔热高温微粒过滤材料等民用领域同样具有较为广泛的应用，商业价值较高。因此，连续碳化硅纤维技术的研究和应用对打破国外封锁、提高我国国防武器装备水平，具有非常重要的意义[37]。

4.2　氧化铝纤维

氧化铝纤维是一种多晶陶瓷纤维，主要成分为氧化铝（Al_2O_3），并含有少量二氧化硅（SiO_2）、三氧化二硼（B_2O_3）、氧化镁（MgO）等金属氧化物，其形式主要有长纤、短纤、晶须等[38]。迄今为止,已知的 Al_2O_3 结晶形态有 α、β、γ、δ、θ 等十余种晶型,其中 α-Al_2O_3、γ-Al_2O_3 (注:β-Al_2O_3 不是氧化铝,而是一种含有 Na 的氧化铝)两种晶型结构最为常见。在众多晶型中 α-Al_2O_3 的热稳定性最高,当其他晶型的氧化铝纤维经高温煅烧时,会发生晶格重排,转化为 α-Al_2O_3,通常相变温度在 1 200 ℃以上,因此其具有优良的高耐热性和高温抗氧化性能[39]。同时 α-Al_2O_3 具有较高的拉伸强度和弹性模量、热导率小、绝缘性好等优越性能,在军事及工业领域均发挥着重要作用[40]。

氧化铝纤维其优异的性能及使用价值,吸引了世界各国于 20 世纪 70 年代开始对其进行研发。为了替代普通硅酸铝纤维,英国 ICI 公司最先生产了氧化铝短纤,可承受 1 200~1 600 ℃的高温。1974 年,美国 3M 公司成功研制出连续氧化铝基纤维,命名为 Nextel™312。而后通过改变纤维中的氧化铝含量,3M 公司又生产出一系列的 Nextel 产品[41,42]。随后,杜邦公司采用"淤浆法"生产出品牌号为 FP 的多晶氧化铝纤维,但是低的断裂伸长率(0.29%)阻碍了其在市场上的应用。因此,后期又开发了含有氧化锆的 PRD-166 氧化铝连续纤维。1976 年日本 Sumitomo(住友化学)公司也研制出了氧化铝纤维,商品名为 Altex。以上公司为目前市场上主要的氧化铝纤维生产厂家[43]。国内目前开展氧化铝纤维研究工作的单位主要包括陕西理工大学、中科院化学所、山东大学、山西煤炭化学研究所等。

4.2.1 氧化铝纤维的结构与性能

各种氧化铝纤维的性能见表 4.2。由表可知,氧化铝纤维单丝直径与 Nicalon 相近,密度略大于 Nicalon,拉伸强度最高可达 3.2 GPa,可以与 Nicalon 相媲美,模量最高为 420 GPa,不低于碳化硅纤维(注:Nicalon 纤维的弹性模量约为 200 GPa);图 4.5 和图 4.6 为不同纤维在高温下的强度保留率[44],氧化铝纤维可在 1 000 ℃以上长时间使用,部分在温度达到 1 400 ℃时其纤维的强度仍然保持不变,这是其他一些无机纤维所无法比拟的。影响氧化铝纤维强度主要因素有纤维本身缺陷(晶粒大小不一,孔洞与夹杂等)、纤维直径,其中纤维直径每缩小一半,强度升高约 1.5 倍。为了满足氧化铝纤维高温抗氧化性要求,其主要组成均为高温下的稳定氧化物;为了抑制晶粒在高温长大,保证其在高温下优异的力学性能,纤维中加入的除铝以外的其他元素。

表 4.2 Al_2O_3 基陶瓷纤维的基本性能

生产厂家	牌号	直径/μm	各组成的质量分数	拉伸强度/GPa	应变/%	弹性模量/GPa	密度/(kg·m⁻³)	长时使用温度/℃	熔点/℃
DuPont (USA)	FP	15~25	α-$Al_2O_3$99%	1.4~2.1	0.29	350~390	3 950	1 000~1 100	2 045
DuPont (USA)	PRD166	15~25	α-$Al_2O_3$80%, $ZrO_2$20%	2.2~2.4	0.4	385~420	—	1 400	—
Sumitomo (Japan)	Altex	9~17	$Al_2O_3$85% $SiO_2$15%	1.8~2.6	0.8	210~250	3 200~3 300	1 250	—

续上表

生产厂家	牌号	直径/μm	各组成的质量分数	拉伸强度/GPa	应变/%	弹性模量/GPa	密度/(kg·m⁻³)	长时使用温度/℃	熔点/℃
ICI(UK)	Saffil	3	Al₂O₃ 95% SiO₂ 5%	1.03	0.67	100	2 800	1 000	2 000
		—	α-Al₂O₃ 99%	2	—	300	3 300	1 000	—
3M(USA)	Nextel312	11	Al₂O₃ 62% SiO₂ 24% B₂O₃ 14%	1.3~1.7	1.12	152	2 700	1 200~1 300	1 800
	Nextel440	—	Al₂O₃ 70% SiO₂ 28% B₂O₃ 2%	1.72	1.11	207~240	3 100	1 430	1 890
	Nextel480	10~12	Al₂O₃ 60% SiO₂ 40%	1.90	0.86	220	3 050	—	—
	Nextel550	10~12	Al₂O₃ 73% SiO₂ 27%	2.2	0.98	220	3 750	—	—
	Nextel720	12	Al₂O₃ 85% SiO₂ 15%	2.1	0.81	260	3 400	—	—
	Nextel610	10~12	Al₂O₃ 99% SiO₂ 1%	3.2	0.5	370	3 750	—	—

表头说明：生产厂家 | 牌号 | 直径/μm | 各组成的质量分数 | 拉伸强度/GPa | 应变/% | 弹性模量/GPa | 密度/(kg·m⁻³) | 长时使用温度/℃ | 熔点/℃

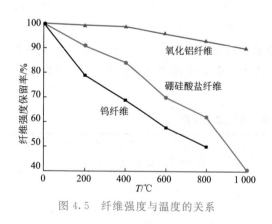

图 4.5　纤维强度与温度的关系

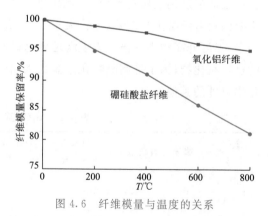

图 4.6　纤维模量与温度的关系

4.2.2　氧化铝纤维的制造技术

由于 Al₂O₃ 熔点极高(约为 2 050 ℃)，且熔融体的动力黏度很低，因此对 Al₂O₃ 熔融体采用传统的纺丝工艺进行纺丝时其难度较大，无法很好地制备连续氧化铝纤维。目前氧化铝纤维的制备方法主要有：淤浆法、预聚合法和溶胶—凝胶法等[45-47]。

淤浆法由美国杜邦公司发明，其制备方法为将由水混合的含有氧化铝粉末、分散助剂、流变助剂和烧结助剂的浆液进行纺丝，然后将纺出的纤维进行干燥、烧结从而制成氧化铝纤维。杜邦公司制备的 FP 和 PRD166 系列氧化铝纤维即采用的此方法。日本住友化学公司提出采用预聚合法制备氧化铝连续纤维，其步骤主要包括：首先通过聚合反应，在烷基铝中加水合成可用有机溶剂溶解的聚铝氧烷聚合物，然后加入有机硅化合物或硅酸酯浓缩，并通过干法纺丝工艺进行纺丝，形成先驱纤维；再在 600 ℃空气中对先驱纤维进行裂解形成无机纤维，其内含有氧化铝和氧化硅等，最后在 1 000 ℃以上烧结，得到微晶聚集态的连续氧化铝纤维[48]。溶胶—凝胶法又称胶体化学法，是指将金属有机酸盐、金属醇盐、金属无机盐、金属乙酰丙酮盐或者几者的混合物通过水解缩聚过程，逐渐凝胶化得到一定浓度的可纺凝胶，通过机械纺丝或者静电纺丝制得凝胶纤维，然后对凝胶纤维进行干燥、烧结等热处理得到微晶聚集态氧化铝纤维。该法工艺简单，且具有产品纯度高、均匀性好、合成及烧结温度低等优点，制得的氧化铝纤维产品多样化、可设计性强、力学性能高，目前成为制造氧化铝纤维的主流方法[38]。

采用溶胶—凝胶法，美国 3M 公司生产了 Nextel 系列的氧化铝纤维，工艺流程如图 4.7 所示。将质量分数为 50% 的 Al(COOH)$_3$ 和质量分数为 10% 的酒石酸加入由 Al$_2$O$_3$、ZrO$_2$、醋酸、酒石酸、水、Al/Li 尖晶石等配成的溶液中。在 50～80 ℃范围内加热此溶胶，使得羧酸铝分子之间成键，从而提高溶胶的浓度，形成高黏溶液。再采用真空对溶液进行去气泡、酸类和水分处理，进一步调整溶胶黏度至 220～250 Pa·s。并将上述溶胶通过压力稳定的氮气进行过滤，对溶液进行纯化，接着进入恒温纺丝筒（一般在 25～40 ℃的某一温度下），此时纺丝筒的温度决定了纺丝溶液的黏度。与一般生产化学纤维的纺丝筒相似，每个纺丝板一般有 15 个阳型纺丝孔，纺丝孔直径约为 0.127 mm，长径比为 2～4，可纺出直径为 10～25 μm 的纤维。进行干燥后于 1 500 ℃下烧结可得到无机纤维[44]。

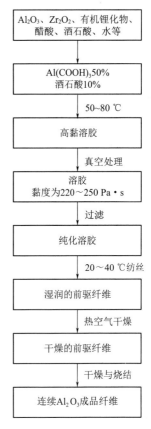

图 4.7　溶胶纺丝法制备氧化铝流程图

流程图内容：
Al$_2$O$_3$、ZrO$_2$、有机锂化物、醋酸、酒石酸、水等
↓
Al(COOH)$_3$50%
酒石酸10%
50～80 ℃
↓
高黏溶胶
真空处理
↓
溶胶
黏度为 220～250 Pa·s
过滤
↓
纯化溶胶
20～40 ℃纺丝
↓
湿润的前驱纤维
热空气干燥
↓
干燥的前驱纤维
干燥与烧结
↓
连续Al$_2$O$_3$成品纤维

4.2.3　氧化铝纤维的应用

氧化铝纤维具有热稳定性好、抗热振性能好、耐高温、质量轻等优点，适宜做高温隔热耐火材料。与碳纤维和金属纤维相比，氧化铝纤维表面活性高，与基体（如金属、陶瓷）之间相容性良好，界面反应较小，复合材料界面黏结性能优异，故可用于增强金属基、树脂、陶瓷等复合材料，在不降低材料耐热性的前提下提高材料机械强度与韧性[49]。而且氧化铝纤维还可通过机织、编织、非织造、缠绕等方法制成绳索、编织带、无纺布等多种形式的织物，满足不

同的使用性能要求,具有广阔的应用前景[16,49]。

1. 航空航天

当今各种导弹武器的主要动力装置——固体火箭发动机,已广泛应用于航天领域,由于该领域工作环境的复杂性,使得发动机内部的相关部件常常需要具有较优异的使用性能,这往往代表着当代材料科学的最先进水平。以先进材料为基础,以"高能、轻质、可控"作为标志当代高性能固体发动机的主要特征,为提高发动机性能,选用具有卓越耐热性能和优良比强度的先进复合材料已成为的重要途径之一[49]。

(1)固体发动机燃烧室绝热壳体

固体发动机壳体早期所使用的材料多为超高强度钢,其中又以低合金钢为主。其优点是工艺成熟,成本低,适宜于批产需要,故仍大量使用在低质量比要求的发动机上。"容器特性系数"(PV/ W)是评价固体发动机壳体性能的主要衡量指标之一,随着固体发动机对壳体材料特性系数要求的提高,传统的金属材料壳体已远不能达到其性能要求,即使是钛合金也只有 7~11,因此选用先进复合材料成为壳体未来的发展趋势。目前着重开发的铝基复合材料,工作温度不高于 450 ℃,多以碳化硅纤维、碳纤维和氧化铝纤维为主要增强材料[49]。

(2)固体火箭发动机喷管

氧化铝纤维优异的高温强度,使其成为固体发动机喷管和燃烧室之间的热结构用绝热连接件、喷管出口锥相关部件的理想复合材料用增强体。20 世纪 80 年代,美国和法国使用热结构用复合材料,已合作进行了多次发动机点火试验。其中,外环作为燃烧室后接头,和燃烧室复合材料壳体相连,材料中的增强体为氧化铝纤维;内环和喷管喉衬相连,需承受较强热流,因此选用碳纤维作为复合材料的内层增强体,氧化铝纤维为外层增强体[49]。多次试验验证了此类材料的高温下优异的力学性能。

2. 兵器

因良好的综合性能,氧化铝纤维增强铝基复合材料已逐渐在兵器领域得到应用,尤其是坦克发动机活塞、装甲车的理想材料。早在 20 世纪 70 年代末,美国陆军就研究 Al_2O_{3f}/Al_2O_3 复合材料制造履带板,与铸钢相比,减重近 50%。为了取代传统锻钢制连杆,美国 Navy Seals 研究所研发了一种氧化铝纤维增强的铝基复合材料连杆,减重 44%[49]。

3. 交通

继活塞之后,成功应用氧化铝纤维增强铝基复合材料的第二个部件是汽车发动机对的连杆,具有抗拉强度和疲劳强度高、线膨胀系数小、质量轻等优点。20 世纪 80 年代初,Folgor 等和日本 Mazda 公司相继研制出了复合材料连杆。为达到减轻连杆质量的目的,本田公司和美国杜邦公司合作研发了多种氧化铝纤维增强的铝基复合材料连杆,最终产品结果显示,此方法制造的连杆减重了 35%~50%,并在本田公司的试验车 FX-1 及意大利 Fiat 生产的高级赛车上得到应用[49]。

此外,FP 氧化铝纤维增强铝合金、$Al_2O_3 \cdot SiO_2$ 纤维增强铝基复合材料也分别在汽车的活塞—连杆、气门和集流腔上得到应用。

4.3 其他高性能陶瓷纤维

4.3.1 氮化硅纤维

氮化硅(Si_3N_4)是一种强共价键化合物,根据晶体结构可以分为两种晶型即等轴状晶体的 $\alpha\text{-}Si_3N_4$ 和长柱状或针状晶体的 $\beta\text{-}Si_3N_4$,均为六方晶型。其中 $\alpha\text{-}Si_3N_4$ 为低温稳定型;$\beta\text{-}Si_3N_4$ 为高温稳定型。在 1 400~1 600 ℃,α 相可向 β 相进行转变[16,50,51]。

Si_3N_4 具有优异的力学性能、化学稳定性和耐热性,主要是由其坚固稳定的三维空间网络结构决定的。Si_3N_4 在 1 400 ℃ 以下的干燥氧化气氛中保持稳定,在惰性或还原气氛中使用温度可达 1 850 ℃[52],具有较低的介电常数、介电损耗(介电常数为 7 左右,介电损耗 0.001~0.005)与较高的电磁波透过率,是良好的透波材料[53]。目前,国内外主要采用石英纤维作为高温透波材料的增强体,但是其在高温时(900 ℃ 以上)的析晶现象导致了纤维强度的迅速下降,到 1 200 ℃ 时纤维的强度已下降到失去了其作为增强体的作用,明显限制了其作为增强体在高温下的应用[51,53,54]。当氧化硅纤维中碳的质量分数小于 5% 时,纤维具有良好的高温透波性能,因此在新一代高马赫数导弹天线罩应用中氧化硅纤维有望代替石英纤维[16]。

与碳化硅纤维制备工艺类似,氧化硅纤维的制备方法一般也是采用先驱体聚合物热解转化,主要包括聚合物合成、纺丝、不熔化处理和高温烧成四步工序。1974 年,德国 Bayer 公司的 Verbeek[54] 首先报道了以三氯硅烷($HSiCl_3$)与一甲胺(CH_3NH_2)作为原料合成聚碳硅氮烷(PCSZ),并以此为先驱体制备出含有氮化硅和碳化硅两相结构的陶瓷纤维。随后美国 DowCorning 公司以六甲基二硅氮烷($Me_3SiNHSiMe_3$)和三氯硅烷($HSiCl_3$)为原料合成了氢化聚硅氮烷(HPZ)先驱体,通过熔融纺丝,化学气相交联和高温烧成制备出了连续氧化硅纤维[16,55,56,57]。

采用先驱体制备氮化硅纤维时,其后续工艺主要与合成先驱体的方法和路线相关。与美国 Dow Corning 公司不同的是,日本 Tonen(东燃)公司采用干法纺丝及高温热处理,得到氮化硅纤维。与其他采用先驱体法制备氮化硅纤维不同的是,Tonen 工艺不需要对纤维进行不熔化处理[57]。法国 Domaine 大学则以聚碳硅氮烷聚合物为先驱体,制备出性能优良的碳化硅-氮化硅的复相陶瓷纤维[58]。日本原子能研究所以聚碳硅烷聚合物为先驱体得到氮化硅纤维。

目前只有少数几个国家可制备连续氮化硅纤维,除了美国 Dow Corning 公司以外,主要包括日本 Tonen 公司、日本原子能研究所(AERI)和法国的 Domaine 大学等,但未见有批量生产。国内在氮化硅纤维研制已进入工程化阶段,采用前驱体为 PCS 的技术路线[59-61],福建立亚新材有限公司与厦门大学合作,建成了连续氮化硅纤维生产线。相对其他高性能陶瓷纤维,国内外对连续氧化硅纤维生产技术的成熟度及相应的性能评价、工艺适应性和复合材料制备工艺等方面仍需进一步提高。

连续氧化硅纤维由于具有优异的高温力学性能、抗高温氧化性能和透波性能，主要用于高温透波材料。

4.3.2 氮化硼纤维

氮化硼（BN）作为一种新型陶瓷材料，其构体主要包括五种，分别是六方氮化硼（h-BN）、纤锌矿氮化硼（w-BN）、三方氮化硼（r-BN）、立方氮化硼（c-BN）和斜方氮化硼（o-BN），其中最常见的构体为 h-BN 和 c-BN，前一个晶体结构类似于石墨，后一个则类似于金刚石，因此 BN 优异的结构组成，使其在物理和化学方面具有优异的性能，如密度低、耐高温、抗氧化、高电阻率、高热导率、优良的室温和高温介电性能等。优良的物理和化学特性使得 BN 材料在高端技术领域如航空、航天、新能源及核工业等有着极为广阔的应用前景，是军民两用的关键原材料[62-63]。近年来，国外的防热透波天线窗复合材料已由石英纤维复合材料过渡到 BN复合材料[64-67]。

BN 粉体及纤维的制备方法主要有两种，一种是气固非均相反应的传统无机先驱体高温粉体烧结法，早期采用此方法制得的 BN 纤维其均质较差，一般用于制作 BN 粉体，后期对此工艺进行了优化研究，提高了纤维的使用性；另一种是采用有机先驱体法进行制备，采用此方法得到的 BN 纤维聚合度高，因此其性能较好[59,69]。

美国金刚砂公司于 20 世纪 60 年代，采用无机先驱体法成功制备出了 BN 纤维，其采用的先驱体为经纺丝形成的 B_2O_3 纤维。在制备过程中，将前期经过纺丝形成的直径约为 10 μm 的 B_2O_3 纤维进行高温氮化处理，最后在 2 000 ℃的高温下烧结得到具有定向微晶的 h-BN 纤维[64-65,68]。1967 年，Economy 等[69]通过对原材料硼酸进行高温加热，到达其熔点，进行熔化，从而得到 B_2O_3 熔体，然后对熔体进行熔融纺丝，得到 B_2O_3 纤维，将此纤维作为先驱体进行氮化处理，该处理在 NH_3（>1 000 ℃）中和 N_2（<2 000 ℃）环境中进行，最终得到 BN 纤维。

随着 BN 纤维的成功研制，苏联、日本、中国等国家也相继开展了相关的研究。我国在 1976 年，山东工业陶瓷研究设计院[70-73]优先开始对 BN 纤维生产工艺进行研究，最终采用以 B_2O_3 无机纤维为先驱体的方法进行定长和连续 BN 纤维的制备，并对相应的生产工艺进行了深入的研究和改进，最终制备出了直径 4 ~6 μm、抗拉强度在 1.0 GPa 左右的性能优异的 BN 纤维。目前我国自身研制的相关产品已广泛应用于各个领域，如航天、航空及新能源等，相应产品主要包括 BN 纤维、BN 纤维布[74]、BN 纤维毡、BN 纤维电池隔膜[75]及 BN 纤维复合材料[76]。

采用无机先驱体转化法制备 BN 纤维，其价格相对低廉，可用于工业化生产，但是在生产过程中仍然存在一些缺点，如 B_2O_3 纤维内部的大分子处于无定形状态，在高温氨气环境中反应生成的 BN 纤维，其内部晶体的取向度相对较低，因而进一步影响了纤维的性能；针对此问题，制备连续 BN 纤维需进行热拉伸处理，以提高纤维内部晶体的分布取向；B_2O_3 纤维的大分子结构呈晶体紧密堆积型，在制备 BN 纤维的工艺流程高温氮化处理阶段时，其紧密的晶体结构使得位于纤维内部 B_2O_3 难以与氮气进行反应，从而使得制备的 BN 纤维内部仍

有少量 B_2O_3 存在,进而降低了纤维的性能[63,77]。

有机先驱体法制备 BN 纤维选用的原材料一般为有机物质,其中含有硼或氮小分子,然后经过一系列的化学反应得到不同种类的先驱体聚合物(硼-氮聚合物、硼-氧聚合物)。根据先驱体的不同,可采用不同的方法得到先驱体纤维,如熔融法、湿法纺丝等,将纤维进行不熔化处理,然后进行高温氮化处理得到 BN 纤维。对采用有机先驱体法制备 BN 纤维而言,先驱体聚合物的合成是整个生产工艺流程中的关键所在。针对合成硼-氮聚合物先驱体较高的工艺要求及较低的生产率,材料学家开发了以硼-氧聚合物为先驱体制备 BN 纤维的方法。在此方法中硼-氧先驱体纤维需借助 Sol-Gel 法进行制备,进而得到具有多孔状的硼-氧先驱体纤维,其内部的孔隙有利于后期纤维高温氮化处理时内部产生的 NH_3 向外部进行扩散,能够到达对纤维内部进行更好的氮化。

氮化硼陶瓷(BN)纤维具有非常优异的力学性能和物理性能,目前其主要作为机械工程材料使用,进一步开发其在功能材料方面的应用,逐步实现低成本化、多功能化和工程化是该纤维的未来发展趋势[63]。

参考文献

[1] 余煜玺.含铝碳化硅纤维的连续化制备与研究[D].北京:国防科学技术大学,2005.

[2] 张立同,陈立富,张颖,等.高性能碳化硅陶瓷纤维现状、发展趋势与对策[C]//中国复合材料学会.复合材料——基础、创新、高效:第十四届全国复合材料学术会议论文集(上).北京:中国科学技术出版社,2006:168-172.

[3] 张颖,余煜玺.高性能陶瓷纤维[M].北京:国防工业出版社,2018.

[4] 刘青华.工业化制备 SiC 纤维的方法[J].福建轻纺,2006(7):7-12.

[5] 张云龙,胡明,张瑞霞.碳化硅及其复合材料的制造与应用[M].北京:国防工业出版社,2015.

[6] 邹优鸣.宽带隙半导体 ZnO(及 SiC)薄膜的制备及其物性研究[D].合肥:中国科学技术大学,2006.

[7] 佘继红,江东亮.碳化硅陶瓷的发展与应用[J].陶瓷工程,1998(3):3-11.

[8] 朱小燕.SiC 薄膜及纳米线的制备与表征[D].杭州:浙江理工大学,2011.

[9] 于威,崔双魁,路万兵,等.纳米 6H-SiC 薄膜的等离子体化学气相沉积及其紫外发光[J].半导体学报,2006,27(10):1767-1770.

[10] 马小民,冯春祥,何立军,等.耐高温连续碳化硅纤维的性能探讨及应用[J].航空制造技术,2014,450(6):104-108.

[11] DICARLO J A . Creep of chemically vapour deposited SiC fibres[J]. Journal of Materials Science,1986,21(1):217-224.

[12] 刘翠霞,杨延清,徐婷,等.化学气相沉积法连续 SiC 纤维的研究现状和发展趋势[J].材料导报,2006,20(8):35-37.

[13] 王应德,蓝新艳,何迎春,等.连续碳化硅原丝的成形基础研究[J].高分子通报,2013(10):89-102.

[14] 江洪,陈亚杨.碳化硅纤维国内外研究进展[J].新材料产业,2017(12):18-21.

[15] 李永强.高软化点聚碳硅烷的合成及低氧含量 SiC 纤维的制备研究[D].北京:国防科学技术大学,2016.

[16] 陈代荣,韩伟健,李思维,等.连续陶瓷纤维的制备、结构、性能和应用:研究现状及发展方向[J].现代

技术陶瓷,2018,39(3):151-222.

[17] 邹豪,王宇,刘刚,等.碳化硅纤维增韧碳化硅陶瓷基复合材料的发展现状及其在航空发动机上的应用[J].航空制造技术,2017,60(15):76-84.

[18] ISHIKAWA T. Recent developments of the SiC fiber Nicalon and its composites,including properties of the SiC fiber Hi-Nicalon for ultra-high temperature[J]. Composites Science and Technology,1994,51(2):135-144.

[19] 高温陶瓷复合材料先进纤维委员会.陶瓷纤维和涂层[M].陈照峰,译.北京:科学出版社,2018.

[20] KUMAGAWA K ,YAMAOKA H ,SHIBUYA M ,et al. Fabrication and mechanical properties of new improved Si-M-C-(O) tyranno fiber[M]//DON E B. 22nd Annual Conference on Composites, Advanced Ceramics,Materials,and Structures:A:Ceramic Engineering and Science Proceedings,New York:John Wiley & Sons,Inc. ,2008,19(3):65-72.

[21] YAMAOKA H,ISHIKAWA T,KUMAGAWA K . Excellent heat resistance of Si-Zr-C-O fibre[J]. Journal of Materials Science,1999,34(6):1333-1339.

[22] MORISHITA K ,OCHIAI S,OKUDA H,et al. Fracture toughness of a crystalline silicon carbide fiber (Tyranno-SA3®)[J]. Journal of the American Ceramic Society,2006,89(8):2571-2576.

[23] YUN H M,DICARLO J A. Comparison of the tensile,creep,and rupture strength properties of stoichiometric SiC fibers[M]//ERSAN V,GARY F. 23rd Annual Conference on Composites,Advanced Ceramics,Materials,and Structures:A:Ceramic Engineering and Science Proceedings New York:John Wiley & Sons,Inc. ,1999,20(3):259-272.

[24] 楚增勇,冯春祥,等.先驱体转化法连续 SiC 纤维国内外研究与开发现状[J].无机材料学报,2002,17(2):193-201.

[25] TANG X,ZHANG L,TU H,et al. Decarbonization mechanisms of polycarbosilane during pyrolysis in hydrogen for preparation of silicon carbide fibers[J]. Journal of Materials Science,2010,45(21):5749-5755.

[26] 马小民,冯春祥,田秀梅,等.国产连续碳化硅纤维的进展及应用[J].高科技纤维与应用,2013,38(5):47-50.

[27] 胡海峰,张玉娣,邹世钦,等.SiC/SiC 复合材料及其在航空发动机上的应用[J].航空制造技术,2010(6):90-91.

[28] KIM D P ,GOFER C G ,ECONOMY J . Fabrication and properties of ceramic composites with a boron nitride matrix[J]. Journal of the American Ceramic Society,1995,78(6):1546-1552.

[29] CORMAN G S,LUTHRA K L. 5. 13 Development history of GE's prepreg melt infiltrated ceramic matrix composite material and applications[J]. Comprehensive Composite Materials II,2018:325-338.

[30] 梁春华.纤维增强陶瓷基复合材料在国外航空发动机上的应用[J].航空制造技术,2006(3):40-45.

[31] 张卫中,陆佳佳,马小民,等.连续 SiC 纤维制备技术进展及其应用[J].航空制造技术,2012(18):97-99.

[32] RAFFRAY A R,JONES R,AIELLO G,et al. Design and material issues for high performance SiCf/SiC-based fusion power cores[J]. Fusion Engineering and Design,2001,55(1):55-95.

[33] NORAJITRA P,Bühler L,FISCHER U,et al. The EU advanced lead lithium blanket concept using SiCf/SiC flow channel inserts as electrical and thermal insulators[J]. Fusion Engineering and Design, 2001,58-59:629-634.

[34] WONG C P C,CHERNOV V,KIMURA A,et al. ITER-Test blanket module functional materials[J]. Journal of Nuclear Materials,2007,367-370(part-PB):1287-1292.

[35] 毕鸿章.碳化硅纤维的制造、性能及应用[J].高科技纤维与应用,2001,26(5):35-37.

[36] 焦健,陈明伟.新一代发动机高温材料—陶瓷基复合材料的制备、性能及应用[J].航空制造技术, 2014,451(7):62-69.

[37] 李波.探寻产业变革的力量——2013年度中国纺织工业联合会产品开发贡献奖获奖企业风采撷英 (二)[J].纺织导报,2014(06):40,42,44,46-48.

[38] 汪家铭,孔亚琴.氧化铝纤维发展现状及应用前景[J].济南纺织服装,2011,35(3):49-54.

[39] 杨苗苗.氧化铝基陶瓷纤维的制备及其性质研究[D].济南:山东大学,2013.

[40] TAN H B ,M A XL,F U MX. Preparation of continuous alumina gel fibres by aqueous sol-gel process[J]. Bulletin of Materials Science,2013,36(1):153-156.

[41] VENKATESH R,RAMANAN S R. Effect of organic additives on the properties of sol-gel spun alumina fibres[J]. Journal of the European Ceramic Society,2000,20(14-15):2543-2549.

[42] 刘克杰,朱华兰,彭涛,等.无机特种纤维介绍(二)[J].合成纤维,2013(6):30-34.

[43] 王斌.氧化铝纤维制备工艺及表面涂层性能表征研究[D].北京:华北电力大学,2016.

[44] 曹峰,李效东,冯春祥,等.连续氧化铝纤维制造、性能与应用[J].宇航材料工艺,1999,29(6):6-10.

[45] 乔健.溶胶—凝胶法制备氧化铝纤维和纤维板及其性能的研究[D].南京:南京理工大学,2015.

[46] CIRIMINNA R ,FIDALGO A ,PANDARUS V ,et al. The Sol-Gel route to advanced silica-based materials and recent applications[J]. Chemical Reviews,2013,113(8):6592-6620.

[47] 李广战,周峰,王强,等.氧化铝质陶瓷纤维的制备方法与应用[J].现代技术陶瓷,2007(2):33-36.

[48] 王德刚,仲蕾兰,顾利霞.氧化铝纤维的制备及应用[J].化工新型材料,2002,30(4):17-19.

[49] 陈蓉,才鸿年.氧化铝长纤维的性能和应用[J].兵器材料科学与工程,2001,24(4):70-72.

[50] 李端,张长瑞,李斌,等.氮化硅高温透波材料的研究现状和展望[J].宇航材料工艺,2011,41(6): 4-8.

[51] 陈洋.碳化硅和氮化硅纳米纤维的制备及其性能研究[D].天津:天津工业大学,2018.

[52] 邹春荣,张长瑞,肖永栋,等.高性能透波陶瓷纤维的研究现状和展望[J].硅酸盐通报,2013,32(2): 274-279.

[53] Li B ,Zhang C R ,Cao F ,et al. Effects of curing atmosphere pressure on properties of silica fibre reinforced silicon-boron nitride matrix composites derived from precursor infiltration and pyrolysis[J]. Materials Technology,2007,22(2):81-84.

[54] VERBEEK W. Production of shaped articles of homogeneous mixtures of silicon carbide and nitride US3853567 [P]. 1974-12-10.

[55] ATWELL W H . Polymeric routes to silicon carbide and silicon nitride fibers[J]. SiLicon-Based Polymer Science,1989,5(5):593-606.

[56] LIPOWITZ J. Structure and properties of ceramic fibers prepared from organosilicon polymers[J]. Journal of Inorganic and Organometallic Polymers,1991,1(3):277-297.

[57] ARAI MIKIRO,FUNAYAMA OSAMU,NISHII HAYATO,ISODA TAKESHI. High-purity silicon nitride fibers :US4818611[P]. 1989-4-4.

[58] Mocaer D,CHOLLON G,PAILLER R,et al. Si-C-N ceramics with a high microstructural stability elaborated from the pyrolysis of new polycarbosilazane precursors[J]. Journal of Materials Science,

1993,28(11):3059-3068.

[59] 刘克杰,朱华兰,彭涛,等.无机特种纤维介绍(三)[J].合成纤维,2013,42(7):18-22.

[60] 兰琳,夏文丽,陈剑铭,等.聚碳硅烷氮化热解法制备 Si_3N_4 纤维[J].功能材料,2013(20):2981-2984.

[61] 胡暄,纪小宇,邵长伟,等.连续氮化硅陶瓷纤维的组成结构与性能研究[J].功能材料,2016,47(B06):123-126.

[62] 齐学礼,高惠芳,李茹,等.氮化硼纤维抗水蚀性研究[J].现代技术陶瓷,2018,39(4):280-286.

[63] 丁杨,曹峰,陈莉.先驱体法制备氮化硼陶瓷材料的研究进展[J].材料导报,2013(9):146-149.

[64] 张铭霞,程之强,任卫,等.前驱体法制备氮化硼纤维的研究进展[J].现代技术陶瓷,2004,25(1):21-25.

[65] 李瑞,张长瑞,李斌,等.氮化硼透波材料的研究进展与展望[J].硅酸盐通报,2010,29(5):1072-1077.

[66] 陈虹,胡利明,谭光耀,等.陶瓷天线罩材料的研究进展[J].硅酸盐通报,2002,21(4):40-44.

[67] 李俊生,张长瑞,李斌,等.氮化硼陶瓷先驱体研究进展[J].硅酸盐通报,2011,30(3):568-571.

[68] 向阳春,陈朝辉,曾竟成.氮化硼陶瓷纤维的合成研究进展[J].材料导报,1998,12(2):66-69.

[69] ECONOMY J,ANDERSON R V. Boron nitride fiber [J]. Journal of Polymer Science C,1967,19:283-297.

[70] 高庆文,张清文,童申勇,等.氮化硼纤维制备工艺及其设备:CN90107561.2[P].1992-03-18.

[71] 张铭霞,唐杰,杨辉,等.利用化学转化法制备氮化硼纤维的反应热力学动力学研究[J].硅酸盐通报,2004,23(6):15-19.

[72] 张铭霞,唐杰,程之强,等.BN 纤维晶体形态及显微结构的研究[J].硅酸盐通报,2007,26(6):1249-1254.

[73] LI C S,LI R,DU X Y,et al. Preparation of high-performance continuous boron nitride fibers from boracicacid [J]. Key Engineering Materials,2014(602-603):151-154.

[74] 唐杰,张铭霞,王重海,等.利用前驱体转化工艺制备氮化硼纤维布的方法:ZL201510204140.5[P].2015-04-24.

[75] 唐杰,张铭霞,栾强,等.热电池用氮化硼纤维基复合隔膜的研制及性能研究[J].现代技术陶瓷,2017,38(3):197-203.

[76] 徐鸿照,王重海,张铭霞,等.氮化硼纤维织物增强氮化硅陶瓷材料的制备方法:L201110005941.0[P].2011-01-12.

[77] 张旺玺,卢金斌.立方氮化硼材料的制备、性能及应用[J].中原工学院学报,2011,22(2):25-28.

第5章 芳纶纤维

芳香族聚酰胺纤维,简称芳纶纤维,其力学性能和机械性能良好,化学性质稳定。聚合物大分子主链由芳香环和酰胺键构成,且芳香环上酰胺基直接与之键合,每个重复单元的氮原子和羰基碳原子(酰胺基中的)均直接与碳原子(芳香环中的)相连接,同时置换其中的一个氢原子。通常可分为全芳族聚酰胺纤维和杂环芳族聚酰胺纤维两类,其中,全芳族聚酰胺纤维有对位芳纶、间位芳纶、共聚芳酰胺纤维和引入折叠基、巨型侧基的其他芳族聚酰胺纤维;杂环芳族聚酰胺纤维是指含有氮、氧、硫等杂质原子的二胺与二酰氯缩聚而成的芳纶[1]。

目前最实用的三个芳纶品种:①芳纶1313是最早研制的有机耐高温纤维,也是产量最大、应用及发展最为广泛一种纤维;②芳纶1414是高强度、高模量的纤维,被誉为"百变金刚",可以代表高性能纤维材料,因它具有的各种高性能纤维特征(高强高模,绝缘性与抗腐蚀性好),对位芳纶是高性能纤维的核心纤维之一,故又被誉为"王牌纤维"[2];③"共聚芳纶"是由日本帝人公司和俄罗斯共同开发出的力学性能更优越的一种纤维,目前产量不高。

5.1 国内外现状

5.1.1 国外发展状况

在20世纪60年代,对位芳纶由美国杜邦公司开发出来,同时在1971年最先实现产业化,"凯夫拉"(Kevlar)为其注册商标,一开始是作为航天航空和军工材料而作保密处理。到了1986年,对位芳纶纤维也开始被杜邦之外的公司生产——荷兰阿克苏诺贝尔(AkzoNobel)公司,"特沃纶"(Twraon)为其注册商标,这就中断杜邦公司对对位芳纶生产垄断的情况。不过因为对位芳纶由杜邦公司率先研发,所以不管是研发新品、生产规模,还是市场占有率杜邦公司均属全球行业领头地位,仅仅是Kevlar纤维,就有多种规格产品,在不同行业应用。目前杜邦公司仍掌握着不少对位芳纶的生产技术与发明专利[3]。在之后几年内,不同的对位高强芳香族聚酰胺纤维被一些其他公司陆续研制成。在1987年,共聚型的"泰克诺阿"(Technora)纤维被帝人公司开发出来;更高强高模的对位杂环芳香族聚酰胺SVM和Armors被俄罗斯合成纤维研究院独立开发出来。到了1991年,年产50 t的对位芳纶Treva中试线由德国赫斯特(Hoechst)公司建成[3]。

在开发芳纶纤维的初期,因为后续应用开发不到位,实际上企业的效益受影响,能够一直生产对位芳纶的企业较少,这就导致了具有一定规模的厂家稀缺,因此形成杜邦公司和帝人公司两家独大的局面,世界总产量中它们产量分别占了55%和45%,其他公司产量极少。虽然最开始开发芳纶纤维的时候主要用于军工领域,但在经历了30多年之后,芳纶渐渐不再单用于军工，也逐渐转向高端民用领域，价格相比以前显著降低，降幅达 50％ 左右，且其规模化生产也在不断扩大。目前，芳纶纤维在民用领域主要应用于产业用纺织品和消费纺织品，如汽车轮胎、运输带、密封件、防护材料、体育器材等[3]。

随着全球内安全防护要求的不断提高和增加，杜邦 Kevlar 的产能一度跟不上需求，所以 21 世纪以来杜邦公司数次扩大 Kevlar 纤维的产能。除此之外，杜邦也十分注重新品的研发，不断寻找新的应用领域，开发出更高强高模的 Kevlar 纤维，提高各方面性能，以保证杜邦在此领域的领头羊位置。虽然从 2006 年起，韩国开始生产初级对位芳纶，但产品性能、产能都难以匹敌美国或日本的产品[3]。现在国外对芳纶的研究与规模化都已比较成熟，芳纶的大部分产品都集中在日本、美国、欧洲这三个地方生产。

5.1.2 国内发展状况

一段时间内国内所有的芳纶都依靠进口，但是随着技术的不断发展，我国对于芳纶产品的需求量不断增加，年增长速度超过 30％，完全依赖进口会受到很大限制。

我国从"六五"期间就展开了对位芳纶合成的攻关，中科院、清华大学、中国纺织大学、上海纺织科研所、中国石化燕山石化公司、晨光研究院等都先后对芳香族聚酰胺纤维进行研制，同时成功完成小试，其中中科院和清华大学首先研究芳香族聚酰胺纤维，中国纺织大学、上海纺织科研所、上海合成纤维研究所和晨光研究院等多所院校及单位都试生产了芳香族聚酰胺纤维[4]。

由于对位芳纶合成过程及产生的三废难以处理、投资大，长期都未能完成产业规模化，我国芳纶纤维始终停留在研究、小试阶段。20 世纪以来，在科研人员的不断努力下，芳纶产业化技术有了很多突破。2007 年 10 月，上海的艾麦达化纤科技有限公司和东华大学 100 t 规模对位芳纶中试研究项目通过中国纺织工业协会的成果鉴定，研发团队成功地解决了对位芳纶聚合体的快速溶解和浆液的快速脱泡的关键技术，又利用自主设计的纺丝装置实现了对位芳纶纤维的连续、多位、高速纺制，研制的对位芳纶纤维强度超过 18 cN/dtex，接近国外 Kevlar29 的水平。而且，利用自主设计的平板式热处理装置，制造出高模量的对位芳纶品种，其拉伸模量超过了 700 cN/dtex，接近国外 Kevlar49 的水平。2004 年烟台泰和新材料股份有限公司实现了间位芳纶纤维的工业化生产，该公司 2009 年投资 2.5 亿元开始建设产能为 1 000 t/a 的对位芳纶产业化项目，2011 年 6 月实现产业化。2006 年中蓝晨光化工研究设计院有限公司对位芳纶（芳纶Ⅲ）开发成功，纤维拉伸强度达到 31 cN/dtex 以上。近年来我国芳纶产业发展迅速，2018 年我国间位芳纶纤维产能约 1 万 t/a，对位芳纶纤维产能约 2 000 t/a，国内间位芳纶的自给能力相对较强，但对位芳纶 80％ 以上仍依赖进口。

5.2 芳纶纤维的制备

5.2.1 对位芳纶的制备

对位芳纶纤维，全称是聚对苯二甲酰对苯二胺（poly-p-phenylene terephthamide，PP-

TA)纤维,又称为芳纶1414,由对苯二胺与对苯二甲酰氯缩合聚合而成,大于85%的酰胺键基团直接与两个苯环基团连接,形成高分子聚合物,分子链呈线性,是化纤发展过程中非常重要的一项发明[5]。对位芳纶纤维在合成过程中通常采用低温溶液缩聚方法聚合,常用的溶剂有六甲基磷酰胺、二甲基乙酰胺、N-甲基吡咯烷酮和四甲基脲等,聚合物生成时即可发生相分离,聚合物分子量与聚合条件、杂质及溶剂有关。合成的聚合物可溶于浓硫酸,进而可采用干喷湿纺工艺制备成高性能芳纶纤维。

1. 合成 PPTA 所需原材料

(1)对苯二甲酰氯的制备

对苯二甲酰氯(terephthaloyl chloride,TPC)是合成 PPTA 纤维的基本原料之一,分子式为 $C_8H_4Cl_2O_2$,是一种白色或淡黄色针状或片状结晶,熔点83～84 ℃,沸点259 ℃,能较快地被空气中的水分水解成酸,因此在湿空气中有发烟现象,能够溶于醚类等有机溶剂。对苯二甲酰氯制备时主要以对苯二甲酸为原料,根据氯化剂不同,常用的制备方法有:氯化亚砜法,光氯化法,酯氯化法,对二甲苯侧链氯化水解法等[1]。

①氯化亚砜法[2]:以氯化亚砜为氯化剂与对苯二甲酸反应,催化剂通常使用二甲基甲酰胺或者吡啶等,其反应简式为

$$\text{HOOC}-\!\!\left\langle\ \right\rangle\!\!-\text{COOH} \xrightarrow[\text{吡啶或二甲基甲酰胺}]{\text{SnCl}_2} \text{ClOC}-\!\!\left\langle\ \right\rangle\!\!-\text{COCl} \tag{5.1}$$

②光氯化法[2]:第一阶段对二甲苯通过光化学反应被氯化成六氯二甲苯,其反应简式为

$$\text{H}_3\text{C}-\!\!\left\langle\ \right\rangle\!\!-\text{CH}_3 + 6\text{Cl}_2 \xrightarrow{\text{UV}} \text{Cl}_3\text{C}-\!\!\left\langle\ \right\rangle\!\!-\text{CCl}_3 + 6\text{HCl} \tag{5.2}$$

第二阶段,六氯二甲苯和对苯二甲酸反应生成对苯二甲酰氯和盐酸,其反应简式为

$$\text{Cl}_3\text{C}-\!\!\left\langle\ \right\rangle\!\!-\text{CCl}_3 + \text{HOOC}-\!\!\left\langle\ \right\rangle\!\!-\text{COOH} \longrightarrow \text{ClOC}-\!\!\left\langle\ \right\rangle\!\!-\text{COCl} + 2\text{HCl}$$

$$\tag{5.3}$$

③酯氯化法:以对苯二甲酸二甲酯(DMT)为原料,苯甲醚为溶剂,通入氯气与酯反应制得酰氯,其反应简式为

$$\text{H}_3\text{COOC}-\!\!\left\langle\ \right\rangle\!\!-\text{COOCH}_3 \xrightarrow[\text{180 ℃以上}]{\text{Cl}_2} \text{ClOC}-\!\!\left\langle\ \right\rangle\!\!-\text{COCl} \tag{5.4}$$

④对二甲苯侧链氯化水解法:将对二甲苯(PX)和对苯二甲酸二甲酯(DMF)在光照下通氯,并加热,得到1,4-双(三氯甲基)苯,而后在 $FeCl_3$ 催化下水解,即可制得对苯二甲酰氯,其反应简式为

$$\text{H}_3\text{C}-\!\!\left\langle\ \right\rangle\!\!-\text{CH}_3 \xrightarrow[hv]{\text{Cl}_2} \text{Cl}_3\text{C}-\!\!\left\langle\ \right\rangle\!\!-\text{CCl}_3$$

$$\xrightarrow[\text{FeCl}_3]{\text{H}_2\text{O}} \text{ClOC}-\!\!\left\langle\ \right\rangle\!\!-\text{COCl} \tag{5.5}$$

(2)对苯二胺的制备

对苯二胺(p-phenylenediamine,PDA),分子式为 $C_6H_8N_2$,是最简单的芳香二胺之一,白色片状结晶,熔点140 ℃,沸点267 ℃,能溶于热水、乙醇、乙醚和苯等溶剂中,其合成方法

有:对硝基苯胺还原法,聚酯法,重氮法等[1,2,6]。

①对硝基苯胺还原法:目前常采用的还原剂有铁粉、一氧化碳、硼氢化钠-溴化亚铜等,目前国内大多数厂家以铁粉和盐酸将对硝基苯胺还原,而后过滤制得对苯二胺,其反应简式为

$$O_2H - \text{苯环} - NO_2 \xrightarrow{\text{Fe, HCl}} H_2N - \text{苯环} - HN_2 \tag{5.6}$$

②聚酯法:此法以聚酯为起始物,经过氨解氯化、霍夫曼降解等步骤制备对苯二胺。

聚酯先氨解,在加热条件下将聚酯和乙二醇通入氨气,得到固态的对苯二甲酰胺,其反应简式为

$$\left[\begin{matrix} H_2 & H_2 \\ C-C \end{matrix} -OOC - \text{苯环} - COO \right]_n * \xrightarrow{NH_3} H_2NOC - \text{苯环} - CONH_2 \tag{5.7}$$

接着是对苯二甲酰胺的氯化,向对苯二甲酰胺水悬浮液中通入氯气,得到 N,N-二氯对苯二甲酰胺,其反应简式为

$$H_2NOC - \text{苯环} - CONH_2 \xrightarrow{Cl_2} ClHNOC - \text{苯环} - CONHCl \tag{5.8}$$

最后是霍夫曼降解,将 N,N-二氯对苯二甲酰胺与水及氢氧化钠发生重排反应,生成对苯二胺,其反应简式为

$$ClHNOC - \text{苯环} - CONHCl \xrightarrow{NaOH, H_2O} H_2N - \text{苯环} - NH_2 \tag{5.9}$$

③重氮法:以苯胺为起始原料,通过重氮化反应,生成氯化重氮苯,生成的氯化重氮苯又与过剩苯胺进行反应得到二苯三氮稀(DPT)。在酸性条件下,DPT 被重新排列,转变为对氨基偶氮苯(PAAB),最终通过催化加氢将 PAAB 裂解成所需的 PDA 和可循环利用的原料苯胺,其反应简式为

$$\tag{5.10}$$

2. PPTA 的合成

PPTA 的合成通常采用低温溶液缩聚,其反应极快,原料一经混合,立即开始聚合并产生相分离。聚合产物分子量的大小与缩聚反应条件有关,原料纯度和溶剂的性质对 PPTA 聚合物影响很大。聚合物经分离、洗涤、粉碎和干燥后,可溶于浓硫酸配成纺丝浆液,便于后续的纤维成纤工序[2]。

首先将对苯二胺溶于强极性溶剂中,常用的强极性溶剂有六甲基磷酰胺 HMPA、二甲基乙酰胺 DMA、N-甲基吡咯烷酮和四甲基脲等。然后在搅拌下加入等物质的量的对苯二甲酰氯,发生缩聚反应,其反应式为[1,2]

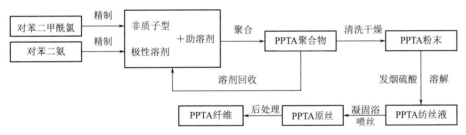

$$n\,ClOC\!-\!\!\bigcirc\!\!-\!COCl + n\,H_2N\!-\!\!\bigcirc\!\!-\!NH_2 \longrightarrow \left[\!\!\begin{array}{c}O\\ \|\\ C\end{array}\!\!-\!\!\bigcirc\!\!-\!CONH\!-\!\!\bigcirc\!\!-\!CONH\right]_n$$

$$(5.11)$$

近年来,除低温溶液缩聚法外,还研究出在螺杆挤压机中的连续缩聚和气相缩聚等新工艺。

3. PPTA 纤维的制备方法

PPTA 纤维的制备主要有三种工艺路线:①高分子液晶纺丝技术,即不经过热处理得到较高强度和模量的纤维;②三元共聚技术,在聚对苯二甲酰,对苯二胺中引入第三单体,如3,4′-二氨基二苯醚,不经过液晶纺丝,但是必须高温处理和高倍牵伸才能得到高强高模纤维;③杂环单体共聚芳纶技术,生产高强高模的芳纶,但是成本较高,产量少。前两种技术产品的产量占了整个对位芳纶市场的 95% 以上[7]。

PPTA 纤维制备困难主要由于两个方面问题,一是高分子量的 PPTA 聚合物制备难度大,主要受溶剂特殊要求的影响;另一方面是聚合物分子量越大,有机溶剂深入难度越大,直接影响纺丝过程。目前纺丝溶剂多数是指以 SO_3 与 98% 的硫酸制得的浓度超过 100% 的发烟硫酸。然后配制成光学上各向异性的纺丝液后,采用液晶纺丝的方法,可制得 PPTA 纤维,图 5.1 为制备 PPTA 纤维的基本工艺方法。

图 5.1　制备 PPTA 纤维的工艺流程图

PPTA 纺丝与一般的湿法纺丝工艺有所区别,其主要采用干喷湿法纺丝(dry-jet wet-spinning)工艺。该技术由杜邦公司首先开发,并成功应用于生产。它的原理是利用喷丝孔的剪切作用使得从喷丝孔中喷出的液晶纺丝液中分子链沿流动方向产生取向,并且随着纺丝液流动慢慢变细,此过程避免了少量分子链产生的解取向,从而保证了较高的取向度,最后进入低温凝固浴中冻结取向,形成高结晶和高取向的纤维。

对位芳纶经高温热处理能够明显提高纤维的模量,这是因为经过热处理后,PPTA 大分子链的堆砌更加紧密,氢键作用增强,晶面取向与结晶结构更加完善。但是断裂伸长率与拉伸强度会有一定程度的降低。

此外,PPTA 纤维的另两个重要品种短纤维和浆粕纤维两种制备方法如下[7-9]。

对位芳纶短切纤维的制备主要有两种方法:一种是利用 PPTA-H_2SO_4 液晶溶液经干喷湿纺工艺获得连续纤维,将连续纤维进行切割加工得到所需长度的短切纤维,此种方法得到的短切纤维直径相同,长度均一,纤维表面光滑,缺少化学活性基团,憎水性强,不利于打浆处理。另一种是把缩聚后的低温缩聚溶液不经纺丝,而采用沉淀的方式沉析出短纤维[5][10,11]。由该法沉析出长度为 1~50 mm 的短纤维,其直径为 2~100 μm,末端呈针状,外观如木材纤维,表面有少许微细纤维。这种纤维的比表面积较大,适宜的长径比和外观更有利于打浆处理,进而适用于纸张的制造,也有利于复合材料成型。

对位芳纶浆粕纤维的制备是在 PPTA 低温溶液缩聚时,施加外力场作用,刚直大分子链在作用力方向上取向,并生长堆砌结晶,聚集出微原纤结构,通过沉析、中和、打浆生成浆粕产品。

然而在制备 PPTA 纤维过程中,不可避免要使用大量的浓硫酸,这将造成诸多方面的问题:一是 PPTA 纤维质量方面,发烟硫酸虽然最为适合溶解 PPTA,但是溶解过程中也会造成聚合物降解,溶解时间越长,聚合物分子量下降程度越大,难以制得高品质的 PPTA 纤维;二是设备成本方面,浓硫酸对输液管道及挤出机等机器设备腐蚀严重,需要投入较高的维护成本;三是操作安全方面,长期在浓硫酸的环境下对工人身体健康乃至生命安全都构成一定的威胁;四是环境保护方面,大量的浓硫酸回收困难,产生酸性废水对环境造成恶劣的影响[7,12,13]。

4. 其他工艺的制备方法[14]

除了以美国杜邦公司为代表的低温聚合液晶纺丝法制备 PPTA 纤维,以及日本的帝人公司三元共聚高温牵拉纺丝这两种目前工业化生产常用工艺外,国内外学者们也在不断地改进和优化新的制备工艺。

孔海娟等[15]在 NMP 体系中加入了不互溶的正己烷,明显延长了 PPTA 聚合反应过程中的凝胶时间,有利于聚合反应的控制,制得了较高相对分子质量的 PPTA。

张康等[16]在 NMP 体系中,引入第三单体 2-(4-氨基苯基)-5-氨基苯并咪唑(DAPBI),得到改性的 PPTA 共聚物。DAPBI 的引入使得改性 PPTA 成为非晶无定形的聚合物,该聚合物能够获得更高的相对分子质量,同时也可以改善 PPTA 聚合物的溶解性能和力学性能,有利于后续的纺丝工序的进行。

梁敏思[17]采用类似的工艺,引入 4,4′-二氨基二苯砜作为第三单体,制备得到改性 PPTA 共聚物。这种改性 PPTA 共聚物的热稳定更好,溶解度更高,能够更好地适用于 PPTA 干喷湿法纺丝工艺。

除此之外,PPTA 纤维的其他合成方法如界面缩聚法、气相聚合法和酯交换法等也在研究与开发当中。但是这些方法距离实现工业化生产还有很长的距离。

5.2.2 间位芳纶的制备

间位芳纶(poly-m-phenylene isophthalamide,PMIA),国内又称芳纶 1313,其化学结构简式如图 5.2 所示[18,19]。它是一种开发较早,产量较大,具有耐高温、阻燃、耐腐蚀、可纺性等优异特性的特种合成纤维,其使用总量居特种纤维第二位,广泛应用于工业用、军用、消防用特种防护服,高温过滤材料和电声材料等[18]。

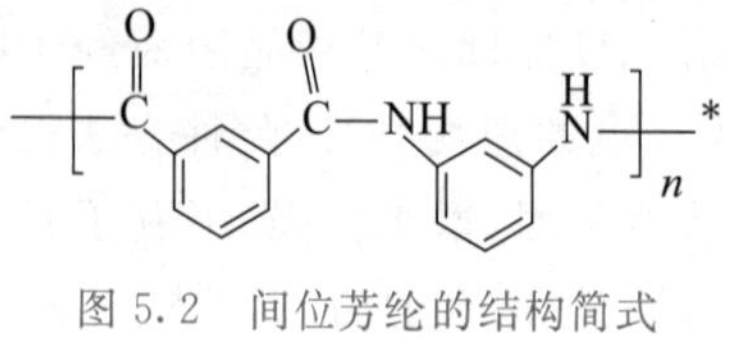

图 5.2 间位芳纶的结构简式

1. 合成 PMIA 所需原材料[1,20]

(1)间苯二甲酰氯的制备[2]

间苯二甲酰氯(IPC),分子式为 $C_8H_4Cl_2O_2$,一般为无色或微黄色结晶,熔点 43~44 ℃,沸点 276 ℃,遇水或醇发生分解,溶于苯、四氯化碳及乙醚等有机溶剂。间苯二甲酰氯制备方法有:氯化亚砜法、酯氯化法、间二甲苯氯化水解法。

①氯化亚砜法:以间苯二甲酸与氯化亚砜为主要原料,以 N,N-二甲基甲酰胺或吡啶为催化剂,经加热制得,其反应简式为

$$
\text{HOOC} \quad \text{COOH} \xrightarrow[\text{吡啶或二甲基甲酰胺}]{\text{SnCl}_2} \text{HOOC} \quad \text{COCl} \tag{5.12}
$$

②酯氯化法:以间苯二甲酸二甲酯为原料,直接与氯气反应制得酰氯,其反应简式为

$$
\text{COOCH}_3 \quad \text{COOCH}_3 \xrightarrow{\text{Cl}_2} \text{ClOC} \quad \text{COCl} \tag{5.13}
$$

③间二甲苯氯化水解法:以间二甲苯为原料,在光催化剂下与氯气反应,然后经水解后获得酰氯,其反应简式为

$$
\text{H}_3\text{C} \quad \text{CH}_3 \xrightarrow[hv]{\text{Cl}_2} \text{Cl}_3\text{C} \quad \text{CCl}_3 \xrightarrow[\text{FeCl}_3]{\text{H}_2\text{O}} \text{ClOC} \quad \text{COCl} \tag{5.14}
$$

(2)间苯二胺的制备[2,6]

间苯二胺(MPD),分子式是 $C_6H_8N_2$,外观上是白色针状结晶,在空气中不稳定容易变成淡红色,熔点 65 ℃,沸点 285 ℃,溶于乙醇、水、二甲基甲酰胺等,微溶于醚、四氯化碳,难溶于苯、甲苯等。间苯二胺的制法与对苯二胺类似[1]。

①间二硝基苯化学还原法:主要包括铁粉还原法和硫化碱还原法,以铁粉还原法为例,在盐酸溶液中将间二硝基苯还原为间苯二胺,其反应简式为

$$
\text{O}_2\text{N} \quad \text{NO}_2 \xrightarrow{\text{Fe,HCl}} \text{H}_2\text{N} \quad \text{NH}_2 \tag{5.15}
$$

②间二硝基苯催化加氢法:此法仍以间二硝基苯为原料,在多孔金属催化剂,如镍骨架的催化作用下,发生气—液—固多相反应,最终加氢制得间苯二胺,其反应简式为

$$
\text{O}_2\text{N} \quad \text{NO}_2 \xrightarrow{\text{Ni,H}_2} \text{H}_2\text{N} \quad \text{NH}_2 \tag{5.16}
$$

2. PMIA 的合成[1]

PMIA 是由间苯二甲酰氯和间苯二胺缩聚而成,常用的聚合方法有低温溶液缩聚法、界面缩聚法、乳液聚合法、气相聚合法等[21]。其中,低温溶液缩聚法和界面缩聚法是目前工业生产主要方法。

(1)低温溶液缩聚法[21-24]

低温溶液缩聚法最先是由美国杜邦公司研究并投入生产的。低温溶液缩聚法与界面缩聚法、乳液聚合法相比,直接使用树脂溶液进行湿法纺丝,省略了树脂析出、水洗和再溶解等过程操作,溶剂消耗得少了,效率也提高了,因此国内目前广泛应用该法用于生产,具体的工艺流程如下。

首先在搅拌下把 MPD 溶解在 N，N-二甲基乙酰胺(DMAc)溶剂中，冷却至 0 ℃左右，然后在搅拌下加入 IPC，并升温到 50～70 ℃，反应在低温下进行，并逐步升温到反应结束。同时需要加入 Ca(OH)$_2$ 中和反应过程生成的 HCl，也可以通过碱性的离子交换树脂除去 HCl，使溶液成为 DMAc-CaCl$_2$ 溶液系统，经过浓度调整后即可用于湿法纺丝。缩聚的反应式为

$$(5.17)$$

（2）界面缩聚法[23,25]

将一定量的间苯二胺溶于定量的水中，加入少量的酸形成水相。再将一定配方量的间苯二甲酰氯溶于有机溶剂中，如四氢呋喃，迅速剧烈搅拌，在两相的界面发生缩聚反应，生成聚合物沉淀，经过分离、洗涤和干燥得到间位芳纶聚合物。界面聚合反应剧烈，时间很短，在 1 min 就可以完成，为保证反应充分进行，通常维持搅拌 10 min，所得的间位芳纶聚合物需要经过多次过滤水洗。这种方法的优点是操作简单，生产效率高；缺点是聚合物的分子量难以控制，聚合过程受到单体分子比、搅拌速度、加料速度和容器的大小种类等因素影响较大，并且所得聚合物的主链结构不易控制。

（3）乳液聚合法[26,27]

乳液聚合法采用两步法聚合，便于 PMIA 聚合物分子量的控制。第一阶段是预聚反应，间苯二胺和间苯二甲酰氯在中极性、非碱性的惰性有机溶剂中进行反应，以保证二胺单体和酰氯单体的等量分子比，对于反应产物间位芳香族聚酰胺，该溶剂是不良溶剂，所以生成的聚合物的分子量很低。常用溶剂有二乙醚、四氢呋喃、乙二醇二甲醚等，DMAc 等溶剂对 PMIA 具有良好溶解性，在这里是不适用的。预聚阶段不需要高的搅拌速度，加料顺序和速度也无特殊要求，反应在常温下进行。第二阶段是在搅拌条件下将预聚体和酸吸收剂的水溶液混合，酸吸收剂可以用有机的也可以用无机的，用量需过量，以保证反应充分的完成。最终不溶状态的 PMIA 聚合物分散在两相或是连续相当中，最后可以很容易地通过过滤或离心的手段分离出粉末状的产物。该方法制备过程中，为利于热量传递，实现共聚物反应阶段的控制，可以通过加料顺序进行主链结构的调整。

（4）气相聚合法[28]

杜邦公司的芳香族聚酰胺的气相聚合专利，将汽化后的单体在惰性气体保护和稀释下，分别通入加热到 150～500 ℃的反应器中发生缩聚反应，通常反应时间极短，根据反应温度的不同，时间在 1～5 s 之间，冷却、分离并去除反应物中的氯化氢，便可得到 PMIA 聚合物。

间位芳纶的缩聚工艺还在不断改进中，如刘国文等[29]同样采用低温溶液缩聚法制备 PMIA，但是聚合反应在微通道反应器中进行，有效地实现了聚合物反应过程控制，制备过程中无须添加缚酸剂，能够制备分子量分布稳定的 PMIA 聚合物。

3. PMIA 的纺丝[21][30]

PMIA 纤维通过溶液纺丝方法制造,是利用 PMIA 优异的耐热性,没有熔点特点,其在熔融以前就已分解。可以使用溶液纺丝的三种方法如下:

(1)干法纺丝

干法纺丝应用较早,美国杜邦公司就采用这种纺丝方法制造 PMIA 纤维。干法纺丝比湿法纺丝制造的纤维结构更为致密,在纤维凝固阶段,干法纺丝产生的空洞较小而且孔径分布均匀。PMIA 干法纺丝的基本工艺流程为:用氢氧化钙中和低温溶液缩聚所得的纺丝液,形成约含 20% 聚合物及 9% $CaCl_2$ 的聚合物溶液,溶液经过过滤,再将溶液加热到 150～160 ℃,经过 160 ℃ 的喷丝头进入温度为 265 ℃ 纺丝通道,通道长度 5.5 m,气氛为氮气、二氧化碳和小于 8% 的氧气。然后经过十道的沸水水洗,同时进行 4～5 倍的拉伸,水洗后进行干燥处理,然后在 300～400 ℃ 下进行热处理,以消除纤维拉伸时产生的内应力。

(2)湿法纺丝

日本帝人公司是采用湿纺纺丝的方法进行工业化生产。PMIA 树脂采用界面聚合进行生产,由于采用聚合物的再溶解制备纺丝原液,其含盐量就可以有效控制,此时助溶剂的含量通常在 3% 以下。湿法纺丝的一般流程为:纺前原液温度控制在 22 ℃ 左右,原液进入相对体积质量为 1.366 含二甲基乙酰胺和 $CaCl_2$ 凝固浴中,浴温保持 60 ℃,得到初生纤维,初生纤维经水洗后在热水浴中拉伸 2.73 倍,再进行 130 ℃ 干燥,最后在 320 ℃ 的热板上再拉伸 1.45 倍制得成品。

湿法纺丝的纺丝原液要求是低含盐量(通常是小于 3%)的聚合物溶液,但是低温溶液聚合制备的纺丝原液盐含量一般为 7%～9%,从已有的报道表明含盐纺丝溶液制取间位芳香族聚酰胺存在困难,且含盐量高的聚合物溶液湿法纺丝制取的纤维普遍存在大空洞,这些空洞影响到纤维的拉伸能力,含空洞纤维的拉伸不仅易发生较大程度的纤维断裂,而且即使那些顺利地完成拉伸的纤维,所形成的机械强度仍难以达到干法纤维或无盐聚合物溶液湿纺纤维能达到的性能,干纺及无盐聚合物溶液湿纺是目前生产避免产生大空洞 PMIA 纤维的方法。这种方法在生产中都需要进行热拉伸工艺,才能制备出具有较好力学性能的纤维。只有实施一定程度的热拉伸或纤维的结晶处理,经过高于玻璃化温度的干热拉伸,才能获得较高的结晶度,才能赋予纤维优异的力学性能,然而也因此使得纤维染色变得较困难。

(3)干湿法纺丝

干湿法纺丝综合了干纺和湿纺的优点,最先由美国孟山都公司提出,这种工艺的纺丝拉伸倍数大,定向效果好,耐热性高。如湿纺纤维 400 ℃ 时热收缩率为 80%,而干喷湿纺纤维不超过 10%,湿纺的零强温度为 440 ℃,干纺为 470 ℃,而干喷湿纺可提高到 515 ℃。

此后,日本帝人公司和德国 Hoechst 公司先后发表了这方面的专利,提出的干湿法纺丝工艺使用了两个凝固浴,纺丝液出喷丝头后经过空气隙先进入含有机溶剂的水溶液凝固,再进入氯化钙水溶液的第二凝固浴,后经水洗、热水拉伸、干燥和干热拉伸得到强度大于 4 cN/dtex 的纤维。

台湾工业技术研究所专利认为,在湿法纺丝过程中,凝固浴中出来的纤维应经过充分的溶剂化以保证良好的拉伸性能。通常工艺下，凝固液氯化钙含量较高(大于40%)，这样就降低氯化钙从纤维向外扩散的速度，而凝固浴的温度又常常大于50 ℃，会加速氯化钙的扩散速度。为解决这一矛盾，以低温无盐的有机溶剂的水溶液作为凝固浴，且有60%的拉伸是在低温的拉伸浴中进行的干湿法纺丝，成为一种新的方法。按这种方法制得的纤维性能可达到使用要求。这种方法可降低能耗，有利于降低成本。

5.3　芳纶纤维的结构与性能

5.3.1　对位芳纶的结构与性能

1.PPTA 纤维的结构

(1)分子结构

PPTA 的分子结构是对位连接的苯酰胺，酰胺键与苯环基团构成大 π 键共轭结构，其内旋位能高，这种大分子结构近似于刚性伸直链网状交联结晶高聚物，链段整齐排列，取向度和结晶度高，其分子结构示意图如图 5-3 所示。由 XRD 数据分析，纤维中胺基(—NH—)和羰酰基(—CO—)之间的夹角为 160°，相邻链之间的典型距离为 0.3 nm，靠氢键连接成晶格平面[5,31]。

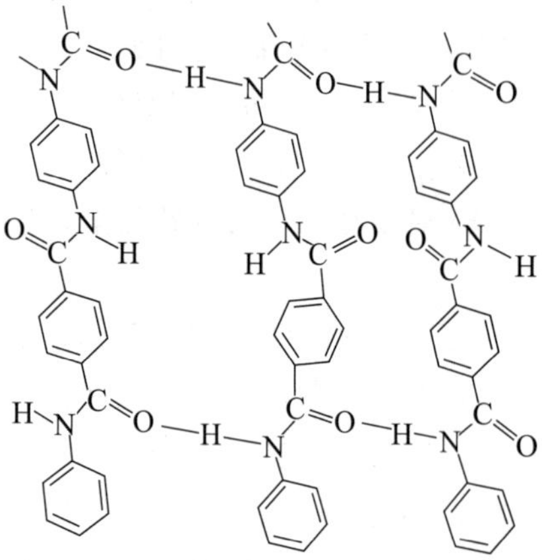

从结构上看 PPTA 有两个方面特点，一是分子链由苯环和酰胺基按一定规律排列而成，显得十分规整；二是键合在芳香环上刚硬的直线状分子键在纤维轴向是高度定向的，各聚合物链是由氢键作横向联结。

图 5.3　PPTA 的分子结构图

正由于以上这些结构上的特点，PPTA 聚合物经纺丝成纤后，无论是机械性能还是耐热性能都大大超过大多数有机纤维，如其拉伸强度≥2.8 GPa，是尼龙的 3～4 倍；模量远远大于钢丝，甚至达到钢丝模量的 3 倍，韧性也超过钢丝的 2 倍；但是密度却不到钢丝的 1/5，除此之外，PPTA 遇到高温不会融化，遇到明火不会燃烧，在空气中分解温度≥500 ℃，因此它的应用领域渗透在材料科学的各个方面[7]。

(2)表观结构

制备方法和工艺条件是芳纶纤维表观结构的主要决定因素。由图 5.4(a)可知，对位芳纶短切纤维呈现出刚性伸直状态，呈近似的棒状结构，纤维整个外表面比较圆滑光洁无沟槽，具有干湿法纺丝制得的纤维表面特征；纤维端部的熔体现象是机械切割形成的，短切纤维平均直径在显微镜下测得约为 10 μm。在光学显微镜下对位芳纶浆粕分散在水介质中的基本形态如图 5.4(b)所示，在水悬浮液中，浆粕纤维之间相互搭接地均匀分散，纤维整体呈细纤状，较为柔软；其表面及端部呈毛绒状，有较多的微细纤维，分丝帚化及细纤维化现象比较明显[5]。

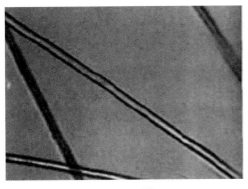
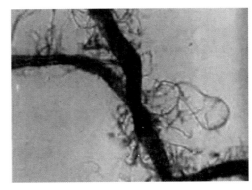

（a）短切纤维　　　　　　　　　　　（b）浆粕纤维

图 5.4　PPTA 纤维光学显微镜图（×100）

2. PPTA 的性能[5,31-34]

PPTA 纤维具有很多优良特性，如密度小、强度高、模量大、耐腐蚀、耐磨损、热稳定性好、电导率低等。它已在不少领域被广泛应用，如电子电力、交通运输、航天航空等，是现代化工业生产中不可或缺的一种高性能纤维[5]。

（1）力学性能

PPTA 纤维的拉伸强度为 $3.0\sim5.5\,GPa$，相当于碳纤维，是玻璃纤维的 1.5 倍；其弹性模量为 $80\sim160\,GPa$，比玻璃纤维高 1 倍，为碳纤维的 0.8 倍；断裂伸长与玻璃纤维接近，在 3% 左右，高于其他纤维；耐冲击性能为石墨纤维的 6 倍，硼纤维的 3 倍，玻璃纤维的 0.8 倍。另外，PPTA 纤维的密度也比较低，仅是 $1.44\sim1.45\,g/cm^3$。

（2）热稳定性

PPTA 纤维的极限氧指数（LOI）大于 28，热稳定性好，且具有突出的阻燃性能，耐火而不熔。PPTA 纤维在高温下不熔融，升温到 427 ℃ 时也不会熔融，但会发生碳化（T_m 为 570 ℃，$T_{碳化}$ 为 427 ℃）。直到分解，也不发生变形（T_d 为 500 ℃）。此外，PPTA 纤维的可燃氧指数为 27%～43%，在高温（180 ℃）下性能保持很好，且如果不是长时间暴露在 300 ℃ 以上的话，纤维的强度几乎没有损失，而其在低温（-170 ℃）下也不会脆化或者降解。PPTA 纤维的 T_g 为 327 ℃，长期使用的温度一般小于 160 ℃。PPTA 纤维的热膨胀系数很小，且是各向异性的：即轴向的横向热膨胀系数 $59\times10^{-6}\,K^{-1}$，而纵向热膨胀系数为负，在 $0\sim100$ ℃ 温度下为 $-2\times10^{-6}\,K^{-1}$，在 $100\sim200$ ℃ 为 $-4\times10^{-6}\,K^{-1}$[5]。因此若能和其他具有正值热膨胀系数的材料复合，可制成热膨胀系数为零的复合材料，这种材料非常适用于模具的制造。

（3）化学性能

PPTA 纤维能够很好地耐化学腐蚀，特别是在遇到中性化学药品（包括有机溶剂、油类）时，但遇到酸碱时（特别是强酸）耐腐蚀性大大下降。极性基团酰胺基存在于对位芳纶分子结构中，所以纤维耐水性不好，饱和吸湿率大。吸湿后，水分子会侵入纤维，氢键被破坏，这就使得纤维的强度变低，材料的压缩性能与弯曲性能也会降低。此外，PPTA 对紫外线是比较敏感的，如果长期直接接触阳光，会造成强度下降，故应加上保护层来阻挡紫外线。

（4）其他性能

PPTA 纤维的介电性能很好，可用在雷达罩透波材设备上；PPTA 纤维非常耐磨，利用其优良耐磨性能，可将之用于汽车轮胎、刹车片等耐磨品上。

除了这些优良性能之外，PPTA 纤维也有一定缺陷，例如其表面缺少化学活性基团，必须先用等离子体空气或氯气处理才能改善对树脂的浸润性和反应性，使之在与树脂黏结时的界面黏结性良好。另外，PPTA 纤维的溶解性、耐疲劳性等也不太好。但随着对 PPTA 纤维研究的更加深入，这些缺点都将会被一一克服。

5.3.2　间位芳纶的结构与性能

1. PMIA 的结构[35,36]

PMIA 大分子中的酰胺基团以间位苯基相互连接，如图 5.5 所示，其共价键没有共轭效应，内旋转位能低于 PPTA，大分子链呈现柔性结构。PMIA 弹性模量的数量级和其他大分子处于相同水平。

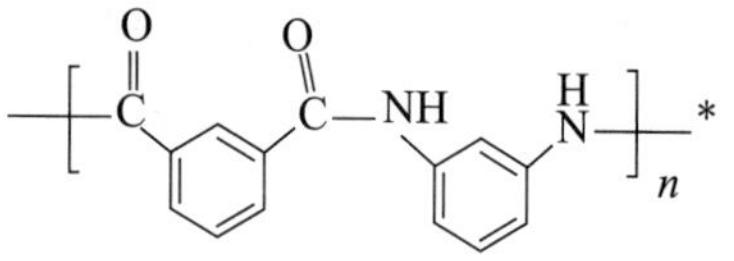

图 5.5　PMIA 的结构

PMIA 结晶区域中的分子构象为全反式结构。结晶结构为三斜晶系，苯环与酰胺键夹角为30°，这是分子内相互作用力下最稳定的结构。晶格参数为：$a=0.527$ nm，$b=0.525$ nm，$c=1.13$ nm（纤维轴向）；$\alpha=111.5°$，$\beta=111.4°$，$\gamma=88.0°$，$Z=1$。晶体密度为 1.47 g/cm³，C 轴的长度表明它比完全伸直链短 9%。亚苯基-酰胺之间和 C—N 键旋转的高能垒阻碍了分子链成为完全伸直链的构象。PMIA 晶体中，氢键在两个平面内排列，形成氢键的三维结构。由于氢键的存在，使其化学结构稳定，赋予了 PMIA 优越的耐热性、阻燃性和耐化学腐蚀性。PMIA 的玻璃化温度为 270 ℃，热分解温度为 400～430 ℃，无论是在氮气还是空气氛围中，在 400 ℃时纤维的失重小于 10%，在 427 ℃以上开始快速分解。PMIA 纤维有很好的阻燃性能，极限氧指数为 28%，在火焰中不会发生熔滴现象。

2. PMIA 的性能[35,37]

（1）热稳定性

PMIA 纤维热稳定性好，在 204 ℃高温下仍可以长期连续使用；在 240 ℃下保温 1 000 h，其机械强度仍保持原来的 65%；在 250 ℃左右的热收缩率仅为 1%；短时间暴露于 300 ℃高温中也不会收缩、脆化、软化或者熔融，只有达到了 370 ℃才会开始碳化分解。

（2）阻燃性

PMIA 属于本质阻燃纤维，极限氧指数值≥28%；纤维在遇到特别高的温度时，会迅速膨胀碳化，同时形成绝热屏。如果用它来生产防护面料的话，面料将具有极好的阻燃性能。

（3）电绝缘性

PMIA 的介电常数很低，以其为原料制成的绝缘纸耐击穿电压可达 200 kV/mm，使得其在恶劣条件（高温、低温、高湿）下也能保持较好的电气性能，用它制成的相应产品具有极好的电绝缘性。

（4）化学稳定性[38]

PMIA 是由酰胺桥键连接芳基所构成的线性大分子，其晶体中氢键在两个平面内排列成三维结构，其化学结构因强劲的氢键作用非常稳定，抗化学品腐蚀性好，可耐多数高浓无机酸及其他化学品的腐蚀，只有在长时间与盐酸、硝酸或硫酸接触的条件下，强度才会有所下降；其对碱的稳定性亦好，但是不能与氢氧化钠等强碱长时间接触。除此之外，PMIA 接触漂白剂、还原剂以及有机溶剂等时稳定性也很好。

（5）耐辐射性[39]

PMIA 耐 β、α 和 X 射线辐射的性能十分优异，被 50 kV 的 X 射线辐射 100 h，强度仍然可以保持到 73％，而在相同条件下涤纶和锦纶早就成了粉末。

（6）力学性能[40]

PMIA 是低刚度高伸长的，这种特性使之能够在一般纺织机上进行加工生产，相应的织物或非织造布可以用短纤在一般毛棉织机上加工。

（7）其他性能

PMIA 是一种优良纤维，是高科技产业领域中不可或缺的基础材料，一般酰胺键比较稳定，不论是遇酸还是碱都不容易分解，芳纶结构中的苯环对酰胺键之间存在着空间位阻，使酰胺更难水解，在强碱或强酸的高温条件下酰胺键才会水解断裂。但是由于本身结构的原因，PMIA 也有一些缺陷，即间苯二甲酰间苯二胺中酰胺键中的 C—N 键较 C—F 键、C—S 键的电负性要小，键之间未形成共轭效应，所以与其他高性能纤维（如 PTFE、PPS、碳纤维等）相比，更容易断裂。

5.4　芳纶纤维的应用

5.4.1　航空航天

密度低、强度高、耐腐蚀性好，这些都是芳纶纤维的优良性能，这些特性使芳纶得以用在航天航空领域中，如制作火箭发动机壳体、航天器机身和机翼、抗冲击的结构部件等。芳纶布与环氧树脂结合形成芳纶预浸料，该预浸料可与多孔结构如蜂窝、泡沫相黏结制备板材，耐冲击性好，电磁波透过性也较好。由芳纶加上薄铝板、环氧无纬布交叠热压后成型的超混复合层板，抗疲劳寿命是铝合金板的 100～1 000 倍，比模量和比强度都极高，可以应用在飞机上[41,42]。飞机客体上使用由芳纶纤维制备的树脂基增强复合材料的话可以大大减轻飞机总质量[14]。

5.4.2　功能防护

芳纶纤维是阻燃、高耐磨、耐冲击、耐切割的，这些特性使得它可以用于制造功能防护用品，如阻燃耐切割手套、防火毯、高阻燃绳索、柔性阻燃通道、冲锋舟、便携式高压氧舱、抢险救援服、防弹装备[14]。

用芳纶纤维制成的防弹背心和头盔，其防弹效能可以提高 40％，另外其体积也比老式的尼龙背心和钢盔要小，质量也更轻。具体来说，防弹背心如果采用防弹芳纶无纬布和高性能聚乙烯薄膜制作，其耐热、防弹性能比单纯用超高分子量聚乙烯纤维制成的更好[43]。另外，金属、陶瓷等材料也可与芳纶纤维复合，制成类似防弹盾牌的各种防护用品。如果在内壁上黏接芳纶纤维，爆炸波可以被有效吸收，减轻人体会受到弹片的损伤程度。这些都满足了现在国际形势下对军用防护服提出的更高要求，即耐用、轻便、防弹、阻燃以及良好的环境适应性和伪装性等。

5.4.3　建筑工程

好的建筑加固材料的质量比较轻而且灵活，而芳纶织物的延展性很好，质量也轻，满足作为加固材料的条件，特别是在加固一些不规则形状的构件时，因为其良好的延展性而不必做倒角[43]。此外，芳纶还能够抗腐蚀以及耐疲劳，适用于加固钢筋混凝土构件。

5.4.4　交通运输

芳纶质量轻，既耐高温也耐低温，而且能够很好地黏附橡胶，这些优点使得其很适合做汽车轮胎帘子线、电机、骨架等。若轮胎中含有芳纶纤维，其质量会更轻，且有较高的承载力和优良的耐磨性，能够耐切割和耐刺穿，用芳纶制作的航空轮胎能很好地满足现代超音速飞机对轮胎高速度、高载荷、高耐温、耐屈挠和耐着陆高冲击性的要求[44]。

5.4.5　电子电器

电绝缘、耐热、阻燃、抗潮，这些都是电子电器中绝缘材料的基本要求，而芳纶能够满足这些要求，变压器、雷达天线、电机等都可以使用其作为绝缘材料。例如被绝缘漆浸渍芳纶纸绝缘性更好，能够用在耐热性电机上作为绝缘材料。

芳纶纤维属于高强高模纤维，电磁波透过率高、介电系数低，同等刚度下，芳纶复合材料的天线罩可比玻璃纤维复合材料的厚度低30%、透波率高10%；芳纶纤维复合制作的层压板与陶瓷组合，因线膨胀系数匹配度高，不易开裂，故表面安装技术中的特种印制电路板可由其制作，电子设备的小型化和轻质化可被其推动[45]。

5.4.6　其他

用于海轮和石油深井的缆绳必须满足轻且牢固的条件，而芳纶纤维分子中含有大量苯环，能够耐腐蚀，且比强度高，是这种特殊的缆绳的优选材料。档次高的球拍、钓鱼竿、弓箭以及要求严格的登山鞋靴、赛车头盔等需要能够耐疲劳耐高温，质量较轻，而芳纶纤维正是有这些特性。一般密封件由石棉制成，石棉是一类致癌物质，对人体呼吸道危害严重，可用芳纶代替石棉，制作汽车制动系统的密封件[46,47]。

5.5　芳纶纤维的展望

芳纶纤维的优异性能表现在：高强、高韧、轻质、耐高温、透波和抗冲击等，广泛应用于现代工业、国防工业中。美国杜邦公司和日本 Teijin 公司在芳纶的生产市场中以90%以上的占有率处于垄断地位。近几年,中国和韩国的芳纶产业正逐步崛起,市场份额正在重新划分,芳纶市场格局被打破。

5.5.1　对位芳纶

2018 年我国的对位芳纶消耗量约 10 000 t,其中国产供给只有 2 000 多 t,进口 18 000 多 t。此信息说明我国对对位芳纶需求空间大,但也充分体现出国产对位芳纶的竞争力不足。目前由于政策和经济全球化等有利因素与产能的扩张、其他高性能纤维的冲击、经济低迷等诸多不利因素并存,使得对位芳纶市场既有挑战也有机遇。

对位芳纶主流生产商帝人和杜邦通过不断扩产来抢占市场。如杜邦公司通过新工厂的运营使 Kevlar 产量达到 33 000 t/a,较原有产量提高 25% 以上。帝人通过收购同类业务产能已达 30 000 t/a。韩国可隆和晓星则计划将 Heracron 和 ALKEX 的产能分别扩大到 10 000 t/a 和 5 000 t/a。

2000 年以来,随着对位芳纶制备技术的逐步解密以及国内化工水平的提高,由市场需求做牵引、政策鼓励做推手,国内多家公司,如烟台泰和、河北硅谷、中蓝晨光、仪征化纤、苏州兆达等开展了对位芳纶的产业化生产开发,相关产品已经投放市场。但国内的对位芳纶基本上进行的是低端产品的重复建设,并没有形成品,高端产品匮乏,致使国内的对位芳纶在竞争中处于劣势[48]。另一方面,目前国内对位芳纶的生产装置能力和生产效率均较国外低,这也是导致竞争力低的一个原因。

前期国内对对位芳纶下游产品的应用开发已经有一定的技术储备,随着芳纶价格的逐步降低,形成一定规模的产业链已经不成问题。虽然国内对位芳纶的需求量大,但目前仍大部分依赖国外,高端产品甚至全部来自进口,这反映出我国需要提升纤维自身产品来提高国内自主供给率。对位芳纶是重要的军民两用材料,先应用于军工领域后拓展到民用领域,并在民用领域得到发展,目前其高端产品主要应用于军工领域。高端产品的需求随着军工用量增加、军用材料国产化替代显得尤为迫切,这也是推动和刺激对位芳纶发展并在产品性能、种类及应用方面的不断进步的动力之一。

目前国外的对位芳纶产品型号多,规格覆盖 220～5 000 dtex,而国内仅有类似 Kevlar29 的通用型批量推向市场,规格较少,满足不了下游需求,应尽快开发多规格的产品,尤为着急的是开发光缆、低线密度高模量的产品。同时要通过技改和新装置建设,扩大装置能力,提升生产效率,以提高产品市场竞争力。由于技术和商业约束,制约了国产对位芳纶的市场推广,国内下游用户需要与对位芳纶生产企业形成战略合作关系,在技术支持和应用指导下完成应用和市场的开发,从而促进新产品开发和应开发技术提升。

另外,对位芳纶优势之一是差别化产品类型较多,应用形式多样,但我国的差别化产品开发还处于起步阶段,所以应开展此项研究,发挥对位芳纶的优势。

综上所述,针对挑战与机遇,应从多方面入手,提高生产效率、提升产品质量,培育和发挥国产对位芳纶及其应用产业链的示范作用。

复合材料学会组织编写的"复合材料学科方向预测及技术路线图"中预测[49],到 2030

年,建立高性能芳纶生产用装备和规模化放大技术。开发我国自主研发的大直径的满足设备精度的双螺杆反应器及其控制系统,建立高模量芳纶高温热拉伸处理设备及精度,扩大对位芳纶生产规模,实现 1 000 t/a 到经济规模装置 3 000～5 000 t/a 的工程放大技术;攻破芳纶Ⅲ纤维第三单体规模化生产和满足聚合用的生产。到 2050 年,开发高性能芳纶纤维的产业化技术,开发用于军工、装甲抗弹、航天结构材料的高端产品,提高产品性能至杜邦 K149,纺丝速度达 2 000 m/min,并开发出超细、全黑等新品种芳纶纤维,以满足不用应用领域的需求,解决芳纶Ⅱ与树脂基体界面问题。

5.5.2　间位芳纶[40]

自杜邦公司实现间位芳纶工业化生产以来,间位芳纶的生产规模和生产技术都有显著的发展。间位芳纶技术发展方向将遵循成本低、性能高、差别化产品的技术路线。

2018 年间位芳纶年产能总量为 40 000 t[50],主要分布在美国、日本、韩国、中国等国家。我国最早的间位芳纶产业化生产线由烟台泰和新材料股份有限公司研发,并于 2004 年投产。随着国内企业间位芳纶的生产规模不断扩大、产品质量不断提升、品种结构的逐步完善,全球间位芳纶的生产布局得以改变。

间位芳纶的扩大应用受到成本的制约,这也是所有高新技术纤维的发展瓶颈。目前由于工艺路线成本较高,导致了间位芳纶的市场售价较高。而未来的发展方向则以低价格拓宽应用领域,通过降低生产成本来降低产品价格势在必行。

国内芳纶在产品的差别化方面与国外仍有差距,主要原因在于国内间位芳纶品种比较单一,差别化程度不够,因此需要在产品的多样化、功能化、完美化和多用途化方面进一步深入研究。

单一品种的芳纶产品无法满足整个芳纶应用领域的广泛需求,在差别化生产方面给生产厂家提出的要求较高。烟台泰和新材料股份有限公司是国内在差别化方面做得较好的企业,已经成功开发了本白纤维、易染纤维、可染纤维等多个系列上百个品种的产品,使间位芳纶在高端领域的应用需求得以满足。

在产品的功能化上,在本身具有众多优越性的间位芳纶身上赋予新的功能,可使其优越性得到更为充分的发挥。如以间位芳纶为基体赋予其导电特性,这种导电纤维已得到开发。

通过对产品进行改性解决间位芳纶由于结构本身导致的产品的耐光老化问题[51]、高温酸化水解问题[52],使得产品完美化。

日本帝人公司开发了涂装间位芳纶纤维 Conex 的隔膜[53],应用在锂电池领域,提高了电池的安全性,在产品的多用途化方面提供了示范。

参考文献

[1] 李贸银.芳纶纤维性能研究[D].长春:长春工业大学,2013.

[2] 钱伯章.芳纶的发展现状与市场[J].新材料工业.2008,35(4):21-25.

[3] 胡祖明,刘兆峰.芳纶行业的发展情况及建议[A]//中国复合材料学会增强体专业委员会学术年会论文集,2009:6.

[4] 高启源.高性能芳纶纤维的国内外发展现状[J].化纤与纺织技术,2007(3):31-36.

［5］　江明,陆赵情,张美云,等.对位芳纶纤维结构、性能及其应用[J].黑龙江造纸,2013,41(3):3-6,12.

［6］　王芳,秦其峰.芳纶技术的发展及应用[J].合成技术及应用,2013,28(1):21-27.

［7］　陈刚.聚对苯二甲酰对苯二胺(芳纶1414)聚合技术的研究[D].长春:长春工业大学,2011.

［8］　JONG C K,HYEONG R L,et al. Aromatic polyamide pulp its preparing process[P]. US,Pat 5767228,1998.

［9］　RAPPAPORT J B. Kevlar aramid fiber properties and applications[J]. Clemson University Industrial Fibers and Fabrics Conference,1990,5:14-15.

［10］　李金宝,张美云,吴养育.对位芳纶纤维结构形态及造纸性能[J].中国造纸,2004(10):54-57.

［11］　李同起,王成扬.芳纶的制备微观结构与测试方法[J].合成纤维工业,2002(4):31-34.

［12］　曹煌彤,车明国,于俊荣,等.溶解对PPTA结构性能的影响[J].东华大学学报(自然科学版),2008,34(6):660-663.

［13］　梁启振.溶致液晶型含二氮杂萘酮联苯结构共聚酰胺的合成与表征[D].大连:大连理工大学,2005.

［14］　袁玥,李鹏飞,凌新龙.芳纶纤维的研究现状与进展[J].纺织科学与工程学报,2019,36(1):146-152.

［15］　孔海娟,秦明林,丁小马,等.正己烷溶剂对聚对苯二甲酰对苯二胺聚合反应的影响[J].合成纤维工业,2017,40(3):27-30.

［16］　张康,秦明林,刘百花,等.含苯并咪唑的芳香族聚酰胺共聚物的合成与表征[J].合成纤维,2017,46(2):22-26.

［17］　梁敏思,王洁,曲婷,等.4,4′-二氨基二苯砜共缩聚改性PPTA及性能研究[J].化工新型材料,2017,45(5):109-111.

［18］　刘辉.国产芳纶1313纤维(Newstar)的结构与性能研究[D].上海:东华大学,2010.

［19］　王曙中,王庆瑞,刘兆峰.高科技纤维概论[M].上海:中国纺织大学出版社,1999.

［20］　张文彬.新世纪产业用特种纤维材料[J].纺织导报,2001(5):104-106,169.

［21］　李群生,张武龙,翟佳秀,等.国内外芳纶的制备、产业现状及市场前景[J].合成纤维,2014,43(6):19-23.

［22］　吕继平,宋金苓,邓召良,等.干法纺丝用聚间苯二甲酰间苯二胺溶液的流变性能[J].合成纤维,2013,42(2):33-35.

［23］　盛庆全,肖鉴谋,栾伟丽,等.对苯二甲酰氯合成研究进展[J].江西化工,2007(4):15.

［24］　刘立起.PMIA浆液的凝固特性及其原液着色纤维的制备[D].上海:东华大学,2008.

［25］　邹振高,王西亭,施榴梧.芳纶1313纤维技术现状与进展[J].纺织导报,2006(6):49-52.

［26］　高麦霞.芳香族聚酰胺的微波辐射合成及其应用的基础研究[D].重庆:重庆大学,2009.

［27］　ETCHELL. Continuous process for the production of polyamides. US20040230027A1[P]. 2006-07-03.

［28］　DUPOND. Vapor-phase preparation of aromatic polyamides:US4009153[P]. 1977-02-22.

［29］　刘国文,徐健,罗先福,等.聚间苯二甲酰间苯二胺树脂的合成研究[J].精细化工中间体,2017,47(4):46-50.

［30］　陈蕾,胡祖明,刘兆峰.芳纶1313纤维制备技术进展[J].高分子通报,2004(6):1-8.

［31］　REBOUILLAT S,PENG J C M,DONNET J B. Surface structure of kevlar fiber studied by atomic force microscopy and inverse gas chromatography[J]. polymer,1999,40(26):7341-7350.

［32］　胡惠仁,徐立新,董荣业.造纸化学品[M].北京:化学工业出版社,2002.

［33］　何唯平,程晓芳.路威.2008芳纶布在混凝土墩柱加固中的应用技术[J].铁道建筑,2004(7):66-67.

［34］　马晓光,刘越.先进复合材料用高性能纤维发展概述[J].合成纤维,2001(2):21-25.

［35］ 林思飞.间位芳香族聚酰胺纤维的干湿法纺丝工艺研究［D］.上海：东华大学，2012.

［36］ 陈蕾，刘兆峰.国外间位芳香族聚酰胺低温溶液聚合的研究［J］.东华大学学报（自然科学版），2004（4）：117-120，130.

［37］ 董勤礼.间位芳纶湿法纺丝凝固机理的研究［D］.上海：东华大学，2010.

［38］ 计建洪.芳纶生产工艺的应用［J］.河北化工，2010，33（12）：30-32.

［39］ 孙茂健，宋西全.我国间位芳纶产业的发展现状及前景［J］.纺织导报，2007（12）：65-68.

［40］ 宋翠艳，宋西全，邓召良.间位芳纶的技术现状和发展方向［J］.纺织学报，2012，33（6）：125-128，135.

［41］ 孙晓婷，郭亚.芳纶纤维的研究现状及应用［J］.成都纺织高等专科学校学报，2016，43（5）：12-16.

［42］ 黄兴山.芳纶的性能、应用和生产［J］.化工时刊，2002（12）：1-5.

［43］ 刘强，赵领航.芳纶在产业用纺织品中的应用及展望［J］.棉纺织技术，2014，42（6）：74-77.

［44］ 王维相，翁亚栋.芳纶在橡胶制品中的的应用概况［J］.橡胶工业，2004，51（7）：436-439

［45］ 李新新，张慧萍，晏雄，等.芳纶纤维生产及应用状况［J］.天津纺织科技，2009（3）：4-6，9.

［46］ 廖子龙.芳纶及其复合材料在航空结构中的应用［J］.高科技纤维与应用，2008，33（4）：25-29.

［47］ 袁锋，高敬民，宋志成，等.芳纶材料在汽车制品中的应用［J］.汽车实用技术，2017（23）：26-30，61.

［48］ 陈超峰，王煦怡，彭涛，等.国产对位芳纶的挑战和机遇［J］.高科技纤维与应用，2015，40（4）：11-14.

［49］ 复合材料学会.复合材料学科方向预测及技术路线图［M］.北京：中国科学技术出版社，2019.

［50］ 中国产业信息.2019年中国对位芳纶及间位芳纶产业链、产能情况、进口及企业格局分析［EB/OL］.（2020-03-27）［2020-06-15］http://www.chyxx.com/industry/202003/846841.html.

［51］ 梁晶晶，张慧茹，孙晋良，等.芳香族聚酰胺织物抗紫外老化的研究［J］.合成纤维，2011（40）：6-8.

［52］ 郑玉婴，蔡伟龙，程雷.耐酸型玻纤填充芳纶1313复合针刺毡滤料的制备与性能［J］.高分子材料科学与工程，2011，27（8）：122-125.

［53］ 樊孝红，蔡朝辉，吴耀根，等.锂离子电池隔膜的研究及发展现状［J］.中国塑料，2008，22（12）：11-15.

第6章 超高分子量聚乙烯纤维

超高分子量聚乙烯(ultra-high molecular weight polyethylene, UHMWPE)纤维的分子量普遍在 300 万以上,其比强度在目前已知的纤维中最高,与芳纶纤维、碳纤维并称"世界三大高性能纤维"[1-3]。由该纤维制成的产品在防刺、防弹等国防军需装备及航空航天、海洋、建筑加固、运动休闲等领域均有广泛的应用[4]。

20 世纪 70 年代,英国利兹大学的 Capaccio 和 Ward 首次在实验室制备出 UHMWPE 纤维。随后在 1975 年,经过对纺丝工艺的改进,荷兰 DSM 公司的 Smith 和 Lemstra 提出了更为先进的 UHMWPE 纤维制备方法并申请专利。在 1985 年,DSM 公司开始生产商用 UHMWPE 纤维并于 1990 年实现其工业化生产,即"迪尼玛®(Dyneema®)"[5]。1982 年,UHMWPE 纤维生产的有关专利被美国信号公司购买,改用矿物油作溶剂,更为环保且提高了产品的生产效率和质量,产品即"Spectra"。"Dyneema®"和"Spectra"中一部分 UHMWPE 纤维其强度和模量均已超过对位芳纶。20 世纪 80 年代中后期,日本东洋纺(Toyobo)公司通过国际合作与自主研发,实现了 UHMWPE 纤维的批量化生产,将其命名为"Dyneema SK-60"[4]。

20 世纪 80 年代初,我国一些高校以及科研机构相继开始对 UHMWPE 纤维的树脂合成、纺丝工艺进行研究[6]。经过几十年的发展,我国拥有了 UHMWPE 纤维生产的完全自主知识产权,2000 年,宁波大成首先实现 UHMWPE 的国产化[7]。

UHMWPE 纤维全球产能分布高度集中[8],世界上主要是荷兰 DSM、美国 Honeywell 和日本 Toyobo 三大公司能够实现 UHMWPE 纤维的工业化生产,2019 年这三家企业的产能见表 6.1。这些 UHMWPE 纤维生产企业具有以下特点:(1)生产高度集中,避免无序竞争;(2)企业实力雄厚。这几家生产企业均为跨国企业,拥有雄厚的技术实力,成体系的产品类型,强大的产品生产能力,同时很重视研发和创新以满足多样化的需求。近 10 年来,产品纤维的强度和原有纤维强度相比,提高了 50% 以上。

表 6.1 国外主要企业 2019 年 UHMWPE 纤维的年产能[8]

厂商	年产能/t	备 注
DSM	14 200	荷兰海伦 5 条 Dyneema 生产线,美国北卡州 4 条 Dyneema 和 1 条 Dyneema Purity 生产线
Toyobo	约 3 200	生产线位于日本滋贺县和福井县
Honeywell	约 3 000	生产线位于美国新泽西和弗吉尼亚

我国的 UHMWPE 产业经过几十年的发展,目前共有 UHMWPE 纤维生产企业近 20 家,2019 年国内部分企业的产能见表 6.2。

表 6.2　我国部分 UHMWPE 纤维企业的 2019 年产能[8]

单　位	2019 年产能/t	备注
江苏九九久科技股份有限公司	10 000	
山东爱地高分子材料有限公司	1 000	荷兰帝斯曼公司控股
北京同益中特种纤维技术开发公司	3 500	计划扩产到 7 560 t/a
中国石化仪征化纤股份有限公司	3 300	
湖南中泰特种装备有限公司	3 000	
浙江千禧龙纤特种纤维股份有限公司	2 500	计划扩产到 4 000 t/a
江苏铿尼玛新材料有限公司	2 500	计划扩产到 3 500 t/a
宁波大成新材料股份有限公司	2 000	
上海斯瑞聚合体科技有限公司	1 000	
其余	3 000	年产能 200～800 t 不等
合计	31 800	

我国的 UHMWPE 纤维产业发展现状主要有以下特点：

（1）发展迅速。在 2007 年之前，我国 UHMWPE 纤维产能还较小。自 2007 年以后，我国掀起了高性能纤维建设的高潮，相关企业数量发展到 30 余家，产能成倍增加，生产技术逐渐成熟。但是，个别企业盲目上马项目，造成产品质量水平低下及市场竞争压力大。

（2）质量提升很快，但各厂家的纤维质量水平存在差异。产生这种差异的原因主要来源于国内投资企业不同的背景、不同的生产化纤的技术实力以及管理水平。

（3）企业竞争力较弱。国内的 UHMWPE 纤维生产总量已占全球的 60％，但纤维的质量竞争力和荷兰、美国、日本等国家相比还有很大的提升空间。

（4）纤维应用水平有待提高，还需要加大投入。国内还集中在绳缆和防护领域，在高新纤维的新应用开发方面，大多数生产企业或者研究院的研发及创新能力仍有些差距，尤其是小型生产企业很少进行产品应用的开发[9]。

6.1　UHMWPE 纤维的制备

6.1.1　普通聚乙烯纤维的制备

聚乙烯是由乙烯单体通过聚合得到的，聚合条件的不同（催化剂种类、压力），得到产物的状态和性质也不同，包括高密度聚乙烯（HDPE）、低密度聚乙烯（LDPE）和线型低密度聚乙烯（LLDPE）[5]。

HDPE 聚合所采用的压力较低或者适中，在有机金属氧化物催化剂或专用的齐格勒—纳塔（Ziegler-Natta）催化剂的作用下进行聚合，得到的产物在三种产品中密度最大，支链少且短，结晶度可达到 85％以上[5,10]。产物外观呈乳白色，具有良好的耐环境、耐腐蚀、耐冲击的性能。

LDPE 聚合所采用的压力最高，产生较多支链，密度普遍较低，结晶度较低。LDPE 呈白色或乳白色透明蜡状固体，主要用于对力学性能要求不高的包装材料、薄膜材料、电缆线、管材等。

　　LLDPE 聚合所采用的压力最小,高分子链中的支链很短,密度与 LDPE 相当,有时要略大一点。LLDPE 树脂呈乳白色颗粒,用于制造中空容器、管材、电气线缆等。

　　聚乙烯纤维通常采用 HDPE 或 LLPDE 通过纺丝制得,也称乙纶,玻璃化转变温度约为 −75 ℃,熔融温度约为 124 ℃。强度为 4.4～7.9 cN/dtex,模量为 31～88 cN/dtex,断裂伸长率 8%～35%。多采用 HDPE 或 LLDPE 通过熔融纺丝、热拉伸工艺制备而成,普通聚乙烯纤维多用于包装织物、滤布、缆绳等[5]。

　　另外,提高纺丝所用聚乙烯树脂的分子量,有助于提高纤维的结晶度,从而使机械强度得到提高,达到 9～13 cN/dtex[5]。

6.1.2　UHMWPE 的聚合

　　超高分子量聚乙烯纤维中,乙烯分子的聚合主要采用气相聚合和淤浆聚合[11]。

1. 淤浆工艺

　　淤浆工艺的特征是聚合体系呈浆状,黏度较大,主要包括搅拌釜工艺和环管工艺。根据聚合反应容器的搅拌釜不同,搅拌釜工艺又分为 Hostalen 工艺和 CX 工艺,其中 UHMWPE 的聚合主要采用 Hostalen 工艺[12]。德国 Hoechst 公司最早为了合成高密度聚乙烯而开发这种工艺,后来经过改进,用来合成 UHMWPE,典型工艺流程如图 6.1 所示[12]。

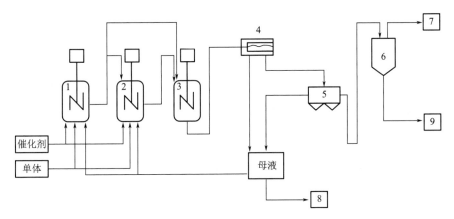

图 6.1　典型 Hostalen 工艺流程

1—一号反应器;2—二号反应器;3—后反应器;4—离心分离器;5—流化床干燥器;
6—粉末处理器;7—膜回收系统;8—溶剂精制与单体回收系统;9—挤压造粒

　　典型的 UHMWPE 聚合 Hostalen 工艺为通过串联或者并联生产单峰或双峰的 HDPE 产品。国外研究者采用传统 Ziegler-Natta 催化剂,通过优化工艺条件,合成了分子量在 400 万～600 万之间的 UHMWPE[13]。

　　1996 年上海化工研究院开发出了合成 UHMWPE 的单釜聚合工艺,这种工艺以氯化镁、四氯化钛、钛酸酯类或苯甲酸酯为催化体系,经过聚合、过滤、汽提、干燥等工序,得到的聚乙烯产物分子量达 500 万,性能与 Hostalen 工艺产品相似,填补了我国 UHMWPE 合成的空白[14]。

环管工艺主要有 Ineos 公司的 InnoveneS 双环管工艺和 Phillips 公司的 Phillips 单环管工艺。Phililips 公司以改性后的氧化铝或二氧化硅为载体,在其上搭载某些过渡金属的有机络合物,从而研制出新型催化剂,可以节省投资。与搅拌釜工艺相比,环管工艺得到的产品韧性较好[15-17]。

在 UHMWPE 淤浆聚合过程中,控制反应热是聚合成败的关键。如果反应中的热量不能及时移出,将会造成催化剂失活。控制反应热可以通过调节反应液中乙烯的浓度以及催化剂的用量的方式来实现[18]。

2. 气相工艺

气相工艺被广泛地应用于高密度聚乙烯的合成,该工艺起始于低压气相流化床反应器的发明。这种工艺可以实现固体物料的连续输入和输出,便于进行催化剂的连续再生和循环操作,特别是有利于容易失活的催化剂体系[5],但其不足之处是减少了气相和固相的接触,从而降低聚合反应转化率[19]。另外,在这一剧烈聚合反应过程中,催化剂会发生粉化,被气流带出,造成催化剂的损失和污染物粉尘。这种工艺还会出现局部过热以及管路堵塞的等问题。目前这些问题都还有待解决,因此,相对其他工艺,气相工艺的应用较少[11]。

3. 聚合反应催化剂

催化剂在 UHMWPE 的聚合中起着关键作用,对聚合反应的时间、原料的利用率以及得到的 UHMWPE 的外观、密度以及各方面的性能都有很大的影响。目前,主要的 UHMWPE 催化剂包含 Ziegler-Natta 催化剂、茂金属催化剂以及新一代催化剂。

(1)Ziegler-Natta 催化剂

Ziegler-Natta 催化剂从离子化合物/金属有机化合物络合物体系发展到最新的带有供电子体的催化剂。经历了几十年的发展,催化体系的成分由相对单一到复杂,催化活性越来越高,催化效果越来越明显,产物的可调节性越来越好,工艺也越来越简便,适用性越来越广。表 6.3 从几个方面介绍了 Ziegler-Natta 催化剂的发展历程[19]。

表 6.3 不同阶段所采用的 Ziegler-Natta 催化剂

阶段	催化剂体系	产率/kgPP (gCat)$^{-1}$	等规度质量 分数/%	产物形态	工艺
第一代 1957—1970	δ-TiCl$_3$ AlCl$_3$/AlEt$_2$Cl	0.8~1.2	88~91	不规则粉末	需要后处理
第二代 1971—1978	δ-TiCl$_3$ · R$_2$O/AlEt$_2$Cl	3~5	95	颗粒	后处理脱灰
第三代 1979—1980	TiCl$_4$/单酯/ MgCl$_2$+AlEt$_3$/单酯	5~15	98	规则颗粒,大小和分布可调	脱去无规则颗粒
第四代 1980 年以后	TiCl$_4$/单酯 MgCl$_2$+AlEt$_3$/硅氧烷 TiCl$_4$/二醚/ MgCl$_2$+AlEt$_3$	20~60 50~120	99	规则颗粒(球形) 大小和分布可调	不需后处理

从 Ziegler-Natta 催化剂出现以来,对它的研究一直在继续,但目前对这一类反应的反应机理仍然没有完全弄清楚。根据乙烯单体聚合的反应机理以及固相催化反应的反应机理,这一反应大体经历了催化剂组分的络合、乙烯单体的插入和聚合物链的增长、链转移引起的终止等步骤,具体如图 6.2 所示[20]。

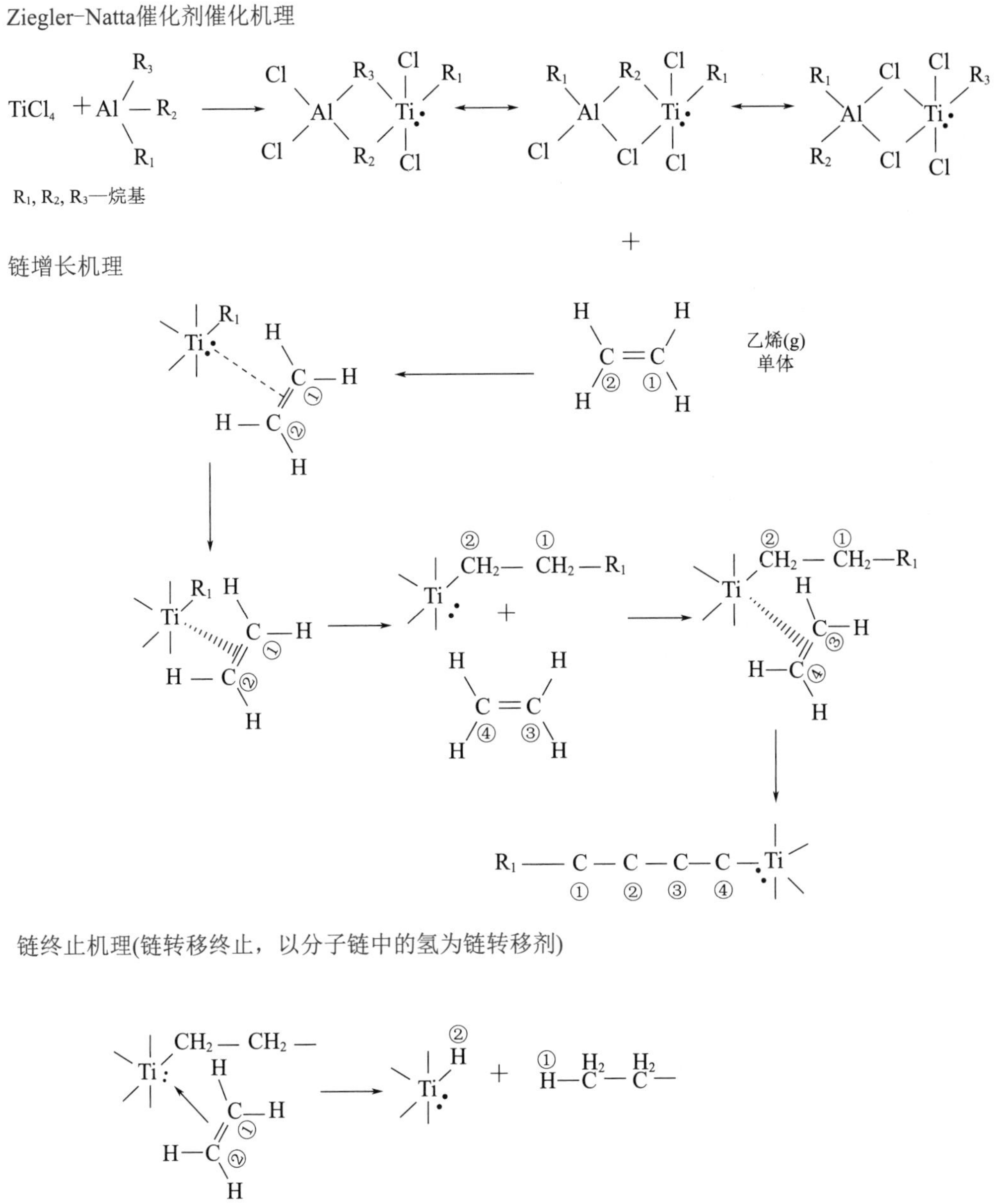

Ziegler-Natta催化剂催化机理

R_1, R_2, R_3—烷基

链增长机理

链终止机理(链转移终止,以分子链中的氢为链转移剂)

图 6.2 Ziegler-Natta 催化剂聚合反应机理

对于 Ziegler-Natta 催化剂的研究,目前主要集中在氯化镁载体结构的改进和给电子体的优选,从而提高催化剂活性、降低催化产物的堆积度上[21-24]。任合刚和董平[25]采用两步种子溶胀聚合制备了含有氰基官能团的多孔聚合物微球载体,经化学法修饰后再将四氯化钛附着于载体上,从而研制出新型催化剂,并研究了这一催化剂的催化效果。结果表明:多孔聚合物微球载体颗粒规整、均一,催化剂形态良好,复制了载体的形貌[24]。Zhang H. X[25] 研究了氯化镁/四氯化钛催化体系内产生不同电子效应的组分对产物分子量及多分散性的影响,发现内供电子体可以提高产物的分子量,但是同时产物的多分散性增大;另外,他还研究了反应温度和压力对产物分子量及多分散性的影响[26]。同时,这一催化体系还存在"最适宜催化温度",在这一温度下催化体系的催化活性最高,也可以得到分子量足够高和分子量分布较窄的产物。

(2)茂金属催化剂

茂金属催化剂是有机金属配位催化剂,它是由过渡金属(如锆、钛、铪等)与环戊二烯(Cp)络合形成的[27]。采用这种催化剂,制备的 UHMWPE 的分子量分布更窄。但是由于这类催化剂合成难度较大,同时聚合过程中需要较高的压力和较低的温度,因此限制了其进一步的工业化。

泰科纳公司在其一项专利中[28]提出了一种更为先进的催化剂,这种催化剂可以有效提高 UHMWPE 的分子量,并降低聚合反应的温度。巴塞尔公司在其专利中提出采用两种催化剂进行复合,从而对 UHMWPE 的分子量和分子量分布进行调控的方法[29]。

(3)用于纺丝的 UHMWPE 的性质

图 6.3 所示是 UHMWPE 树脂工业化生产的一种工艺流程,这一工艺流程包括聚合体系的配制、单体的聚合、催化剂的分离等工序。这种工艺采用乙烯气体为原料,己烷为溶剂,催化剂为经过稀释的金属有机复合物,聚合体系在 60~90 ℃、0.1~2 MPa 下进行聚合,通过调节工艺参数来对 UHMWPE 的分子量以及分子量分布进行调控,从而得到分子量足够大的 UHMWPE 产物[30]。

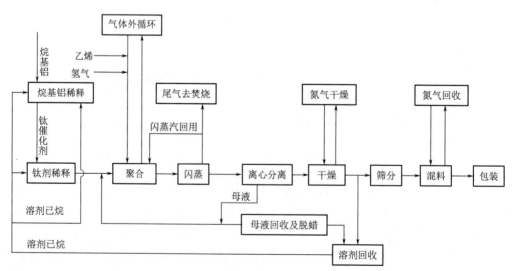

图 6.3 工业化 UHMWPE 合成流程

随着 UHMWPE 纤维制备方法的成熟和纤维应用领域的不断开拓,用户对 UHMWPE 纤维提出了更高、更多的要求。为满足这些要求,纤维生产企业不仅要优化纺丝工艺,还要提升 UHMWPE 树脂的性能，包括相对分子质量及相对分子质量分布、拉伸强度、断裂伸长率等。纤维用 UHMWPE 树脂的质量指标见表 6.4[30]。

表 6.4 纤维用 UHMWPE 树脂的质量指标[30]

性能	测试方法	指标
黏均相对分子质量（×10⁴）	ASTM 4020—2005	450～650
拉伸强度/MPa	GB 1040.2—2006	≥35
断裂伸长率/%	GB 1040.2—2006	≥350
简支梁冲击缺口强度/(kJ·m⁻²)	GB/T 1043.1—2008	65～115
表度密度/(g·cm⁻³)	GB/T 1636—2008	≥0.43
筛分(≤450 μm)/%	GB/T 21843—2008	≥98.1

UHMWPE 树脂的性能至关重要，直接影响到纤维的强度。这种影响是由于不同 UHMWPE 的分子链的伸直程度不同，从而表现为 UHMWPE 纤维受到外力后的抵抗外力的能力不同[30]。另外，树脂必须要有一定的断裂伸长率，才能保证可纺性及后续的牵伸。UHMWPE 树脂中高分子与其他组分所形成的颗粒的性质会影响到 UHMWPE 的纺丝熔/溶体，颗粒越均匀，越有利于树脂的熔融、熔体的流动，UHMWPE 树脂的密度从宏观上反映了材料内部的结晶性能和分子链结构[30]。除了上述因素以外，树脂灰分含量、表面形貌也会影响 UHMWPE 树脂的可纺性，图 6.4 是不同放大倍率下 UHMWPE 树脂的扫描电镜图，可以发现 UHMWPE 粉末颗粒由不同大小的球状结构聚集形成[31]。这些球状结构之间都存在着许多细长的微纤结构，这种结构使得树脂表面积增大，有利于溶剂小分子的扩散渗透，树脂易于溶解[32]。

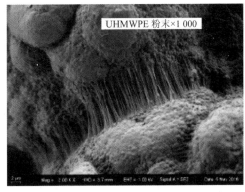

图 6.4 UHMWPE 树脂的扫描电镜图[31]

6.1.3 UHMWPE 的纺丝工艺

UHMWPE 纤维的制备方法主要有溶液纺丝法和熔融纺丝法两种，其中，溶液纺丝法又称为冻胶纺丝法。尽管方法不同，但这些纺丝方法都是为了促使 UHMWPE 分子链取向，提高高分子的结晶度，改善高分子链的聚集态结构，从而提高纤维的力学性能[19]。

1. 溶液纺丝

(1)湿法纺丝

湿法纺丝工艺路线是采用挥发性有机溶剂将 UHMWPE 树脂和助剂溶解，形成纺丝液，然后对溶液体系进行加热。纺丝液在双螺杆挤出机的作用下挤出，通过喷丝口进入凝固浴冷却成型，形成含溶剂的冻胶原丝。冻胶原丝经过萃取剂将其中的溶剂置换出来，再经过多级干燥装置，得到干燥原丝[33]。干燥原丝经过热拉伸，分子链高度取向，高分子结晶度提高，得到高强高模的纤维。

湿法纺丝工艺的主要流程如图 6.5 所示，该流程大致可以分为混合、挤出、萃取、干燥、热拉伸、收卷等工序。UHMWPE 树脂由于溶胀作用，高分子链所受到的束缚作用减弱，分子链更加趋向于伸展，有利于提高分子链排列的有序性。湿法技术中所用到的溶剂多为廉价矿物油，UHMWPE 溶液的质量分数一般为 4%～7%，并添加一定量的抗氧化剂等助剂，助剂多为酚类、亚磷酸类硫酸酯类。整个纺丝过程中回收的液体经过收集、净化、精馏等步骤，可以用于配制纺丝液、萃取液，从而实现重复使用[5,10]。

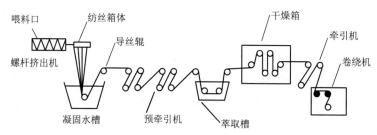

图 6.5　UHMWPE 湿法纺丝工艺流程示意图[5]

在 UHMWPE 的混合过程中，双螺杆挤出机具有高效混合、高效溶解和高效输送的特点。UHMWPE 的结晶温度约为 140 ℃，但是在溶液体系中，UHMWPE 的溶解温度约为 200 ℃，远高于其结晶温度，需要借助双螺杆挤出机强烈的剪切和黏合作用，形成均匀溶液。在工业生产中，需要根据工艺要求和物料的黏度变化情况，设置双螺杆挤出机的内部螺纹块组合[5]。

①输送段：该段对 UHMWPE 溶液体系进行输送，同时进一步对 UHMWPE 进行溶胀。为了保证物料的前进，该段的温度不超过 UHMWPE 的溶胀温度。挤出机该段的螺杆需要保证足够的推力，该段的长度、横截面大小以及形状等参数需要综合考虑熔体流动性、生产需求以及预算成本等多个因素。

②过渡段：该段物料初步实现溶解、混合趋向于均匀。该段的长度等参数要考虑输送段的设计，从而实现物料的平稳过渡。不同型号、不同需求的挤出机的设计参看相关专著[5]。

③溶解段：该段是为了树脂的完全溶解，通常由推进螺纹块、反向螺纹块和正反向捏合块组成。该段的长度应不低于挤出机总长度的 50%，具体长度要依据溶液体系黏度和挤出机规格来确定[5]。

④出料段：该段将 UHMWPE 溶液以稳定的速率挤出，同时还要保证物料在螺杆内有足够的停留时间，从而实现稳定出料[34]。

湿法纺丝要用到萃取剂,萃取剂的作用是对纺丝液中的溶剂进行置换,并可以通过后续干燥过程将其分离,用作萃取剂的通常是一些卤代烃、汽油等。卤代烃具有成本低、萃取性好、不易燃的特点,但是由于国际公约的限制,已经逐渐淘汰,寻求其他安全、低毒、低成本、高效的萃取剂成为 UHMWPE 纤维发展的一个重点方向。

（2）干法纺丝

产业化的干法纺丝技术直接选用高挥发性溶剂配制纺丝液,经过溶胀、溶解等步骤形成纺丝液,再经过挤出喷丝、喷丝、干燥形成原丝,最后经过多级热拉伸实现纤维力学性能的提升。与湿法纺丝相比,二者的区别见表 6.5。

表 6.5　干、湿法冻胶纺丝工艺对比[4,6]

纺丝类型	干法	湿法
溶剂	十氢萘（易挥发、安全性低）	矿物油（不易挥发、安全性好）
去溶剂	加热挥发	萃取
主工艺	较难、技术难度大	复杂
纺丝速度	快	慢
流程	慢	长
回收方式	直接回收	间接回收

在溶液中或者熔融状态下,聚乙烯分子链通常呈现无规线团状,分子链的缠结与解缠结之间建立平衡。高强高模的实现需要使这一平衡向解缠结方向移动,再加上后续的定向拉伸使其具有高度的取向。研究表明,UHMWPE 高分子链的缠结程度与 UHMWPE 的分子量和 UHMWPE 溶液的浓度有关,降低分子量或降低溶液浓度可以降低高分子链的缠结。但是高分子的缠结也有一定的下限,以维持缠结网络的连接[35]。目前干法纺丝的溶液浓度为 4%～8%。

在干法纺丝中,采用风冷的方式将溶剂带出,如图 6.6 所示。逸出的十氢萘可以回收回配料体系,惰性气体可以循环利用。这一过程无溶剂渗出,安全可靠,节能环保。

干法纺丝分为前纺和后纺两步。前纺是原丝的制备,后纺是热拉伸。前纺制备的原丝在性能上不能满足要求,为了得到高度取向的 UHMWPE 纤维,需要根据纤维的熔点,进行多级拉伸[36]。在 UHMWPE 纤维的工业化生产中,一般采用三级低速、高倍率的方式,温度依次升高,拉伸倍率依次降低,表 6.6 是某种 UHMWPE 纤维多级拉伸后的性能指标变化。

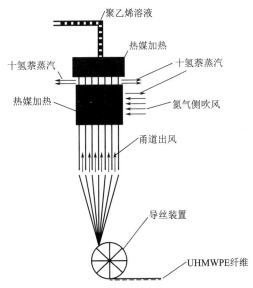

图 6.6　UHMWPE 纤维干法技术冷却示意图

表 6.6　不同牵伸工艺条件下性能指标的变化

名称	断裂强度/(cN·dtex^{-1})	初始模量/(cN·dtex^{-1})	断裂伸长率/%
干态原丝	4.0	58	13.72
一级牵伸	23.1	662	4.17
二级牵伸	27.0	992	3.59
三级牵伸	32.0	1 371	3.07

多级拉伸的目的是提高纤维内结晶区域的比例以及高分子链的伸直程度[37]，使高分子链片晶进一步完善。拉伸时的温度和拉伸倍率是两个重要因素，高分子的结晶是一个动态过程。高分子链形态由无定型态转化为折叠链形态，再转化为伸直链形态，这一系列转化较为缓慢，需要的条件难以实现，所以工业化生产中牵伸速率一般较慢[37]。

2. 熔融纺丝

一般情况下，熔融纺丝是将 UHMWPE 树脂单独或与其他组分按照一定配比混合均匀，在一定温度下熔融，再经过挤出、喷出、冷凝、干燥，最后多级拉伸，最终形成 UHMWPE 纤维的过程。UHMWPE 随着分子量的增大其熔融越难，需要加入其他物质助其熔融[38]。为了保证得到的聚乙烯纤维具有好的力学性能，加工过程中需要将低分子量的物质萃取出来。这种工艺由于 UHMWPE 树脂的分子量偏小以及其他物质混入，纺丝产生的纤维力学性能偏差[39]。因此，熔融纺丝还要解决熔体流动性以及产物的提纯问题，才能进一步扩大应用范围。

熔融纺丝有许多优势，对于共混体系中添加剂用量较少的工艺路线，甚至可以免去萃取工序；生产成本远低于溶液纺丝，在生产中强中模纤维上优势更加明显[40]。但是，熔融纺丝技术目前还存在诸多局限性：最主要的一个方面是纤维的力学性能较低；为了提高熔体的流动性，需要加入大量小分子或者低分子改性剂，从而影响到高倍拉伸时高分子的有效取向[40]。

6.2　UHMWPE 纤维的结构与性能

6.2.1　凝聚态结构

UHMWPE 纤维的取向和结晶状况是纤维及其重要的结构和性能，影响到 UHMWPE 纤维的性能。取向状况包括晶区以及非晶区取向，纤维的结晶状况包括晶型、晶区比例、晶胞参数等。

UHMWPE 树脂中的高分子链处于相互无规缠绕的状态，当其粉末溶在良溶剂（如液体石蜡），并加热完全溶解后，会形成缠绕网络结构，经过溶液纺丝方法制备出 UHMWPE 纤维。此时，高分子链间解缠结，取向程度提高。在 UHMWPE 冻胶丝拉伸的高级阶段，高分子链高度伸展，缺陷进一步减少，更多的高分子链由折叠转化为伸直。纤维中无缠结的部分拉直靠拢聚集，形成伸直链晶。UHMWPE 树脂在纺丝过程中分子链形态变化如图 6.7 所示。

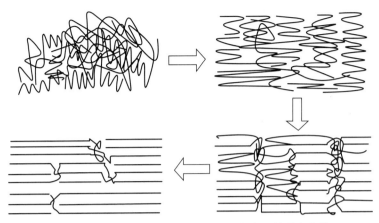

图 6.7　UHMWPE 树脂在纺丝过程中分子链形态变化

研究表明,UHMWPE 在超拉伸过程会经历三个过程:在拉伸初期和中期,堆砌疏松的折叠链晶逐渐伸直,形成串晶,甚至形成伸直链晶,部分高分子链被拉断,分子链的长度逐渐趋向稳定,取向度和结晶度不断提高,从而有助于纤维力学性能的提高。拉伸后期,牵伸总倍率趋于稳定,取向度和结晶度不再发生大的变化,但是高分子链的缠结增加,晶区内部的规整程度进一步完善,从而使得力学性能得到改善,特别是模量指标进一步提高。另外观测表明,串晶结构转化为光滑的原纤结构。在结晶区,分子链的 C—C 键为全反式平面锯齿形,这种平面锯齿形具有各种尺寸和缺陷[41,42]。

在制备 UHMWPE 纤维的过程中,拉伸倍率对纤维结构有着重要的影响。冻胶纺丝法得到的 UHMWPE 样品,在低倍率(5 倍)拉伸后,在偏光显微镜下观察,发现纤维表面上沿纤维轴向分布着沟槽,随着牵伸倍率的增大,沟槽逐渐消失[43]。纤维表现出致密化,表面逐渐光滑。当牵伸倍率逐渐提高时,纤维表面具有光泽,结构致密度明显提高[43]。

对冻胶纺丝法制得的 UHMWPE 纤维进行热分析[44],差示扫描测试结果表明,不同拉伸倍率试样的熔融峰位置、形状不同。这可能与高分子链的松弛程度、链与链之间的缠结有关,链越松弛、缠结程度越大,吸热峰越宽。

通过研究不同牵伸倍率 UHMWPE 纤维的广角 X 射线衍射可以发现,X 射线图呈现出两个明显的衍射环,分别是(001)和(200)晶面的衍射[45]。同时有一溶剂的漫散射晕,将纤维中的溶剂去除,这一漫散射晕消失。经过一定比例的牵伸后,发现又出现新的衍射环,研究表明,这是由于晶系的转变[45],牵伸的倍率越高,转变的速度越快。

当拉伸倍率较高时,UHMWPE 纤维中会出现不同种类的结晶形态。在一定范围内提高拉伸倍率,会使纤维的力学性能以及耐温性能有明显的改善,但是超过了这一倍率,纤维的结晶度增速趋缓[46]。这种拉伸倍率与力学性能的关系,可以在实际生产中起到指导作用,例:采用特定的溶剂、萃取剂,再调节适当的拉伸倍率,就可以改善高分子晶区的状态,在一定范围内对纤维的力学性能进行调节。

6.2.2　物理特性

UHMWPE 纤维的高分子链由碳氢原子组合而成,力学性能、耐化学腐蚀性能优秀。例如,某些型号的 UHMWPE 纤维的比强度、比模量较高,远高于传统的金属材料。这一特性在对减重有特殊要求的领域具有巨大的优势[47]。

(1)密度较小,UHMWPE 纤维的密度仅为 $0.97~g/cm^3$,比其他无机、有机高性能纤维都要小。

(2)高强高模,由于分子链高度取向,UHMWPE 纤维的强度、模量较高。有学者对 UHMWPE 纤维的极限强度和模量进行研究,根据纤维的密度、分子链的横截面积,推导出 UHMWPE 纤维的极限强度可达 279 cN/dtex、极限模量可达 3 561 cN/dtex[48]。由于原料、技术的限制,虽然目前测得的 UHMWPE 纤维的这两个数据还与理论值有较大差距,但是该值与其他纤维相比也还是具有优势[48]。同时新的 UHMWPE 品种不断出现,其强度、模量也在不断提高。

(3)耐冲击性好,单位质量的冲击能量吸收高,即使在极低的温度下(-70 ℃),仍保持着较高的抗冲击强度。

(4)耐磨性能好,UHMWPE 的摩擦因数为 0.05~0.11,是常见塑料的 5~7 倍,是钢的 7~10 倍[49]。

(5)耐疲劳、耐弯曲性能好,用 UHMWPE 纤维制成的绳索重复加载 7 000 次,强力保持 100%[50]。

(6)自润滑性优异,UHMWPE 纤维的自润滑性能与聚四氟乙烯(PTFE)相当。

(7)透波性能好[51],UHMWPE 纤维对各个波段的电磁波都有很好的透波率,介电常数和介电损耗都较小(常温下介电常数小于 3.0,常温下介电损耗正切值 $\leqslant 10^{-4}$)。

(8)耐环境性能好,UHMWPE 纤维的耐紫外光能力明显优于其他纤维,连续紫外光照射 1 500 h,强度依然保持在 90% 以上。另外,UHMWPE 纤维是目前唯一在接近绝对零度下强度不发生显著变化的工程塑料。

6.2.3 化学特性

UHMWPE 纤维的结晶度较高,无活性官能团,化学性质稳定,具有极强的耐腐蚀性能。纤维表面光滑,与其他材料的黏结性能较差,容易出现掉色、掉漆等现象。为了改善 UHM-WPE 纤维的表面性能,国内外学者进行了大量研究,总结出许多表面改性的方法,包括化学刻蚀、辉光放电处理、等离子体辐射、紫外线接枝等。

6.3　UHMWPE 纤维的应用

UHMWPE 纤维具有高强高模,以及优良的耐磨、耐化学腐蚀等性能,从而使得其在许多领域得到大量应用[52]。

6.3.1 航空航天

UHMWPE 纤维具有耐磨性能良好、密度小等特点,能够满足航空航天领域中轻质高强、耐撞击的需求。UHMWPE 纤维无论是做成织物单独使用还是制成复合材料，都适用于各类轻质、减重、便携的场合。例如：UHMWPE 纤维作为降落伞缆绳更加轻便；在航空航天领域，UHMWPE 纤维正在加紧取代金属缆绳的步伐。

在未来的电磁窗市场，对雷达罩材料提出了更高的要求，例如：带宽广、损耗低、携带方便。UHMWPE 纤维常温下的介电常数 $\varepsilon \leqslant 3.0$，介电损耗正切值 $\tan \delta \leqslant 10^{-4}$，在各个电磁波频段下都表现出很好的透波性能[51]。

6.3.2　防护装备

UHMWPE 纤维制品具有不易脆裂、经久耐用、抗冲击等优异的特点。而且，从多个角度比较，UHMWPE 纤维成品都比芳纶纤维以及碳纤维更有优势，且 UHMWPE 纤维成品轻，如织成个人防护制品，穿着舒适度良好[53]。

在防弹领域，UHMWPE 纤维多用作防弹衣、防弹头盔等。在防刺领域，UHMWPE 纤维多是通过各种织造技术形成防刺毡、防刺服装等防刺品。由于子弹打穿和利刃刺穿的破坏特点不同，开发出实现多重防护一体化的防护品具有重大安全意义及经济利益[50]。

有资料显示，约有 75% 的 UHMWPE 纤维被用于防护领域，例如防弹衣、防刺衣、防弹护甲等[50]。由 UHMWPE 纤维作为增强体的复合材料装甲具有凸出的适用于各类装甲车、防弹运钞车等特种车辆[54]。

UHMWPE 纤维也有许多弱点，其中最致命的弱点是耐温性较差。长时间在高温环境下使用时，会发生明显蠕变，形变较大。因此，UHMWPE 纤维的耐高温性能的改善是未来的一个重要突破点。另外，UHMWPE 纤维作为防弹材料用于防护头盔和防弹衣时，由于巨大的瞬时冲击，极易对人体造成擦伤或骨折。据统计，美军在伊拉克战争的伤亡人数中，70% 有颈部、头部的损伤，这其中一半以上都是由非惯性冲击造成的。

近年来，国际局势的变化，反恐战争呈现出许多新的态势，人员、装备等要素的安全受到更加多样化的威胁。新的战争形态对防护的要求会越来越高，从而对防护装备提出了新的、更高的要求。在新的历史时期，为实现强军以及未来平安社会、平安城市的目标，对防护装备舒适性、适应性、便携性、隐蔽性、智能性的要求更加苛刻。其中，柔软、轻质依然是 UHMWPE 纤维研发的主要方向。

6.3.3　绳索

绳索材料经历了由天然纤维到合成纤维，再到高性能合成纤维的转变。具体来说从以棉麻为代表的天然纤维，发展到尼龙等合成纤维，再到 UHMWPE 纤维编织的绳索[52]。

在众多性能中，绳索的耐疲劳性能是一个重要指标。绳索要长期循环使用，在这种情况下，绳索会产生疲劳进而导致强度降低甚至失效，不同材质的绳索的拉伸疲劳性能及综合指标见表 6.7[5]。

UHMWPE 绳索具有安全高效、轻质高强、便于携带等优点，在园林设计、树木养护、救灾救援、快速投放物资等方面有着广泛的应用。另外,UHMWPE绳索还可用于舞台特技保护,摄像机控制等方面[5]。

表6.7　不同材质绳索拉伸疲劳性能及综合指标[①][5]

性能	聚丙烯	聚酰胺	钢丝	聚酯	芳纶	UHMWPE
加载次数/次	1 000	1 000	2 000	3 000	3 000	7 000
强力保持率/%	52	55	60	70	70	100
50 mm强力($\times 10^3$)/N	42.2	62.6	190	48.9	166	228
60 mm重/(kg·m^{-1})	1.6	2.21	14	2.7	2.9	1.7

①测试标准:石油公司国际海洋论坛(OCIMF)千次拉伸水平符合测试法(thousand cycle load level)。

国内厂商生产的绳缆还有许多不足之处,例如:耐温性能和抗蠕变性能普遍不如国外的同类产品;国内的产品在差异化上做得不够,不能满足多样化的需求。目前,国内UHMWPE缆绳企业有多家,例如:江苏九力、青岛华凯、山东鲁普耐特、上海兴轮、浙江四兄等[5],产品趋同性明显。

6.3.4　海洋产业

UHMWPE由于其综合性能优越,作为合成纤维新材料,可以满足现代渔业的发展要求,目前已经被应用于捕捞渔具与水产增养殖设施等领域。捕捞渔具如垂钓线、帆船的结构线、救生圈线还有轮机组的绳索等[55]。

郁岳峰等[56]用迪尼玛®(Dyneema®)纤维制成拖网进行研究,结果表明:Dyneema®绳网与原来聚乙烯(PE)材料制作的绳网拖网相比,Dyneema®拖网网口扫海面积增加、网板的水平扩张增加、拖网的线面积系数得到了有效降低、能耗系数得到明显降低,渔获量得到了提高。石建高等[56]将UHMWPE纤维加工成用于渔业捕捞的拖网片,并在拖网网囊上进行了海上应用试验,应用试验结果表明:UHMWPE纤维制成的拖网在耐磨性、使用寿命以及能耗等方面都明显优于传统的PE拖网。

国外对UHMWPE纤维用作网具做了大量的研究,STERLING等[57]采用不同材料,如聚乙烯(PE)、高强聚乙烯、UHMWPE制成拖虾网,评价其拖曳参数、渔获性能和选择性能,结果表明:UHMWPE拖虾网与普通PE拖虾网相比,由于UHMWPE纤维更加灵活,制成的网具阻力减小、选择性更好、捕获效率提高。

在淡水、海水水产养殖领域,传统的合成纤维材料已经不能满足大型、超大型或是深海、远海的渔业养殖设施的抗风浪流要求[59]。采用UHMWPE纤维制成的渔网、拖网具有轻质高强、韧性好、耐腐蚀、耐环境性能好等优越的性能,目前已逐渐成为大型或超大型渔业养殖或捕捞设施的首选材料[60]。石建高等[59]率先对UHMWPE纤维用于我国(超)大型(深远海)增养殖设施进行了系统研究,实现其产业化水产养殖的应用,如图6.8所示。自主开发的新型UHMWPE增养殖设施的示范应用结果表明:同等条件下原材料的消耗明显降低。

图 6.8　应用 UHMWPE 纤维制造的新型养殖设施[60]

6.3.5　其他

UHMWPE 纤维单丝强度高、抗撕裂、耐摩擦,可以作为各类非高温条件下的增强材料,在人工岛、路桥与 3D 打印房屋中已经有相关报道,采用 UHMWPE 纤维增韧混凝土,制备耐久性连接板,使桥面无缝连接[52]。

6.4　UHMWPE 纤维的产业现状与发展趋势

UHMWPE 纤维是目前世界上比强度和比模量最高的纤维,比强度是同等截面钢丝的十多倍,比模量仅次于特级碳纤维,广泛应用于防弹防爆、工业防护、航空航天、海洋工程、深海渔业等高端纺织品领域[54]。

2007～2012 年,国务院、国家发改委出台多项通知、决定,把高性能纤维产业作为高科技产业、战略性新兴产业进行培育。2011～2012 年,我国将高性能纤维产业列入第十二个五年计划,提出重点支持高性能纤维,特别是碳纤维、芳纶纤维以及 UHMWPE 纤维的原料、工艺、装备的研发,以满足我国国民经济及尖端技术的需求。2016 年,在国家出台的第十三个五年计划中,明确提出要扩大高性能纤维、新型显示材料等先进材料在航空航天、新能源汽车等产业中的应用[60],推进我国制造业向更加高端的方向迈进。由此可见,作为高性能纤维中重要一员的 UHMWPE 纤维在未来的发展前景极为广阔。

6.4.1　国外 UHMWPE 纤维的发展应用现状

在 UHMWPE 纤维方面,荷兰 DSM 公司是全球领先的研发、生产企业,是开拓新应用、拓展新市场、研发新产品的先锋。目前,荷兰 DSM 公司在全球多个国家和地区都有 UHM-

WPE 纤维的研发及生产机构,总产能约 9 000 t/a。

DSM 公司在 UHMWPE 纤维方面针对不同领域的需求开发了多种不同的技术[61]。其中,Dyneema® Max Technology 的标志性产品是 Max DM20,其特别适合做绳缆,在常温下的蠕变很小,可以长时间保持形状;而普通 UHMWPE 纤维仅 400 h,伸长率就高达 50% 并断裂。Dyneema® Diamond Technology 的纤维更细、密度更小,用其制得的抗切割手套更轻。Dyneema® Force Multiplier Technology 结合了高分子科学、新一代纤维(SK99)技术和特殊的单向板技术,更舒适、更符合人体工程学。应用这些技术,迄今该公司已实现的多向研究成果,其中包括:超低蠕变纤维及绳缆;高耐切割纤维及手套、护具;超高强、高模 UHM-WPE 纤维及其轻质防弹材料。

东洋纺 STC 公司主要开发了三种新品种,分别是透气性、均一性、导热性都很优异的"Tsonooga"纤维,高强、高模又有极好耐环境性能的"Izanas"纤维,UHMWPEF 纤维与其他纤维的混纺织物"Icedrucks"[62]。

美国 Honeywell 的 Spectra 纤维,产能为 3 000 t/a[62],近期未见有创新的报道。

6.4.2 我国 UHMWPE 纤维的发展应用现状

经过多年发展,我国已拥有 30 多家 UHMWPE 生产厂家,成为 UHMWPE 纤维生产大国。国内现有产能约 40 000 t/a,多家公司有扩产计划[63]。

目前,我国 UHMWPE 纤维行业呈现出两大特点,主要表现在:第一,拥有完全自主知识产权的干法和湿法两种纤维制备技术,国产 UHMWPE 纤维已具备大规模生产能力,国际竞争力不断提高。第二,全产业链新产品研发不断加快,极大满足了国内缆绳、防弹、手套三大领域的应用需要[54]。同时,民用市场也在不断拓展,未来整个 UHMWPE 纤维的市场巨大。

6.4.3 我国 UHMWPE 纤维存在的问题

经过多年的发展,我国 UHMWPE 纤维生产工艺攻克了多项技术难关。无论是湿法技术还是干法技术方面都形成了稳定的工艺路线特征和产品特征。但是,我国 UHMWPE 纤维产业还存在多方面的问题。

在纤维制备方面:

(1)在溶解纺丝过程中,UHMWPE 树脂由于溶剂、高温、挤出机搅拌以及拉伸等多种因素的作用,树脂的相对分子质量会有所下降,即使加入抗氧化剂也不能避免,直接导致纤维强度、模量的下降[5]。

(2)用于纺丝的 UHMWPE 树脂,黏均分子量一般约为 450 万。纺丝溶液的质量分数为 4%~10%,继续提高纺丝液的浓度会出现不完全溶解的现象。降低纺丝溶液的浓度,会直接造成生产效率的降低,成本居高不下[5]。

(3)我国 UHMWPE 纤维制造企业在千吨级别的不多,产能普遍在 500 t/a,也有个别公司达到 800 t/a,规模化程度低。为了提高产能,国内厂家不得不采取增加、提高产量的方法。通常这种做法高投资、高污染、高能耗,难以可持续发展[5]。

(4)UHMWPE 纤维的生产需要用到大量溶剂,包括配制纺丝液所用到的挥发性溶剂以及后期用到的萃取剂,在存储、运输、使用环节有特定的要求[5]。生产过程中的废气、废液排放,整个生产、存储、运输、使用过程中防火、防爆要求、职业卫生要求较高。这些都需要大量的安全技术、环保技术的投入[5]。

在产业布局方面:

就国内整个 UHMWPE 纤维产业来说,以美国、日本为代表的西方发达国家一直处于垄断状态,我国在相关产业化技术装备、品种类别、标准检测、应用推广、产业链协同等方面与国外尚有较大差距[62-64]。

(1)产业集中度低,原始创新能力不足。我国高性能纤维产业发展缺乏合理布局,生产企业多且水平参差不齐,导致同质化竞争严重。不利的发展环境使得 UHMWPE 纤维"质次价高、不好用"[63]。

(2)目前我国 UHMWPE 纤维产业链不完整,重要原材料、关键装备等要素以及检测评价环节薄弱。从而造成了我国高性能纤维跨领域产业融合发展机制尚未形成,相关评价体系还不够完善,对于许多有相关需求的单位,面对 UHMWPE 纤维"不会用、用不好"[64]。

(3)UHMWPE 纤维整个领域,无论在设计、制造、应用及三者之间,各种标准规范不能完全协调,制造与应用不能紧密衔接[63]。这就导致了纤维的研发与应用之间的交流互动不畅,国产的适应市场的 UHMWPE 纤维产品一直存在短板。

6.4.4　未来发展趋势

UHMWPE 纤维的制备需要用到纺丝液,生产过程中挥发出的溶剂、萃取剂会对环境产生一定的影响,因此降低污染依然是其研究中重要的一方面[64]。另外、降低成本、提高生产效率也是未来的发展方向之一。

以市场为导向,开发差别化纤维。例如:缆绳市场需要抗蠕变性能更好的纤维,这就要求开发溶剂残余更少的纤维;医用缝合线需要均一性更高、强度高、无溶剂残留、生物相容性好等特性的纤维;纺织服装领域对纤维的可纺性、透气性、舒适性、柔软性、导热性都提出了新的要求。目前只有 DSM 公司有能力满足这些需求,国内还鲜有报道[5]。另外,UHMWPE 纤维如果不进行表面处理则染色困难,解决这一困难的一种途径即开发有色纤维纺丝工艺。

经过几十年的发展,国内 UHMWPE 纤维生产技术较为稳定,纤维的应用领域逐渐扩大。随着 UHMWPE 纤维产量进一步扩大,UHMWPE 纤维的应用领域也从纯军用向更广阔的领域发展[5]。同时,国内相关企业需要运用大数据等先进技术,促进产业链上下游企业的信息共享,使得 UHMWPE 纤维新品种、新技术能够更快的普及,从而提升我国 UHMWPE 纤维产业的整体水平[65]。

复合材料学会组织编写的《复合材料学科方向预测及技术路线图》中预测[66],到 2030年,我国 UHMWPE 纤维发展迫切需要解决以下技术问题:一是形成稳定的纤维原料制备技术,提高国产纤维级 UHMWPE 的分子量和均匀性,开发结构多样化的纤维级 UHM-WPE 树脂制备技术;二是改进纤维生产技术,进一步提高纤维力学性能,降低性能不匀率,并进一步降低生产成本,开发适于熔融挤出的 UHMWPE 原料及挤出技术;三是改进生产工艺,开发如抗蠕变型、医用型、抗穿刺型、高表面黏结型 UHMWPE 纤维品种,以适应高端应用领域对 UHMWPE 纤维的需求。到 2050 年,通过制备工艺和装备优化及多尺度多项界面调控措施,实现 UHMWPE 纤维高性能化、复合材料轻量化、纤维功能专用化、应用领域专用化;开发熔融挤出专用树脂及熔融挤出技术,降低纤维成本。

参考文献

[1] 顾超英,赵永霞.国内外超高分子量聚乙烯纤维的生产与应用[J].纺织导报,2010(4):52-55.

[2] 武红艳.超高分子量聚乙烯纤维的生产技术和市场分析[J].合成纤维工业,2012,35(6):38-42.

[3] 张博.超高分子量聚乙烯纤维概述[J].广州化工,2010,38(4):28-29.

[4] 李建利,王海涛,赵领航,等.超高分子量聚乙烯纤维的发展及需求应用[J].成都纺织高等专科学校学报,2016,33(1):141-144,153.

[5] 张清华.高性能化学纤维生产及应用[M].北京:中国纺织出版社,2018.

[6] 李建利,张新元,贾哲昆,等.超高分子质量聚乙烯纤维的性能及生产状况[J].服装学报,2016,1(1):9-15.

[7] 张文媛.我国超高分子量聚乙烯的应用及研究现状[J].当代石油石化,2017,25(9):31-34,50.

[8] 前瞻经济学人.2020 年中国超高分子量聚乙烯纤维行业进出口现状分析[EB/OL].(2020-01-31)[2020-06-15]https://www.qianzhan.com/analyst/detail/220/200122-a44e7e7a.html.

[9] 郑宁来.UHMWPE 产业发展方向[J].合成材料老化与应用,2015,44(5):142.

[10] 朱美芳,周哲,高性能纤维[M].北京:中国铁道出版社,2017.

[11] 付聪,王晶.对于流化床燃烧反应器的冷模研究[J].现代经济信息,2012(12):237-238.

[12] 胡开达,陈利群,王建民.超高分子量聚乙烯合成的研究[J].化工技术与开发,2013,42(9):33-36.

[13] PADMANABHAN S,SARMA K R,SHARMA S. Synthesis of ultrahigh molecular weight polyethylene using traditional heterogeneous zieglerNatta catalyst systems[J]. Industrial & Engineering Chemistry Research,2009,48(10):4866-4871.

[14] 陈允凯、唐施华.M500 万超高分子量聚乙烯的研制[J].上海化工,2003,28(2):35-40.

[15] 曹育才,张长远.一种超高分子量聚乙烯催化剂及其制备方法及应用:CN1746197A[P].2006-03-15.

[16] 黄安平,朱博超,等.一种制备超高分子量聚乙烯的催化剂:CN101831015B[P].2011-12-07.

[17] 尹文梅,黄安平,贾军纪,等.超高分子量聚乙烯聚合催化体系及制品加工技术研究进展[J].工程塑料应用,2012,40(9):100-104.

[18] 宋超,黄友光,孙艳朋.超高分子量聚乙烯纤维的制备工艺及发展概况[J].山东化工,2018,47(18):39-40,42.

[19] 范玲婷,基于 Z-N 催化剂的高分子量聚乙烯的合成和茂金属聚乙烯结构-性能的研究[D].上海:华东理工大学,2012.

[20] JOHN M K. Ultra-high molecular weight polyethylene[J]. Journal of Macromolecular Science,Part C:Polymer Reviews,2002,42(3):355-371.

[21] 黄安平,朱博超,等.一种制备超高分子量聚乙烯的催化剂:CN101831015B[P].2011-12-07.

[22] 于鲁强,李汝贤,等.一种生产超高分子量聚乙烯的方法:CN102050893A[P].2011-05-11.

[23] 黄安平,朱博超,等.一种超高分子量聚乙烯催化剂的制备方法:CN102372805A[P].2012-03-14.

[24] 任合刚,董平,王登飞,等.多孔聚合物微球载体催化剂催化乙烯聚合研究[J].现代塑料加工应用, 2018,30(4):42-44.

[25] ZHANG H X,SHIN Y J,LEE D H,et al. Preparation of ultra high molecular weight polyethylene with MgCl$_2$ TiCl$_4$ catalyst effect of internal and external donor on molecular weight and molecular weight distribution [J]. Polymer Bulletin,2011,66(5):627-635.

[26] SHIN Y J,ZHANG H X,YOON K B,et al. Preparation of ultra high molecular weight polyethylene with MgCl$_2$ TiCl$_4$ catalysts effect of temperature and pressure[J]. Macromolecular Research,2010,18 (10):951-955.

[27] 延斯·埃勒斯,延斯·帕尼茨基,蒂姆·迪肯纳,等.使用新型桥联茂金属催化剂制备超高分子量聚合物的方法:CN101356199A[P].2009-01-28.

[28] L. 卢克索瓦,L. 克林,S. 米汉,等. 超高分子量聚乙烯:CN102712714A[P].2012-10-03.

[29] 赵莹,王笃金,于俊荣.超高分子量聚乙烯纤维[M].北京:国防工业出版社,2019.

[30] 孙国庆.超高分子量聚乙烯纤维湿法冻胶纺丝成型工艺及结晶行为研究[D].上海:东华大学,2017.

[31] 王一任,范仲勇,于瀛,等.初生态超高分子量聚乙烯凝聚态研究[J].复旦学报(自然科学版),2002 (4):365-369.

[32] 马林.缆绳用高强聚乙烯纤维的研制[D].上海:东华大学,2017.

[33] 王非,刘丽超,薛平.超高分子量聚乙烯纤维制备技术进展[J].塑料,2014,43(5):31-35.

[34] 杨潇,王新威,陈东辉,等.基于均匀设计的 UHMWPE 纤维与十氢萘的分离过程研究[J].化工新型材料,2017,45(1):154-156.

[35] 陈功林,李方全,骆强,等.超高分子量聚乙烯纤维牵伸温度研究[J].高分子通报,2012(11):58-62.

[36] 郑华强,郑晗,王新威.均匀设计在 UHMWPE 纺丝拉伸工艺优化中的应用[J].应用技术学报,2017, 17(4):295-299.

[37] 郑艳超,杨中开,王晓春,等.熔纺 UHMWPE/聚烯烃共混体系及其纤维结构性能研究[J].北京服装学院学报(自然科学版),2017,37(1):8-17.

[38] 黄伟,王晓春,杨中开,等.UHMWPE/聚烯烃共混物的性能及其熔融纺丝研究[J].合成纤维工业, 2015,38(6):43-48.

[39] FAN C H,KONG H Z,XIE A Z,et al. Promoted chain diffusion of UHMWPE/HDPE blend by high temperature treatment[J]. Materials Science Forum,2015,3767(815):557-561.

[40] SMITH P,LEMSTRA P J. Ultra-high-strength polyethylene filaments by solution spinning/drawing [J]. Journal of Materials Science,1980,15(2):505-514.

[41] SMOOK J,ENNINGS J. Influence of draw ratio on morphological and structural changes in hot-drawing of UHMW polyethylene fibers as revealed by DSC[J]. Colloid and Polymer Science,1984,262(9): 712-722.

[42] 郑晗,王新威,孙勇飞,等.超高分子量聚乙烯纤维结晶行为研究进展[J].化工新型材料,2018, 46(5):16-19,23.

[43] 安敏芳.超高分子量聚乙烯纤维热拉伸过程中的晶体结构演变研究[D].宁波:宁波大学,2017.

[44] 何正洋,潘志娟.超高分子量聚乙烯纤维的结构与性能[J].现代丝绸科学与技术,2018,33(4):5-7.

[45] 孔维嘉.超高分子量聚乙烯纤维的结构与性能研究[D].西安:西安工程大学,2015.

［46］ 苏荣锦,黄安民.超高分子量聚乙烯的研究现状［J］.广州化工,2010,38(5):59-61.

［47］ 郭云竹.高性能纤维及其复合材料的研究与应用[J].纤维复合材料,2017,34(1):7-10.

［48］ 宋长远,王魁,陈鹏,等.不同细度 UHMWPE 纤维的结构与性能[J].合成纤维,2017,46(9):31-35.

［49］ 牛艳丰,于敏.超高分子量聚乙烯纤维在民用领域的应用进展[J].纺织导报,2016(10):94-95.

［50］ 林芳兵,蒋金华,陈南梁.天线罩用透波材料的研究进展[J].纺织导报,2017(8):70-74.

［51］ 唐进单.UHMWPE 纤维的制备及应用领域[J].化纤与纺织技术,2018,47(3):23-27.

［52］ 花银祥.高强高模聚乙烯纤维(UHMWPE)综述[J].轻纺工业与技术,2013(5):92-94

［53］ 牛方.超高分子量聚乙烯纤维正在高速超车——记 2017 超高分子量聚乙烯纤维产业链创新论坛暨分会年会[J].中国纺织,2018(1):58-60.

［54］ 周文博,余雯雯,石建高,等.超高分子量聚乙烯纤维在渔业领域的应用与研究进展[J].渔业信息与战略,2018,33(3):186-194.

［55］ 郁岳峰,黄六一.超强纤维-Dyneema 在中国远洋拖虾渔业上的应用[J].现代渔业信息,2006(11):10-12.

［56］ 石建高.捕捞渔具准入配套标准体系研究[M].北京:中国农业出版社,2017.

［57］ DAVID STERLING,CHESLAV BALASH. Engineering and catching performance of five netting materials in commercial prawn-trawl systems[J]. Fisheries Research,2017,193:223-231.

［58］ 高兴鹏.超高分子量聚乙烯深海抗风浪网箱的制作及应用[D].青岛:山东科技大学,2014.

［59］ 石建高,王鲁民,陈晓蕾,等.渔用合成纤维新材料研究进展[J].渔业信息与战略,2008,23(5):7-10.

［60］ 綦成元."十三五"国家战略性新兴产业有望成为经济社会发展新的主动力[J].中国战略新兴产业,2016(1):20-23.

［61］ 夏于旻,倪建华,王依民,等.从帝斯曼看 UHMWPE 纤维前沿技术[J].纺织科学研究,2018(3):56-58.

［62］ 罗益锋,罗晰旻.有机高性能纤维的研发方向与建议[J].高科技纤维与应用,2018,43(6):12-21.

［63］ 商龚平,马琳.对我国高性能纤维产业发展的思考[J].新材料产业,2019(1):2-4.

［64］ 汪家铭.超高分子量聚乙烯纤维产业现状与市场前景[J].乙醛醋酸化工,2014,(12):19-24.

［65］ 罗益锋,罗晰旻.高性能纤维及其复合材料新形势以及"十三五"发展思路和对策建议[J].高科技纤维与应用,2015,40(5):1-11.

［66］ 复合材料学会.复合材料学科方向预测及技术路线图[M].北京.中国科学技术出版社,2019.

第7章 聚对亚苯基苯并二噁唑纤维

20世纪60年代开始,美苏两国受冷战影响都致力于提升本国的军事实力,迫切需要具有轻质、高模、高强及耐高温等优异性能的材料,用以支撑其尖端武器的研发。20世纪70年代,高强高模且耐温性更好的 Kevlar 纤维的出现,液晶高分子引起了越来越多的关注。为了改善 Kevlar 纤维的环境稳定性,斯坦福大学研究所(SRI)的 Wolfe 等人提出了芳杂环液晶高分子的构想[1],经过近十年的研究,于20世纪80年代初合成聚亚苯基苯并二噁唑(PBO)的对位聚合物,其特征是主链上含有2,6-苯并双杂环。PBO 聚合物的出现是聚合物结构设计中一次巨大成功,同时成为高强、高模、耐高温等新型聚合物设计的典型代表。

PBO 聚合物的单体和聚合物的基本专利最早由 SRI 取得,20世纪80年代,美国陶氏化学公司从 SRI 购买 PBO 聚合物的专利技术,探索出一条新的 PBO 单体合成和聚合的路线[2]。但是,受限于纺丝成型技术条件,当时的 PBO 纤维强度和 Kevlar 纤维接近。为进一步提高 PBO 纤维的使用性能,1991年,陶氏化学公司与日本东洋纺(Toyobo)公司联合研发 PBO 纤维[3]。1994年,Toyobo 公司获得陶氏化学公司的专利许可,开始了 PBO 纤维的工业化生产,并将其 PBO 纤维产品命名为柴隆(Zylon)[1]。目前,全球范围内的 PBO 生产基本由 Toyobo 公司垄断。同时,陶氏化学公司继续为 Toyobo 公司提供技术支撑,以期降低成本[1]。

PBO 纤维基本的结构式如图7.1所示,其分子结构呈直链型刚性棒状。由于 PBO 的相对分子量较高,是溶致液晶态的液晶聚合物,其晶胞属于单斜晶系。因此,可以通过液晶纺丝获得沿轴向高度取向且高归整度的 PBO 聚合物链,从而使得 PBO 纤维具有优异的力学性能,且耐高温、耐化学腐蚀。

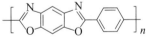

图 7.1 PBO 分子的结构式

与目前市场上其他高性能纤维,如 T800 碳纤维、高性能玻璃纤维、间位芳纶、对位芳纶、UHMWPE 纤维、芳杂环纤维、聚酰亚胺纤维等相比,PBO 纤维的使用性能与它们相当,甚至远超一些高性能纤维[4-7]。基于其优异的性能,PBO 纤维在民用和军用领域都具有广阔的前景,被誉为"21世纪的超级纤维",但是 PBO 纤维的成本较高,限制了 PBO 纤维的使用,目前主要用于航空航天、国防军工等领域[5]。

20世纪80年代中期,我国才开始 PBO 纤维的研究。由于当时聚合物单体4,6-二氨基-1,3-间苯二酚(DAR)难以获得,PBO 的研制工作曾一直处于初级阶段[1]。经过多年的发展,已有多所院校进行了 PBO 单体的合成、PBO 的聚合和纤维纺丝以及纤维表面改性等方面研究,并且取得了一些成果。这些成果在一定程度上满足了我国对 PBO 纤维的需求,缓解了对国外 PBO 纤维的依赖,部分解决了 PBO 纤维纺丝工艺以及相关复合材料技术的瓶颈[6]。

但是,目前世界上只有日本具备工业化生产能力,我国在 DAR 的制备、纯度、回收率、成本、PBO 纤维热处理效果、热处理效率、产能等方面仍与日本有很大差距[7]。

7.1　PBO 纤维的制备工艺

7.1.1　PBO 聚合单体的合成

　　PBO 聚合物通常以对苯二酸和 DAR 为单体,经过缩聚反应制得。在这些单体中,对苯二甲酸合成工艺简单,成本较低,且对苯二甲酸为芳族聚酰胺的共聚单体之一,因此可以较为容易地获得高纯度的对苯二甲酸。但 DAR 分子中有酚羟基和氨基,容易发生氧化和分解,因此 DAR 无论从生产和储运都难于对苯二甲酸,这方面增加了 PBO 的生产成本,限制了 PBO 的大规模开发和运用[8]。

　　DAR 最早是以间苯二酚为原料,经过 4、6 位酚羟基的硝化、还原得到 DAR。但是,这种方法会产生单氨副产物,另外 DAR 的 2 位会发生副反应,生成三氨基副产物。由于单氨基化合物会在聚合反应中起到链终止的作用,三氨基副产物参与聚合会降低分子链的归整度,这些都会使得 PBO 纤维的强度降低[1]。美国陶氏化学公司采用 1,2,3-三氯苯经硝化、水解以及还原,制得了高纯度的 DAR[1]。

　　目前,进口 DAR 较为昂贵,低成本、高回收率、高纯度的 DAR 制备技术一直是 PBO 纤维发展过程中的关键问题。围绕 DAR 原料的精制、基团的保护、反应条件的控制、产物的提纯等方面有大量的研究,新的制备路线、制备工艺不断涌现,以下就国内外 DAR 制备的主要方法进行简要介绍。

1. 三氯苯法

　　20 世纪 80 年代末,美国陶氏化学公司提出以 1,2,3-三氯苯为起点,经过硝化、水解等一系列步骤,合成 DAR 的思路。该方法首先将 1,2,3-三氯苯硝化,得到 4,6-二硝基三氯苯,然后水解,得到 4,6-二硝基-2-氯-1,3-二羟基苯,最后在溶剂和催化剂存在的条件下与氢气反应得到 PBO 单体的盐酸盐[9]。具体的反应路线如图 7.2 所示。

图 7.2　三氯苯法合成路线图

　　此反应路线是陶氏化学第一个工业化生产的专利方法,其成本低,收率高。这条路线的最大优点是 2 位被氯占据,避免了其他原子引入苯环,从而避免了反应过程中二酚的生成。第三步还原过程为催化还原,硝基转化为氨基的转化率较高。这些因素都有利于 DAR 纯度的提高,同时这一反应路线相对简单。但这一反应对于设备要求较高:第一,加氢过程中所需的压力较大,且体系中会有氯化氢生成,这就要求高压反应釜密封性较好且具有较强的耐腐蚀性;第二,为了保证生成的 DAR 不被氧化,反应中的催化剂可以回收再利用,实际生产过程中难度较大;第三,DAR 生成后,有少量会吸附在催化剂上,致使催化剂失活,需要对催化剂进行回收[10-12]。哈工大黄玉东研究团队在 DAR 的低成本、高转化率制备方面做了大量的工作,解决了许多关键问题,对高纯度 DAR 的工业化生产做出了许多方面的贡献[13]。

2. 间苯二酚法

间苯二酚法是制备 DAR 最早的实验室方法[14]。2000 年,日本三井株式会社申请了间苯二酚制备 DAR 的专利,反应过程如图 7.3 所示。

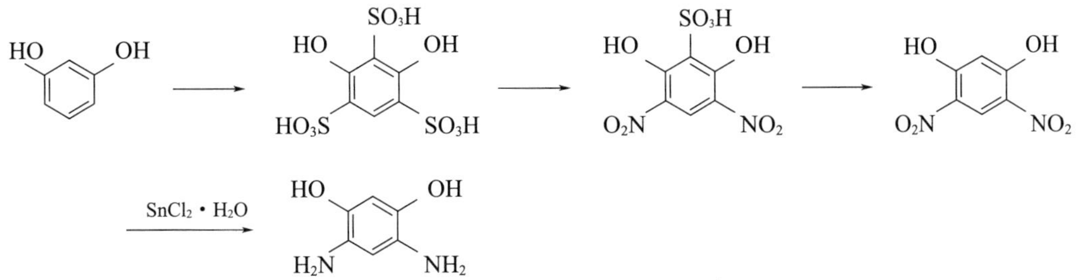

图 7.3　间苯二酚法制备 DAR 的路线图

该方法以间苯二酚为初始物通过磺化、硝化、水解以及还原反应得到 4,6-二硝基间苯二酚,同时该方法得到的产物收率比较高。水解得到的 4,6-二硝基间苯二酚既不含异构体,也不含三硝基化合物,因此经过还原反应能够得到高纯度的 DAR[14]。

在该合成路线中,硫酸中 SO_3 的浓度与 2,4,6-三磺酸基间苯二酚的选择性有很大关系,2,4,6-三磺酸基间苯二酚的选择性随着 SO_3 浓度的降低而降低,因此必须采用发烟硫酸作为磺化剂。硝化反应阶段要合理选用硝酸的用量,混酸中硝酸比例的增加会使磺酸基取代的间苯二酚纯度降低,当硝酸的占比过大时,其纯度迅速下降[15]。

间苯二酚法适合工业化生产,但是需要经过多次提纯才能获得满足要求纯度的 DAR。采用纯度达不到要求的 DAR 进行聚合,得到的 PBO 树脂的性能明显下降。张建庭等[16]以 1,3-苯二酚为起始原料,通过一锅法原位合成高纯度的 DAR。

3. 1,2-二氯-4,6-二硝基苯法

Lensenko Zenon 等采用 1,2-二氯-4,6-二硝基苯为初始物,在中间产物的 6 位引入羟基,成功制备出 DAR,其合成路线如图 7.4 所示[17]。

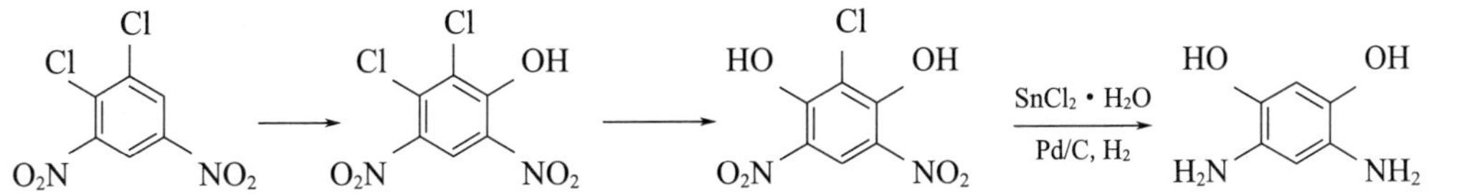

图 7.4　1,2-二氯-4,6-二硝基苯法制备 DAR 的路线图

此法将初始物与过氧化氢叔丁基醇一起溶于 N-甲基吡咯烷酮(NMP)中,以氮气为保护气,滴加到液氨、丁醇/丁醇钾混合物中,在 $-33\ ^\circ\text{C}$ 的环境下反应。完全滴加完毕后,移除反应体系中的液氨,即可得到 2,3-二氯-4,6-二硝基苯酚粗品。将粗品纯化、萃取、蒸馏,可得到精制的产物,从 1,2-二氯-4,6-二硝基苯到最终产物的产率约为 89%。

将原料、催化剂、有机溶剂和适量去离子水混合均匀,加热到 85 ℃,恒温反应 6 h,然后将混合物加到一定浓度的盐酸中,经过沉淀、过滤、洗涤、干燥、重结晶,得到精制的 2-氯-4,6-二硝基间苯二酚。然后在钯碳催化剂的作用下加氢还原,得到 DAR。

这种方法有很多不足,例如:辅助原料很多、反应必须在低温条件下进行,这些问题都造成生产成本过高、效率较低、产物的纯度不能很好地提高[18]。因此,这种方法难以得到大规模应用。

除了上述典型方法外,DAR 还有其他合成路径,比如间二氯苯法、Beckmann 重排法、酯化-硝化还原法等[1]。归结起来,第一类合成方法是以间二硝基苯为原料,将硝基还原,再经过各种方法重排合成 4,6-二氨基间二甲酚[19,20]。此方案步骤少,原料便宜,时间短,易获得,但收率较低,难以工业化生产苯二酚。第二类合成 DAR 的方法是以 1,3-二氯苯为原料[21],在苯环的 4、6 位引入硝基,再通过水解反应,两个氯原子被羟基取代,接下来催化加氢还原,得到 4,6-二氨基间苯二酚。该反应路线硝化过程的选择性差,得到的副产物被还原,生成三氨基化合物,这种化合物在会干扰单体的聚合。Nissan 化学公司对这一方法进行了改进,改进后的方法具有原料易得、步骤少、成本低、纯度高的优点,可实现 PBO 纤维的工业化生产技术。第三类合成方法是以间苯二酚为原料,经多步反应在 4、6 位引入氨基[22]。为避免产生三氨基化合物的产生,需要对酚羟基进行保护,但保护和脱保护中消耗原料多,步骤烦琐,成本高。

7.1.2　PBO 聚合工艺

PBO 纤维属于液晶芳香族聚苯唑类纤维,在研究和发展过程中,逐渐形成了 PBO 的合成与纺丝工艺。针对聚合反应所用的初始单体不同,聚合工艺主要分为五种。

1. 对苯二甲酸法

对苯二甲酸法是由 Wolfe 等人于 1981 年提出的,是最早的合成 PBO 的方法[23]。该反应是对苯二甲酸(TA)和 DAR 的盐酸盐(DADHB)在多聚磷酸溶液(PPA)中进行的缩聚反应,反应原理如图 7.5 所示。

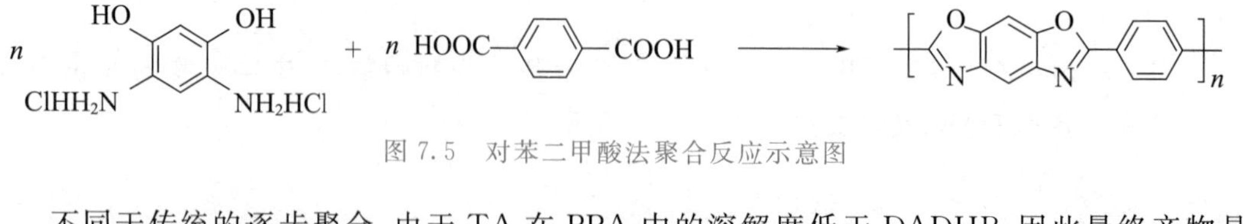

图 7.5　对苯二甲酸法聚合反应示意图

不同于传统的逐步聚合,由于 TA 在 PPA 中的溶解度低于 DADHB,因此最终产物是 DADHB 封端的 PBO 低聚物。一般通过降低 TA 的粒径(10 μm 以下)改善 TA 在 PPA 中的溶解性,可以向反应体系中分批次加入 TA 对聚合物的分子量进行调节。此外,反应进行到后期需要准确补加 PPA 来调节聚合物体系的溶液浓度。

通过上述调控方法,可以实现 PBO 分子量的微观调控,而且有助于缩短聚合反应时间,有助于后面的纺丝工艺,从而促进 PBO 纤维的规模化生产和使用。

2. 对苯二甲酰氯法

对苯二甲酸法制备 PBO 聚合物过程中,TA 在 PPA 中的溶解度不高且 TA 的粒径控制较为复杂,另外反应中会出现升华现象。为了解决这些问题,Choe 和 Kim 于 1981 年提出用对苯二甲酰氯(TPC)代替 DADHB 在 PPA 溶液中进行聚合,反应原理如图 7.6 所示。该反应的原理是利用脱完 HCl 的 DAR 与 TPC 和 PPA 反应的中间产物反应,得到聚合物,这种方法有利于得到分子量较高的 PBO 产物[24]。

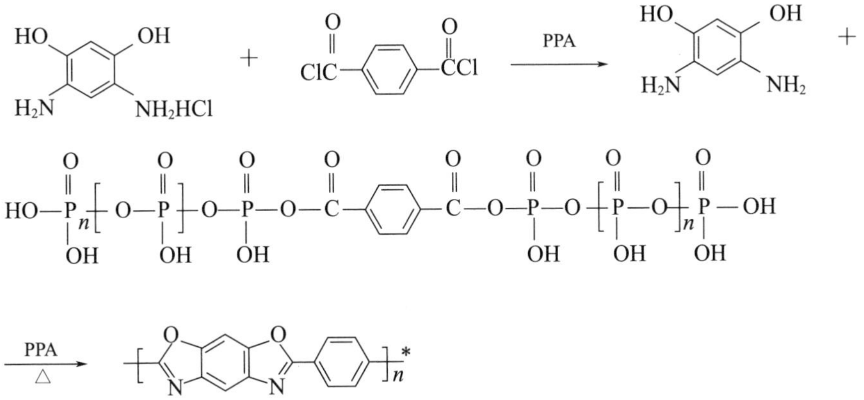

图 7.6 对苯二甲酰氯法制备 PBO 的原理示意图

3. 三甲基硅烷保护法

合成 PBO 的单体之一 DAR 容易被氧化,被氧化后的产物与对聚合物的分子量有较大影响。为了解决 DAR 的氧化问题,Imai 等在 2000 年提出了在 DAR 上引入硅氧烷结构进行保护[25]。这种方法是先制得 N,N,O,O-均四(三甲基硅氧烷)的改性 DAR 中间产物。随后,再与 TPC 在 NMP 溶剂中反应,结束后于 250 ℃下进行环化反应,最终得到 PBO 聚合物。三甲基硅烷保护法原理如图 7-7 所示。

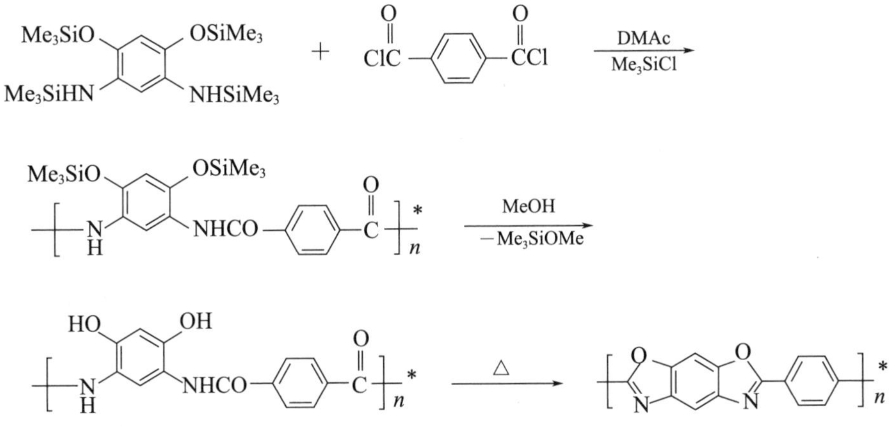

图 7.7 三甲基硅氧烷保护法示意图

4. AB 型单体聚合

图 7.8 所示是几种典型的 AB 型单体,这些单体结合了 DAR 和 TA 的反应基团,能够保证等当量比反应,且在空气中的稳定性普遍优于 DADHB[26]。其中,2-(对甲氧羰基苯基)-5-氨基-6-羟基苯并噁唑在 PPA 中发生聚合反应产生的水较少,因此后期补加的 PPA 的量和反应时间都减少,这些都促进了 PBO 的工业化应用。但是,AB 型单体制备复杂,成本较高,因此应用较少,还需要研究高效、低成本的制备方法[25-27]。

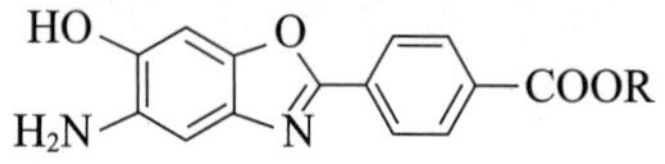

R＝H 为4－(5－氨基－6－羟基苯并噁唑)苯甲酸(ABA)
R＝CH₃ 为4－(5－氨基－6－羟基苯并噁唑)苯甲酸甲酯(ABA)
R＝NH₄ 为4－(5－氨基－6－羟基苯并噁唑)苯甲酸铵(ABAA)

图 7.8　AB 型分子结构简式

5. TD 络合盐法

TD 络合盐法最初是为了制备其他芳杂环聚合物纤维而在 1998 年提出的,此后逐渐发展应用于 PBO 纤维的制备。TD 络合盐法的核心是利用复合内盐在 PPA 溶剂中进行单体的聚合,如图 7.9 所示[28]。该合成路线相对简单,增加了 TA 在 PPA 中的溶解性,避免了氯化氢气体的生成,并可以缩短反应时间。

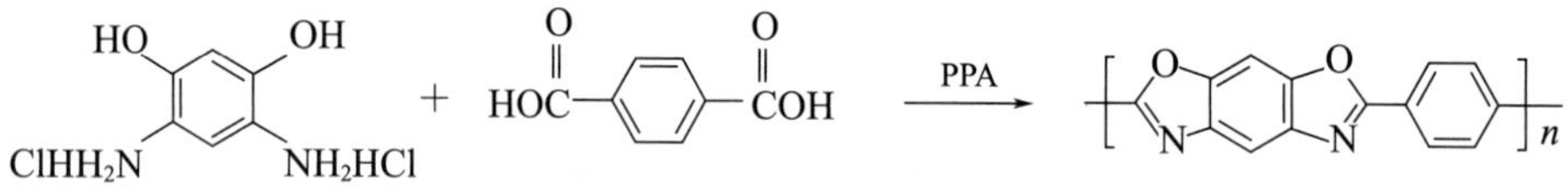

图 7-9　TD 络合盐合法原理示意图

7.1.3　PBO 纤维的纺丝工艺

国内 PBO 的聚合、纺丝工艺主要有三种,三种工艺路线的流程如图 7.10～图 7.12 所示[25]。中蓝晨光通过 DAR 的盐酸盐和 TPA 在多聚磷酸/五氧化二磷(PPA/P_2O_5)中的聚合制备出 PBO 聚合物,经过净化、消泡后的纺丝原液采用干喷湿纺工艺形成初生纤维[26];东华大学和哈尔滨工业大学先利用 DAR 和 TPA 的反应形成复合盐,再经过缩聚反应形成纺丝原液,纺丝工艺为干喷湿纺工艺[27];浙江工艺大学通过有机合成,将缩聚反应官能团集中到一种单体中,然后利用这种单体进行缩聚形成纺丝原液[28]。

由于 PBO 是一种液晶聚合物,因此一般采用干喷湿法技术得到 PBO 初生纤维。纺丝液体系的性质以及外界条件都会影响到 PBO 纤维质量,例如纺丝液的组成及浓度、喷丝孔的孔径及分布、空气隙的位置及长度、牵伸速度、各部分温度等。PBO 纤维纺丝过程是一个包括热力学、动力学和流变学的复杂过程,各个过程互相影响。在实际生产中,应综合考察影响 PBO 纤维质量的各种因素,确定主要因素和次要因素,从而实现连续稳定的纺丝过程。以下就纺丝液、纺丝温度、纺丝压力、空气隙这几个因素进行简要介绍。

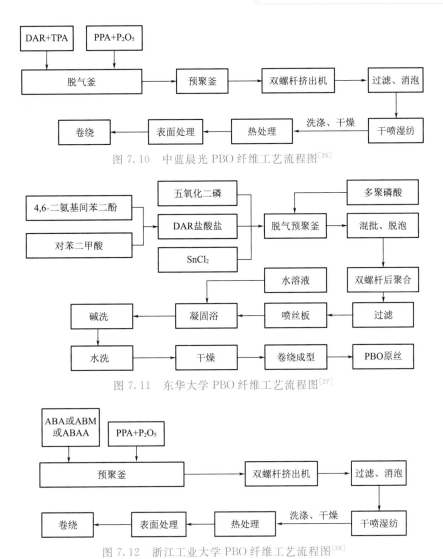

图 7.10 中蓝晨光 PBO 纤维工艺流程图[26]

图 7.11 东华大学 PBO 纤维工艺流程图[27]

图 7.12 浙江工业大学 PBO 纤维工艺流程图[28]

1.纺丝液的组成

生产过程中选用何种溶剂制备纺丝液是一个复杂的问题,不仅要考虑工艺,还要考虑设备、所得纤维的品质以及经济等因素。

在 PBO 聚合物的纺丝过程中,出现了许多纺丝溶剂体系,主要有多聚磷酸(PPA)、硫酸、甲硫酸(MSA)、甲磺酸氯磺酸等,其中,PPA 是最常用的纺丝溶剂。PPA 是 PBO 的良溶剂,是 PBO 聚合的主要介质,而且在聚合过程中起到催化的作用。在聚合的不同阶段,溶液体系会不断发生变化,通过溶液体系中 P_2O_5 的含量,可以直观反映 PPA 的脱水能力[29]。

高分子溶液的浓度受高分子的分子量和高分子在溶剂中的溶解度影响。对于 PBO 纤维的纺丝工艺来说,只有当 PBO 纺丝液的浓度高于高分子液晶析出的浓度,且拉伸比较大的条件下,才能获得高分子链伸直程度较高、有序程度较大的 PBO 纤维[30,31]。

在纺丝前,要对纺丝原液进行除杂、干燥、消泡等处理。杂质的混入会使 PBO 纤维力学性能明显下降,气泡会导致在喷丝或者拉伸时出现断丝。实践表明,纺丝液在 160～190 ℃下真空脱泡 12～24 h 后效果较好[30,31]。

2.纺丝压力

纺丝过程属于挤出成型工艺,即通过压力将高温的液晶聚合物从纺丝组件中压出,形成具有一定长径比纤维的过程。纺丝过程中的压力损失来自纺丝液与纺丝的接触。除了考虑压力损失外,体系黏度、纺丝温度和纺丝速度对纺丝压力都有影响[32]。在纺丝过程中,纺丝的压力需要视聚合反应体系进行调节。

在 PBO 纤维纺丝中,纺丝压力过小会使纺丝液喷出不畅,甚至造成喷丝口的堵塞、纺丝液流动紊乱。同等条件下,提高纺丝压力可以增大纤维直径,但是纤维的力学性能并不一定是纺丝压力越大越好。

3.纺丝温度

纺丝温度主要直接影响纺丝原液的黏度[33]。纺丝时,温度过低会使纺丝原液的黏度增大,纺丝液流动性下降,从喷丝孔喷出的细流不易牵伸。适当提高溶液的温度,对降低体系黏度、减小设备负担,都较为有利。但是,纺丝温度不能无限提高,过高的纺丝温度会造成 PPA 的分解,严重时会造成 PBO 的分解,造成 PBO 的相对分子量降低,不能被纺织成纤维[34]。

温度波动会造成纺丝液黏度的变化,纺丝液流动不均匀,温度波动超过一定范围会造成局部过热,致使纺丝液分解。因此,在进行喷丝头设计时,首先要掌握纺丝液的黏—温曲线,根据纺丝液黏度随温度的变化确定喷丝头的形状和内部构造。

4.空气隙长度

空气隙长度是指从喷丝孔到纺丝原液凝结成原丝位置的长度,这一参数在纤维的干喷湿纺工艺中有重要作用。PBO 原液处于空气隙中,由于高倍拉伸作用,PBO 分子的分子链沿拉力方向高度取向,因此,空气隙是 PBO 分子链形成取向结构的重要场所。要得到高度取向的 PBO 纤维,需要充足的时间排列取向,因此需要足够的空气隙长度。但是空气隙的长度不能无限延长,这是因为纺丝原液在空气隙中处于低强度的溶液状态,拉力致使纺丝液细流不断变细,空气隙过长会导致黏着力不足,从而导致纤维断裂。当温度降低后,纤维因为冷却而不再轻易被拉伸,对纤维的性能造成不利影响。结合纺丝速度等其他因素,空气隙的长度为 10～50 cm 最为合适。

7.2 PBO 纤维的改性技术

PBO 纤维集轻质、高强、高模、耐高温、耐化学介质等优异性能于一身,是迄今为止综合性能最好的纤维,应用前景广阔。但是,目前 PBO 纤维的拉伸模量最大为 280 GPa,与其理论值 460～478 GPa 有很大的差距[35]。

此外,PBO 纤维仍有很多性能需要改善,例如:高分子主链上没有活性侧基,导致 PBO 纤维浸润性能不好;高分子链间作用力较弱,从而导致压缩强度较低,远低于其拉伸强度;PBO 分子容易吸收紫外线导致化学键断裂,从而使聚合物发生断链、降解。

为了弥补 PBO 纤维的不足、扩大 PBO 纤维的应用范围，可以对 PBO 纤维进行改性。根据改性方法的不同，主要包括纳米粒子改性和第三单体共聚改性。

7.2.1 纳米粒子对 PBO 纤维的改性

1. 碳纳米管对 PBO 纤维的增强改性

碳纳米管（CNT）与高分子的形态相似，它们的长径比较大，力学性能、导电性能优异。碳纳米管在纳米复合材料的制备中有着广泛的应用，可以显著提高复合材料的导电性能。

2002 年，S. Kumar 首次提出了在 PBO 树脂中加入单壁碳纳米管（SWCNT），混合均匀后纺丝，得到的共混纤维的力学性能、高温下的耐蠕变性能明显改善，表征发现，PBO 纤维的化学结构没有因为这种共混而发生改变[36]。但是这种共混也存在 SWCNT 分散性不好、与高分子亲和性较差的问题，需要大量加入 SWCNTS 才能体现出明显的增强作用。为了改善以上不足，可先对 CNT 进行修饰，再与 PBO 聚合体系进行混合，从而使得 CNT 反应活性更大，分散性更好。李霞等[37]将酸处理后的 CNT 加入 PBO 的聚合体系中，得到的复合材料有很好的界面结合，且受到环境的影响较小，可以应用于分离、阻隔等场合。王峰等[38]通过对 SWCNT 的酸处理使其表面的极性基团更多，分散性更好。周承俊[39]将 CNT 作为导电填料对 PBO 纤维进行掺杂，结果表明力学性能、导电性能、耐环境性能明显提高。

K·Kobashi 等[40]对 CNT 和 PBO 低聚物在稀溶液中是否能够反应进行研究，对反应条件进行探索，发现在一定条件下可以实现 CNT 与 PBO 低聚物的共聚，从而改善 CNT 对 PBO 的改性效果。X. Li 等[41]将多壁碳纳米管表面进行修饰，带有羧基，然后与其他单体进行共聚，共聚效果与 PBO 单体共聚的效果相当，且产物的力学性能、耐热性以及与基体的结合性明显改善。Li Jinhuan 等[42]通过控制表面带有羧基的 CNT 的加入量、加入时机，研究了不同 CNT 加入量下的共聚物热稳定性，并总结出有关聚合反应规律。

2. 石墨烯对 PBO 聚合物的增强改性

石墨烯作为一种新型二维纳米材料，具有多方面优异的性能，已经成功用于多种聚合物的增强及改性中，可以产生显著的改性效果，但需要控制石墨烯的加入量及其分散性。

Jeong 等[43]使用纯石墨烯对 PBO 进行共混，发现分散均匀的片层状石墨烯在聚合物中均匀分散。从而研究了复合材料热稳定性、力学性能与不同石墨烯用量的关系。添加质量分数为 0.2% 的石墨烯后，复合纤维的热稳定性及力学性能均有明显提高。李楠[44]研究了不同类型的氧化石墨烯对 PBO 薄膜的改性效果，结果发现改性效果与氧化石墨烯表面基团的极性有关，这种改性方法可以根据不同需求进行调节，应用前景广阔。

为使改善石墨烯在 PBO 聚合体系中的分散性，李艳伟[45]将氧化石墨烯与聚合单体络合，再利用络合盐进行自聚合反应，PBO 纤维的热稳定性、阻燃性及力学性能均有明显的提高。Wang[46]将氧化石墨烯和 PBO 在高温下进行聚合，发现氧化石墨烯在 PBO 中分散良好，高分子链间的相互作用力增大，力学性能和热稳定性明显提升。

3. PBO 纤维的其他改性方法

也有一些研究者将改性 PBO 的纳米粒子扩展到 CNT 及石墨烯之外，利用其他纳米粒子对 PBO 进行改性,比如纳米二氧化钛等。还有利用等离子体对 PBO 纤维进行改性,周雪松等用等氩气产生离子体,对 PBO 纤维进行处理[47],使得纤维的表面性能发生变化,表面更加活泼,与树脂复合后,界面性能得到增强。张承双[48]利用氧气等离子体对 PBO 纤维进行改性,使得 PBO 纤维的浸润性、表面化学活性明显改善,用于和聚芳醚砜酮(PPESK)进行复合,发现其与基体树脂的界面黏结性等方面获得不同程度的改善。

7.2.2 第三单体对 PBO 纤维的共聚改性

第三单体对 PBO 纤维的改性通常指在 PBO 的聚合体系中引入第三单体,这种单体可以与原有单体发生反应,且在聚合反应体系中有一定的溶解性。从而通过三种单体的反应在 PBO 内引入特定基团。

So[49]以带有苯并环丁烯基的单体作为第三单体,聚合得到的产物压缩性能得到明显改善。So 等[50]还将其他基团引入 PBO 分子链中,但性能并未改善。原因可能有两方面:一是未完全产生自由基;二是发生了分子链的断裂。

为了改善 PBO 纤维的表面浸润性能,东华大学的研究者[51]将微量的磺酸基取代的羧酸钠盐加入 PBO 的聚合体系中,结果发现 PBO 的分子链嵌入了磺酸基,纤维的表面更加活泼,且这种改性对纤维的损伤较小。Wang Qingwei 等[52]以 2,6-萘二甲酸(NDCA)为第三单体,得到 PBO-NDCA 共聚物,这种共聚物链中含有萘环中。实验表明,这种共聚物耐紫外线的性能明显提升,且在一定范围内,NDCA 的加入量越多,产物的耐紫外老化性能越好。

目前,用来改善 PBO 性能的第三单体在不断丰富中,已经不局限于改变高分子的主链。由于改性发生在微观尺度上,第三单体改性的改性效果较好。但是这种改性更多局限在实验室,且加入第三单体后,反应机理更为复杂,不一定会达到预期的改性效果,因此这一改性方法仍在完善中。

7.3 PBO 纤维的结构与性能

7.3.1 PBO 纤维的结构

在 PBO 的共平面构象中,O 与 H 原子的距离正好等于两个原子的范德华半径之和,因此两原子的空间排斥不严重。PBO 的分子是由苯环及芳杂环组成的,分子结构中无弱键,故高分子链为刚性链。

Krause 等[53]对 PBO 结晶程度较大的试样进行研究,认为 PBO 的两条高分子链从两个晶胞中穿过,并认定其属于单斜晶系,其晶格参数为 $a = 0.55$ nm、$b = 0.354$ nm、$c = 1.205$ nm、$\gamma = 101.30$ nm。

PBO 纤维单丝直径为 $10 \sim 15$ μm,PBO 单丝还有更加精细的结构,构成三个层次:微纤、次级微纤、高分子链。微纤的尺寸范围是 $5 \sim 0.5$ μm,几条分子链结合在一起构成次级微纤,微纤通过分子间作用力构成纤维,这种分子间作用力较弱,所以 PBO 纤维容易微纤化[54]。

7.3.2 PBO 纤维的性能

PBO 纤维最引人关注的在于优异的力学性能——高强度、高模量。刚性棒状的 PBO 大分子经过液晶态纺丝,分子充分取向,拉伸强度和模量都很高。Krause 等[53]根据理论计算推测,通过加工取向得到的 PBO 纤维,拉伸强度可达到 10 GPa,拉伸模量可达到 490 GPa,这些性能几乎是商业 PPTA 纤维(Kevalar)的 3 倍,被誉为"21 世纪的超级纤维"和"纤维之王"。

1. 力学性能

PBO 的拉伸强度和初始模量约为芳纶 1414 的 2 倍。PBO 纤维分为标准型和高模型,标准型(PBO-AS)即采用干喷湿纺法得到的 PBO 原生丝,经过高温处理后得到的纤维即高模型(PBO-HM)。这两种纤维的主要性能见表 7.1[53,55]。

表 7.1 标准型和高模型 PBO 纤维各种性能的对比

纤维类型	拉伸强度 /GPa	拉伸模量 /GPa	断裂伸长 /%	密度 /(g·cm^{-3})	回潮率/%	极限氧指数 /%	分解温度 /℃
PBO-AS	5.80	180	3.5	1.54	2.0	68	650
PBO-HM	5.80	270	2.5	1.56	0.6	68	650

PBO 纤维复合材料的耐冲击性能好,优于碳纤维或是芳纶纤维增强复合材料。但是 PBO 纤维复合材料的压缩性能远低于同一方向的拉伸性能,原因可能是由于高分子链内部的化学键远远强于高分子链间的作用力。

2. 耐热性能和阻燃性能

PBO 纤维没有熔点,即使在高温下也不会发生熔融,工作温度为 300~500 ℃,热分解温度约为 650 ℃,比芳纶纤维高 100 ℃,高模 PBO 纤维在 400 ℃下仍能保持初始模量的 75%。PBO 纤维的阻燃性很好,极限氧指数 68,仅次于聚四氟乙烯,高于绝大多数有机纤维,另外 PBO 纤维在 750 ℃燃烧时释放的有害气体很少[56]。

3. 尺寸稳定性

PBO 纤维具有优异的尺寸稳定性,在其 50%断裂载荷作用下 100 h 后,伸长率不超过 0.03%,明显优于芳纶纤维。与其他具有伸展限定收敛结构的高性能纤维一样,PBO 纤维具有负的热膨胀系数,热、湿对其尺寸的变化影响极小[56]。

4. 化学稳定性

PBO 纤维具有良好的化学稳定性,可以稳定存在于大多数有机溶剂中。但由于 PBO 纤维的纺丝液酸性较强,其耐酸性较差,但仍优于芳纶纤维。

5. 其他性能

PBO 纤维的耐光性较差,40 h 日晒实验后,其断裂强度下降 63%,而芳纶纤维的拉伸强度仅下降 20%。由于 PBO 的分子链是刚性分子链,极性集团较少,故染色性较差,与树脂基体的黏结性差。

7.4　PBO 纤维的应用

PBO 纤维可以作为混凝土增强体、桥梁斜拉绳索、航天器及航空器壳体材料。PBO 短切纤维制品可制作热防护皮带、过滤袋、耐热缓冲垫等。PBO 纤维纱线可制作各种防护服[54]。

7.4.1　航空航天

PBO 纤维因其具有的高强高模、耐腐蚀的优点，在航空航天领域用于火箭、卫星等航天器的结构构件以及发动机的防隔热材料和电器部件的绝原材料等。美国航天局为了执行金星探测任务需要研制金星探测气球，由于金星大气严酷的环境，只有 PBO 纤维可以承受温度的剧烈变化以及腐蚀性环境[57]。

目前，PBO 纤维已被应用于超高速飞行器的设计中，用于飞行器侧壁防护板，还被用于飞行器保护壁。国内纤维应用单位和纤维研究机构合作，将 PBO 纤维应用于飞行器数据记录装置的壳体，这种装置通常被从飞行器中高速抛放，会受到剧烈冲击，且高空环境严酷，但实验证明，PBO 纤维复合材料壳体完全可以满足要求[58]。

7.4.2　装甲防护

PBO 纤维用作舰艇、坦克等武器装备的结构材料，以及各类导弹的增强材料，可以起到减轻质量的作用。PBO 纤维的耐冲击性能好，可以用作防弹设备，例如防弹头盔、防弹背心等，在达到同等防护水平时，与 PPTA 对比，质量要轻 35％，厚度要小 35％。用 PBO 纤维材料制成的防弹衣，3 mm 就能达到 NIJ ⅡA 的标准。同时，PBO 纤维及其复合材料还具有良好的透波性能，PBO/环氧复合材料的透波率可以达到 60％～80％[58]。

PBO 纤维极限氧指数高、阻燃性好且非常柔软，适合用作高温作业的防护服以及消防场所特殊工具。日本的研究人员开发出新一代 PBO 纤维防化服，这种防化服适应 ISO 规范。另外，采用 PBO 等高性能可以制成剪切增稠防刺布。这种防刺布不仅非常薄、柔软舒适、灵活性很好，而且防刺性能极高[6]。

7.4.3　体育建材

PBO 纤维不仅轻质高强，纺织性能也较好，通过纺织工艺，可以制成赛车服、防护服、骑手服以及其他类型的运动服。PBO 纤维还可以制成体育用品，如球拍、球杆、钓鱼竿、赛车、滑雪橇、滑雪杖等。目前已经有公司开发出以 PBO 纤维为增强体的高尔夫球杆和山地自行车[59]。

7.4.4　光纤通信

在水下机器设备、光纤制导等方面，高强度微型光缆有着广阔的应用。恶劣的通信环境对光纤加强材料的要求越来越高。高强微型光纤的结构一般由紧套光纤、加强层和保护套三部分组成。随着应用环境、自身形状的不断变化,高强微型光缆对其增强材料提出了高强度、高韧性、耐腐蚀、耐环境、电磁性能长期稳定等近乎苛刻的要求。根据工作环境不同,在非金属材料中,高性能纤维因其具有的诸多优势越来越受到关注[60]。传统光缆保护层采用玻纤、芳纶纤维增强树脂基复合材料存在抗拉强度低的问题。日本古河电气工业在 2005 年成功将 PBO 纤维引入光缆,生产横截面积更小以及拉伸强度更大的光缆。该企业对 PBO 纤维增强复合材料(PBO-FRP)在光缆上的应用给予厚望,并且在业界首次投产了此类引入光缆[60]。

7.4.5　其他

利用 PBO 纤维阻燃及耐高温的特性,可将其制成管道、耐热垫材、过滤毡、高温过滤网等,用于冶金、水泥等行业的除尘、过滤。另外,PBO 纤维长丝还可用于轮胎、传送带、橡胶等制品的补强。日本为了应对频发的地震灾害,采用 PBO 片材对混凝土进行补强[25]。

7.5　PBO 纤维的产业现状与发展趋势

7.5.1　国外 PBO 纤维的发展现状

在国外,PBO 纤维在 20 世纪 70 到 20 世纪 90 年代经历了理念的提出、实验室探索、逐步成熟到工业化这样一个完整的过程,世纪之交开始应用于特殊领域。2004 年,东洋纺公司 PBO 纤维的生产能力为 300 t/a。

20 世纪 90 年代初,PBO 纤维所能达到的性能指标仅仅与 Kevlar 纤维相当,但从 Tashiro 等人在理论和实验上证实 PBO 具有超高的极限强度和模量后,研制的 Zylon-HM 型纤维的强度已经达到 3.70 N/tex,模量已经达到 176.40 N/tex,其弹性模量(270 GPa)已经达到理论预测值(690 GPa)的 39.13%。与其他高性能纤维相比,具有明显的优势,仍然有相当大的潜力可以挖掘[61]。

PBO 基体的制备及其纤维加工技术,目前大都属于东洋纺和陶氏化学的专利范围[62]。东洋纺是目前唯一掌握 PBO 纤维大规模生产技术的企业,在市场上形成了垄断地位,产能 300 t/a,品种主要是 Zylon(通用级),强度 35 cN/dtex,伸长率 3.5%[63]。

7.5.2　我国 PBO 纤维的发展历程及现状

我国对 PBO 纤维的研究起步较晚,在 20 世纪 80 年代中期才开始对 PBO 纤维进行研究。华东理工大学首先对 DAR 和聚合物的合成工艺进行研究,得到的 PBO 纤维的拉伸强度和拉伸模量分别为 1.2 GPa 和 10 GPa,性能仅次于 Kevlar 纤维,这是我国最早的 PBO 聚合物及纤维产物。但是由于当时 DAR 盐酸盐的制备过于复杂且不易保存,从国外进口价格过于昂贵,我国 PBO 纤维的聚合、纺制的研究一直处于初级阶段[1]。为了促进 PBO 纤维的研发,我国将 PBO 纤维的相关研究列入"863"国家高技术计划,给予大力支持。目前国内多家企业、高校及科研机构都在从事 PBO 的单体制备、聚合工艺与纺丝工艺的研究[64]。如哈尔滨工业大学、浙江工业大学、上海交通大学等对 PBO 单体合成工艺进行研究;PBO 的聚合和纺丝方面的研究主要集中在哈尔滨工业大学、东华大学、华东理工大学、同济大学、四川中蓝晨光等单位;PBO 纤维的表面改性及 PBO 纤维增强复合材料的研究主要有哈尔滨工业大学、哈尔滨玻璃钢研究院、大连理工大学、航天科技集团四院四十三所[3]。

经过多年的发展,PBO 纤维已经取得了一系列的成就:哈尔滨工业大学能够以三氯苯为原料制备出高纯度的 DAR,通过液晶纺丝技术得到高强高模的 PBO 纤维,与商业化的 PBO 纤维相当,目前在大庆已经产业化[18]。2006 年我国成功开发出 DAR 盐酸盐合成新工艺[65],与原有工艺相比,这一合成工艺具有原材料价格较低、易于获取,合成工艺较为简单,产品纯度高,原材料可进行回收利用,污染小等特点。该合成工艺填补了国内空白,保障了我国 PBO 纤维的后续发展。目前,这一成果已经得到国家的大力支持。浙江工业大学的金宁人教授提出一类 AB 型的 PBO 新单体[26]。在改善 PBO 的纺丝性能方面,东华大学和中石化针对 PBO 聚合体系黏度大的问题,制造出特定的搅拌器,并开发出新的反应挤出—液晶纺丝工艺。2005 年,东华大学牵头的"高性能 PBO 纤维制备过程中的基本问题研究"项目,在国内首次将 PBO 纤维的拉伸强度提高至 4.38 GPa,热降解温度提升到 600 ℃。

由于我国 PBO 纤维的研究起步较晚,长期以来,国内研究用的是进口 PBO 纤维,近些年,一些单位利用中蓝晨光生产的 PBO 纤维进行研究[64]。在"十五"期间,国内研究机构开始用 Zylon 纤维进行复合材料增强和缠绕成型研究,这些研究对高性能航天器具有重大意义。2012 年,该机构开始利用中蓝晨光的 PBO 纤维进行相关研究[65],发现中蓝晨光提供的 PBO 纤维各方面性能优异。另外,PBO 纤维也被用来制造防护材料,测试表明,其性能明显优于芳纶纤维和碳纤维[66]。

7.5.3　PBO 纤维未来的发展趋势

对 PBO 纤维研究的不断深入,PBO 应用范围的不断拓展,PBO 纤维被誉为"21 世纪超级纤维"。作为一种可以取代 Kevlar 纤维的极具潜力的高性能纤维,除了在航空航天等特殊领域中的应用外,在其他领域中的应用也会促使材料的变革、技术的革新。但是,PBO 纤维自身仍然存在一些不足,有待进一步完善。

1. 降低成本

国外文献预测国际市场需求量在 3 000 t/a,可见 PBO 纤维的市场前景巨大。但是,PBO 纤维无法大量应用,一个根本原因是成本过高。这会阻碍 PBO 纤维的产业化发展,特别是工业领域的应用发展。PBO 纤维的成本过高,其中重要的原因是单体合成的成本过高。虽然我国已开发出高纯度 4,6-二氨基间苯二酚合成工艺,但是成本依然较高、稳定性较差以及难以实现工业化生产等仍然是国内 PBO 纤维发展面临的主要问题[67]。

从目前市场来看,PBO 纤维的综合性能约为芳纶纤维的 3 倍,但是价格却远高于芳纶纤维。造成这种现象的原因有两方面:一是国内 PBO 纤维产业化程度还不高。二是与东洋纺公司相比,国内企业还有不小差距。因此,开发更加低成本、更加环保的 PBO 纤维制备方法,进一步推进我国 PBO 纤维的产业化具有重要意义。

2. 优化纤维热处理技术

东洋纺公司的 PBO 纤维品种中,PBO-HM 是 PBO-AS 经过热处理得到的,是目前有机纤维中拉伸强度最高、拉伸模量最高,同时热稳定性最好的纤维[66]。1994 年陶氏化学公开了有关 PBO 纤维的快速热处理方法,但国内 PBO 纤维生产企业在热处理技术、热处理效率、产品类型等方面和东洋纺公司还有很大差距。国产 PBO-HM 最高拉伸弹性模量约为 250 GPa 且力学性能不稳定,Zylon-HM 最高弹性模量为 280 GPa 且力学性能稳定;国产 PBO 纤维热处理能力最高为 2 t/a,Toyobo 公司在 2008 年已实现 1 000 t/a 热处理能力;国产 PBO-HM 纤维型号单一且目前只能小规模生产,Toyobo 公司实现了系列化 PBO 纤维供应。国内外 PBO 纤维热处理工艺的几项指标见表 7.2[68]。

表 7.2 国内外 PBO 纤维热处理工艺技术对比

单位	工艺流程	连续程度	处理量	温度/℃	时间/s	应力/(N·tex^{-1})	效率
中蓝晨光	预热段—热处理—降温段	连续	2 t/a	550~630	4~16	0.05~0.40	中
哈工大	热定型—热处理	分段连续	实验线	500~700	10~30	0.18	低
东华大学	一步法	连续	实验线	500	10~30	0.09~0.26	低
东洋纺	一步法(推测)	连续	1 000~2 000 t/a	500~600	<30	0.18~0.53	高

目前,在 PBO-HM 需求巨大、国内尚未实现产业化、国外企业严格仅售的背景下,改善 PBO 纤维的热处理技术,开发具有自主知识产权的高性能 PBO 纤维制备工艺技术并逐步产业化具有十分重要的意义。相关单位应在开发 PBO-HM 的同时,构建相关评价标准[68]。

3. 提高 PBO 纤维的抗老化性能

PBO 纤维的耐热阻燃性能,可应用在航空航天、消防防护等领域,其制作的航天服、消防服能够更好地保障人身安全。同时,由 PBO 纤维制作成的防切割伤害的劳动保护服可以减少对人体造成的伤害,保护穿着者安全。但是,PBO 纤维的抗老化性能有待提高[69]。

PBO 纤维易于在紫外线的作用下老化限制了 PBO 纤维的广泛应用,尤其是纤维的耐用性受到挑战。提高 PBO 纤维抗老化的性能是拓宽 PBO 纤维应用领域的重要方面。PBO 纤维改善抗老化性能的方法主要分为两类:①涂层改性或第三单体改性[70];②作为复合材料的增强体,提高界面间的结合力。

4. PBO 纤维未来发展预测

防火减灾:PBO 纤维不燃的特性,结合特定编织技术,能直接构建大型公共场所的装饰制品,满足密集人口空间防火减灾的需求[71]。

医疗介入材料:人体承力组织,例如脊椎和颈椎等的治疗和功能修复需要能够弯曲和活动的替代材料,通过科学设计编织和 3D 打印技术制备出符合人体功能的脊椎、颈椎替代构件,用于相关疾病和缺损部位的治疗[72]。

与碳复合实现 1+1>2 的功效:将碳纤维的高模量和紫外稳定性与 PBO 纤维的可编

织性能结合既能克服碳纤维编织性能差又能解决 PBO 纤维紫外稳定性不好的难题。借助纺织纱线的混纺和包覆技术实现碳纤维与 PBO 纤维的复合。

　　外太空探索：PBO 纤维高比强度、比模量、高热稳定能够满足环境极端变化情况下对材料性能的要求，而且 PBO 纤维具有易编织的特性，能通过立体编织或者 3D 打印成型可折叠房屋、容器仓等，满足外星系探索和移居需求。

参考文献

[1]　张清华.高性能化学纤维生产及应用[M].北京：中国纺织出版社，2018.

[2]　王百亚，杨建奎，方东红.PBO 纤维及其复合材料工艺性能研究[J].宇航材料工艺，2004(5)：15-20.

[3]　朱美芳，周哲.高性能纤维[M].北京：中国铁道出版社，2017.

[4]　SO Y H. Rigid-rod polymers with enhanced lateral interactions[J]. Progress in Polymer Science，2000，25(1)：137-157.

[5]　王静.21 世纪超级 PBO 纤维的性能及其应用探讨[J].现代纺织技术，2010，18(3)：57-60.

[6]　黄玉东，胡桢，黎俊，等.高性能化学纤维生产及应用[M].北京：中国纺织出版社，2018.

[7]　杜艳欣.PBO 纤维的国内外研究状况及应用前景[J].现代纺织技术，2007(3)：53-57.

[8]　赫尔(英).高性能纤维[M].马渝茳，译.北京：中国纺织出版社，2004：118-125.

[9]　LYSENKO Z. High purity process for the preparation of 4,6-diamino-1,3-benzenediol：US4766244A[P]. 1988-8-23.

[10]　王阳.基于新型第三单体的苯并唑纤维的设计制备与性能研究[D].哈尔滨：哈尔滨工业大学，2017.

[11]　陈向群，孙秋，黄玉东.2,6-二(对氨基苯)苯并[1,2-d；5,4-d′]噁二唑的合成[J].化学试剂，2005(11)：44-46.

[12]　史瑞欣，黄玉东.4,6-二氨基间苯二酚合成工艺中 Pd/C 催化剂失活原因分析[J].化学与黏合，2006(3)：140-142.

[13]　李金焕，黄玉东，宋丽娟.4,6-二胺基间苯二酚盐酸盐的合成工艺研究[J].高校化学工程学报，2005(1)：84-87.

[14]　BEHRE H，FIEGE H，BLANK H U，et al. Process for the preparation of 4,6-diaminoresorcinol：US5574188[P]. 1996-11-12.

[15]　王虎.4,6-二氨基间苯二酚盐酸盐的制备及防氧化特性[A]//中国化工学会.中国化工学会 2009 年年会暨第三届全国石油和化工行业节能节水减排技术论坛会议论文集(上)，2009：5.

[16]　张建庭，毛连城，王嘉安，等.高纯度 4,6-二硝基间苯二酚的制备研究[J].浙江工业大学学报，2008(4)：407-411.

[17]　LYSENKO Z，PEWS R G，VOSEJPKA P. Process for the preparation of diaminoresorcinol：US5414130[P]. 1995-5-9.

[18]　袁会齐，张丽.4,6-二氨基间苯二酚的研究进展[J].生物化工，2019，5(1)：136-138，141.

[19]　夏恩将，夏恩胜，岳岩，等.4,6-二氨基间苯二酚的制备方法：CN1569813[P]. 2005-01-26.

[20]　胡建民，黄银华，金宁人.4,6-二氨基间苯二酚研究进展及合成工艺探索[J].合成技术及应用，2003，18(1)：18-22.

[21]　YIN T K. Aqueous Synthesis of 2-Halo-4,6-dinitroresorcinol and 4,6-Diaminoresorcinol：USRE34589. 1992-10-26.

[22] GROSSO M,GALAN O,BARATTI R,el at. A stochastic formulation for the description of the crystal size distribution in antisolvent crystallization processes[J]. Aiche Journal,2010,56(8):2077-2087.

[23] WOLFE J F,ARNOLD F E. Rigid-rod polymers. 1. Synthesis and thermal properties of para-aromatic polymers with 2,6-benzobisoxazole units in the main chain[J]. Macromolecules,1981,14(4):909-915.

[24] CHOE E W,KIM S N. Synthesis, spinning, and fiber mechanical properties of poly (p-phenylenebenzobisoxazole)[J]. Macromolecules,1981,14(4):920-924.

[25] IMAI Y,ITOYA K,KAKIMOTO M. Synthesis of aromatic polybenzoxazoles by silylation method and their thermal and mechanical properties[J]. Macromolecular Chemistry and Physics,2000,201 (17):2251-2256.

[26] 金宁人,刘晓锋,张燕峰,等. AB 型 PBO 的新单体合成与聚合反应研究[J].高校化学工程学报,2007 (4):671-677.

[27] 金宁人,张燕峰,胡建民,等.聚对亚苯基苯并二口恶唑合成新路线及其制备新技术[J].化工学报, 2006(6):1474-1481.

[28] 张春燕,史子兴,朱子康,等.一种新的 4,6-二氨基间苯二酚盐酸盐的制备方法及与对苯二甲酸的缩合聚合[J].高等学校化学学报,2004(3):556-559,393.

[29] 崔天放,王俊,舒燕.PBO 的合成及其纺丝技术研究进展[J].合成纤维工业,2010,33(6):43-46.

[30] 林宏,黄玉东,宋元军,等.纺丝工艺参数对初生 PBO 纤维性能的影响[J].固体火箭技术,2008,31 (6):646-649,656.

[31] 尹晔东.聚对苯亚基苯并双噁唑纤维生产工艺研究[J].化工新型材料,2008(3):82-83,88.

[32] 江晓玲,未雨浓,杨胜林,等.热处理对 PBO 纤维结构和性能的影响[J].合成技术及应用,2018,33 (3):1-4.

[33] 朱晓琳,钟蔚华,金子明,等.热处理工艺对 PBO 纤维拉伸性能影响[J].工程塑料应用,2017,45 (3):73-77.

[34] 承建军,李欣欣,刘子涛,等.聚对苯撑苯并二噁唑溶液单孔纺丝条件的研究[J].合成纤维,2006 (11):1-5.

[35] 卢姗姗,王艳红,胡桢,等.聚对苯撑苯并双噁唑纤维改性技术的研究进展[J].合成纤维工业,2018, 41(1):47-52.

[36] KUMAR S,DANG T D,ARNOLD F E, et al. Synthesis, structure, andproperties of PBO/SWNT composites[J]. Macromolecules,2002,35(24):9039-9043.

[37] 李霞,黄玉东.酸处理碳纳米管/PBO 复合材料的制备与表征[J].高分子材料科学与工程,2007,23 (1):192-194.

[38] 王峰,宋元军,胡桢,等.DADHB/PTA/SWNT-COOH 复合物合成研究[J].化学与粘合,2010,32(6): 1-4.

[39] 周承俊,庄启昕,韩哲文.多壁碳纳米管/聚亚苯基苯并二噁唑复合材料的微结构与性能[J].复合材料学报,2007,24(5):28-31.

[40] KOBASHI K,CHEN Z,LOMEDA J,et al. Copolymer of singlewalled carbon nanotubes and poly (p-phenylene benzobisoxazole)[J]. Chem Mater,2007,19(2):291-300.

[41] LI X,HUANG Y,LIU L,et al. Preparation of multiwall carbon nanotubes /poly (p-phenylene benzobisoxazole)nanocomposites and analysis of their physical properties[J]. Journal of Applied Polymer Science,2006,102(3):2500-2508.

[42] LI J H,CHEN X Q,LI X,et al. Synthesis,structure and properties of carbon nanotube/poly(p-phenylene benzobisoxazole) composite fibres[J]. Polymer Interational,2006,55(4):456-465.

[43] JEONG Y G,BAIK D H,JANG J W,et al. Preparation,structure and properties of poly(p-phenylene benzobisoxazole) composite fibers reinforced with graphene[J]. Macromoecular Research,2014,22(3):279-286.

[44] 李楠.石墨烯/PBO复合共聚膜的制备及性能研究[D].哈尔滨:哈尔滨工业大学,2014.

[45] 李艳伟.碳纳米管和石墨烯增强PBO复合纤维的制备及结构与性能研究[D].哈尔滨:哈尔滨工业大学,2013.

[46] WANG M Q,WANG C Y,SONG Y J,et al. Onepot in situ polymerization of graphene oxide nanosheets and poly(p-phenylene-benzobisoxazole) with enhanced mechanical and thermal properties[J]. Composite Science and Technology,2017,141:16-23.

[47] 周雪松,刘丹丹,王宜,等.氩气低温等离子体处理对PBO纤维的表面改性[J].高分子材料科学与工程,2005,21(2):185-188.

[48] 张承双.氧气等离子体改性对PBO纤维表面及PBO/PPESK复合材料界面的影响[D].大连:大连理工大学,2009.

[49] SO Y H. Rigid-rod polymers with enhanced lateral interactions[J]. Progress in Polymer Science,2000,25(1):137-157.

[50] SO Y H,BELL B M,HEESCHEN J P,et al. Poly(p-phenylenebenzobisoxazole) fiber with polyphenylene sulfide pendent groups[J]. Journal of Applied Polymer Science:Part A Polym Chem,1995,33(1):159-164.

[51] JIANG J M,ZHU H J,LI G,et al. Poly(p-phenylene benzoxazole) fiber chemically modified by the incorporation of sulfonate groups[J]. Journal of Applied Polymer Science,2008,109(5):3133-3139.

[52] WANG Q W,YOON K H,MIN B G. Chemical and physical modification of poly(p-phenylene benzobisoxazole) polymers for improving properties of the PBO fibers. I. Ultraviolet-ageing resistance of PBO fibers with naphthalene moiety in polymer chain[J]. Fibers Polymer,2015,16(1):1-7.

[53] KRAUS S J,HADDOCK T B,VEZIE D L,et al. Morphology and properties of rigid-rod Poly(p-phenylene benzobisoxazole)(PBO)and stiffchain poly(2,516)-benzoxazole(ABPBO) fibres[J]. Polymer,1988,2918:1354-1364.

[54] 魏广恒,李晶.PBO纤维及其表面处理技术[J].化纤与纺织技术,2006(1):29-32,37.

[55] 董晓宁,尉霞,郭昌盛.PBO纤维的性能及应用[J].成都纺织高等专科学校学报,2016,33(2):182-185.

[56] 霍倩,谭艳君,李超,等.PBO纤维表面改性技术的研究进展[J].粘接,2014,35(5):76-79.

[57] 李旭,王鸣义,钱军,等.高性能PBO纤维的开发和应用[J].合成纤维,2010,39(6):1-5,14.

[58] 刘建军.航空工业实现PBO纤维国内工业化应用[N].中国航空报,2019-02-28(003).

[59] 任鹏刚,梁国正,杨洁颖,等.PBO纤维研究进展[J].材料导报,2003(6):50-52.

[60] 江建明,李光,金俊弘,等.超高性能PBO纤维的最新研究进展[J].合成纤维,2008(1):5-9.

[61] 唐久英.高性能PBO纤维及其应用[J].中国个体防护装备,2007(1):22-25.

[62] 刘夏清,邹德华,牛捷,等.PBO纤维复合材料的研究及进展[J].工程塑料应用,2017,45(3):138-141.

[63] 金宁人,黄银华,王学杰.超级纤维PBO的性能应用及研究进展[J].浙江工业大学学报,2003(1):84-89,110.

［64］ 张鹏,金子明,宫平,等.PBO 纤维及复合材料研究进展[J].工程塑料应用,2011,39(10):107-110.

［65］ 罗益锋,罗晰旻.高性能纤维及其复合材料新形势以及"十三五"发展思路和对策建议[J].高科技纤维与应用,2015,40(5):1-11.

［66］ 郭玲,赵亮,胡娟,等.国产 PBO 纤维研究现状及发展趋势[J].高科技纤维与应用,2014,39(2):11-15,38.

［67］ 王化银,郭斌,齐贵亮.高性能 PBO 纤维的研究进展及市场前景[J].广东化工,2016,43(15):130-131,143.

［68］ 朱晓琳,张鹏,金子明,等.PBO 纤维热处理技术及其应用研究进展[J].工程塑料应用,2016,44(10):147-152.

［69］ 刘姝瑞,谭艳君,霍倩,等.PBO 纤维老化性能影响因素的研究进展[J].印染助剂,2017,34(2):1-6.

［70］ 王虎,刘吉平.聚对苯撑苯并噁唑纤维的抗紫外光老化研究进展[J].中国塑料,2013,27(4):7-12.

［71］ 中国复合材料学会.复合材料学科方向预测及技术路线图[M].北京.中国科学技术出版社,2019.

［72］ 汪家铭.PBO 纤维的发展与应用前景[J].石油化工技术与经济,2009,25(2):26-31.

第8章 织物概论

8.1 概　　述

8.1.1 复合材料的概念、组成及成型工艺

1.复合材料的概念

复合材料(composites,composite materials)是指由两种或两种以上组分材料组成的材料。复合材料中的各组分材料既保持其固有的物理和化学性能,彼此之间有明显的界面,又通过复合效应获得原组分材料所不具备的性能[1]。由于两种材料的协同作用,它具有单一材料所不具有的优越性能,对组分材料取长补短,使它成为构成上更加合理、功能上更加有效的材料。天然材料有很多是复合材料,例如木材、贝壳等。人类从天然材料中获得启示,很早就利用草增强泥土制成坯砖,后来又出现了钢筋增强混凝土、胶合板等复合材料[2]。

2.复合材料的组成

复合材料从宏观组成上看,由基体和增强体组成。复合材料的基体有高分子基体、金属基体、陶瓷基体、碳基体等。高性能纤维可以作为增强体,也可以通过纺织工艺形成具有力学性能的纤维集合体,即织物(textiles)作为复合材料增强体[1]。

3.复合材料的成型工艺

基体和增强体要经过复合工艺,即复合材料的成型工艺,才能发挥复合效应。复合材料的成型工艺由于原材料状态、成型温度、成型压力等因素差别很大。按照复合材料内部纤维的排列方式,复合材料成型工艺可以分为两类:一是厚度方向上无纤维增强的结构,二是厚度方向上有纤维增强的结构[3,4]。对于前者,实现的主要途径是将纤维、布、带进行逐层铺贴出构件外形,浸渍基体(预浸料除外),再固化形成复合材料构件;对于后者,先通过纺织等方法将纤维(布)制造成部件形态的纤维集合体,再将基体转移到部件中,经过复合材料固化工序形成复合材料构件。

复合材料常用的成型工艺见表8.1[5]。

表 8.1　复合材料常用的成型工艺

基体类型	成型工艺
树脂基	手糊成型、喷射成型、缠绕成型、拉挤成型、热压罐成型、树脂传递模塑(RTM)成型
金属基	热压法、液态金属浸渍成型、拉压铸造成型、真空渗入成型、粉末冶金法
陶瓷基	浆料浸渍—热压烧结成型、直接氧化成型、CVI工艺、先驱体转化工艺、熔体浸渍工艺
碳基	液相浸渍碳化工艺、化学气相沉积工艺

8.1.2 先进复合材料

1. 先进复合材料的概念及特点

先进复合材料(advanced composites)有广义和狭义之分,广义的先进复合材料是指在性能和功能上远远超过其组分材料性能和功能的一大类复合材料[1]。而狭义的先进复合材料专指一类采用高性能纤维做增强体,其刚度和强度超过合金,用于加工主承力或次承力结构的复合材料。

先进复合材料具有以下特点:

(1)比强度、比模量高。在先进复合材料中,特别是树脂基复合材料中,其比强度和比模量远高于传统金属材料。所以在相同强度和模量要求下,采用聚合物基复合材料可以大大减轻产品的结构重量。

(2)结构的可设计性好。先进复合材料的性能除了与基体种类、增强体种类和增强体含量有关外,还与纤维的排列方式密切相关。因此可以根据工程结构的载荷分布及使用条件的不同,选取相应的材料及增强体结构来满足既定要求,利用这一特点可以实现构件的优化设计,做到安全可靠、经济合理。

(3)耐疲劳性能好。金属的疲劳破坏常常是没有明显预兆的突发性破坏。与金属材料不同,复合材料的破坏通常是一个复杂的发展过程,主要包括基体开裂、增强体—基体界面脱黏、纤维从基体中拔出、复合材料整体破坏等一系列损伤的发展过程[6]。

(4)材料与构件制造的同步性。复合材料可以实现近净尺寸成型,从而实现构件成型与材料制造同步完成。这样减少了因为机械加工、连接、装配带来的损伤,从而提高构件的整体性,提高构件质量。

2. 先进复合材料的增强体

复合材料的增强体按照其几何形状来分有颗粒状增强体、纤维增强体、片状增强体、立体织物增强体[4,5]。对于先进复合材料,增强体的形式更多是高性能纤维及其织物,织物又分为二维织物和三维织物,二维织物也称为平面织物,三维织物也称为立体织物。

严格地说,对现有先进复合材料增强体进行分类然后彼此之间进行比较是一项困难的工作。目前,可以根据不同的标准对三维织物进行分类,如纤维取向、生产工艺、增强体的几何特征等[7]。Scardino 将纤维集合体的层次结构分为四种类型,即短切纤维、长丝纤维、平面织物和立体织物[8],见表 8.2。将增强体的制造方法考虑在内,Fukuta 和 Aoki 建立了表8.3 所示的复合材料增强体分类体系[9]。

表 8.2　先进复合材料的增强体结构

增强体结构	增强体特点	纤维长度	纤维取向	纤维缠结
短切纤维	离散	不连续	不可控	无
长丝纤维	线型	连续	线型	无
平面织物	层状	连续	平面	平面
立体织物	整体	连续	三维	三维

表 8.3　**Fukuta 和 Aoki 的复合材料增强体分类体系**

	零轴	单轴	双轴	三轴	四轴
一维		粗纱			
二维	短切纤维布	单向预浸料	平纹布	三轴机织布	多轴机织布
三维　线型单元	三维编织	多层机织	三轴三维机织	五向构造	
三维　平面单元	铺层结构	I 或 H 型结构	蜂窝结构	一体化构件	

8.1.3　纺织复合材料

纺织复合材料是纤维增强复合材料的一种形式,由高性能纤维通过纺织加工方法获得二维或三维织物作为复合材料增强体,再与基体材料复合而成。在不同类型的先进复合材料中,纺织复合材料由于其特有的结构形式和性能而占有重要的地位。

1. 纺织复合材料概念

将利用一维结构的连续纤维加工成的二维或三维纤维集合体作为增强体的复合材料定义为纺织复合材料[5]。二维或三维纤维集合体通常称为织物,即纤维经过纺织工艺形成织物。从宏观意义而言,若织物结构中面内两个正交方向上的尺寸(如:矩形的长度和宽度方向、圆形的径向和周向)远大于其厚度方向上的尺寸,这种织物称为二维织物;纤维在空间上按照一定的规律交织,形成具有一定内部结构和几何外形的织物称为三维织物,也称为立体织物(three dimension fabric)。立体织物中,具有三维空间造型的织物又称为预成型体(preform)、预制体、预制件、预成型件、纺织预型件、纺织预成型件等。不同纺织加工方法(如机织、编织、针织和非织造等)所形成的织物中纤维取向和交织规律有明显差异。所以,采用不同织物增强所得纺织复合材料,通常在其名称前标以纺织方法以示区别,如机织复合材料、针织复合材料、编织复合材料等[4]。

需要指出的是,针对二维织物和三维织物,目前还缺少确切的完全普适的分类准则。例如:考虑到传统的机织、编织、针织过程中,纤维的相互作用被限制在 2～3 根纤维的直径以内,虽然交织厚度比传统层合复合材料大得多,但是纤维增强效果小,因此仍然被认为是二维的[10,11]。另一方面,近代发展起来的机织、编织设备,能够在织物厚度方向上有不同程度的增强,这些设备制造出的织物,属于三维织物[12]。

基于纤维的整体化程度以及织物内部厚度方向上的增强程度,结合表 8.3 复合材料增强体分类体系,将采用不同织造工艺的织物进行分类,如图 8.1 所示。

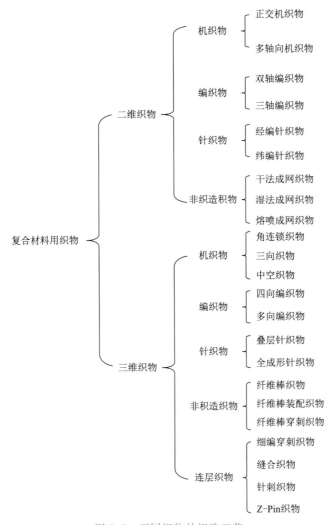

图 8.1　不同织物的织造工艺

2.纺织复合材料特点

(1)纤维增强复合材料

在纺织复合材料得到广泛应用之前,复合材料有短切纤维增强和连续纤维增强两种形式。短切纤维增强是由短切纤维(长度约为 30～60 mm)和基体混合后借助模具实现最终形状,而连续纤维增强是通过缠绕、拉挤、铺丝等方法成型。目前,这些方法依然是先进复合材料中成本较低、应用较为广泛的方法。近年来,随着先进的缠绕、拉挤以及自动铺丝等技术在飞机复合材料结构生产中的用量越来越广泛,连续纤维用于复合材料构件的生产中,显著提高了效率,保证了复合材料整体构件的质量稳定性。但是,不论短切纤维还是连续纤维,增强纤维之间没有缠结,如图 8.2 所示[4],仅靠基体材料将其黏结,因此该类复合材料的缺陷十分明显,例如:垂直于纤维方向(横向)强度和刚度较低、压缩性能和冲击性能较差、对机加工以及连接所产生的应力集中较为敏感、对大型构件的生产效率偏低等。

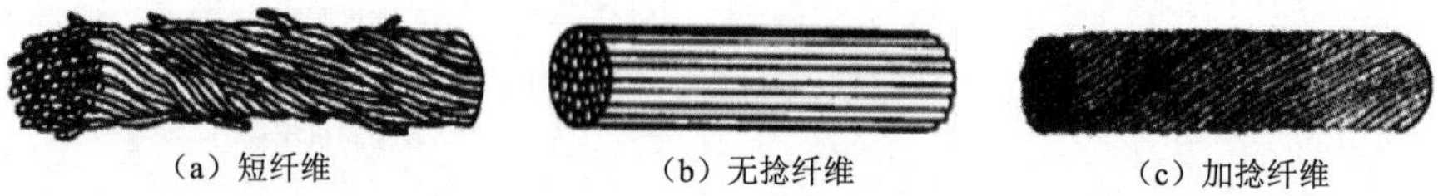

(a) 短纤维 　　　　(b) 无捻纤维 　　　　(c) 加捻纤维

图 8.2　几种纤维结构

(2)二维织物增强复合材料

二维织物优点表现在以下几个方面:

①二维织物在复合材料中的应用显著改善了复合材料的面内性能,纤维在面内按照一定的规律相互交织或缠结,从而提高了纤维之间的抱紧力[4]。

②二维织物可以采用纺织工艺(如机织、编织等工艺)进行生产,用于复合材料成型时,比起纤维铺放、缠绕更加高效。

③二维织物的纤维取向、数量比例可以设计,从而调节织物面内性能,比纤维铺放复合材料设计性更强。

④二维织物可以裁剪成各种形状和尺寸,便于后续的叠层和厚度方向增强以及拼接成三维织物。

⑤二维织物在载荷作用下容易变形成构件需要的外形。在受压时,纤维形态发生变化,纤维展宽,二维织物被压实。在弯曲载荷作用下,纤维可以发生弯折,从而贴紧芯模。在剪切载荷作用下,织物结构形式发生变化。这些特点使二维织物能够具有仿形性,适应于壳体结构、曲面结构复合材料的制备。

⑥二维织物具有可设计性。在平面内有两个方向纤维交织成的二维织物具有不同的织物组织结构,其力学性能各有差异;与此同时,纤维种类和织物参数的变化也会影响其性能,从而改变复合材料工艺和材料性能。

二维织物也有以下几个方面的缺点:

①二维织物用于复合材料成型的效率依然不高。二维织物需要经过裁剪、铺贴、固化,再经过机加工才能成为合乎要求的构件。对于大面积、厚度较厚的构件,采用二维织物进行铺贴成本可能会更高、周期会更长。例如:加工某些飞机构件时,需要铺贴的碳纤维/环氧树脂预浸料有 60 多层;在加工某些船的壳体时,铺层甚至超过 100 层。尽管可以采用机械化或半机械化的加工设备减轻人工操作,但是这些加工设备相当昂贵,且通用性较差。

对于形状复杂的部件,用二维织物进行制造的成本太高,难以通过模具一次成型,必须通过共固化、粘接、机械加工的方法,将简单部件组合在一起。例如用复合材料制造机翼,则需将铺层获得的部件(如筋、肋、蒙皮等)组合起来,由此产生过高的加工费用。

②二维织物增强复合材料通常采用铺层制造,是一种层板结构复合材料。由于层与层之间缺乏有效的纤维连接,在厚度方向上的力学性能只能依赖于基体材料和纤维与基体之间的界面性能,导致该方向上的力学性能较低。如图 8.3 所示,通常层板结构厚度方向上的

力学性能不到面内性能的 $10\%^{[4]}$。因此,这种层板结构的复合材料不宜用作厚度方向上有较高性能要求的场合。

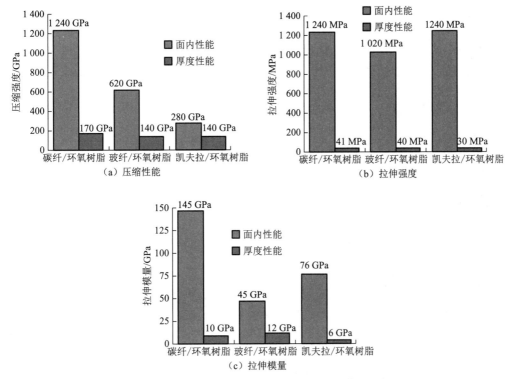

图 8.3 层板结构面内性能和厚度方向上性能的比较

③层板结构复合材料的抗冲击性能和损伤容限较低。受到冲击后,由于层间连接较弱,材料对损伤的敏感性显著增大,如图 8.4 所示[4]。例如:飞机检修时工具的不慎撞击、飞机飞行中鸟的撞击、冰雹或者石子的打击等,这些都将使材料的性能受到损伤。对于舰船的壳体材料,在航行或靠岸过程中,与漂浮物或是码头碰撞,都与可能造成材料的损伤,从而导致水密性能或者船体的整体性能降低。

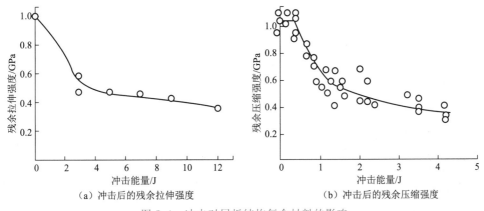

图 8.4 冲击对层板结构复合材料的影响

层板的冲击损伤降低复合材料的拉伸、压缩、弯曲和疲劳性能。考虑到这种意外伤害所导致的材料性能降低,往往在设计时会采用较高的安全系数,这样会增加加工成本、材料的体积和质量。而且,这种增加所带来的性能提高也非常有限。

以上二维织物增强复合材料在设计、制造以及性能上的局限性,促使研究者关注层合结构复合材料厚度方向上性能的改善、新的织物结构以及其织造工艺。20 世纪 60 年代,出现了多种形式的三维织物增强纺织复合材料,这些材料首先应用于航空航天领域,希望能够用作主承力件,从而替代传统的金属材料。随后,造船、建筑及汽车领域也对开发三维织物增强复合材料产生浓厚的兴趣[4]。

(3)三维织物增强复合材料

20 世纪后期,特别是进入 21 世纪以后,随着科学技术的发展,人类的活动空间不断拓展,国防军工以及民用领域对复合材料的性能又提出新的要求。如航天飞行器的运动速度越来越快对材料性能的要求愈发苛刻、服役环境愈加复杂;航空部件要求更加轻质,稳定服役时间更长;越来越多的设备、人工组织器官需要韧性以及抗疲劳性更好的复合材料等。同时,各领域的复合材料部件要求减少加工、净尺寸成型。为了满足这些要求,纤维增强复合材料的设计技术和制备工艺与装备得到进一步的发展。

随着复合材料设计制造理论和技术的发展,三维织物的出现弥补了二维织物的不足。三维织物作为复合材料的增强体,其优越性主要体现在:三维织物具有整体性,各个方向的性能都较好,消除了以往复合材料中"层"的概念;合理的设计和工艺保证了复合材料的强度和韧性[2]。

(1)结构的整体性。三维织物整体性强,提高了复合材料抗损伤、层间剪切和沿厚度方向的性能,降低了层合结构复合材料分层的风险[5]。具有显著的抵抗应力集中、冲击损伤和裂纹扩展的能力。例如:碳化硅纤维增强陶瓷基复合材料发动机叶片,沿厚度方向的强度是复合材料层板叶片的 10 倍[5]。

(2)结构的可设计性。对于三维织物,通过选择高性能纤维,设计织物结构、织物结构参数,选择合适的织造方法,使得纺织复合材料成为同时具有强度和韧性的结构复合材料。

(3)近净尺寸成型。三维织物通常是整体制备,这样制成的近净尺寸(或净尺寸)仿形复杂构件可以少加工或不加工。因此,三维织物具备"材料"和"构件"双重性能,对于复合材料是"材料",对于纤维是"构件"[13]。

8.2 织物的分类

8.2.1 根据原材料分类

根据原材料的种类,可以将织物分为单一纤维织物和混合纤维织物。对于单一纤维织物,根据纤维种类的不同,分为无机纤维织物和有机纤维织物。对于混合纤维织物,如果纤维是由两种或两种以上的纤维混合编织而成,则称为混杂织物。与单一纤维织物复合材料相比,混杂织物复合材料不仅扩大了复合材料构件设计的自由度,而且可以改善复合材料多个方面的性能,还可以降低成本。通过不同纤维组合、不同混杂工艺、不同纤维配比的优化,开发出的新型复合材料可以同时满足多种用途[6]。例如:在热透波复合材料中,天线罩(窗)需要满足热性能、透波性能和力学性能的要求,可以通过纤维的混杂对复合材料体系的综合性能进行优化,满足热、力、电应用需求。

8.2.2 根据性能以及用途分类

织物在复合材料中主要是起到承受载荷的作用,它不仅能使复合材料显示出较高的强度和刚度,而且能和基体一起使复合材料具备透波、防热、隔热等功能,所以工程应用中往往根据复合材料用途选择不同性能的织物。

结构复合材料采用比强度、比模量较高的高性能纤维织物,如紧固件用织物,结构支架用织物等。

透波复合材料采用介电性能优异的纤维制成织物,如罩体类用织物、透波窗口用织物等。

防热复合材料采用耐温性能优异的纤维织物,如碳纤维织物、碳化硅纤维织物等。

隔热复合材料采用热导率低的纤维制成织物,如玻璃纤维织物、超细玻璃棉织物、石棉织物、矿岩棉织物、玄武岩纤维织物等。

8.2.3 根据纤维空间排列方式分类

1. 三维机织结构

在三维机织物中,根据纤维在空间的排布和走向,形成角联锁结构和正交三向结构两种基本结构。

角联锁结构由经向纤维、纬向纤维交织而成,还可以通过衬经、衬纬和衬法向等方式实现某方向的结构增强。

正交三向结构是纤维沿着立方体单元 x、y、z 三个方向"积木式"叠加排布形成的织物结构,三个方向的纤维互为 $90°$。

2. 三维编织结构

三维编织结构是纤维沿着立方体单元四个对角线方向分布形成的织物结构,常用的三维四向结构是沿着立方体的体对角线分布。

3. 三维针织结构

三维针织结构分为三维叠层针织结构及三维全成型针织结构。三维叠层针织结构由两个独立的表面层和连接表面层的连接层构成,连接层可以是纤维或是织物。三维全成型针织结构通过调整织针数、织物组织结构以及针织线圈长度等手段改变织物的尺寸,以形成所需针织物结构。

4. 三维连层结构

三维连层结构指由 z 向纤维将 x-y 平面方向叠加的纤维层以贯穿或非贯穿的方式实现层间连接的织物结构。该结构可采用细编穿刺、缝合、针刺、Z-Pin 等成型方法制备。

8.2.4 根据织造工艺分类

织物作为复合材料中的增强体,通过不同的织造工艺可成型各类织物,由此根据成型工艺,可以将织物分为机织物、编织物、针织物、连层织物和非织造织物[14-18],其中,根据几何特征可将织物进一步分为二维结构织物和三维结构织物。

1. 机织物

(1)二维机织物

二维机织物包括二维正交机织物和二维多轴机织物。

二维正交机织物是机织物中最基本的一类。由经向(0°)和纬向(90°)两组纤维交织而成,构成织物的表面。根据不同的用途,衍生出许多不同的结构,其中一些织物结构组织如图 8.5 所示[14]。

| (a) 平纹组织 | (b) 斜纹组织 | (c) 缎纹组织 |

图 8.5 二维正交机织物的基本组织

在平纹织物中,经向纤维依次交替的从上到下穿过纬向纤维。平纹织物具有高度的结构对称性,在各个方向都具有很好的稳定性。但是,平纹织物在成型时褶皱较为严重,难以形成想要的形状。在斜纹织物中,一条或者多条经向纤维以相同的情形交替穿过两条或者多条纬向纤维。斜纹织物更加平整光滑且褶皱较少,斜纹织物具有较好的悬垂性能。缎纹织物质地柔软,布面平滑,纤维交织点少,伸直度高,浮线长,有助于纤维力学性能的发挥。

二维多轴机织物包括二维三轴机织物和二维四轴机织物。后者应用较少,主要介绍前者。

简单地说,二维三轴机织物是由三组纤维构成,即正、负偏置经向纤维和纬向纤维。它们以约 60°的角度交错在一起,织物结构如图 8.6 所示[14]。这种交织与传统织物的交织相似:一组纤维在另一组纤维下穿过,这一过程在织物的宽度和长度上重复进行。织物之间通常有很大的空隙。

(2)三维机织物

图 8.7(a)是三维机织物的实物图,此织物的纤维主要分布在笛卡尔坐标系的三个坐标轴上,如图 8.7(b)所示。三维机织物需要通过专门的三维机织设备进行织造,图 8.7(c)是其中一种。通过设备参数的变化,可以形成不同的三维机织结构。这些三维机织物的性能也有差异,这将在后续章节介绍。

（a）紧编织物

（b）松编织物

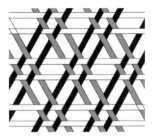
（c）三轴机织物的衍生结构

图 8.6 二维多轴机织物

（a）三维机织物

（b）三维机结构单元

（c）三维机织设备

图 8.7 三维机织物

根据纤维在空间的排布和走向，三维机织物可分为角联锁织物结构和正交三向织物结构。

角联锁织物由经向和纬向纤维系统组成。图 8.8 所示的是其中两种类型的角联锁织物，可以看出，角联锁织物是有层间连接的，有些织物厚度方向的纤维贯穿整个厚度方向[14]。角联锁织物由三维织机织造，其原理如图 8.9 所示。

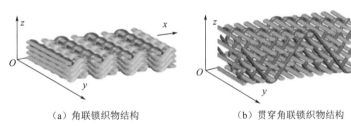
（a）角联锁织物结构 （b）贯穿角联锁织物结构

图 8.8 角联锁织物

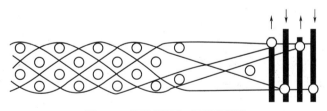

图 8.9 角联锁织物成型原理图

正交三向织物（图 8.10）是纤维织物在平面 x、y 方向和空间 z 方向上垂直相交形成的。故正交三向织物对应三组纤维：经向纤维、纬向纤维和 z 向纤维，这些纤维交织在一起形成各向力学性能合理匹配的织物。纬向纤维嵌入在经向纤维层中间，z 向纤维的作用是将其他方向纤维组合在一起，从而保证结构的完整性[14]。正交三向织物成型原理如图 8.11 所示。

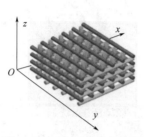

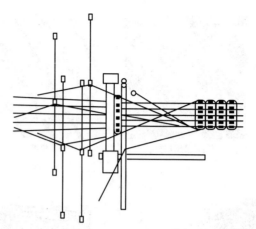

图 8.10 正交三向织物结构　　　　图 8.11 正交三向织物成型原理图

2. 编织物

传统二维编织物是工业纺织品中应用最广泛的材料,尤其是在复合材料行业中。它由 $+\theta$ 和 $-\theta$ 方向两个纤维系统相互交织形成,二维编织物结构如图 8.12 所示[15]。

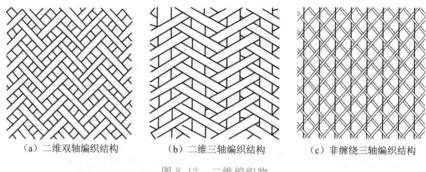

（a）二维双轴编织结构　　　　（b）二维三轴编织结构　　　　（c）非缠绕三轴编织结构

图 8.12 二维编织物

三维编织物如图 8.13(a)所示,织物中纤维都是斜向的,纤维主要按照图 8.13(b)立方体的四个体对角线方向分布。织物需要通过专用编织设备进行编织,如图 8.13(c)所示,通过设备参数的变化,可以形成不同的三维编织结构,其性能也有差异。

（a）三维编织物　　　　（b）三维编织结构单元　　　　（c）三维编织设备

图 8.13 三维编织物

3. 针织物

二维针织物结构是将一个纤维系统穿插成连续的垂直纹路和水平(纬圈)的环状结构,如图 8.14 所示[19,20]。针织物按照生产方式主要分为纬编和经编两大类。

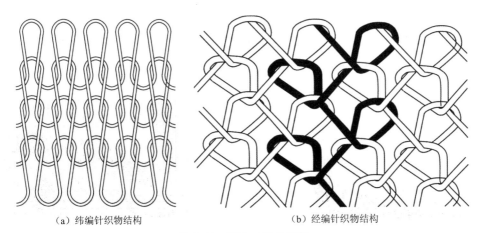

（a）纬编针织物结构　　　　　　　　（b）经编针织物结构

图 8.14　两种二维针织物

针织复合材料力学性能较差，从而需要对结构进行调整，在织物长度或宽度方向上加上嵌段纤维，以开发出适合复合材料应用的织物，如图 8.15 所示[19,21]。单轴针织物复合材料的拉伸强度可在嵌入方向上大幅度提高。

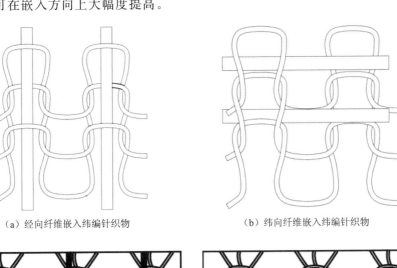

（a）经向纤维嵌入纬编针织物　　　　　　（b）纬向纤维嵌入纬编针织物

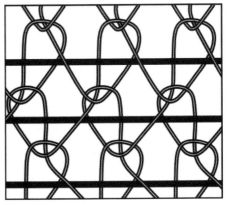

（c）经向纤维嵌入经编针织物　　　　　　（d）纬向纤维嵌入经编针织物

图 8.15　二维单轴针织物

在三维针织物中,纤维主要以套圈形式分布在平面两个方向上,两层之间再通过纤维连接,如图 8.16(a)所示。三维针织物中,纤维主要按照图 8.16(b)中三个方向分布,三维针织物可以通过三维针织工艺设备成型,如图 8.16(c)所示[11]。

 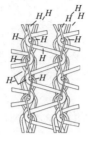 

（a）三维针织物　　　（b）三维针织结构　　　（c）三维针织设备

图 8.16　三维针织物

通过经向针织和纬向针织,可以得到三维针织物。为了增加 0°和 90°方向上的强度可以把纤维放置在针织环里,形成含有纬向纤维和经向纤维的纬编针织物,如图 8.17(a)所示。为了提高整体化水平,可以在厚度方向上增加纤维,如图 8.17(b)所示,这种三维针织物是在厚度方向上把经向(0°)纬向(90°)和斜向($\pm\theta$)的纤维连接在一起[2]。这种工艺可以提高自动化水平,降低成本。

 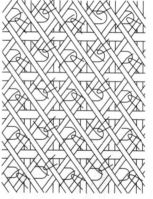

（a）具有衬经和衬纬的纬编针织结构　　　（b）多轴向经向针织结构

图 8.17　多轴向针织物

4. 非织造织物

非织造织物包括二维和三维织物两种。二维非织造织物是用机械、物理和化学的方法使纤维黏结或结合而成的织物。根据其制造原理和方法不同,大致可分为树脂黏着非织造织物、针刺非织造织物、纺黏非织造织物和缝织非织造织物,如图 8.8 所示,分别是采用机械针刺,水刺和缝织工艺得到的二维非织造织物[14]。

以二维非织造织物为原材料,采用非织造技术中的针刺技术,将其进行叠层针刺后获得三维针刺织物,是三维连层织物的一种成型方法。而三维非织造织物通常是以纤维棒和纤维为原材料,采用插棒、缠绕或纤维棒直接成型等方法成型。

（a）针刺无纺布

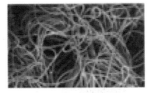
（b）水刺无纺布

（c）缝合非织造织物

图 8.18 非织造织物

纤维棒法是三维非织造工艺的总称，其利用纤维制成的棒（纤维棒）有一定刚度的特点，将纤维棒排列成一定的框架结构，再利用其他纤维、纤维棒或是二维织物组合成织物。纤维棒法包括纤维棒绕纱、纤维棒装配和纤维棒穿刺等[22]。

按照纤维棒骨架结构中纤维棒方向不同，可将三维非织造物分为轴棒结构[图 8.19（a）]和径棒结构[图 8.19（b）]。轴棒结构分别沿不同方向形成纤维棒矩阵，按照纤维棒矩阵间距不同可以构成矩形矩阵、多边形矩阵等。径棒结构是在回转体结构中，纤维棒沿径向方向依次排布，纤维沿周向或母线方向上进行铺设形成立体织物[17]。

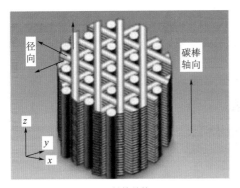
（a）轴棒结构

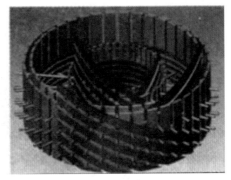
（b）径棒结构

图 8.19 纤维棒法

在纤维棒构成织物骨架的基础上，根据配合成型材料不同，立体织物也具有不同的结构[18]，如平面多取向结构等。

5. 三维连层织物

为解决二维织物叠层增强复合材料的层间性能弱问题，在纤维层间增加厚度方向的纤维是解决层间力学问题的一个有效途径。常见连层方法有缝合、针刺、Z-Pin、穿刺，四种工艺各有优缺点，各工艺性能特点见表 8.4，实际应用中可根据需要进行选择[23-28]。

表 8.4 四种连层工艺性能的对比

连层方法	连层纤维	连层深度	局限	效果
缝合	纤维	贯穿或非贯穿	厚度	性能好，自动化
针刺	纤维	贯穿或非贯穿	纤维含量	性能一般，成本低
Z-Pin	纤维棒	贯穿	厚度	性能好，自动化
穿刺	纤维	贯穿	面积	性能优，成本高

缝合工艺是将二维织物叠层到设计厚度,然后用 z 向纤维将叠层织物缝合形成立体织物[24],如图 8.20(a)所示。缝合工艺不仅适用于平板织物,如图 8.20(b)所示,还可以是异形构件。大尺寸异形构件的缝合已经能够通过自动化设备完成,如图 8.20(c)所示。

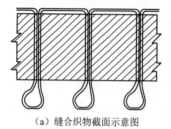  

(a) 缝合织物截面示意图　　　　(b) 平板织物缝合　　　　(c) 异形构件缝合

图 8.20　缝合织物工艺和设备

针刺工艺是将含有非织造纤维网的布层重复叠加和针刺,通过刺针棱角上的倒钩将布层中的部分纤维携带到 z 向,形成层间含有垂直纤维的针刺织物,如图 8.21(a)所示[25]。针刺工艺不仅适用于平板织物,也可以制作异形构件。布层经过针刺,面内纤维损伤较大;只有部分纤维形成非贯穿层间连接,针刺织物纤维体积分数占比较低,但因该结构有助于复合,且复合后内部结构均匀,常用作发动机部件增强体,如图 8.21(b)所示[26]。同时,针刺工艺和设备相对比较成熟,机械化程度较高,如图 8.21(c)所示[27]。

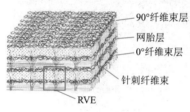  

(a) 针刺织物截面示意图　　　　(b) 回转体针刺织物　　　　(c) 回转体针刺设备

图 8.21　针刺织物工艺和设备

Z-Pin 工艺是 20 世纪 90 年代兴起的一种对层合结构复合材料的增强工艺,图 8.22(a)是在未固化的复合材料的厚度方向插入复合材料纤维棒,棒长一般在 0.2～1.0 mm,形成布层的 z 向纤维,纤维棒一般通过超声辅助设备植入,如图 8.22(b)所示。Z-Pin 工艺适用于平板织物,也可以制作异形构件,如图 8.22(c)、(d)所示[28,29]。

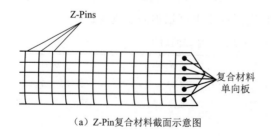 

(a) Z-Pin 复合材料截面示意图　　　　(b) Z-Pin 辅助设备

图 8.22

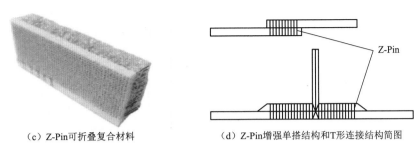

（c）Z-Pin可折叠复合材料 　　　　　（d）Z-Pin增强单搭结构和T形连接结构简图

图 8.22　Z-pin 工艺和设备

穿刺工艺是将布层逐层刺入钢针矩阵，达到需要的高度后将钢针换成纤维，形成三维织物，其工艺流程如图 8.23（a）所示。穿刺工艺适用于块状织物［图 8.23（b）］，纤维体积分数占比较高[30]。

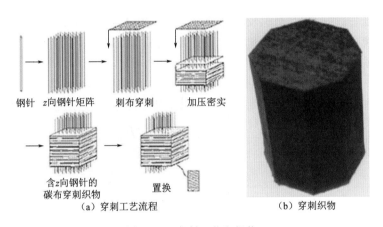

（a）穿刺工艺流程 　　　　　（b）穿刺织物

图 8.23　穿刺工艺和织物

8.3　织物先进设计、织造技术

CAD/CAE/CAM 技术是 20 世纪 50 年代发展起来的综合性计算机应用技术，最初是面向机械加工。这一技术是借助应用软件进行草图设计、造型设计、有限元分析（FEA）、数控加工编程（NCP）、仿真模拟及产品数据管理（PDM）的集成技术[31]，其特点是：（1）将人的创造力和计算机强大的运算能力、存储能力结合起来；（2）利用现代计算机技术和网络技术，把产品的设计、制造、使用等环节通过数据库集成在一起，彻底改变了传统的设计、制造模式[32]。

三维织物织造是一种新型织造技术，CAD/CAE/CAM 技术在三维织物中的运用涵盖非常广泛，在三维织物织造过程中，理想的 CAD/CAE/CAM 一体化模式如图 8.24 所示。NASA 的先进复合材料技术 ACT 计划采用三维建模软件设计出应用于航空、航天器复合材料部件的预制体；结合三维成像技术、有限元等技术，研究提高复合材料强度和损伤容限的方案;基于复合材料设计、试验数据,NASA 建立了"纺织复合材料的标准测试测试方法"以及"纺织复合材料力学性能数据库"。以下仅就 CAD、CAE、CAM 各自的应用做简要介绍[33]。

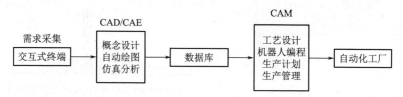

图 8.24 理想化的 CAD/CAE/CAM 一体化模式

8.3.1 CAD 在三维织物中的应用

CAD 是以计算机为辅助工具,在 CAD 软件平台上完成相关构思、论证、设计工作。一般认为,CAD 系统应至少包括以下内容:草图设计、零件设计和产品数据交换[34,35]。

织物的层连、纤维的相互交织较为复杂。通过三维建模软件,如 Auto CAD、CATIA 等可对织物的外观、内部结构以及连接进行设计,结合有限元方法,对织物的力学性能进行分析,如图 8.25 所示是对三维编织复合材料力学性能的分析[36]。

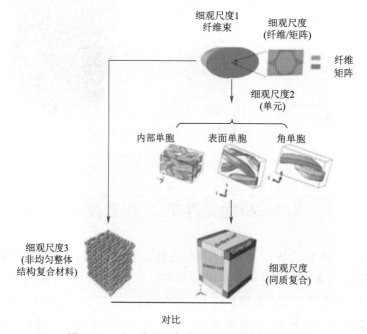

图 8.25 对三维编织复合材料力学性能的分析

由于计算机视觉理论的逐渐成熟,从图像中获取物体表面的三维信息的算法已经达到了实际应用的阶段。采集织物的三维数据,通过一系列算法,如光度立体技术、体视觉技术、Shape From X 技术[37]等,可以提取织物的三维信息。图 8.26 是运用光度立体技术获取的织物三维信息。这些技术实施简单,核心设备只需要几台数码相机即可。目前这些技术越来越多的应用于织物结构的设计与分析中[37]。

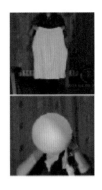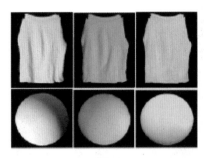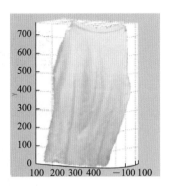

图 8.26　真实环境实验结果

利用 CAD 技术,将织物的结构信息转化为数据信息,从而为 CAM 提供输入。这种方法不仅可以简化设计过程、提高织造效率;还可以对织物结构进行优化,更加贴合实际需要[38,39]。

8.3.2　CAE 在三维织物中的应用

在织物中运用的 CAE 是建立数字模型,并模拟织物或是复合材料的工况,以及进行工程校验、有限元分析和计算机仿真的过程。先进复合材料技术发展趋势之一是利用虚拟的设计—制造—验证一体化环境,将真实织物与复合材料全生命周期的多个环节打通,从而最大限度地缩短产品研制所需要的周期,降低成本,使产品在市场竞争中处于优势地位[40]。

在航空领域,层合结构占有相当大的比例。以往的方法通常是先估计出芯模的形状,然后在芯模上铺贴,这样制造出的预制体精度不高,而且生产周期长。采用 CAD/CAE 技术,可以快速确定复合材料铺层轮廓,提高铺层质量[41]。为了实现二维复合材料铺层在三维自由曲面上的快速铺设,开发了一个小型的铺设系统,该系统的功能结构如图 8.27 所示,主要包括以下几个方面:建立 CAD 几何模型、生成三角形近似曲面并导入几何模型、确定基线、设定网格尺寸、网格铺设、平面映射。

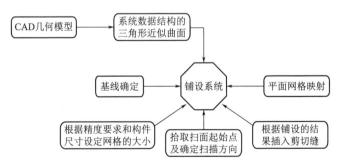

图 8.27　曲面铺设仿真技术 CAD/CAE 系统组成

利用 CAE 技术,可以对织物的生产过程进行分析。例如,织物纤维体积分数是织物的一个重要参数。南京玻纤院建立立体织物系列结构模型,通过织物的结构参数与织物的纤维体积分数之间对应关系进行计算,软件的界面如图 8.28 所示。

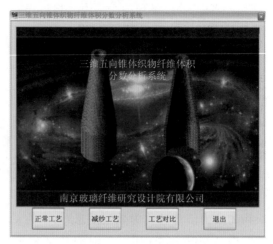

图 8.28　织物纤维体积分数分析系统的软件界面

8.3.3　CAM 在三维织物中的应用

CAM 有狭义和广义两种定义。狭义 CAM 是指在计算机的辅助下完成数控程序的编制。广义 CAM 是指在计算机的辅助下完成整个生产过程的活动,包括工艺过程设计、生产控制、质量控制等。

传统三维织物工艺成型效率低、数字化精确成型难、自动化程度低、需要大量的人工干预。借助 CAD/CAE 的数据驱动,利用 CAM 技术能实现织物制造的数字化、高柔性、高自动化程度。美国、德国、法国、俄罗斯等国在机织、编织、针织、缝合等工艺都有深入的研究,某些成果已经应用于飞机或航天器零部件的制造中。

复杂形面、高厚度、变截面是航空航天构件用预制体的特点,国内科研机构提出了柔性导向三维织造成型技术(3D-composites flexible,3D-CFW),通过建立 CAD 模型,根据 CAD 轮廓信息形成数字化导向模板以及编织路径设计,从而驱动数控设备进行织造[42]。设计出多眼综框,将织物的结构参数输入织机,形成三维织物,整个织造过程由计算机控制[43]。3D 打印技术也被引入到立体织物研究中[44],这表明 CAM 已经是三维织物研制的重要手段之一。

8.4　织物的发展历程、应用现状及发展趋势

8.4.1　织物的发展历程

纺织与人类的生产和生活有着极其密切的关系,早在原始社会,我国已经有编织技术,用以制作渔网、衣物。明清时期的纺织技术已相当成熟,包括大量精美的纺织品、织物增强的漆器以及编织铜丝增强陶瓷的景泰蓝[1]。19 世纪工业革命后,纺织产业有了很大的发展。随着天然纤维、合成纤维的应用,以及更为先进的纺织机械的出现,到了 20 世纪中叶,

纺织产业出现了跨越式发展[45]。

在 20 世纪 20 年代,波音公司就使用纺织复合材料制造飞机机翼;20 世纪 60 年代起,为了满足航天部件和结构抵抗多向应力以及热应力的需求,将纺织工艺制造预制体用于复合材料的增强,并应用于机翼的前缘、火箭的发动机喷管喉衬、导弹端头帽和军用飞机等。这些应用都对后来纺织复合材料工艺、设备的发展及应用起到了推动作用。美国 NASA 自 1985 年起,每年耗资约 2 亿美元,开展了先进复合材料技术(ACT)计划,前后历时 12 年,其间有多家公司和科研院校参加。由于复合材料的应用,机翼等机身结构实现了明显的减重,ACT 计划致力于拓展复合材料的应用范围。到 1997 年,ACT 计划的成果已经总结出各类文献资料 300 余篇[2]。

三维编织是最早应用于生产复合材料三维预制体的工艺,被用于制造火箭发动机,可以在满足使用要求的前提下明显减轻质量。三维机织工艺首次应用是在 20 世纪 70 年代,由 Avco 公司生产的三维机织物增强碳/碳复合材料用作飞机制动闸。与传统金属材料制动闸相比,这种制动闸不仅力学性能好,而且更耐高温[46]。

在三维连层织物中,缝合织物最早用于复合材料中是 20 世纪 80 年代[3]。从 20 世纪 80 年代中期开始,大多数研究集中在缝合对平板复合材料的平面和层间性能的影响方面。经过多年的研究,目前,在某些结构部件中,缝合复合材料的力学性能已经优于三维机织或是三维编织复合材料。

20 世纪后期,特别是进入 21 世纪以后,随着科学技术的发展,人类的活动空间不断拓展,国防军工以及民用领域又提出新的需求,对生命健康越来越重视。具体到材料领域,特别是复合材料领域,飞行器的服役环境更加复杂、运动速度越来越高;航空部件要求更加轻质,更长时间的稳定服役。这些都推动了复合材料用织物的发展,包括新颖的结构、机械化水平更高的设备、更先进的织造工艺等。

8.4.2　织物的应用现状

三维织物优先应用于航空航天领域,作为宇航员的宇航服、航天飞机部件和飞机坐垫;作为民用和军用飞机的关键结构,如机身、机翼和机身外壳。其他的应用包括顶部和侧尾单元、机身镶板、侧舵的前缘和发动机镶板等[47]。

1. 航空复合材料

在航空领域,自最早的涡轮发动机于 20 世纪 50 年代末出现后,涡轮发动机取得巨大的成就,叶片是涡轮发动机最重要的部件之一,约占发动机总质量的 30%~35%。以碳纤维织物增强复合材料为代表的先进复合材料具有轻质高强、耐腐蚀、耐疲劳、可以整体成型等优势。因此,采用纤维织物增强的复合材料是实现航空发动机高效率和减重较有前景的途径之一[48-51]。目前国内外在航空发动机复合材料叶片中已经取得了巨大成功,并应用于航空发动机。

层合结构的叶片的缺陷在于层间没有连接,造成抗冲击性能不理想[50]。三维织物提高了沿厚度方向的力学性能,从根本上克服了分层现象,并能够直接成型多种复杂形状。2011

年,法国 SnecmaCoupet 公司等[49,50]通过调节纤维细度、改变三维织物结构的设计(图 8.29)等方法,实现了陶瓷基复合材料叶片厚度的连续变化。

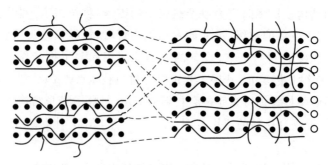

图 8.29　三维机织叶片预制体减纬向纤维示意图

2. 航天复合材料

为了提高陶瓷材料的韧性与可靠性,从 20 世纪 80 年代开始,纤维增强增韧陶瓷基复合材料成为研究热点,受到世界各国的高度重视。美国 Philco-Ford 公司和 General Electric 公司研制了多向石英纤维增强二氧化硅复合材料,这种介电防热材料已用于美国多种型号的导弹。国内也采用穿刺、编织等工艺制造陶瓷基复合材料的增强体[51]。

8.4.3　织物的发展趋势

纺织复合材料用织物在高新技术领域中起着重要作用,在航空航天、国防军工领域,可用来制造飞行器的头锥、发动机热端部件、刹车片等;在防护领域可用作装甲;在交通运输领域可以用来制造汽车、列车的零部件;在能源领域可以用来制造油井的杆、支架以及风力发电机的梁、框、轴等。

总的来看,复合材料增强体的发展经历了从无序到有序,从一维到三维的过程:从最初的短纤维增强体与基体混合到预浸料的铺放,再到机织、编织、针织预制体,增强体的可设计性越来越好、整体性得到提升。但是织物的发展仍然面临高成本、低效率等诸多挑战[42,43]。

综合国内外的研究与产业现状,可以看出织物的织造技术整体上朝着大型化、自动化、智能化的方向发展。

1. 织物结构向集成化、整体化发展

随着大型飞机、大型运载火箭、高速飞行器制造技术的发展,对复合材料提出了大型化、整体化的要求,其中的增强体为适应复合材料发展,大丝束纤维缠绕和铺层更能够提高航空航天构件的制备效率。整体化成型异形构件可以减少零部件的加工以及连接的数量[52]。

2. 设备功能向自动化、数字化、智能化发展

为了满足复合材料构件的高质量要求,欧美已经开发出来三维机织、编织、缝合的自动化织造工艺及其配套设备。CAD/CAE/CAM 技术会联系更加紧密,织造设备的自动化、数字化、智能化是未来的发展趋势。另外,纤维的增材制造技术也会成为未来发展的一个重要方面[53]。

3. 工艺设计向低成本化、柔性化发展

美国等发达国家提出复合材料高性能、低成本计划，不断完善织物织造技术。为了解决复合材料层间性能、抗冲击以及损伤容限的等方面的问题，还会致力于开发其他的形状以及结构。同时未来的织物织造设备可以同时满足多种结构、多种外形织物的织造。

4. 织物性能向结构功能一体化、定制化发展

随着部件工作环境的变化，单一材料和均质材料已经逐渐无法满足要求，例如：高超声速飞行器防热—承载—透波一体化、舰船隐身—承载—抗爆一体化等功能需求。复合材料因其轻质高强、可设计性好的特点越来越受到重视，因此织物也会朝着结构—功能一体化以及性能的可定制化的方向发展。

参考文献

[1] 陶肖明,冼杏娟,高冠勋.纺织结构复合材料[M].北京:科学出版社,2001.

[2] 道德锟,吴以心,李兴国.立体织物与复合材料[M].北京:中国纺织大学出版社,1998.

[3] MOURITZ A,BANNISTER M,FALZON P,et al. Review of applications for advanced three-dimensional fibre textile composites[J]. Composites Part A Applied Science & Manufacturing,1999,30(12):1445-1461.

[4] 益小苏,杜善义,张立同.复合材料手册[M].北京:化学工业出版社,2009.

[5] 吴德隆,沈怀荣.纺织结构复合材料的力学性能[M].长沙:国防科技大学出版社,1998.

[6] 高建军,靳武刚.透波性混杂纤维复合材料性能研究[J].电子工艺技术,2000(6):268-270.

[7] LONG A C. Design and manufacture of textile composites[M]. Covina:Elsevier,2005.

[8] CHOU T,KO F. Textile structural composites[M]. Covina:Elsevier,1989.

[9] UNAL P. 3D woven fabrics[M]. London:Intech Open Access Publisher,2012.

[10] 吴人洁.复合材料[M].天津:天津大学出版社,2000.

[11] 赵渠森.先进复合材料手册[M].北京:机械工业出版社,2003.

[12] 黄故.现代纺织复合材料[M].北京:中国纺织出版社,2000.

[13] 王永军,何俊杰,元振毅,等.航空先进复合材料铺放及缝合设备的发展及应用[J].航空制造技术,2015(14):40-43.

[14] 祖群,赵谦.高性能玻璃纤维[M].北京:国防工业出版社,2017.

[15] BILISIKK,KARADUMAN N,BILISIK N. Fiber architectures for composite applications[M]//Fibrous and textile materials for composite applications. Singapore,Springer:2016:75-134.

[16] BILISIK K. Two-dimensional(2D)fabrics and three-dimensional(3D)preforms for ballistic and stabbing protection:A review[J]. Textile Research Journal,2017,87(18):2275-2304.

[17] SUGUN B,RAMASWAMY S,SANDEEP D,et al. An overview on development of three dimensional reinforcements for use in composites at CSIR-NAL[J]//Incoom 13 Organised by ISAMPE Thiruvananthapuram Chapter,2014.

[18] 肖春,曹梅,周绍建,等.径棒法编织C/C复合材料热膨胀性能[J].固体火箭技术,2012,35(5):675-678.

[19] 冯阳阳,崔红,李瑞珍,等.不同T300级碳纤维轴棒法C/C复合材料的导热性能[J].宇航材料工艺,2011,41(2):113-119.

[20]　HAMOUDA T. Complex three-dimensional-shaped knitting preforms for composite application[J]. Journal of Industrial Textiles,2015,46(7):1536-1551.

[21]　COLE C,STARBUCK M,SHARROCKS P,et al. Knitted fabric:US6588237B2[P]. 2003-7-15.

[22]　ISHMAEL N,FEMANDO A,ANDREW S,et al. Textile technologies for the manufacture of three-dimensional textile preforms[J]. Research Journal of Textile and Apparel,2017,21(4):342-362.

[23]　孙乐,王成,李晓飞,等. C/C复合材料预制体的研究进展[J]. 航空材料学报,2018(2):86-95.

[24]　BILISIK K,KARADUMAN N,BILISIK N. 3D fabrics for technical textile applications[J]. Non-woven Fabrics. Intech,2016:81-141.

[25]　陈静,王海雷. 复合材料缝合技术的研究及应用进展[J]. 新材料产业,2018(6):38-41.

[26]　FRANK K. 3-D textile reinforcements in composite materials[M]. Sawston:Woodhead Publishing,1999.

[27]　左劲旅,张红波,熊翔,等. 喉衬用炭/炭复合材料研究进展[J]. 炭素,2003(2):7-17.

[28]　汤中华,邹志强. 用CVI增密技术制备航空刹车用C/C复合材料[J]. 中南工业大学学报,2002,33(4):380-384.

[29]　MOURITZ A. Review of Z-Pinned composite laminates[J]. Composites Part A,2007,38(12):2383-2397.

[30]　张新哲,曹可乐,周洪. 无人机复合材料壁板Z-Pin工艺技术研究[J]. 航空精密制造技术,2016,52(6):31-34.

[31]　朱建勋. 细编穿刺织物的结构特点及性能[J]. 宇航材料工艺,1998(1):41-43.

[32]　邵冠军. 自动铺丝束CAD/CAE/CAM技术研究[D]. 南京:南京航空航天大学,2006.

[33]　毛景立,张西涛,范秉宇,等. 面向大型飞机的先进制造技术特点及发展趋势[J]. 中国民航大学学报,2008(5):10-15.

[34]　杨岳. CAD/CAE/CAM原理与实践[M],北京,中国铁道出版社,2002.

[35]　黄永友. 创新引导媒体发展——《CAD/CAM与制造业信息化》杂志总编黄永友在杂志创刊十周庆典活动上的讲话[J]. CAD/CAM与制造业信息化,2005(1):5-10.

[36]　WAN Y,WANG Y,GU B. Finite element prediction of the impact compressive properties of three-dimensional braided composites using multi-scale model[J]. Composite Structures,2015,128:381-394.

[37]　倾明. 基于颜色和纹理特征图像检索技术的研究[J]. 科学技术与工程,2009,9(5):1301-1304.

[38]　马维,邓中民. 机织物外观的计算机三维模拟[J]. 纺织科技进展,2012(2):47-48.

[39]　邓中民,张勇. 纬编与经编织物线圈建模与仿真分析[J]. 成都纺织高等专科学校学报,2017(2):40-44.

[40]　益小苏,李宏运,连建民,等. 先进复合材料的CAE虚拟技术[J]. 航空制造技术,2008(14):34-39.

[41]　符文贞,吴建军,赵玉静. 复合材料铺层曲面铺设仿真技术[J]. 玻璃钢/复合材料,2010(5):24-28.

[42]　单忠德,刘丰. 复合材料预制体数字化三维织造成形[M]. 北京:机械工业出版社,2019.

[43]　胡培利,单忠德,刘云志,等. 复合材料构件预制体压实致密工艺研究[J]. 机械工程学报,2019(9):191-197.

[44]　谷攀攀,马丹丹,汪东琰,等. 三维立体打印织物的制备及其拉伸性能[J]. 材料导报,2016,30(2):99-102.

[45]　魏涛. 纺织织物力学性能描述与悬垂特性分析[D]. 杭州:浙江大学,2003.

[46]　严柳芳. 双轴向经编增强织物缝合工艺对复合材料力学性能影响的研究[D]. 上海:东华大学,2007.

［47］ 关留祥,李嘉禄,焦亚男,等.航空发动机复合材料叶片用 3D 机织预制体研究进展［J］.复合材料学报,2018,35(4):748-759.

［48］ 董昭,张建.涡扇发动机复合材料风扇叶片研究进展［J］.民用飞机设计与研究,2013,26(S2):72.

［49］ 陈巍.先进航空发动机树脂基复合材料技术现状与发展趋势［J］.航空制造技术,2016,500(5):68-72.

［50］ 陈利,陈冬,容治军,等.涡轮发动机复合材料叶片用增强织物研究进展［J］.天津工业大学学报,2018,37(6):30-35.

［51］ 宋阳曦.二维石英纤维织物增强宽频透波陶瓷基复合材料的制备及性能研究［D］.长沙:国防科学技术大学,2010.

［52］ 李政宁,陈革,FRANK K.三维编织工艺及机械的研究现状与趋势［J］.玻璃钢/复合材料,2018(5):109-115.

［53］ 权震震.纺织结构多向预制件及其复合材料的增材制造:结构设计、制备以及表征［D］.上海:东华大学,2017.

第9章 二维机织物

9.1 机织原理

机织物,简单而言指依赖于机器织造而成的二维织物,其中和布边平行的方向称为经向纤维,与经向纤维成垂直角度的方向称为纬向纤维。经纬向纤维屈曲交织形成机织物的稳定结构[1]。纤维构成为一维系统,由纤维构成的机织物为二维平面系统。从空间分层的角度,机织物的形成是"由线到面"的过程,是"从一维到二维"的过程。在结构上,机织物与针织物和非织造织物明显不同,其结构特征是经纬向纤维呈一定角度交织[2]。

9.1.1 组织结构

织物内经向纤维和纬向纤维相互交错和彼此浮沉交织的规律称为织物组织。当织物组织变化时,织物的外观及性能也会随之发生变化。经向纤维和纬向纤维的交叉处称为组织点,经纬向纤维交织后,若经向纤维浮在上方称之为经组织点,若纬向纤维浮在上方称之为纬组织点。组织循环则是指经纬组织点呈现出一定规律[3]。

1.原组织

二维机织物中最简单的织物组织是原组织,包括平纹组织、斜纹组织和缎纹组织三种。平纹组织是所有织物组织中交织次数最多的组织,其经向纤维和纬向纤维每隔一根即交织一次。从图9.1中也可以看出,平纹组织的断裂强度最大[3]。平纹机织复合材料因其面内均衡性好,常被用于提高冲击性能、制造复杂曲面结构等[4]。

斜纹组织的特点是连续的经组织点或纬组织点构成的浮长线倾斜排列,在织物表面呈现出明显的斜纹线,具有较好的光泽[3],如图9.2所示。斜纹织物具有紧密、厚实而硬挺的特性。斜纹织物的变形能力和力学性能介于平纹织物、缎纹织物之间,因此常利用这一特性对织物进行调整。国内高校用玻璃纤维增强尼龙66二维斜纹编织复合材料作为车体内饰材料,使得材料具备高强度、质量轻、比模量高、抗疲劳性能好及减振性能优越等诸多优点,在汽车上得到广泛应用[5]。

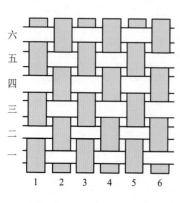

图 9.1 平纹组织示意图

缎纹组织是原组织中最为复杂的一种组织,缎纹组织的特点是经纬组织点均匀分布,并且由组织点构成的浮长线一般较长[6],如图9.3所示,因此织物表面平整光滑、富有光泽、质地柔软。缎纹布延展性好、柔性优良、经纬密相对较小,可作为需要具备一定形变能力的预制体的原材料。一般多用于缝合工艺[7]。

图 9.2　斜纹组织示意图

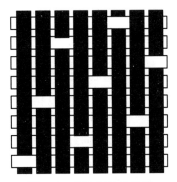

图 9.3　缎纹组织示意图

2.其他组织

按照组织循环、飞数等变化规律划分,三种原组织都有其对应的变化组织,分别为平纹变化组织、斜纹变化组织和缎纹变化组织[6]。变化组织依旧保持了原组织的一些基本特征。

平纹变化组织是在平纹的基础上,通过沿经(或纬)向延长组织点或在经、纬两个方向同时延长组织点的方法变化而来。平纹变化组织按照延长组织点的方式可分为重平和方平。在重平组织的基础上,延长组织点可形成经重平和纬重平组织。方平组织是以平纹为基础[6],在经、纬两个方向延长组织点而成。斜纹变化组织可分为加强斜纹、复合斜纹、角度斜纹等多种组织形式;缎纹变化组织主要采用增加经(或纬)组织点、变化组织点飞数的方法构成,主要有加强缎纹、变则缎纹、重缎纹及阴影缎纹等组织形式。

联合组织由两种及以上的原组织变化而成,表面形成小花纹效应。条格组织、绉组织、蜂巢组织和透孔组织等均属于联合组织。

复杂组织由多种经纬向纤维组成,以形成织物特殊的外观和性能。常见的复杂组织包括起绒组织、平绒组织、毛巾组织、纱罗组织、纹织物等。

起绒组织是指将经向纤维或纬向纤维割断后表面起绒的组织结构。起绒组织可以分为经起绒和纬起绒两种。大多数天鹅绒、长毛绒为经起绒,灯芯绒、烤花大衣呢为纬起绒。灯芯绒主要采用纬起绒组织,其中绒纬与经向纤维交织构成有规律排列的浮纬,割断后形成一条一条的绒毛,故又称条子绒。

平绒组织的经向纤维或纬向纤维经割绒后平整而成短密绒毛,平绒可以分为经平绒和纬平绒两种。经平绒是由两组经向纤维与一组纬向纤维交织形成双层组织,经割断绒经后称为两幅有平整绒毛的单层经平绒。纬平绒与灯芯绒类似,只是绒纬浮线的分布均匀,经割绒后在布面形成平整的绒毛[3]。

毛巾组织由地经、纬向纤维和毛经组成,地经和纬向纤维交织成基础组织结构,毛经与纬向纤维交织后打纬形成毛圈。

纱罗组织则是由地纱、绞纱和纬纱相互扭绞而成,其中,每一纬处相邻经纱交互位置的称为纱组织,多纬后相邻经纱才交互位置的称为罗组织。纱罗组织具有明显的绞丝孔眼,因此，其透气性好[3]。

纹织物又称大提花组织，可分为简单和复杂两大类。简单大提花组织是以原组织及小提花组织为基础，用一种经向纤维和一种纬向纤维相互交织，构成的花纹。

9.1.2　形成原理

织轴上的经向纤维绕过后梁，经过绞纱杆或经停装置后，在不同综框控制下分成上、下两层，即为梭口以形成横向纬向纤维通道，引纬器将纬向纤维引入梭口，然后上下层经向纤维闭合进一步交换位置，同时钢筘打紧纬向纤维，使经纬向纤维相互交织，初步形成织物。由送经装置不断的送出经向纤维来保证织物的连续生产，称为送经。待机器上织物形成一定长度后，及时卷入经轴，即卷取。综上，机织物的织造过程主要包括开口、引纬、打纬、送经和卷取五个工序，循环重复这些动作就可以得到机织物[8]。

9.2　机　织　工　艺

9.2.1　工艺流程

对于高性能纤维机织物而言，其工艺与传统织物织造有所区别，为满足高性能织造的需求，机织工艺部分流程应作出调整。包括如下几个方面：

（1）经向纤维存储。高性能纤维一般为长丝形式，且纤维具有一定的宽度，为减少了整经工序和整经对纤维造成的损伤，使用纱架供给经向纤维是首选。但是纱架存储经向纤维需要一次性纤维用量较多，且纱架占地面积较大，因此适用于线密度高的纤维织造。对于类似于电子布的低克重玻纤布，整经织造还是首选。

（2）张力控制。按照纱架供给经向纤维，将纤维筒按一定根数和规定长度平行地摆放在纱架上，一般使用单纱张力控制各根经向纤维张力。

（3）经停装置。高性能纤维具有较好的强力性能，织造过程中很少出现断裂情况，经停装置则可以省去。

（4）引纬机构。由于高性能纤维线密度高，水对纤维的集束性有影响，高性能纤维织机一般不采用喷水和喷气织机，多用剑杆引纬。特殊布边需要用有梭引纬机构，以形成光边或相邻纬向纤维在布边处连续织造。

（5）打纬机构。按照传统织造过程，每一次经向纤维运动产生梭口后，需引入纬向纤维，使其相互交织形成稳定结构。按照复合材料对织物低损伤要求，需要通过织造工艺参数的优化，减少打纬过程对经纬向纤维的损伤[9]。

在复合材料制备过程中，二维机织工艺为其提供了一种大规模生产纤维预制体的低成本方法。织造时，经向纤维被综框带动上下规律运动而形成梭口，载纬器牵引纬向纤维进入并经钢筘打紧形成交织结构。高性能纤维织造时以有梭织机和剑杆织机为主。前者织造的织物布边光滑，但经向纤维磨损严重。后者织造的经向纤维损伤较小，但易形成"毛边"。

复合材料中使用的二维机织物主要包括平纹、斜纹和缎纹等,以管状和平板状等结构形式为主。通过调整工艺参数,可以使织物在经向纤维和纬向纤维方向上具有很好的尺寸稳定性和优异的力学性能[10]。

9.2.2　工艺参数与织物分类

结合复合材料的需求,确定二维机织物技术参数,如织物组织结构、幅宽、单卷长度、原材料规格、经纬密度、织缩率等,然后计算确定总经根数、经纱长度、箍号和单位面积质量和经纬向纤维用量等。下面以碳纤维织物为例,说明二维机织物的工艺参数。

按照纤维取向可将碳纤维织物分为单向织物、双向织物(分平纹、斜纹和缎纹)和多轴向织物[11],这是复合材料领域应用比较多的二维机织物,应用形式有浸胶和无浸胶两类。

(1)单向织物

单向织物在一个方向(经向或纬向)用较粗的无捻纤维,另一方向用较细的无捻纤维按照平纹结构织造而成。其一个方向的强度比另一方向更高,因而又称为单向布。

碳纤维单向织物织造方法很多,主要有三种,即缝编单向织物、无纬单向织物和机织单向织物,其中机织单向织物多用剑杆织机织造,一般为经向单向织物[11]。碳纤维单向织物主要用于建筑桥梁的抗震修复和加固补强,如日本东丽公司的碳纤维单向布和美国赫氏碳纤维公司的 HEX-3R 单向碳纤维布。

(2)双向织物

碳纤维双向织物,是利用碳纤维按一定的规律在织机上垂直交织而成的二维机织物,包括纯碳纤维织物与混杂碳纤维交织物(即经向为碳纤维,纬向为玻璃纤维、芳纶纤维等)。碳纤维双向织物作为结构材料多应用于抗拉、抗剪和抗振加固的结构件等[11]。以 1K 和 3K 等碳纤维织物为例,多用于航空航天领域的防热复合材料增强体。

(3)三向织物

在平面两向机织物的基础上发展出由两组经向纤维和一组纬向纤维互以 60°交角织成的平面三向织物,交织点更多,多方向受力更加均匀。平面三向织物通常作为纤维增强体的骨架材料,可应用于气垫船、高空气球、飞艇、船帆等领域[12]。

9.3　机　织　设　备

9.3.1　组成及工作原理

机织设备主要由送经机构、开口机构、引纬机构、打纬机构和卷取机构五大部分组成。送经机构均匀地从织轴上送出具有一定张力的经向纤维;开口机构完成开口运动,使经向纤维按一定规律分成上、下两片,形成梭口;引纬机构将纬向纤维引入梭口;打纬机构将引入梭口的纬向纤维打向织口;卷取机构将织成的织物按一定的速率引离织口,并卷取织物。机织设备结构如图 9.4 所示。

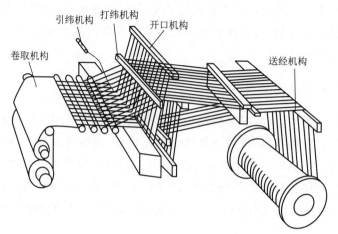

图 9.4　机织设备结构示意图

针对高性能纤维抗折、抗磨性差等特点,对机织设备各部分机构提出新要求,具体如下:

(1)经向纤维均匀性控制机构

对于高性能纤维,采用纱架送经,织造过程中应尽量减少高性能纤维与自身筒子及机械零件的摩擦,如无捻粗纱的织造,经向纤维直接从纤维筒子的芯部无张力退解(图9.5),从而减少了纤维与机械零件的摩擦。

(2)剪纬机构

高性能纤维强度高,剪切性能差,引纬过程中利用凸轮机构驱动上刀片向下做剪切运动,采用聚氨酯材料制作的刀垫,通过刀片两侧的纬向纤维定位片定位纬向纤维,实现高性能纤维剪纬运动。剪纬机构实物如图9.6所示[13]。而对于高强度有机纤维,一般采用熔断方式剪断纬向纤维。

图 9.5　高性能纤维由芯部无张力退解示意图

图 9.6　剪纬机构实物图

(3)纬向纤维退解气圈控制机构

针对多股高强纤维纬向纤维编织,采用具有圆柱形表面的高强度纤维退解气圈限位器,可以在退解过程中有效且均匀地控制高强度纤维的张力。暂存的纬向纤维排列整齐地卷绕在储纱鼓光滑的圆柱体或锥角很小的圆锥体表面,为引纬创造了良好的纬向纤维高速退绕条件,使退绕纬向纤维获得较均匀的张力。纬向纤维退解气圈控制机构如图9.7所示[13]。

（4）防移位卷取机构

由于高性能纤维抗磨性差,卷取过程中,织物采用滚动形式,可以防止纬向纤维移位,确保织物和机械部件不会相对滑动,并降低机械部件对织物的摩擦阻力。全滚动式织物卷

图 9.7　纬向纤维退解气圈控制机构

取机构实物及原理如图9.8所示。织物通过织造支架、上压辊、卷取辊和下压辊进入布卷,其中,织口支架可在布面带动下旋转[13]。

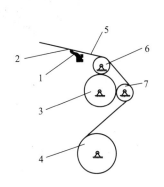

图 9.8　全滚动式织物卷取实物及原理

1—织口支架；2—织口；3—卷取辊；4—布卷；5—织物；6—上压辊；7—下压辊

控制布料张力和卷绕芯轴的扭矩可以防止布料辊内部产生纬向位移。其中布料张力可以通过调节摩擦驱动器的驱动速度实现,卷绕芯轴的扭矩可以通过控制卷绕中心驱动速度实现。布层之间的压力由织机控制的缠绕张力和卷装直径确定。卷取的驱动模式可以在卷布过程中更改一些受力参数。收卷辊中心和收卷辊表面混合驱动的卷取机构卷绕的布卷,端面整齐地排列[13]。

9.3.2　机织设备的发展

机织技术是将纤维织物织造后,制成复合材料的广泛使用的方法。早在20世纪50年代初期,机织技术就被用于工业纺织技术,用于制备高强度纤维复合材料。在过去的二三十年中,机织技术得到了极大的发展,机织设备取得突破性进展,碳纤维织物已经实现批量化生产[8]。

目前,织造高性能碳纤维织物的两大类织机为有梭织机和剑杆织机。有梭织机通过带有纬向纤维的梭子穿过织口,实现引纬功能,由于梭子内部储有纱筒,其截面尺寸较大,导致来回引纬时对纤维磨损严重,且梭子靠两侧打梭机构驱动,其织造幅宽较小,因此不适合大

宽幅织物成型[8]。有梭织机实物如图 9.9 所示。

剑杆织机通过剑杆带动携纱器将侧面纬向纤维引入织口，一般一次只能引入一根或两根纬向纤维，由于剑杆截面尺寸小，且引纬过程中与经向纤维不接触，经向纤维开口高度可以减小，对经向纤维基本没有磨损，因此更适合织造碳纤维、高性能纤维类织物[8]。剑杆织机实物如图 9.10 所示。

图 9.9　有梭织机实物图

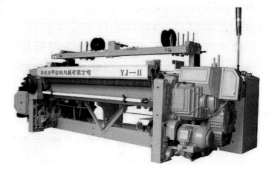

图 9.10　剑杆织机实物图

随着高性能纤维织物产品发展需求，二维机织物结构变化多样，由单一平纹、缎纹、斜纹织物结构发展到采用两种或两种以上基础组织变化而成的联合组织，织物表面可以呈现几何形状或花纹结构，例如条纹组织、绉组织、蜂窝组织和通孔组织等[2]。为满足复杂花型和变截面三维机织物织造的开口需求，开口机构采用提花龙头驱动，如图 9.11 所示。

高性能纤维织物织造对送经系统提出高精度、恒张力的要求，均匀的经向纤维张力是形成开口和引纬的基本要求，也是复合材料力学性能一致性的重要保证。电子送经机构将机械和电子有机地结合起来，在满足工艺需求的基础上，具有机械简单，调节方便，自动化程度高，张力控制灵敏且精度高特点。从整轴到小织轴，经向纤维的张力差小于 2%，同时，经纱的张力可以方便地调节，张力控制的动态响应速度相对于机械式的响应速度提高了一个数量级，是保证高性能纤维顺利织造和性能稳定的理想机构[14]。电子送经机构实物如图 9.12 所示。

图 9.11　提花龙头开口机织设备实物图

图 9.12　电子送经机构实物图

随着高性能纤维织造技术的发展,复合材料对二维机织物提出了更高要求,单元层越薄,复合材料设计性能越好。但是超薄织物织造技术的综丝、综框和钢筘都不同于传统机织设备。通过改造传统的织机也难以完成丝带的织造要求。事实上,丝带的织造相对于传统的织物更为简单,经纬向纤维都是碳纤维展开的丝带,并且不需要对经向纤维整经。日本Harmony 公司开发的碳纤维超薄织物的织造设备(图 9.13)可以织造平纹、斜纹和缎纹织物。丝束的宽度为 15~25 mm,织物宽度为 300~1 000 mm,最高速度为 8 次/min。丝带织造设备通过经向纤维控制机构确保经向纤维的方向,避免因过大的张力而变形。纬向纤维通过夹紧机构被引入到织物中,在夹持过程中,纬向纤维不应变形,它们与先前的一个纬向纤维相邻排列,中间没有间隙[15]。

随着电子产品向多功能性、紧凑性和小型化方向发展,电路板向高密度、高性能和多层化方向发展,对超薄高强度纤维布卷取精度的需求日益增长。与普通的高强度纤维织物相比,超薄高强度纤维织物具有较小的摩擦系数和织物厚度,并且内层在织造过程中易打滑和起皱。为了获得高质量的纤维织物,通常采用分离式卷绕技术进行织造,使用 PLC控制,磁粉制动和电气转换技术来卷取出合格的产品[16]。电子卷取机构实物如图 9.14所示。

图 9-13　超薄织物的织造设备　　　　图 9.14　电子卷取机构实物照片

高性能纤维具有高强度、大刚度、伸长率小和耐磨性差等特点,其织造性能差,对机织设备性能要求高。随着高性能纤维材料在航空航天领域的广泛应用和机织设备的快速发展下,发达国家机织设备的关键技术取得了突破,实现了恒张力送经,快速引纬和高精度牵引等关键技术,高性能纤维织物的质量和性能已大大提高[8]。

在上述机型的开发过程中,设备的机电一体化是必然趋势。通过机械、微电子和信息技术的有机集成,例如电子测长储纬、电子送经、电子卷取、电子提花开口等整体最优化织造设备。不仅拓宽了功能,增强了灵活性,而且还提高了机织设备的可靠性,并为现代织造管理创造了条件[17]。

9.4 工程应用及发展趋势

9.4.1 工程应用

碳纤维布是目前用量最大,使用面最广的复合材料增强材料,可以使用特殊织造工艺将纤维织成各种结构和规格的平面织物。碳纤维布广泛用于航空、航天,武器装备用复合材料制件的制备等军工领域,以及抗震修复、结构加固、运动器材、工业生产、隔热防护、娱乐设施、电子产业等诸多民用领域[18]。

日本东丽公司开发的一种抗剪切应力双经结构织物,其中两种经向纤维密度不同、交替排列,均采用玻璃纤维,纬向纤维则采用碳纤维。这种双经织物一直用于生产高强度、低重量的梁,用于汽车、船舶或航空领域,但是该织物制成的复合材料易脱层,不利于其广泛应用[19]。

新西兰 C6 Skis 公司采用热压罐固化碳纤维预浸料工艺(ACCP)所生产的滑雪板专为极限荒野滑雪和登山滑雪而设计。C6 公司使用的是由固瑞特提供的碳纤维单向预浸料,在一个四方形的模具中进行铺层,其中,在三明治结构的上半部分,包含了一层碳纤维斜纹布。C6 公司对上、下两个半层进行切割,以契合滑雪板的外观要求。然后,上半部分装入阳模、下半部分放到 1.4mm 聚乙烯基座上之后装入阴模,再一起装入真空袋,送入热压罐中,在80 ℃、7 个大气压条件下进行固化,最后脱模成型。

除此之外,高性能纤维织物以其特殊功能性在不同领域也获得了高速发展。例如,芳纶与导电纤维混纺、交织后可有效提高织物的阻燃及防静电性能[20]。将芳纶、碳纤维混纺形成的高强织物可替代钢筋以制作轻型结构,同时提高了建筑物的抗震性能[21]。用芳砜纶织造的热防护服一直以来都是消防作业服的首选,其正面接触火焰一侧在灼烧时不被点燃或烧破,内侧面料因具有一定的热湿传递能力能够将人体热量散失并使汗液蒸发。聚四氟乙烯织物表面为摩擦面,富含聚四氟乙烯纤维,另一面为黏结面,以高强度、黏接性好的纤维为主。这种双层结构充分发挥了聚四氟乙烯织物的低摩擦和高强度特性,在关节轴承上得到应用[20]。

9.4.2 发展趋势

根据高性能纤维机织物自身的特性,织造工艺也在不断改进。以碳纤维为例,其本身具有脆性、摩擦因数大、断裂韧性小的特点,织造起来较困难。目前主要通过增加纱架及张力控制装置、去除整经工序,并把碳纤维从筒子架上引出到张力机进行张力调整,以提高织造效率,降低纤维损耗[22]。

由于机织工艺越发成熟以及市场的竞争越来越大,其功能性应用也将成为未来发展的方向。充分利用高性能纤维本身的特性,开发出针对性强、广泛适应的高性能机织物,就必须提升现有设备的生产能力。而现阶段高产、低耗、平稳、低噪、高自动化和智能化是机织机械发展的主流[23]。其主要体现在:

(1)无梭织机替代有梭织机的发展,充分体现了引纬和储纬的分类,使载纬器或载纬介质体积小、质量轻,易实现阔幅、高速、低噪声,并能进行大卷装,少替换,省能、省机物料的加工。

(2)连续引纬技术及应用研究方兴未艾,具有广阔的前景。

(3)机电一体化和智能诊断与控制是织机发展的必然趋势,它可拓展织机的功能,提高织机的应变能力、灵活性及可靠性,以适应现代化管理的需要[24]。

参考文献

[1] 王子琪,方赵琦,卿星,等.家用纺织品中高支并线面料性能研究[J].天津纺织科技,2013(203):7-10.

[2] 顾平.织物组织与结构学[M].上海:东华大学出版社,2017.

[3] 金宏彬,林进.机织物的归类分析[J].上海海关学院学报,2009,7(3):10-15.

[4] TANG X,JOHND W. Progressive failure behaviors of 2D woven composites[J]. Journal of Composite Materials,2003,14(14):1239-1251.

[5] 鲍亚东.车用玻璃纤维增强尼龙66二维斜纹编织复合材料的性能研究[D].上海:东华大学,2017.

[6] 杨桦.织物组织三维结构的远程模拟和网络环境开发[D].苏州:苏州大学,2009.

[7] WHITCOMB J D,CHAPMAN C D,TANG X. Derivation of boundary conditions for micromechanics analyses of plain and satin weave composites[J]. Surface Science,2000,34(9):724.

[8] 于伟东.纺织材料学[M].北京:中国纺织出版社,2006.

[9] 黄柏龄,于新安.机织生产技术700问[M].北京:中国纺织出版社,2007.

[10] 王邵斌.机织工艺原理[M].西安:西北工业大学出版社,2002.

[11] 张元,李建利,张新元,等.碳纤维织物的特点及应用[J].棉纺织技术,2014,42(5):74-77.

[12] 袁佳玲.平面三向织物及其制织原理[J].产业用纺织品,1988:31-34.

[13] 陈汉仪.目前高强玻璃纤维生产中的问题及解决方法[J].玻璃纤维,1999(I):18-30.

[14] 周香琴,万祖干.玻纤机织工艺特性研究及机构创新术[J].玻璃纤维,2012(5):11-15,27.

[15] 许红.如何减小剑杆织机的经纱张力波动[J].机械管理开发,2009,24(4):61-61.

[16] 杨晓峰.碳纤维超薄织物的性能与应用[J].上海纺织科技,2014(3):30-31.

[17] 程柳静.超薄玻璃纤维电子布织造分离式卷取技术研究[J].玻璃纤维,2014(4):31-34.

[18] 宋智军,周秀会.用于复合材料增强的机织物[J].天津纺织科技,2001(2):26-29.

[19] 缪秋菊,蒋秀翔.织物结构与应用[M].上海:东华大学出版社,2007.

[20] 叶毓辉,张增强.芳纶及其功能织物的研究动态[J].高科技纤维与应用,2007,32(3):31-34.

[21] 刘元坤,许冬梅,艾青松,等.芳纶无纬布连续化生产工艺方法与研究[J].纤维复合材料,2014,4(8):8-16.

[22] 陈晨,刘站,高维升,等.碳纤维织物的织造与发展[J].纺织报告,2018,423(12):9-18.

[23] 徐山青,施亚贤.21世纪织造技术的发展与展望[C]//"泰坦杯"全国无梭织机实用技术与产品开发交流研讨会资料,2005.

[24] 余江峰,淡培霞.无梭织机及其关键纺织器材的发展及维护[J].纺织器材,2018,45(5):67-72.

第10章 二维编织物

编织是一种古老的技术,它的起源可追溯至 7 000 多年前的旧石器时代,人类学会使用石器切割木材,用植物的枝条编织成网罟,装入石头,远抛击伤动物以获取食物。随着时代发展,编织技术也在不断地进步,逐渐成为一项专业的纺织技术,并应用于编织结构复合材料中。

按照几何维度,可将编织技术分为二维编织以及三维编织[1],其中二维编织是通过沿织物成型方向上三根及以上多根纤维按照特定方式呈一定角度倾斜交叉使纤维交织,形成薄的平面或薄管状织物[2]。

10.1 编 织 原 理

10.1.1 组织结构

二维编织形成的组织结构从大体上可分为以下两种,如图 10.1 所示[3]。

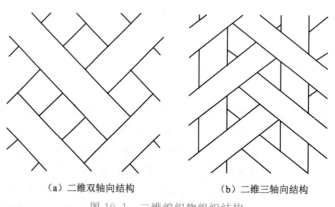

(a) 二维双轴向结构　　　　　　(b) 二维三轴向结构

图 10.1 二维编织物组织结构

二维三轴向结构是在二维双轴结构的基础上,引入轴向纤维而形成的编织结构[4]。轴向纤维的引入不仅可以提高织物结构的稳定性,而且在拉伸和剪切形变时可以提供均匀的载荷分布,使织物在轴向方向获得高的刚度和强度[2,5]。

以双轴向结构为例,二维编织形成的组织结构又可进一步细分为菱形编织结构、常规编织结构和赫格利斯编织结构(图 10.2)。三种编织结构的划分是根据将不同数量的纤维看为一组,而每组纤维都是交替连续地从一组纤维下方穿过再经另一组上方引出从而形成不同的编织结构。菱形编织结构中以单根纤维记为一组,故又被称为 1×1 编织结构;常规编织结构是 2 根纤维记为一组,故又被称为 2×2 编织结构;赫格利斯编织结构是 3 根纤维记为一组,故又被称为 3×3 编织结构[6]。

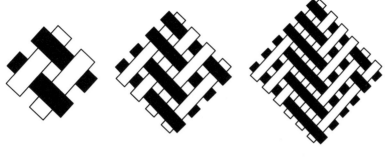

（a）菱形编织结构　　　　（b）常规编织结构　　　　（c）赫格利斯编织结构

图 10.2　二维双轴向结构的三种细分结构

10.1.2　形成原理

　　根据二维编织设备的形成方向,二维编织可分为按竖直方向形成的竖直式编织及按水平方向形成的水平式编织[7],但两者基本原理相同。以竖直方向形成的竖直式编织为例,二维编织形成原理如图 10.3 所示。

　　在编织过程中,两组纤维在运动角轮和 8 字形导槽的控制下分别沿顺、逆时针两个相反的方向沿轨道盘运动,当纤维相遇时则沿 +θ 和 -θ 角斜向交织形成织物[8]。θ 是编织纤维与编织方向的夹角,称为编织角,其数值理论范围在 10°～80°[7],但受限于编织设备的实际情况,编织角一般介于 15°～70° 之间[9]。二维编织物的 1×1 、2×2 、3×3 等多种不同的编织组织结构的形成由纤维的交叉规律决定,1×1 结构就是编织纤维每隔一根就交叉一次,2×2 结构是编织纤维每隔两根交叉一次,3×3 结构就是编织纤维每隔三根交叉一次。

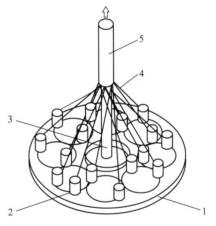

图 10.3　编织成型原理

1—轨道盘;2—携纱器;3—芯模;
4—编织纱;5—编织成型区

　　三轴向编织成型原理与双轴向编织基本一致,相较于双轴向编织多了一根轴向方向的纤维,这根纤维在编织过程中并不参与运动,随着其他纤维相互间的不断交织而受到束缚,以此进入织物而成型。

　　二维编织物的结构形状除管形外还可为较复杂的规则形状,如工形、T 形、矩形截面的对称形状截面。复杂规则形状的编织形成原理有以下两种,其中一种简单的方法为按照管形形成原理成型,再经切开即可得到某些要求形状,另一种方式为在编织过程中固定倾斜方向纤维,调整纤维运动规律,可直接编织出平板[10]。此外,二维编织具有独特的可仿形优势,即根据预制体最终的独特外形,采用设计纤维特殊运动轨迹调整芯模几何形状等方式,直接完成各种管状织物、复杂截面形状织物以及变截面形状织物的编织。

10.2 编 织 工 艺

10.2.1 工艺流程

依据二维编织原理,在二维编织设备上进行织物编织。典型的编织设备由传动机构、轨道盘、纱锭、成型板和牵引机构组成[11]。设备上每根纤维从对应的纱锭上引出,固定排布在编织环的中央芯轴上。纱锭在传动机构的作用下,沿轨道盘运动,纤维依托编织设备纱锭的运动在成型环处聚集并在芯轴处交织,形成织物。编织过程在芯轴上进行,编织好的织物在牵引机构的牵引下离开织物成型区。

在编织时引入芯轴或芯模,让纤维在芯轴或芯模周围进行编织,称为二维编织包芯结构工艺。在该工艺下,纤维可根据运动规律分为编织纱和芯纱两部分。编织纱以一定的角度相互交织于芯纱处并包裹芯纱形成织物结构,该结构两部分纤维间的相互联系较弱,可依靠对节距的选取和调整使两部分成为一个外观均匀且具有一定紧密度的整体[12]。通过选择不同形状的芯轴或芯模可实现对所编织物形状的控制[13]。

二维三轴向编织相较于双轴向编织多了一根轴向方向的纤维,该方向的纤维通过编织设备背面的纱锭来引入,形成轴向纱系统。轴向纱在编织的全过程中不参与运动,只随编织纱的运动参与交织,轴向纱的引入使织物轴向性能得到改善[13]。

根据编织时所用不同的锭子数量,可实现管状、片状等不同类型织物的编织成型。当使用偶数锭子时可编织管状编织物,使用奇数锭子时可编织片状织物。编织管状织物时,齿轮原地旋转并在旋转过程中交换不同方向运动的纱锭,带动纱锭沿设定的方向做正弦曲线运动;编织片状织物时,齿轮原地旋转却不交换纱锭,纱锭将在齿轮的带动下先沿着一个方向正弦运动,而后又向相反方向运动,不断往复形成片状结构[13]。

碳纤维作为一种无机特种纤维,可编织成二维编织物而应用。值得强调的是,因为纤维的影响,编织工艺存在一定变化,有以下几点值得注意。在进行碳纤维织物的编织时,碳纤维复丝需经历预先缠绕到纱管的特殊步骤,因此纱管缠绕的工序对碳纤维复丝的编织影响较大。在弯曲缠绕过程中,碳纤维易产生飞花。为避免产生过多短纤飞花,需重点控制缠绕速率、缠绕张力、横向缠绕范围等参数。缠绕速率应控制在较低的范围,以减少碳纤维复丝在缠绕过程中的损伤。缠绕张力有利于碳纤维复丝在纱管上的均匀分布,但会加大纤维与导纱部件之间的摩擦,使纤维受到磨损,产生短纤飞花。纤维缠绕张力过大,易使纤维相互挤压,编织过程中纤维退绕到纱管两端附近时纤维之间摩擦力较大,出现断纱现象。横向缠绕范围控制的越小,编织时纤维退绕张力越小,易于碳纤维复丝无损退绕。但是横向范围过小会影响到纱管储纱量,造成纱管更换频繁,同样不利于连续编织。因此选择适合的纤维横向缠绕范围有利于碳纤维复丝的编织工艺。碳纤维飞花无法完全避免,由于碳纤维本身的导电特性,会造成设备发生短路。因此需及时清理编织过程中产生的短纤飞花,同时需对设备进行防爆处理,防止设备在工作中损坏[14]。

10.2.2　工艺参数

二维编织物的工艺参数主要有以下几项:

(1)纤维体积分数和编织角是二维编织物最为重要的工艺参数,直接控制和影响着复合材料的整体结构性能。二维编织物作为增强材料,在复合材料中起到承担力学性能的责任,因而纤维体积分数占比越高,复合材料的整体结构性能越好。编织角表明织物中纤维分布的整体取向状态。研究表明,随着编织角的增大,拉伸强度和拉伸模量都降低,拉伸应变却增大。编织角增大,织物中纤维更趋向于沿横向而非轴向分布,故当受轴向拉伸应力作用时,因纤维在该方向所能发挥的性能受限而拉伸强度降低。编织角减小,大多数的纤维处于纯拉伸状态,可以有效地发挥纤维的协同拉伸性能。因此,在纤维体积分数一定的织物中,编织角较小的编织结构具有更高的轴向性能,可用于拉伸承载部件;编织角较大的编织结构则在横向方面性能占据优势。编织角 θ 的大小主要与芯模直径、编织速度和牵引速度存在直接关系,同时受到编织节距等因素的共同影响。编织速率越大,纤维与芯轴轴向的角度越小,牵伸速率越大,其与齿轮带动纱锭绕机器旋转线速度比越小,编织角越小。编织节距是同根纤维编织到原位置时轴向方向的直线距离,相同编织纤维根数下,随着编织节距的减小,二维编织物的面密度逐渐增加,编织角 θ 逐渐增大。

(2)芯轴移动速度及编织速度。芯轴的移动速度对编织角和纤维间隙存在影响。若芯轴移动速度较快,纤维间隙增加,纤维覆盖率降低,会影响力学性能;芯轴移动速度较慢,纤维排列紧密,影响织物结构与厚度。编织速度是指携纱器的运转速度。编织速度对编织角和编织间隙的影响与芯轴速度相反,编织速度过慢,会增大纤维与编织环的摩擦,使织物毛羽增多。不同编织结构或者同一编织结构层与层之间,两个速度参数的设置都需要依靠试验和经验取得[15]。

(3)编织纤维的屈曲程度又称编织纤维的屈曲率。编织纤维的屈曲程度是指编织纤维在自然状态下和在编织后的长度差值与自然状态下长度的比值,它反映了纤维因编织而产生屈曲的程度,通常也用纤维屈曲起伏角来表示[16]。

10.3　编　织　设　备

10.3.1　组成及工作原理

二维编织物的形成技术是在织物成型方向上取向的三根或更多根纤维按照特定规律相互交叉使纤维交织在一起的工艺。二维编织设备按照携纱器在空间的取向及携纱器与编织盘轴心的相对方向分为立式、卧式和径向编织设备,如图10.4所示。立式编织设备通常锭子数少,但编织速度快,通常用来编织绳索、细管以及线缆保护层等;卧式编织设备不仅可以编织立式编织设备可编的织物,还可以通过控制芯轴往复运动进行多层编织;径向编织设备的携纱器由于在圆盘内层运转,携纱器直接指向积聚面,大大缩短了收敛区的长度,纤维只需要通过一次张力机构即可,这样纤维的张力均匀性更好,受到的磨损更少,减少了断纱的可能性。如果借助机械臂,径向编织设备还可以灵活的实现往复编织。

（a）立式编织设备　　　　　　（b）卧式编织设备　　　　　　（c）径向编织设备

图 10.4　二维编织设备

下面以复合材料编织应用较多的卧式编织设备为例,介绍二维编织设备的组成与工作原理。卧式编织设备主要由芯模输送机构、锭子式编织机构、花结控制机构及牵引机构四部分组成,如图 10.5 所示。

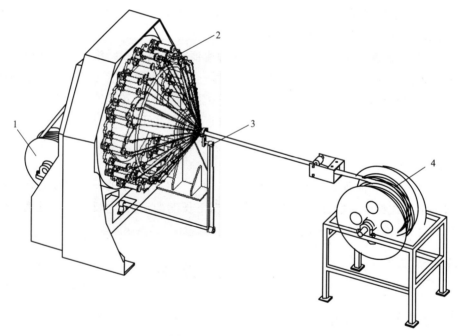

图 10.5　卧式编织设备
1—芯模输送机构;2—锭子式编织机构;3—花结控制机构;4—牵引机构

芯模输送机构提供编织用的芯模,纤维通过编织机构编织包缠在芯模表面,花结控制机构用于编织过程中控制花结长度,形成一定交织规律的轴向织物,最后通过牵引机构进行牵引和卷取。卧式编织设备的锭子式编织机构主要由工作台、纤维交织机构和携纱器组成,如图 10.6 所示。圆形沟槽均匀地分布在工作面上,并且圆形沟槽互相相切形成 8 字形轨道,每个槽都设有一套槽轮—齿轮机构,如图 10.7 所示。编织时,携纱器被平均分两组,并同时在 8 字形轨道移动。一组携纱器沿顺时针(或逆时针)方向移动,而另一组恰好相反。在每一组中,一些携纱器移向圆台的中心,其余的携纱器移向圆台的外边缘,使它们上的纤维相互交织形成二维编织织物。

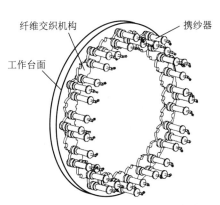

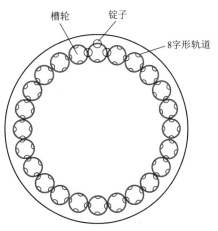

图 10.6　卧式编织设备编织机构图　　　　　图 10.7　锭子运动轨道

10.3.2　编织设备的发展

18 世纪,德国与法国首先将二维编织设备应用于绳和带的生产上,经过多年的发展,已经能够实现较高自动化和机器运行参数数字化控制的编织设备[8],如图 10.8 所示。二维编织复合材料所具备的质量轻、强度高、耐冲击和阻燃性好等特点,使其在航天航空领域、工程领域、运动装备领域及生物医学等领域得到了广泛的应用。随着相关产品的种类增多,尺寸增大,原有的用于绳带编织的二维编织设备向锭子数更多、可编织较大直径织物的大型高速编织设备方向发展。目前,大型多锭子数二维编织设备的锭子数已接近 1 000 个如图 10.9 所示,速度也朝着更高速化方向发展。

图 10.8　编绳设备图　　　　　　图 10.9　大型多锭子数二维编织设备

法国斯彼乐公司开发的二维编织设备(图 10.10)不仅可以多次重复编织,获得壁厚较厚的制品,实现了制品的三维形状,具备多层往复编织的功能,而且通过在设备中增加 0°纱供给机构,可以在编织过程中加入0°纱,具备编织二维三轴织物的功能,有效地改善了二维编织物轴向性能。

西班牙泰瑞特公司结合最新的设备设计技术——CAD/CAM信息技术系统,开发了可根据织物的几何形状,完成净尺寸织物编织设计的设备,大大提高了编织效率,如图10.11所示。

图 10.10　法国斯彼乐二维编织设备　　　　图 10.11　西班牙泰瑞特二维编织设备

10.4　工程应用及发展趋势

10.4.1　工程应用

二维编织物作为增强材料制备得到具有优异性能的复合材料,目前已被广泛地应用于各个行业。

1. 航空航天

二维编织物增强复合材料具有轻质高强、耐冲击等特点,在航空航天领域应用广泛。二维编织技术成型的复合材料不仅能够提高航天飞机零部件纵向模量、扭转模量和层间强度,并且可为航天飞机减轻自重。二维编织物区别于传统纤维等具有更优异的抗分层性,成功应用在固体火箭喷管、热交换器和制动盘等部件。航空飞机发动机上的风扇机匣采用二维编织技术成型的复合材料,有效减轻了发动机重量,并优化了发动机的密封性能。此外还成功应用于直升机中,如起落架组件、直升机旋转翼、发动机零件等。

2. 汽车船舶

汽车船舶等交通工具的耗油量一直是关注度较高的问题,耗油量大小会直接影响其运输成本。二维编织物增强复合材料轻质高强,可实现汽车、船舶的减重降耗,同时亦可提升其行驶速度[17]。二维编织结构同时具有良好的耐冲击性能,将其应用于汽车的前纵梁上,可使汽车具有更好吸收冲撞能量的能力,提高了驾驶的安全性[10]。

3. 工程应用

二维编织制品以其优异的比强度,已经取代了部分的金属构件,如传动轴,压力容器等。另外,不同编织角的可设计性赋予了构件不同的性能,在机械行业中越来越多的编织构件被应用,既降低了部件的重量,也提高了刚度等力学性能。二维编织物编织的具有特殊结构的编织棒拥有独特的表面特征,棒体材料与水泥的紧密接触,具备很好的传递应变的能力。因此,在工程建筑领域得到成功应用:由玻璃纤维和碳纤维编织的编织棒被用于增强水泥;碳纤维编织棒被充当应变传感器使用;使用碳纤维为原料编织的拱肋被用于公路桥梁等。

4. 医疗卫生

利用二维编织技术制备的人造关节、人造肢等越来越多应用于医疗领域,成为人体内病变器官的替代品植入人体。目前随着编织技术及编织设备精度的提高,已经能够制备满足医疗使用的尺寸小、结构复杂的高要求人体器官。二维编织人造椎间盘具有弹性芯模以及通过二维编织成型的提供抗压强度的加强外壳,现已成功替代天然椎间盘;碳/PEEK 复合骨板、二维编织圆管等大量的医疗器件在医疗领域中也愈加增多。

5. 体育休闲

在体育娱乐领域,充分利用二维编织复合材料轻便、抗冲击性能好的优势,在自行车、网球拍、羽毛球拍、鱼竿、高速划艇等上都取得了良好的应用效果。

10.4.2　发展趋势

目前,二维编织技术经过多年发展已比较成熟,二维编织物也成功应用于复合材料各个领域,解决了多方面的复合材料的性能需求。随着机器运行参数的数字化控制,自动化程度将变得更高,因此可进一步提高编织效率,降低二维编织物的制造成本。但是,由于二维编织技术参与编织的纤维数量直接影响到编织织物的尺寸大小,受限于现有设备锭子数量及携纱容量,目前二维编织物在尺寸方面仍有一定的限制范围,实现大尺寸、细密化二维编织物的成型将是未来的一项重要发展方向。此外,基于二维编织技术发展起来的三维编织技术可研制更为复杂的三维织物,满足更多方面的应用需求,三维编织技术的继续发展也将是未来的重要方向。

随着复合材料技术的发展进步,预制体增强复合材料的研制方式从原有的先成型增强体再进行基体复合向二者同时进行发展,编织复合一体化成型的需求日渐凸显。未来通过开发先进成型技术,逐步实现编织复合一体化,可有效降低复合材料研制成本、提升研制效率,或将成为未来的一大研究热点。

参考文献

[1]　钟智丽,苏大伟.编织结构复合材料的编织技术与成型工艺[J].纺织科学研究,1995,6(2):38-41.

[2]　张爽,吴晓青,程勇.二维编织理论研究进展[J].玻璃钢/复合材料,2017(8):102-109,52.

[3]　CHEN S X,SUI J H,MO J Y,et al. Research for fabric regional expansion arranged by tight and loose weaves[C]//Advanced Materials Research. Trans Tech Publications,2011,156:862-867.

[4]　赵展,HASABIKBAL M,李炜.编织机及编织工艺的发展[J].玻璃钢/复合材料,2014(10):90-95,57.

[5]　严雪,许希武,张超.二维三轴编织复合材料的弹性性能分析[J].固体力学学报,2013,34(2):

140-151.

［6］ 尚自杰,吴晓青,诸利明.二维编织在复合材料中的应用研究[J].天津纺织科技,2016(2):6-7.

［7］ 李小刚.编织复合材料成型工艺与性能研究[D].北京:北京航空材料研究院,2002.

［8］ 陈利,孙颖,马明.高性能纤维预成形体的研究进展[J].中国材料进展,2012,31(10):21-29,19.

［9］ GOYAL D,TANG X,WHITCOMB J D,et al. Effect of various parameters on effective engineering properties of 2×2 braided composites[J]. Mechanics of Advanced Materials and Structures,2005, 12(2):113-128.

［10］ 夏燕茂.二维编织复合材料的结构及力学性能研究[D].石家庄:河北科技大学,2015.

［11］ 唐梦云.碳—芳纶混杂二维编织复合材料冲击性能实验研究[D].天津:天津工业大学,2017.

［12］ 韩秋红,杨彩云.二维编织芳纶包芯绳的蠕变性能分析[J].产业用纺织品,2015(6):25-29.

［13］ 刘泠杉.编织穿刺复合材料制备方法及穿刺机设计[D].上海:东华大学,2014.

［14］ 马晓红,檀江涛,秦志刚.碳纤维二维编织管状织物的编织工艺[J].纺织学报,2018,39(6):64-69.

［15］ 王楠楠.单向编织对称铺层复合材料的制备工艺及剪切性能[D].上海:东华大学,2018.

［16］ 柯常宜.二维二轴编织复合材料细观几何模型及拉伸模量研究[D].上海:东华大学,2017.

［17］ 檀江涛.圆形截面碳纤维编织复合材料管件力学性能研究[D].石家庄:河北科技大学,2017.

第11章 二维针织物

11.1 针织原理

11.1.1 概念

1.针织物

针织物是一种利用织针将纤维弯成线圈,再将线圈相互串套形成的织物。按照生产方式,针织物可以分为纬编针织物和经编针织物两大类,其中,纬编针织物是指用纬编针织机编织而成的织物,如图11.1(a)所示,编织时将纤维由纬向喂入针织机的工作针上,使纤维顺序地弯曲成圈,并相互穿套而形成针织物。纬编针织物的横向延伸性较大,有一定的弹性,但脱散性较大。经编针织物是指用经编针织机编织而成的织物,如图11.1(b)所示,采用一组或几组经向平行排列的纤维,在经编机的所有参与编织工作的织针上同时进行成圈而形成针织物。经编针织物的延伸性小,弹性较好,不易脱散。纬编针织物由纬编机织造完成,经编针织物由经编机织造完成,这些针织设备能够完成二维织物以及三维织物的织造[1]。

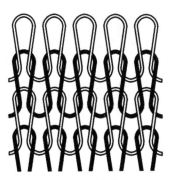
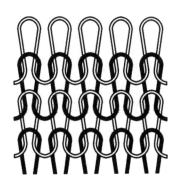

(a) 纬编针织物　　　　　　　(b) 经编针织物

图 11.1　二维针织物

2.缝编织物

缝编织物是指由至少一层的无捻粗纤维平行无皱褶排列,排列的各层纤维以相同或者不同的方向进行叠层,然后再由纤维将叠层的纤维缝编而成的织物[2]。缝编织物主要包括单轴向缝编织物、双轴向缝编织物、三轴向缝编织物、四轴向缝编织物。

单轴向缝编织物有至少一层的无捻粗纤维平行无皱褶排列,纤维排列与织物长度方向平行或垂直。双轴向缝编织物有至少两层的无捻粗纤维平行无皱褶排列,各层纤维排列角度与织物长度方向呈 0°、90°或+α、-α。三轴向缝编织物有至少三层的无捻粗纤维平行无皱褶排列,各层纤维排列角度与织物长度方向分别呈 0°、+α、-α 或+α、90°、-α。四轴向缝编织物有至少四层的无捻粗纤维平行无皱褶排列,各层纤维排列角度与织物长度方向分别呈 0°、+α、90°、-α[2]。

在织物结构上,缝编织物由于至少一层的平行无皱褶排列的无捻粗纤维及缝编纤维的存在,充分利用了平行排列的纤维的性能,有效提高了织物的层间性能。由于沿织物纬向衬入的纤维角度的改变,使得织物具有准各向同性的特点,有效改善了织物的拉压等各项力学性能。此外,相较于传统的纤维增强复合材料而言,缝编织物的工艺更加简单,便于操作[3]。缝编织物具有在各个方向的抗拉、抗剪切、抗撕裂、抗冲击、抗弯性能高,弹性模量高,且重量轻、表面平整、难腐蚀、易涂层的特点,被广泛用作各类过滤、增强等产业用布及在航空、航天等各类高科技材料中,用作纺织复合材料的基布[4]。

11.1.2　组织结构

1.纬编组织结构

纬编组织结构包括纬平针组织、螺纹组织、双反面组织、变化组织、花色组织。

纬平针组织是由连续的单元线圈向一个方向串套而成,是单面纬编针织物中的基本组织,如图 11.2 所示。纬平针组织织物具有线圈歪斜、卷边、横向脱散、横向延伸性大的特点[5]。

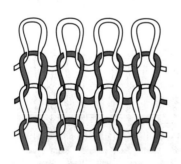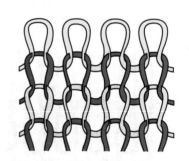

(a) 正面　　　　　　　　　　　　　　　(b) 反面

图 11.2　纬平针组织

纬平针组织成圈过程(图 11.3):(1)退圈;(2)垫纱;(3)闭口、套圈;(4)弯纱、脱圈与成圈;(5)牵拉。

螺纹组织是双面纬编针织物中的基本组织,它是由正面线圈纵行和反面线圈纵行以一定的组合相间配置而形成的,如图 11.4 所示。螺纹组织中的每一横列由一根纤维弯曲成连续的单元线圈而成,在自由状态下,部分反面线圈纵行被正面线圈纵行所覆盖[5],如图 11.5 所示。螺纹组织织物具有线圈不歪斜、不易卷边、横向部分脱散、横向延伸性大、弹性好的特点。

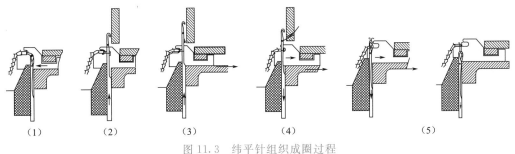

（1）　　　（2）　　　（3）　　　（4）　　　　（5）

图 11.3　纬平针组织成圈过程

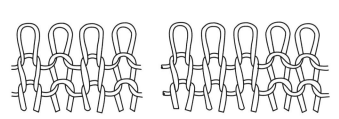

图 11.4　螺纹组织

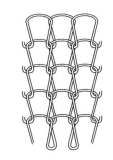

图 11.5　自由状态下的螺纹组织

螺纹组织成圈过程（图 11.6）：（1）退圈；（2）垫纱；（3）闭口、套圈；（4）弯纱、脱圈、成圈；（5）牵拉。

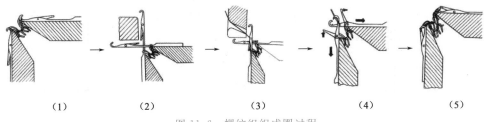

（1）　　　　（2）　　　　（3）　　　　（4）　　　　（5）

图 11.6　螺纹组织成圈过程

双反面组织是由正面线圈横列和反面线圈横列相互交替配置而成，如图 11.7 所示。在自由状态下，双反面组织纵向收缩，圈弧突出，织物两面均显反面线圈[5]，并且通过线圈的不同配置可使织物有凹凸感。双反面组织织物具有顺编织方向和逆编织方向均可脱散、纵向延伸性和弹性较大、卷边性随正面线圈横列和反面线圈横列的组合的不同而不同的特点。

双反面组织成圈过程（图 11.8）：（1）上针头退圈；（2）移针；（3）下针头垫纤维；（4）下针头弯纱成圈。

变化组织是由两个或两个以上的基本组织组合配置而成，即在一个基本组织的相邻纵行之间，配置着另一个或另几个基本组织，如：双螺纹组织。

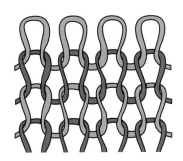

图 11.7　双反面组织

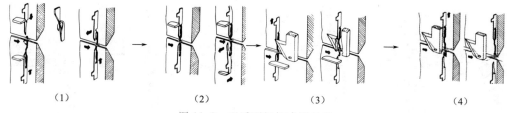

（1）　　　　　　　　　（2）　　　　　　　　　（3）　　　　　　　　　（4）

图 11.8　双反面组织成圈过程

双螺纹组织是双面纬编组织的一种，它是由两个螺纹组织组合配置而形成的，它们的线圈纵行彼此相间配置，如图 11.9 所示。一个螺纹组织的反面线圈纵行被另一个螺纹组织的反面线圈纵行所覆盖，因此从织物表面来看，正面和反面均呈现正面线圈[5]。双螺纹组织织物具有线圈不歪斜、不卷边、逆编织方向脱散、延伸性和弹性小于螺纹组织的特点。

双螺纹组织成圈过程（图 11.10）：（1）退圈；（2）垫纱；（3）弯纱；（4）成圈；（5）牵拉。

花色组织是指在基本组织或变化组织的基础上，利用针织线圈的变化，或者加入另外一种或多种其他纤维混编，以形成具有不同花色效应和不同性能的针织物，如衬纬组织、移圈组织、集圈组织、复合组织等。

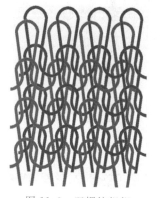

图 11.9　双螺纹组织

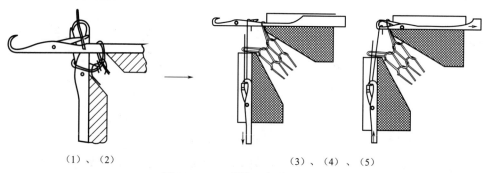

（1）、（2）　　　　　　　　　（3）、（4）、（5）

图 11.10　双螺纹组织成圈过程

衬纬针织物是采用衬纬组织编织的针织物。衬纬组织在纬编基本组织或者变化组织的基础之上，将一根不参与编织的辅助纤维沿着织物纬向衬入，并被针织纤维绑缚起来，使织物形成一个整体结构，如图 11.11 所示。

衬纬组织成圈时，在织针退圈之前，将衬纬纤维喂入上、下织针的针背后，当上、下织针垫入新纤维成圈后，衬纬纤维夹在上、下圈柱之间，形成衬纬组织。如果衬纬纤维选用弹性较大的纤维，则可以增加织物的横向弹性。如果衬纬纤维选用普通纤维，则可以减小织物横向延伸性，从而使得

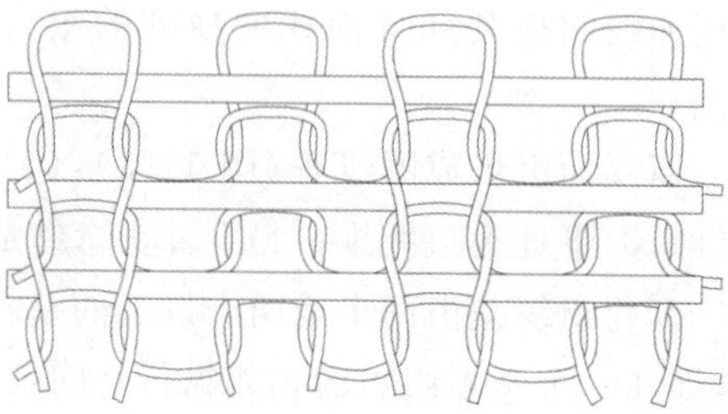

图 11.11　衬纬组织

织物紧密厚实、尺寸稳定、延伸性小[6]。衬纬组织的特性取决于地组织及衬纬纤维的性质。

与应用于复合材料中的其他结构相比,纬编针织结构具有以下特点:

(1)悬垂性好。纬编针织结构具有易变形的特点,这使得纬编针织结构可以直接通过变形加工成所要求的形状,满足各种复杂形状构件的要求。如果通过变形加工成所要求的形状采用的是等密度的纬编针织结构,则织物密度会随着织物的变形而发生一定改变,进而导致织物密度不匀对复合材料构件力学性能造成影响,但是由于针织横机可以实现在编织过程中自动调节织物密度,使得变密度针织产品的织造非常方便,有效地解决了变形导致织物密度不匀的问题[7]。

(2)结构成型性好。纬编针织结构可以实现各种复杂形状构件的一体成型,大量节省原材料,利于生产效率的提高。全成型编织的实现主要依靠电脑横机,相较于传统的编织工艺而言,生产速度可以明显提高,一体成型的复杂形状针织物可直接加工成复合材料构件,能够有效避免原材料的损耗、降低劳动时间、改善产品结构的不均匀性的现象[7]。

(3)能量吸收性能好。由于纬编针织结构中纤维的转移变形性好,能够吸收大量的冲击能量,因此其抗冲击性能和能量吸收性能良好,非常适用于生产汽车飞机等交通工具复合材料构件。相比较机织复合材料而言,针织复合材料的抗冲击强度高出30%[8]。此外,纬编针织物的抗冲击疲劳性能、面内抗剪性能、抗冲击韧性和层间强度优异,由纬编针织物所加工成的复合材料无分层性破坏,且具有更好的开孔加工性能[7]。

除了以上优势外,纬编针织结构还存在如下问题:

(1)力学性能较差:由于纬编针织结构容易发生变形,导致其稳定性较差,用无衬经衬纬的针织结构加工成的复合材料力学性能较差。另外,这种纬编针织结构的纤维体积分数占比较低,很难超过50%。

(2)高性能纤维的编织较难实现:由于针织的成圈过程较为复杂,编织过程中纤维发生弯曲、扭转和拉伸变形,高性能纤维的高强度和高模量导致了针织成圈的难度,并且容易对机器部件造成损伤。

(3)难以实现较厚的针织结构:目前最厚的纬编针织结构是三层衬纬、两层衬经的双轴向衬经衬纬和两层衬纬、一层衬经、一层+45°和一层−45°的多轴向结构[7],对于厚度较厚的针织结构实现较难。

2.经编组织结构

经编组织结构包括编链组织、经平组织、经缎组织、重经组织。

编链组织是在同一枚织针上,由一根纤维成圈而形成的经编组织[9],如图11.12所示。编链组织所形成的织物为条带状,织物的纵向延伸性小,其延伸性主要由所选用的纤维的弹性所决定,逆编织方向可脱散[10]。

经平组织是在相邻两个线圈纵行之间由同一根纤维弯曲的线圈轮流排列而成,它既可以由闭口线圈组成,也可以由开口线圈组成,还可以由开口线圈和闭口线圈相间组成,如图11.13所示。经平组织的线圈朝着同一方向发生倾斜,随着所选用纤维的弹性及针织物密度的增加,线圈倾斜度有所增加。在受到拉伸时,由于线圈倾斜角的改变,以及纤维的转移和伸长,使得织物具有一定的延伸性[9]。

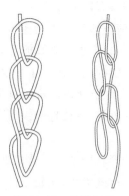

图 11.12　编链组织

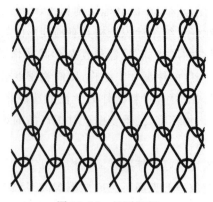

图 11.13　经平组织

经缎组织是由每根纤维顺序地在三枚或三枚以上相邻的织针上形成线圈的经编组织,如图 11.14 所示。每根纤维按照先沿一个方向后又反向的顺序在若干枚织针上成圈[10]。在纤维发生转向时,经缎组织一般采用闭口线圈,而在中间的则采用开口线圈。转向线圈由于延展线在一侧而呈倾斜状态;中间的线圈在两侧有延展线,线圈倾斜较小,线圈形态接近于纬平针组织。经缎组织不同方向倾斜的线圈横列对光线反射不同,因此在织物表面形成横向条纹[10]。

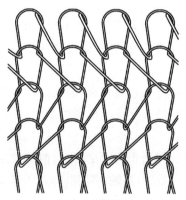

(a) 开口经缎组织

(b) 闭口经缎组织

图 11.14　经缎组织

重经组织是一根纤维在一个横列上连续形成两个线圈的经编组织,如图 11.15 所示。编织重经组织时,每根纤维每次必须同时垫纤维在两枚织针上。重经组织中有较多比例的开口线圈,具有脱散性小、弹性好等特点。

与传统织物相比,缝编织物可以提供更为优良的物理机械性能,并能够根据使用要求织物结构进行最优设计,实现热塑性基质的连续化生产,提高效率,降低成本。缝编织物中可以衬入非织造纤维网,能够有效克服机织物增强结构和铺层增强结构两者的不足,是理想的复合材料增强纺织结构[11]。

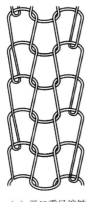
（a）开口重经编链

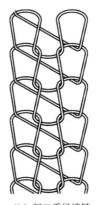
（b）闭口重经编链

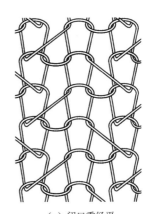
（c）闭口重经平

图 11.15 重经组织

以缝编织物为骨架的复合材料与其他纺织复合材料相比，具有以下优点：

（1）与传统复合材料相比较而言，缝编织物复合材料制作工艺简单，易于操作，生产成本有效降低，而且结构可设计性、稳定性和力学性能好。

（2）轻质高强、耐高温、耐磨损。

（3）相比较于其他传统织物而言，缝编织物使用的复合成型工艺简单，易操作，预制体浸渍质量好，增强材料与聚合物基体的界面结合性得到很大的改观。

（4）纬向纤维包覆在经向纤维中并带有衬纬纤维，织物的拉伸性能和面内剪切性能好。

除了上述优势外，缝编织物也存在不足，主要表现在：

（1）织物层数较多，导致织物中纤维的转移和变形性能较差，在成圈过程中纤维易被织针刺断，从而对织物的性能造成一定影响。

（2）纤维耗用量较大，织物厚度不能满足个别应用的要求[12]。

11.1.3 形成原理

1.针织织物形成原理

针织是由无数的线圈纵横交织而成，每一个线圈均经过织针的成圈动作才能完成。

织针一般分为钩针、舌针、复合针。钩针又称弹簧针，是针织机上最早使用的带有针钩的织针。在成圈过程中，织针向上移动，原先在钩针内的线圈沿着针杆移动，一旦织针喂入，利用外部装置引入纤维，在此位置，针钩受压，针钩尖被压入针槽，针口闭合，旧线圈套在针钩上，外力去除后，针钩因自身弹性而复位，针口开启，线圈在针钩上滑动并套在新喂入的纤维上形成新的线圈。舌针是垫有针舌的针织用针，分为单头舌针和双头舌针。舌针在成圈过程中，沿针杆方向往复运动，纤维垫于开启的针钩下方，依靠处于针杆上的旧线圈使针舌回转，关闭针口，而后舌针拉着垫入的纤维穿过旧线圈形成新线圈。复合针是由针杆和针芯两部分组合而成的针织用针，分为槽针和管针两种。这类织针针口的闭合与开启是由针芯沿针杆的上下滑移来完成的。在成圈过程中，由于织针向上移动和针杆上针槽里的针芯滑竿的进入，针钩打开，线圈移到针杆上，滑到针芯滑杆顶端下面，此时织针完全打开，喂入新的纤维，然后向下移动，针芯滑杆比织针晚一定时间向下移动,从而使针钩关闭,旧线圈套在新喂入的纤维上形成新的线圈。

针织机的织针一般以舌针为主,织针在织完旧线圈后,上升到最高点,喂入纤维,织针下降,形成新线圈,其具体成圈过程如下:

(1)织针刚完成前一个线圈的编织,新形成的线圈处于针头内。

(2)织针上升到退圈位置,线圈把针舌打开并划到针杆上。

(3)织针继续上升,直至线圈完全脱离针舌。

(4)织针上升到一定程度开始下降,新的纤维经导纱器垫入针钩内。

(5)织针继续下降,旧线圈沿针杆上滑而将针舌关闭,垫入的新纤维形成弧形。

(6)织针下降至脱圈位置,将新纤维从旧线圈中拉出形成新的线圈。

(7)织针处于脱圈位置,准备下一个成圈过程。

2. 缝编织物形成原理

缝编织物实质上是一种多层织物。衬经纤维系统和衬纬纤维系统在面内不同方向进行铺层,绑缚纤维沿厚度方向将纤维片层绑缚在一起,形成由三个纤维系统所构成的三维网络整体结构[13]。图 11.16 所示的缝编织物是至少一层的平行无皱褶的无捻粗纤维按照相同或不同的方向交错,再用针织线圈或化学黏合方法定型而成。多轴向缝编织物有衬经、衬纬和编织三个系统的纤维。衬经纤维和衬纬纤维之间相互垂直排列,再由沿厚度方向的纤维绑缚在一起。衬经纤维和衬纬纤维使得织物的纵向和横向得到增强。缝编织物在 0°、90°、±α 角的方向都有增强纤维。

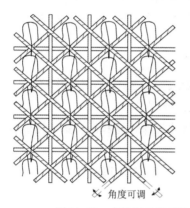

图 11.16　多轴向经编织物

11.2　针织工艺

11.2.1　工艺流程

针织工艺流程根据编织时纤维成型方向不同,可分纬编和经编两类。

纬编工艺流程为:原料准备、络纱、上机编织、磅重检验、包装入库。准备的原料一般有两种情况,一种是可以直接上机编织的,另一种是需经过一定的前处理才能上机编织的。络纱是为了保证顺利进行编织,进一步去除原料上的杂质、粗节等,使得纤维筒子成型良好可以直接上机生产。上机编织主要包括使用原料与原料的排列、织针与三角排列、确定线圈长度或织物密度等。纤维沿着纬向依次垫放到针织机的各枚织针上,随着针织机规律的运行,进而形成纬编针织物。磅重检验是产品质量和产量的保证,其中针织物的重量主要靠控制转数来实现。而针织物的质量是由生产过程中所有环节决定,因此需要核对原材料批号、线密度是否符合标准,检查生产过程中有无色花、漏针、破洞、油污等影响成品质量的各类疵点,生产的针织物尺寸、密度等是否符合要求,并做好相应的标记及质量记录。

经编工艺流程为：原料准备、按工艺整经、上轴、穿纱、设定机器挂布、生产过程控制、落布、检验磅重、包装入库。在经编针织物生产前，需要对原料进行前处理，经过络纱、整经等环节，使得纤维平行排列卷绕成经轴，然后上机生产。按照经编针织机的运行规律，将从经轴上退解下来的纤维沿着纵向的方向，依次垫放到一枚或两枚织针上，就形成了经编织物。根据工厂规模和产品要求，设置需要的工艺控制点，例如：原料批号、规格物化控制、纤维张力控制、经编上机工艺、质量控制等。

随着针织机的发展，针织也可实现经编和纬编相互结合的针织工艺，为实现该工艺，需要在针织机上配置两组纤维，一组纤维布置在经向上按照经编工艺垫纱另一组则相应的按照纬编工艺垫纱，两组纤维共同构成线圈，形成经纬结合针织物。

11.2.2　工艺参数

1. 线圈长度

针织物的线圈长度是针织物的一项重要工艺参数，线圈长度越长则针织物越稀疏，进而影响了针织物的耐磨性、脱散性、延伸性、弹性和强力，同时线圈长度对针织物的抗起毛和抗勾丝等性质也有影响。线圈长度是指每个线圈的纤维长度（通常以 mm 为单位），由线圈的圈干及其延展线段组成，一般用 L 表示。

2. 密度

针织物的密度通常用单位长度或单位面积内的线圈个数来表示，是纤维细度一定的情况下，对针织物的疏密程度的反映。针对不同工艺成型的针织物，常用的指标参数有横向密度、纵向密度、总密度以及密度对比系数[14]。

横向密度（简称横密）是指针织物沿线圈横列方向在规定长度（如 50 mm）内的线圈纵行数（纵圈/5 cm）。

$$P_A = 50/A \qquad (11.1)$$

式中　P_A——横向密度，纵圈/5 cm；

　　　A——圈距，mm。

纵向密度（简称纵密）是指针织物沿线圈纵行方向在规定长度（50 mm）内的线圈横列数（横圈/5 cm）。

$$P_B = 50/B \qquad (11.2)$$

式中　P_B——纵向密度，横圈/5cm；

　　　B——圈高，mm。

总密度是指针织物单位面积内线圈数。

$$P = P_A P_B \qquad (11.3)$$

式中　P——针织物线圈密度，线圈/25 cm²。

密度对比系数是指针织物横密与纵密的比值。

影响横密的主要因素是机号，影响纵密的主要因素是送纱速度或弯纱深度。

由于针织物容易受到拉伸而产生变形，在测量针织物的密度前，需要对试样进行松弛处理,释放针织物中的内应力,保证其达到平衡状态,如此才能保证实测密度的准确性,所测数据才有相互对比的意义。

3. 未充满系数

未充满系数又称为线圈线性模数,反映了针织物在相同密度条件下,纤维线密度对织物稀密程度的影响,是线圈长度 $L(\mathrm{mm})$ 和纤维直径 $f(\mathrm{mm})$ 的比值,通常用 δ 表示:

$$\delta = L/f \tag{11.4}$$

线圈长度越长,纤维线密度越小,则未充满系数就越大,表明织物中未被纤维充满的空间越大,说明针织物结构越稀松。

4. 单位面积的干燥质量

针织物单位面积质量是考察和检验针织物质量的关键指标,是指单位面积织物的质量,可用公式(11.5)求得。

$$Q' = 0.000\,4 \times P_A \times P_B \times L \times T(1-y) \tag{11.5}$$

式中 L——线圈长度,mm;

T——纤维线密度,tex;

y——加工时的损耗率,%;

Q'——织物单位面积质量,g/m²。

已知所用纤维的公定回潮率为 $W(\%)$,针织物单位面积的干燥质量 Q 为

$$Q = Q'/(1+W) \tag{11.6}$$

式中 W——纤维的公定回潮率,%;

Q——织物单位面积干燥质量,g/m²。

5. 厚度

针织物的厚度取决于它的组织结构、线圈长度等因素,一般以厚度方向上有几根纤维直径来表示。

6. 收缩率

针织物的收缩率反映了针织物在使用、加工过程中织物长度和宽度的变化情况,即前后相比的变化率,收缩率可以为正值也可以为负值,可由公式(11.7)求得:

$$Y = (H_1 - H_2)/H_1 \times 100\% \tag{11.7}$$

式中 Y——针织物的收缩率,%;

H_1——针织物在加工或使用前的长度,mm;

H_2——针织物在加工或使用后的长度,mm。

11.3 针 织 设 备

11.3.1 组成及工作原理

针织机主要由给纱(纬编)或送经(经编)机构、编织机构、针床(横机)或梳栉横移机构(经编机)、牵引卷取机构、传动机构及辅助机构等组成。下面以针织经编机为例说明各机构

的工作原理。

针织经编机结构如图 11.17 所示,其中,成圈机构是指在经编机中,能够使径向纤维成圈,并在成圈后互相套串最终形成针织物的机构。梳栉横移机构是指控制针前和针背横移,从而完成导纱梳栉垫纱过程的机构。经编机正常工作时,经向纤维从经轴上退绕下来,按照一定的送经量送入成圈系统,供成圈机构进行编织,这一过程称为送经。完成这一过程的机构称为送经机构。牵拉卷取机构是指织物通过牵拉辊与转动辊之间,经过很大的包角之后,到达输出辊。这些辊包有摩擦系数较高的砂纸,以便很好地握持织物,以达到保证牵拉质量

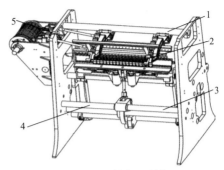

图 11.17　针织经编机
1—送经机构;2—成圈机构;3—传动机构;
4—牵拉卷曲;5—梳栉横移机构

的目的。传动机构是指能使设备相互进行协调工作的机构,主要包括以主轴为主体的过凸轮、偏心连杆、蜗轮蜗杆、齿轮等[15]。

11.3.2　针织设备的发展

针织工业的发展情况可归纳为以下五个阶段。

第一阶段(1955—1962 年):为探索新的机械式设备的时期。化纤产品在 1930 年末到 1940 年末成功生产,并在 1950 年形成了大规模的商业生产。针织设备和产品的开发与原材料的开发密切相关,特别是人造纤维和合成纤维。在这种情况下,需要有更多适于织造的机械设备来开发新产品。高速经编、圆纬双面、衬纬经编以及复合针针型的兴起,以及 20 世纪 60 年代初期兴起的各种针织单面机,使弹簧针于经编中趋向淘汰,如图 11.18 所示。

第二阶段(1963—1970 年):经前一阶段探索发展,较为先进的机械式针织设备开始在市场上广泛应用起来,如各种新型的双面机、单面机、经编机和袜机等,并具有了高超的加工工艺技艺。针织双面机如图 11.19 所示。

图 11.18　针织单面机

图 11.19　针织双面机

第三阶段(1971—1978 年)：近代科学成就开始应用在各种针织设备上，如气流、光电和微电子技术等，这对于设备整体的应用水平有了很大的提高。

第四阶段(1979—1982 年)：气流、电子等现代科学技术成就广泛应用在先进的设备上，加快了针织设备的发展速度。

第五阶段(1983—1985 年)：无针针织机由于计算机和电脑应用从设想变为现实，利用气流等技术开发并初试成功。无针针织机如图11.20 所示[16]。

图 11.20　无针针织机

如今，随着新材料的诞生和新技术的应用，经编设备变得越来越精密、高效和节能。随着碳纤维复合材料在轻质高强度部件中的广泛应用，经编设备的设计理念和综合性能得到了极大的发展[17]，出现了以生产复合材料增强体为主的设备（如双轴向经编机），以及经编高效优质生产技术、针织设备智能控制技术等，极大推进了复合材料的生产。

(1)双轴向经编机(图 11.21)可用于生产与非织造布结合、密实半开放或开放结构的复合材料，以及风力发电叶片用复合材料用织物。

(2)经编高效优质生产技术。碳纤维增强材料 CFRP 用作梳栉、针床和沉降片床等，具有质量减轻 25%，刚性得到提高，适应的温度范围更广等优点，使经编机转速上了新台阶。国外特里科经编机最高速度已达到 4 400 r/min，机号为 E50，如图 11.22 所示[18]。拉舍尔经编机最高达到 2 500 r/min，机号为 E40。国产特里科经编机实际速度不超过 2 000 r/min，机号不超过 E32。

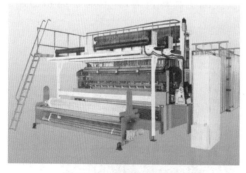

图 11.21　双轴向经编机

图 11.22　国外特里科经编机

(3)针织设备的智能控制技术。随着产品性能的提高及其结构的复杂性和精细化，产品设计信息和工艺信息的数量猛增，针织设备也从原来的能源驱动型向信息驱动型转变。在针织生产过程的各个方面，人工智能技术被应用到工程设计、过程设计、生产调度、故障诊断等方面,实现了生产过程的智能化,解决了高速生产和复杂化的问题。针织编织缺陷监测技术利用高速相机和计算机图像处理技术来识别织物缺陷,提高缺陷识别的速度和准确性,取代了原来的光电扫描技术。利用针织车间的实时监控技术,将针织设备作为网络终端,并采用开放数据接口,在线实时数据采集技术和网络技术,实现对生产状况的采集和监控,并迅速应对出现的生产问题[19]。

11.4　工程应用及发展趋势

11.4.1　工程应用

1. 航空航天

航空航天是缝编织物重要的应用领域。在飞机制造上使用轻质高强的缝编织物做复合材料构件,可以有效地减轻飞机自身重量、延长飞机的使用寿命,同时能够防火、耐腐。缝编织物复合材料主要是用作飞机的蒙皮、尾翼的前缘和边缘、机身的面板、舵前缘及发动机面板,现在也可用于叶片的制造[20]。另外,碳纤维经编织物预制体/LCM 工艺制作已在新一代大型飞机空客 A380、波音 787 和空客 A400M 等机型上得到了成功应用。空客 A380 和波音 787 的后承压框穹形框壳均采用 0°、90°经编碳纤维织物制备预制体。空客 A380 承压框尺寸为 6.2 m×5.5 m×1.6 m,材料为日本东邦公司 6K、12K HAT 碳纤维 0°、90°经编织物,977-2 环氧树脂,帽型加筋充填 Rohacell 泡沫,采用加筋条缝合预制体/RFI 工艺成型。A380 外翼的翼肋和翼梁采用±45°经编织物,MVI 工艺成型[11]。

2. 风力发电

缝编织物是风力发电中不可或缺的重要组成部分。多轴向缝编织物基布是风力发电机叶片以及其他重要构件的主要材料,使用缝编织物复合材料制造的风力发电机叶片具有轻质高强、刚性好的优点,能够满足发电机叶片大型化、轻量化、高性能、低成本的要求[20]。以国内外的研制经验,兆瓦级以上的风叶就需要采用高性能缝编织物来制造才能满足要求[11]。

3. 交通运输

纬编针织物具有优异的透气透湿、吸声隔声、抗压缩、保温保暖、缓冲减振等性能,且生产效率高、成本低,可用作汽车内装饰材料,从而改善车内的空气流通状况。针织物还可以作为汽车门板、座椅靠背等包覆材料以及汽车顶棚、行李舱等内衬材料来使用[21]。此外,缝编织物复合材料还应用于一些汽车或摩托车的轮胎圈、汽车的保险杠或刹车片等部位,这不仅可以减轻车身重量,而且能够有效地提高各部件的使用性能[20]。

4. 家用内饰

由于针织物的气候调节性能和卫生性能优良,非常适用于家用内饰纺织品领域。目前针织物已经用作坐垫覆盖层、坐垫、室内隔离物、天花板覆盖层等[1]。

5. 医疗卫生

针织物的舒适、柔软亲肤、透气、吸湿导湿、热湿调节性好等优点,使其适用于医用产品,如口罩、绷带、伤口敷布等[21]。玻璃纤维涂层针织物医用绷带是针织物在医疗领域的一大应用,它是一种以玻璃纤维针织物为基材,涂覆聚氨酯树脂的产品,用以替代骨折、肌肉拉伤、韧带损伤、外科及整形外科所需的沿用了百年的传统的夹板、石膏纱布绷带。玻璃纤维涂层针织物新型医用绷带不但能改变传统的石膏纱布绷带对人体的不良影响,而且其强度是石膏绷带的 20 倍以上、比石膏绷带轻 5 倍、透气性极好、X 射线透过率为 100%,无论是在包扎重量、厚度、可透 X 光、耐水方面,还是在透气、患者舒适度、固化定型时间方面都有重大突破,玻璃纤维涂层针织物新型医用绷带的开发应用是包扎绷带的一次革命。

6. 建筑工程

针织物复合材料可广泛用作各种异型管道的增强材料,这种增强材料既可以对管道弯曲时周围骨架层受力不均而影响使用质量进行有效改善,又能够有效地提高材料抗爆破张力[22]。同时,针织物复合材料可以用作加固修复材料,这种复合材料多以碳纤维、芳纶为原料。

7. 其他应用

横机编织的针织物主要应用于军事、航空航天、交通运输等领域,如防弹头盔、防弹背心、增强轻质构件或复合材料的增强材料等。

11.4.2 发展趋势

与生产织物的其他技术相比较而言,针织具有生产流程短、生产效率高、占地面积小、噪声小、劳动强度低等特点。针织工艺的技术灵活性、结构多样性、结构完整性和可成型性、原材料普适性、可自动化生产、设备高效性使得针织物在各个不同领域的比重日渐提升。

随着针织技术在各个领域的不断开拓与发展以及针织设备的不断研发和创新,给针织物在各不同领域的应用进一步提供了发展的机遇。但是实现和保证针织物的可持续发展仅仅依靠革新针织技术和研发针织设备是远远不够的。针织物产业是一个具有高科技含量的综合性产业,涉及的技术和学科相当广泛,不仅涉及物理、化工、材料等多门学科,同时在医药、水利、建筑等工程技术上也有广泛的应用,通常是不同学科,多项工程技术,各个领域的相互交叉,因此针织物产业的发展不仅需要针织技术本身的更新作为保证,更需要依托跨行业、跨领域的技术共享和信息交流[8],不断促进和拓展各行业、各领域的技术合作,最终才能保证针织物产业在各个领域能够不断深入地可持续地发展[23]。

目前,针织复合材料无论是在国内还是国外,都已经成功应用于航天航空、船舶运输、物理化工、建筑、医疗等多个领域。虽然国内外许多学者对针织物在复合材料中的应用及其力学性能做了大量研究,但人们对它的类型、特点以及结构,尤其是纬编针织结构在复合材料中的应用还未引起足够的重视[7]。但是高性能针织复合材料作为一种新型轻质高效材料,其应用空间和发展前景是广阔的,高性能针织复合材料的研究将成为我国针织行业长足发展的新机遇和新挑战。

另外,高性能缝编织物已经广泛应用与欧美等西方国家军事和民用领域,缝编织物在国内也在不断推广创新,尤其是航空航天领域,需要很多大型的轻量化的结构部件的研制,通过缝编织物的引入,充分发挥其优势特点,制备出高性能的整体预制体,将大幅增加结构件的整体性能,大大提高我国航空复合材料制品的性能水平和工艺制造水平。当前缝编织物在国内的应用还处于逐步发展阶段,早期通过引进多轴向缝编机,消化吸收了相应的技术,已经创新发展了多种缝编织物产品,如碳纤维/玻璃纤维混编以及芳纶纤维/玻璃纤维混编的多轴向缝编织物。与此同时,在应用领域研究方面也有一定的进展,一些典型的产品如高速船艇和轴流风机叶片等已经成功应用到船舶运输、航空航天、能源环保等领域[11]。

参考文献

[1] KANAKARA P,ANBUMANI J N. 三维针织间隔织物及其应用[J]. 国际纺织导报,2007(6):66-69.

[2] 全国玻璃纤维标准化技术委员会. 玻璃纤维缝编织物:GB/T 25040—2010[S]. 北京:中国标准出版社,2010:9.

[3] 董韵,李炜. 经编多轴向织物[J]. 玻璃钢/复合材料,2006,1(1):56-57.

[4] 梅自强. 纺织词典[M]. 北京:中国纺织出版社,2007.

[5] 针织技术工艺与针织设备[EB/OL]. (2011-10-08)[2020-06-17]. https://www.docin.com/p-1601054536.html.

[6] 龙海如. 针织学[M]. 北京:中国纺织出版社,2014.

[7] 胡红,罗永康. 纬编针织结构在复合材料中的应用[C]//第十四届全国复合材料学术会议,2006:52-57.

[8] 韦艳华,宋广礼,李津,等. 三维纬编针织物编织工艺的研究及其CAD系统的开发[D]. 天津:天津工业大学,2000.

[9] 邱利红. 高弹经编内衣面料的开发[J]. 轻纺工业与技术,2008(7):33-35.

[10] 张东宪. 聚对苯二甲酸二醇酯人工韧带支架材料的空穿编织和力学性能分析[D]. 西安:第四军医大学,2012.

[11] 蔡建强. 缝编织物复合材料的低成本制造及应用[C]//第十四届全国复合材料学术会议,2006:1267-1271.

[12] PANDITA S D,FALCONET D,VERPOEST I. Impact properties of weft knitted fabric reinforced composites[J]. Composites Science and Technology,2002,62(7-8):1113-1123.

[13] 王洪燕,张守斌,潘福奎. 多轴向经编织物的性能及应用[J]. 现代纺织技术,2008,4(3):58-60.

[14] 任彩玲. 麦饭石纤维针织面料的研究与开发[D]. 西安:西安工程大学,2011.

[15] 周荣星,陈明珍. 经编多轴向技术及其在复合材料中的应用[J]. 武汉纺织工学院学报,1999,12(3):81-85.

[16] 蒋高明. 针织技术:创新与发展[J]. 江苏纺织,2014(6):1-7.

[17] 蒋高明,高哲. 针织新技术发展现状与趋势[J]. 纺织学报,2017,38(12):169-176.

[18] 吴硕寿. 针织工业的技术进步与任务[J]. 针织工业,1986(6):40-48.

[19] 蒋高明. 现代经编技术的最新进展[J]. 纺织导报,2012(7):55-58.

[20] 魏光群,蒋高明,缪旭红. 多轴向经编针织物的应用于发展展望[J]. 纺织导报,2008,3(3):70-72.

[21] 陈绍芳,伯燕,雷励. 间隔织物的生产与应用[J]. 上海纺织科技,2011,39(10):42-43.

[22] 缪旭红,韩玉梅,赵帅权. 针织结构在产业用纺织品上的应用[J]. 纺织导报,2014(7):33-36.

[23] 王群. 三维全成形产业用针织物的编织工艺与性能研究[D]. 上海:东华大学,2016.

第12章 非织造织物

12.1 非织造原理

12.1.1 概念

我国国家标准《纺织品　非织造布　术语》GB/T 5709—1997对非织造织物的定义是：定向或随机排列的纤维通过摩擦、抱合或黏合，或者这些方法的组合而相互结合制成的片状物、纤网或絮垫，不包括纸、机织物、针织物、簇绒织物、带有缝编纱线的缝编织物以及湿法缩绒的毡制品[1]。

非织造织物按照纤网成型方式可以分为干法、湿法、纺丝成网三大类，按照固结的方法可分为机械加固法、热黏合法和化学黏合法三大类[2]。每一大类中又细分为几种方法，例如干法成网中又分为气流成网、机械梳理成网，机械加固中又可分为针刺加固、水刺加固。不同的加固方法可使非织造织物呈现不同的风格和特性。

采用梳理成网，针刺加固方式制备的高性能纤维非织造织物可作为复合材料的增强体。采用湿法成网、纺丝成网中的熔喷成网制备的高性能纤维非织造织物也已经在各个领域得到广泛的应用。

12.1.2 组织结构

非织造织物与传统的织物有较大的差异。典型的非织造织物都是由杂乱纤维组成的。同时为了进一步增加其强力，达到结构的稳定性，所形成的纤网还必须通过施加黏合剂、热黏合、纤维与纤维的缠结、外加纤维缠结等方法予以加固。大多数非织造织物的结构是由纤维网结构与加固结构所共同组成的。

纤维网结构指的是纤维排列、集合的结构，可称为非织造织物的主结构。一般纤维网的结构可分为有序排列结构和无序排列结构。有序排列结构中根据纤维排列的方式和方向可分为纤维沿纵向排列的纤维网、纤维沿横向排列的纤维网以及纤维交叉排列的纤维网。无序排列的结构就是纤维杂乱、随机排列形成的纤维网。纤维网结构形式通常由成网方式决定。

加固结构相对于纤维网主结构，是一种辅助结构，取决于纤维网固结的方法。典型的非织造织物加固结构可分为以下两类：

（1）纤维网由部分纤维得以加固的结构。这种纤维网结构中的纤维互相缠结形成加固点，或者引入纤维通过缝编技术产生线圈进行加固。

（2）纤维网由黏合作用得以加固。这种纤维网结构中的加固点以点状黏合结构、膜状黏合结构和团块状黏合结构存在。

12.1.3 形成原理

非织造织物种类丰富,不同种类的非织造技术具有不同的工艺原理,但所有的非织造技术具有一致的基本原理,可用其工艺过程进行描述,一般分为以下三个过程:

(1)纤维准备。纤维进行一定预处理,例如短切、开松。

(2)成网。进一步将纤维处理成单纤维状态的纤维网。

(3)加固。采用一定加固方法制备稳定状态的非织造织物。

12.2 非织造工艺

高性能纤维非织造织物的常用制备工艺主要有梳理成网、熔喷成网和湿法成网三种。

12.2.1 工艺流程

1. 梳理成网

梳理成网是将纤维处理成单纤维状态后,经过针刺或黏合等成型方法加固制备具有一定面密度的纤维网。其中,将纤维梳理成网后再进行针刺固结是一种重要的高性能纤维非织造织物的成型方式,适用于玻璃纤维、碳纤维和玄武岩纤维等。这种方式通过刺针将部分平面纤维引入 z 向,实现纤维间的缠结抱合,进行加固,不引入其他物质,成型方法简单,能耗低。

梳理成网工艺流程主要为:纤维短切—开松—给棉—梳理—铺网—加固。

纤维短切:将连续高性能纤维按照要求切成一定长度的短纤维。

开松:将定长短纤维初步松解,使其呈分散状态。

给棉:短纤维在棉箱内进一步分散,均匀输送到梳理机。

梳理:通过机械梳理或者气流梳理将纤维彻底分梳,使之成为单纤维状态。梳理出来的纤维薄网进入到铺网机内。

铺网:通过交叉铺叠成网可获得一定单位面积质量且具有良好均匀性的纤维网,纤维网宽度不受梳理机幅宽限制。

加固:针刺固结是梳理成网的一种固结方式。利用截面为三角形(或其他形状),棱边带钩齿的刺针的往复运动,使纤维网中纤维在刺针的携带作用下互相缠结,将原本疏松的纤维网形成具有一定强力和厚度的非织造织物。

2. 熔喷成网

熔喷成网是高聚物熔体从挤压机挤出后,经过高速的热空气或其他手段(例如静电力、离心力等)的作用而受到极度拉伸,形成极细的短纤维,短纤维在网帘或多孔滚筒上凝集形成纤维网,最后经自身黏合或热黏合加固[2]。这是制备超细纤维非织造织物的重要成型方法,主要适用于有机高性能纤维非织造织物的成型,成型过程不引入其他物质,通过自身黏结进行固结,保证了材料的均质性。

熔喷成网工艺流程主要为:喂料—原料融化—熔融喷丝—加固。

喂料:将聚合物原料在喂料箱混合,通过螺旋搅拌器使各种粒料混合均匀。

原料融化:聚合物原料在螺杆挤压机里加热融化,挤出至过滤装置后,通过计量泵精确计量,连续输送高聚物熔体到纺丝模头喷丝。

熔融喷丝:将熔融状态的高聚物喷吹成超细纤维。

加固:收集喷吹出来的超细纤维时,纤维通过自身的黏结进行固结。

虽然上述成型方法适用于制备有机高性能纤维非织造织物,但无机高性能纤维在制备超细纤维非织造织物时也可借鉴熔融—喷丝—加固的方式,例如玄武岩棉毡、玻璃纤维棉毡等。鉴于有机材料与无机材料的不同,其制备方法也不同,超细玻璃纤维非织造织物的制备工艺主要有四种:火焰喷吹工艺、离心喷吹工艺、压缩空气垂直喷吹工艺和微旋风法工艺,其中火焰喷吹工艺和离心喷吹工艺是目前较为成熟且广泛使用的方法[3]。火焰喷吹工艺能够生产纤维直径在 $0.1~\mu m$ 以下的玻璃纤维非织造织物,具备优异的保温隔声性能,其工艺流程为:将玻璃纤维原料按一定比例混合后投入窑炉加热,熔化出玻璃液,通过漏板形成一次玻璃细丝流股,在高温、高速的火焰气流作用下,一次玻璃细丝流股被二次熔融和牵引,得到超细玻璃纤维,将含黏结剂和加工助剂的溶液均匀雾化喷洒于超细玻璃纤维表面,使其均匀地分散在成型网上,制备出超细玻璃纤维棉毡[4]。

3.湿法成网

湿法成网是在特定的成型器中将纤维、水或化学助剂进行混合后脱水而制成纤维网状物,再经物理或化学处理及加工后获得某种性能的非织造织物。

湿法成网工艺流程为:纤维短切—制备纤维浆料—湿法成型—加固。

纤维短切:将高性能纤维按照要求切成一定长度的短纤维以便进行浆料的制备。

制备纤维浆料:将高性能短纤维与表面活性剂、分散剂等混合,使纤维呈单纤维状态,制备浆料。

湿法成型:纤维浆料被输送至成网机上,浆料中的液体被抽吸,脱水后的纤维留在网帘上。

加固:采用浸渍、溶剂黏合等化学黏合方法对脱水后的纤网进行固结,再烘燥热压。

12.2.2 工艺参数

非织造织物在成型过程中,经历成网与加固两个主要过程,需要由多台设备组成生产线协同工作,针对不同种类的纤维,只有各台设备的工艺参数互相匹配才能保证非织造织物产品的高质量与生产的高效率。

1.梳理成网工艺参数

短切的工艺参数主要是短切长度。纤维的短切长度会影响成网质量及非织造织物的性能,由于不同的纤维属性不同,其用于梳理的短切长度也存在差异,短切长度合适才能保证非织造织物低损伤、高效率、高质量的进行后续生产。

开松的工艺参数主要是开松度,其计算公式如下:

$$K = \frac{V_1 - V_2}{V_1} \times 100\% \tag{12.1}$$

式中 K——开松度,%;

$\quad V_1$——纤维开松前的体积,m^3;

$\quad V_2$——纤维开松后的体积,m^3。

开松度主要衡量纤维的开松程度,良好的开松度可改善纤维排列结构和均匀度,利于后续梳理成网。

给棉的工艺参数主要是输出纤维的 CV 值,其计算公式如下:

$$CV\% = \frac{S}{\overline{X}} \times 100\% \tag{12.2}$$

$$S = \left[\sum (X_i - \overline{X})^2 / n \right]^{1/2} \tag{12.3}$$

式中 S——标准差或均方差;

$\quad \overline{X}$——平均值;

$\quad X_i$——第 i 项的值;

$\quad n$——取样总数。

输出纤维的 CV 值主要影响输送至梳理机内短纤维的数量,从而影响梳理成网质量,CV 值越低越有利于提升梳理成网均匀性。

梳理的工艺参数主要是梳理度,其计算公式如下:

$$C = K_c \times \frac{N_c \times n_c \times L \times r}{P \times N_B} \tag{12.4}$$

式中 C——梳理度,齿/根;

$\quad N_c$——锡林针布的齿密,齿尖数/$inch^2$[①];

$\quad n_c$——锡林转速,r/min;

$\quad N_B$——纤维细度,dtex;

$\quad r$——纤维转移率,%;

$\quad P$——梳理机产量,$kg/(台 \cdot h)$;

$\quad K_c$——比例系数;

$\quad L$——纤维长度,mm。

梳理度主要用于评价梳理的分梳效果及纤维的损伤情况。

铺网的工艺参数主要是铺网层数,其计算公式如下:

$$N = \frac{v_4 \times w}{v_5 \times L} \tag{12.5}$$

式中 N——铺网层数,层;

$\quad v_4$——铺网速度,m/min;

---

① 1 inch = 25.4 mm

v_5——成网帘速度,m/min;

w——单网宽度,m;

L——成网宽度,m。

铺网层数主要影响成网的均匀性,一般情况下铺网层数 6~8 层才能保证纤网均匀。

加固的工艺参数主要是针刺密度和针刺深度,其中,针刺密度的计算公式如下:

$$D_n = \frac{N \times n}{v} \times 10^{-4} \tag{12.6}$$

式中 D_n——针刺密度,刺/cm²;

N——针板植针密度,枚/m;

n——针刺频率,刺/min;

v——纤网输出速度,m/min。

针刺密度主要影响织物中缠绕抱合纤维的数量,提高织物的强度;针刺深度主要使纤维间得到足够的缠结和获得有效的抱合力。

2. 熔喷成网工艺参数

原料融化时工艺参数主要是螺杆挤压机各区的温度及聚合物熔体的挤出量。纺丝过程能否顺利进行及最终产品的力学性能,主要受螺杆挤压机各区温度的影响。温度设置不当,会产生堵塞喷头、磨损喷丝孔等现象[5]。聚合物熔体的挤出量影响织物面密度,挤出量增加,熔喷非织造织物定量增加,强度提高,当挤出量过大时,熔喷非织造织物的强度反而下降。

熔融喷丝的工艺参数主要是热气流速度及热空气喷射角度。前者对纤维的线密度和产品的物理性能都有直接影响,后者主要影响拉伸效果和纤维形态。

3. 湿法成网工艺参数

纤维短切的工艺参数主要是纤维的短切长度,它会影响产品的强度与均匀度,过短影响产品强度,过长会增加制浆与浆料输送难度,浆料中的纤维易产生缠绕打结的现象,导致产品不匀。国内的湿法非织造织物使用的纤维长度通常为 4~6 mm,有的可达到 8~10 mm,甚至更长[6]。

制备纤维浆料时的工艺参数主要是浆料黏度。不同的纤维疏水性程度不同,浆料的浓度要与纤维匹配才能保证纤维在浆料中分散均匀,不互相缠结,避免出现絮聚现象。

湿法成型时的工艺参数主要是浆料的输送速度。湿法成型的非织造织物使用的纤维较长,大多数又具有憎水性,容易缠绕和沉积[6],浆料以合适的输送速度输送才能避免纤维的沉积现象。

12.3 非织造设备

12.3.1 组成及工作原理

1. 梳理成网设备

梳理成网设备主要包括开松机、梳理机、铺网机及针刺机。

开松机主要由喂入帘、压辊、喂入罗拉、开松辊、剥毛辊、风机和风筒等组成,如图 12.1 所示。开松机工作原理是:短切后的高性能纤维从喂入帘经压辊输送至开松装置,利用喂入罗拉与开松辊上的角钉、梳针或者针布,使纤维松解和分梳,再通过剥毛辊将疏解后的纤维剥取,利用风机和风筒将纤维输出。

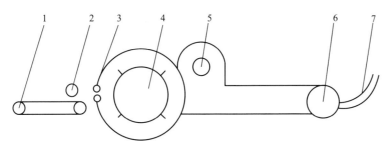

图 12.1　开松机结构示意图

1—喂入帘;2—压辊;3—喂入罗拉;4—开松辊;5—剥毛辊;6—风机;7—风筒

梳理机主要由喂入帘、压辊、梳理单元、锡林、道夫、输出帘等组成,如图 12.2 所示。梳理机工作原理是:经过开松后的纤维,通过给棉箱落到喂入帘,经压辊输送至梳理机,由工作罗拉、剥取罗拉和锡林将纤维分梳、剥取和提升,使之杂乱、均匀并转移至道夫,剥离辊从道夫上剥离出纤维网,落到输出帘,输送至铺网机。

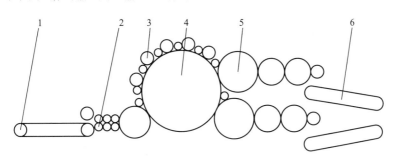

图 12.2　梳理机结构示意图

1—喂入帘;2—压辊;3—梳理单元;4—锡林;5—道夫;6—输出帘

铺网机主要由输入帘、补偿帘、铺网帘等组成,如图 12.3 所示。铺网机工作原理是:输入帘接收到由梳理机输出的纤维网,通过补偿帘到达铺网帘。铺网帘不仅进行回转运动,同时还会根据设定的需求按照一定宽度进行往复运动,如此反复,最终输出一定厚度,一定幅宽的纤维网[7]。

针刺机结构示意如图 12.4 所示。喂入机构接收到铺网机输出的纤维网,并运送到剥网板与托网板之间的加工区域。与此同时,偏心轮在主轴的带动下驱动连杆产生摆动,使得导套进行上下往复运动,并带动针刺组件同步上下运动。通过该运动,使得钢针将纤维带入 z 向,形成纤维"销钉"。如此往复,完成纤维网的加固[7]。

2. 熔喷成网设备

熔喷成网设备是以纤维熔体为原料直接制备超细纤维或纤维网产品的设备,主要

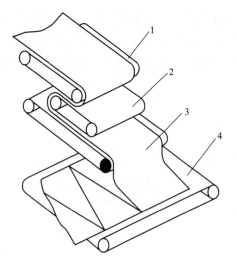

图 12.3　铺网机结构示意图

1—输入帘；2—补偿帘；3—纤维网；4—铺网帘

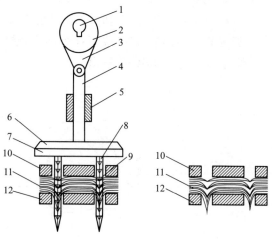

图 12.4　针刺机结构示意图

1—主轴；2—偏心轮；3—连杆；4—推杆；5—导套；

6—针梁；7—针板；8—刺针；9—钩齿；

10—剥网板；11—纤维网；12—托网板

由料斗、螺杆挤出机、计量泵、气流腔、接收装置和卷绕装置等组成，如图 12.5 所示。熔喷成网设备工作原理是：将切片处理过的原料，通过料斗喂入螺杆挤出机。利用螺杆挤压并通过加热，得到完全熔融混合的原材料。利用计量泵控制喂入纺丝箱的原材料用量。原料熔体从喷丝头挤出，由于高温高速空气射流的影响，被拉伸形成超细纤维，并最终在自身黏合作用下于网帘上形成网[8]。

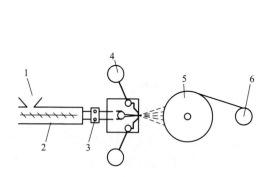

图 12.5　熔喷成网设备结构示意图

1—料斗；2—螺杆挤出机；3—计量泵；

4—气流腔；5—接收装置；6—卷绕装置

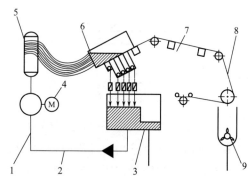

图 12.6　湿法成网设备结构示意图

1—悬浮料液；2—水循环系统；3—白水盘；

4—混料泵；5—布浆器；6—流浆箱；

7—脱水箱；8—输送装置；9—碎浆机

3. 湿法成网设备

湿法成网设备由水循环系统、白水盘、混料泵、布浆器、流浆箱、脱水箱、输送装置和碎浆机等组成，如图 12.6 所示。湿法成网设备工作原理是：浆料制备箱系统供应悬浮液，在混料泵中将原料和大量白水稀释混合,混合料液在布浆器的作用下,通过软管均匀的输送到流浆箱,并在斜网上连续沉积。被脱水箱排出的白水在重力作用下重新回到白水盘,而真空管则会去除纤维成网后的多余水,成型的非织造织物被提起输送至后续生产线(如压光机、烘干机、黏合机、热轧机、打卷机),最后裁整边缘成卷,并将生产过程中产生的废料回收到浆料预备箱[9]。

12. 3. 2　非织造设备发展

历经几十年发展,非织造设备实现了从零开始,逐步提升,走向成熟的历史性跨越,通过技术团队之间的相互交流,取长补短,实现了针刺设备在速度、性能、质量上的显著提升,同时在机械化、自动化、智能化方面不断完善发展。从预处理、成网、加固再到后整理环节全流程自动化且能够适应绝大部分原材料与成品。各档次设备齐全,拥有设计、制造、生产、配套的完整产业链,为非织造设备的发展提供坚实的保障[10]。

1. 梳理成网设备

针刺法是干法非织造织物制备中最重要的成型方法。针刺法具有缩短加工流程,简化加工设备,降低加工成本,产品应用广泛等特点。1878 年,英国 William Bywater 公司率先制造出了第一台针刺机,紧接着英国 James Broadhead 公司于 1885 年开始使用针刺法制造纤维薄毡。20 世纪 30 年代,汽车行业广泛将针刺非织造材料用于汽车生产。到 1957 年,美国 James Hunter 工厂设计并生产的传动平衡针刺机转速已经可以达到 800 r/min。1968 年奥地利 Fehrer 公司进一步优化了针刺机,制造出了组合机架、全封闭分段传动针刺机,并于 1972 年发明了 U 形刺针和花纹针刺机。时至今日,德国和奥地利掌握着世界针刺技术与针刺设备的核心技术,引领世界针刺行业发展。

目前的非织造织物针刺机性能已经得到极大提升,最大针刺速度可以达到 3 500 r/min,织物产量超过 60 m/min,最大产能可达 150 m/min。市面上各式各样针刺设备多达上百种,其中奥地利 Fehrer 公司的针刺机,其植针密度最大可达 10 000 枚/m,门幅超过 16.5 m,结构上采用了最新式的弧形针板机构。我国的针刺技术与设备相较发达国家起步较晚,但随着近年来不断探索,目前已经研制出转速超过 12 000 r/min 的通用型针刺机,植针密度 10 000 枚/m,最宽门幅达 6 m。

2. 熔喷成网设备

20 世纪中叶,因为美苏两国核试验而产生了大量放射性微粒,美国海军实验室为了收集微粒,开创性的研发出了最早的熔喷技术,并利用该技术,成功制作出了用于过滤材料的超细纤维。在 20 世纪 60 年代后期,美国率先发现了超细纤维背后的巨大商机,开启了新一轮的研究和发展,并成功研制出低成本聚丙烯超细纤维。同一时期,Accurate 机械制造公司成功制造出世界上第一台熔喷装置,并配有 10 英寸熔喷喷丝头[8]。

在此之后,众多公司投入到对熔喷技术的研究当中,其中以 Exxon、Accurate、Biax Fiberlilm、Exxon Mobil、Reifenhauser、Kimberly-Clark 和 Nordson 等公司最为出名。由于这些公司的参与,使得熔喷技术得到了极大的推动,并迅速成熟且进入商业应用。1950 至

2000 年短短 50 年间,仅熔喷技术相关专利就多达 320 件。而在我国,熔喷技术起步较晚,直到 20 世纪 90 年代,第一条商业化熔喷生产线(图 12.7)才在安徽临奥公司的引进下进入国内。目前我国拥有超过上百条熔喷生产线,技术设备水平大幅提升,产品质量显著提高[8]。

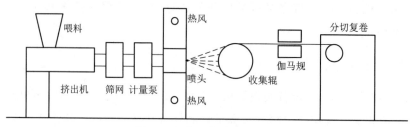

图 12.7 商业化炼喷生产线

3. 湿法成网设备

最早的湿法非织造技术,其技术灵感来源于造纸技术,但由于针对的材料不同,相比传统造纸技术又不尽相同。与传统造纸技术相比,两者的成型器都分为圆网与长网,但由于原料长度与疏水性的不同,湿法非织造技术的上网浓度要低于传统造纸技术,这就导致了在网部结构上的巨大差异。侧流式圆网槽结构和长网的侧浪式网前箱是我国为满足长纤维造纸而特别设计的,同时也能用于湿法非织造技术。在国外,采用带真空箱的圆网笼,而长网则是倾斜的。上网浓度低是斜网纸机的一个重要特点,低浓度可以使长纤维长时间保持悬浮在空间中,从而有效防止絮聚的发生;采用较低的纸机车速,可以为纸幅提供足够的成型时间,纸的均匀性与透气性因此得到保证;在抄纸过程中,对纸幅施加适当的压力,可以保证纸页保持合适的松厚。通过这种方式,能够有效地保证纤维在浆浓较低的情况下均匀地分散在网上,同时缓慢的脱水也能够保证透气性满足产品要求,很多纤维在打浆机中较难切断,因此在备料时通常要对纤维按一定长度进行切断[9]。

目前市面上比较先进的湿法成型机是由安德里兹寇司德公司研发的,如图 12.8 所示。这种能够控制内部浆料状态的湿法成型机,可以利用内压对网布上的悬浮液供应加以控制。该系统具有将不同材料或混合材料层叠交织,从而无须助剂便可使纤维夹层之间相互交织的优点[9]。

图 12.8 湿法成型机系统

12.4 工程应用及发展趋势

12.4.1 工程应用

非织造织物因工艺流程短、加工方法多样、使用原料及产品应用领域广而得到迅猛发展。高性能纤维非织造织物作为隔热防护材料、隔声吸声材料、增韧材料、发热材料、环保防护材料等在航空航天、海洋船舶、风力发电、建筑工程、汽车工业及医疗器械等领域得到了广泛的应用。

碳纤维针刺织物是军用超音速飞机及大型民用飞机刹车片重要原材料。碳纤维针刺织物通过梳理成网固结的纤维网与碳纤维布进行叠层针刺制备而成,可提供良好的层间剪切强度,经过复合后制备的碳/碳复合材料质轻高强,具有很好的韧性、抗热冲击性与耐烧蚀性能,且热膨胀系数低、损伤容限与高温比强度高。这些优点使其成为材料中的佼佼者[11],已在各国航空刹车片上得到广泛的应用。

英美技术纤维产品(TFP)公司采用独特的湿法非织造工艺,制成了 Optimat 品牌非织造表面毡。该产品原材料采用了碳纤维、镀金属碳纤维、C 玻纤、E 玻纤、碳化硅纤维、芳纶纤维、PET 纤维与金属纤维。此外,还可利用不同类型纤维混合,制成具有特殊性能的表面毡,例如利用导电纤维、芳纶纤维、玻纤与 PET 纤维混合制成不同表面电导率的表面毡,可用于制备电磁/射频屏蔽及静电耗散的复合材料[11]。

12.4.2 发展趋势

由于非织造技术与产品的独特性,在未来工程复合材料、先进复合材料、功能性复合材料和智能型复合材料的发展中必将占有一席之地。今后,我国非织造织物行业里,在各类不同的非织造织物中应用最为广泛的将仍是采用干法成网制备的非织造织物。

技术的发展需要不断创新,创新是技术进步的核心。工艺组合是一种制备非织造织物的复合技术,采用这种技术可以将不同材料的特性与不同工艺的特点相结合,开发出的新产品会达到多功能的效果,同时兼顾内部性能与外观质量。为了满足市场对高附加值非织造产品的需求,国外非织造生产线已由单一化向组合式、多功能和差别化方向发展。各种不同工艺之间的相互组合、渗透与交叉是今后非织造技术发展的趋势,也是非织造织物的创新点所在[12]。

技术的进步离不开工艺与设备的协同发展。近年来,我国非织造织物设备的国产化率已有很大提高,但是与进口设备相比,在产能、自动化程度、产品质量控制等方面仍有一定差距。因此,为进一步缩小国产设备与进口设备之间的差距,我们需要提升设备的自主研究与开发能力,提高设备的设计与加工水平,生产出具有自主知识产权的高性能设备[13]。另外,从环保和绿色制造角度,新材料使用和设备关键零部件轻量化是我国非织造设备提升与发展的必由之路。同时,设备的智能化发展也是未来发展的一大趋势[14]。

参考文献

［1］ 全国纺织品标准化技术委员会.纺织品非织造布术语:GB/T 5709—1997[S].北京:中国标准出版社,1998:5.

［2］ 李晶.环境友好型非织造布吸声材料的研究[D].天津:天津工业大学,2007.

［3］ 陈照峰,吴超,杨勇,等.航空级超细玻璃纤维棉毡的制备及隔音隔热性能研究[J].南京航空航天大学学报,2016,48(1):11-15.

［4］ 翟福强,杨金明,曾影,等.火焰喷吹施胶法制备高性能超细玻璃纤维棉毡[J].材料研究与应用,2018,12(2):93-96.

［5］ 尤娟娟.MB1600熔喷法非织造布生产线自动控制系统[D].天津:天津工业大学,2004.

［6］ 王志杰,党育红,李鸿魁.湿法非织造布的工艺技术[J].西南造纸,2005,34(1):41-43.

［7］ 刘海鹏.小型教学用针刺机整机设计及关键技术研究[D].郑州:中原工学院,2018.

［8］ 辛三法.熔喷非织造工艺中纤维成形机理的研究[D].上海:东华大学,2013.

［9］ 梁晓菲,龙柱.浅谈湿法非织造技术[J].华东纸业,2014,45(6):23-26.

［10］ 刘革.非织造设备行业面临转折点[J].中国纺织报,2014,4(2):1-3.

［11］ 向阳.非织造结构复合材料及其应用[J].产业用纺织品,2006,5:1-16.

［12］ 郭秉臣,王山英,曾鹏程,等.我国非织造工业的技术提升和发展[J].产业用纺织品,2012,5(3):1-4.

［13］ 朱民儒.中国产业用纺织品和非织造布的进展[J].产业用纺织品,2005,12:1-15.

［14］ 崔江红,刘海鹏,亓国红,等.非织造针刺技术研究现状及发展趋势[J].上海纺织科技,2017,45(11):1-4.

第 13 章 三维机织物

三维机织物是在二维织物基础上发展起来的,它与平面二维织物存在相似之处,由经向纤维和纬向纤维组成,两个方向的纤维相互垂直,且呈不同程度的弯曲,其中经向纤维相当于平面二维织物的经向纤维,只是连接的深度与长度发生了变化[1]。三维机织物种类、形式存在多样化,至今没有系统的标准定义,通常是指将经向纤维引入特殊组织结构的厚度方向,接结纤维将经向纤维和纬向纤维沿厚度方向连接成型,厚度至少超过参加织造典型单元的纤维直径的 3 倍,织物中纤维相互交织或交叉,并且沿多个方向在平面内或平面间取向[2],从而连成整体的一种纤维制品构造形式。

三维机织物中纬向纤维平行顺直排列,经向纤维沿厚度方向与不同层的纬向纤维交织互锁,层间相互交织,从而提高了材料沿厚度方向的性能。相较于二维织物的层合结构易分层,抗冲击性能差,损伤容限低等缺点,三维机织物复合材料有效避免了易分层问题,具有抗冲击性能好,损伤容限高等优势;较三维编织物的编织周期长,后期不能加工,编织费用高等问题,三维机织复合材料织造工艺稳定,自动化程度高,生产成本相对较低,整体性好,易于成型;三维机织物还具有良好的可设计性能,通过织物中局部纤维的压缩、弯曲以及剪切等变形,实现复杂构件的近净尺寸制备成型,保证了构件的整体性等优点,从而在各领域得到广泛应用。

三维机织物根据织造方法的不同可分为基本结构和变化结构,根据成型方式不同可分为等截面成型、变截面成型、回转体成型以及异形件成型等。

13.1 结 构

13.1.1 基本结构

在三维机织物中,根据纤维在空间的排布和走向,主要包含角联锁结构和正交三向结构两种基本结构。

1. 角联锁结构

角联锁结构由经向纤维、纬向纤维交织而成,还可以通过衬经、衬纬和带法向纤维等方式实现某方向的结构增强。法向增强是在角联锁结构基础上增加沿厚度方向纤维的一种结构,这种结构可提高织物的层间连接强度[3]。

角联锁结构根据连接深度分为层层角联锁和贯穿角联锁。层层角联锁是一种经向纤维贯穿 2 层纬向纤维,只有层间连接、没有完全贯穿的角联锁结构,其结构如图 13.1 所示。该结构的特点为纬向纤维层数比经向纤维层数多一层,即当经向纤维层数为 n 时,相应的纬向

纤维层数为 $n+1$。

贯穿角联锁主要为经向纤维以一定的倾斜角度贯穿整个织物的厚度,与各层纬向纤维进行角联锁状交织,且角联锁时 2 根经向纤维形成的斜交叉口中均织入 1 根纬向纤维,如图 13.2 所示。图中 7 层纬向纤维与 8 种不同运动规律的经向纤维交织,经向纤维倾斜着贯穿织物厚度,将各层纬向纤维固结起来构成整体织物。当纬向纤维细度相同时,为了绘图方便,通常将经向纤维贯穿织物厚度的倾斜角绘制成 $\pm 45°$,但实际倾斜角的大小还与纬向纤维之间间距,即纬向纤维的密度有关,纬向纤维间距大、纬密小则倾斜角小,反之倾斜角大[4]。由交织结构图可以画出织物的组织图,进而可以得到上机图。

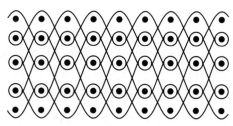

图 13.1　层层角联锁结构示意图

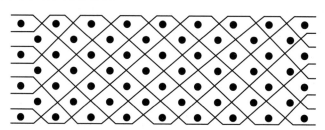

图 13.2　贯穿角联锁结构示意图

2. 正交三向

正交三向结构是纤维织物在平面 x、y 方向和空间 z 方向上均垂直相交,该结构能充分发挥纤维性能,通过对各向纤维配比设计,可达到复合材料各向力学性能合理匹配、综合性能最优的目标。正交三向结构简单,纤维在理想状态下呈伸直状态,其中沿长度方向(z 向)的一组纤维为经向纤维,沿厚度方向(y 向)的一组纤维为法向纤维,而沿织物宽度(x 向)的为纬向纤维,如图 13.3 所示。从织物结构来看,长度方向的经向纤维和厚度方向的法向纤维实际上都沿一个方向即向织物长度方向延伸,因此织物三个方向的纤维可归结为沿两个方向延伸,仍可以采用普通织机织造。

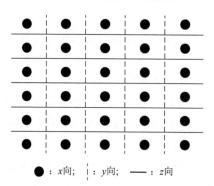

● : x向;　┊ : y向;　—— : z向

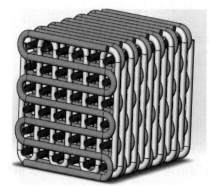

图 13.3　正交三向结构图

13. 1. 2 结构变化

1. 角联锁变化组织结构

(1)衬入纤维的层层角联锁结构

在层层角联锁组织结构中,可以在基本结构中增加填充纤维,根据填充纤维的种类可分为衬经式角联锁和衬纬式角联锁,其组织结构分别如图13.4和图13.5所示。衬纬式角联锁结构的特点为纬向纤维层数比经向纤维层数多一层或纬向纤维层数比经向纤维层数少一层,即当经向纤维层数为 N 时,相应的纬向纤维层数为 $N+1$ 和 $N-1$。当层层角联锁结构中同时带有衬经和衬纬时,其组织结构如图13.6所示。另外还可以加入厚度方向的纤维,增加织物沿厚度方向的承载能力,该结构称为带法向的层层角联锁结构,其结构如图13.7所示。

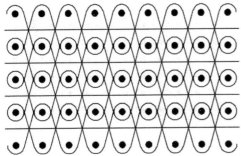

图13.4 衬经式角联锁结构

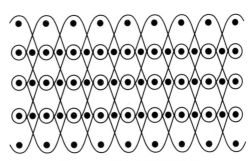

图13.5 衬纬式角联锁结构

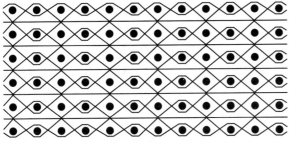

图13.6 衬经和衬纬层层角联锁结构

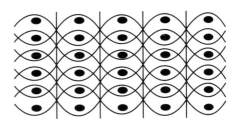

图13.7 带法向的层层角联锁结构

(2)层间斜交角联锁结构

如果经向纤维只在部分的纬向纤维层之间交织,则构成层间斜交角联锁结构,根据斜交的层数,对应不同的织物结构形式。层间斜交角联锁结构和层层角联锁结构一样,有衬经、衬纬和带法向纤维的变化结构,衬纬的层间斜交角联锁结构如图13.8所示,经向纤维在3层纬向纤维间交织。层间斜交角联锁结构中若含有衬经,则形成衬经的层间斜交角联锁结构,该结构可以增加织物的经向承载能力。

2. 贯穿角联锁变化组织结构

(1)衬入纤维贯穿角联锁

只含有经向纤维和纬向纤维两个纤维系统的角联锁结构,由于经向纤维的弯曲特性,使织物在经向纤维方向上的承载能力不足,可通过衬入经向纤维,增加经向纤维的承载能力。带衬经的贯穿角联锁组织如图 13.9 所示。使用该结构进行织物织造时,需要考虑衬经与经向纤维在织物中不同的屈曲程度,从而在送经方式上有所区别[4,5]。同样,在纬向纤维方向衬入纬向纤维,也可以提高织物纬向纤维的承载能力。

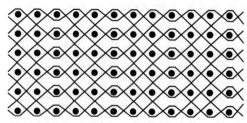 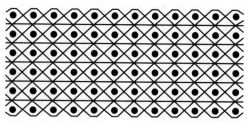

图 13.8　层间斜交角联锁结构　　　　图 13.9　带衬经的贯穿角联锁结构

(2)空口结构贯穿角联锁结构

在贯穿角联锁结构中,如果两根经向纤维所形成的斜交叉口中,有纬向纤维空缺的情况存在,即构成空口结构的角联锁结构,如图 13.10 所示。该结构和图 13.2 中所示结构区别主要在于图 13.2 中两根经向纤维所形成的斜交叉口中含有纬向纤维,而图 13.10 斜交叉口中没有纬向纤维。

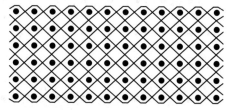

图 13.10　空口结构贯穿角联锁结构

3. 平面内斜向纤维可设计的角联锁结构

平面内斜向纤维可设计的角联锁结构是在传统角联锁结构基础上,增加平面内正负斜向纤维的一种新型的角联锁结构,其斜向纤维角度可通过移动步距进行调整,具有可设计性。

以平面内斜向纤维可设计的三维机织结构为例(图 13.11),它由经向纤维和斜向纤维两部分组成,其中经向纤维沿织物经向呈波浪形分布,如正弦波形态。斜向纤维在层内以一定夹角螺旋式延伸,与经向纤维交织,可通过位移步距变化实现斜向纤维与经向纤维夹角的变化。该结构可通过纬向纤维的引入,进一步提高织物纬向或环向性能。

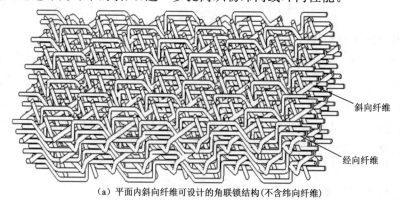

斜向纤维

经向纤维

（a）平面内斜向纤维可设计的角联锁结构(不含纬向纤维)
图　13.11

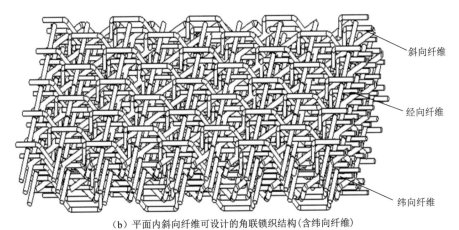

（b）平面内斜向纤维可设计的角联锁织结构(含纬向纤维)

图 13.11　平面内斜向纤维可设计的三维机织结构

13.1.3　成型原理

三维机织物主要由多层经向纤维通过机织方法织造而成，如图 13.12 所示。三维机织物的成型与传统纺织类似，由牵引、引纬、打纬、开口和送经五大运动组成。其中通过改变开口机构的运动规律可实现三维机织物结构的变化。

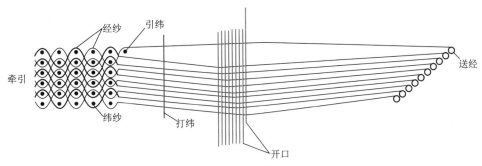

图 13.12　三维机织物成型方式

正交三向结构由 x、y、z 三个方向纤维交织而成，将织物长度做为 z 向，x、y 向（对应织物宽度和厚度方向）分别以引纬、引入法向的方式实现三个方向纤维的交织。依据织物宽度、厚度和 x、y 向密度计算 z 向纤维的排布方式和数量，并进行预置。y 向纤维通过开口机构可直接引入，x 向纤维则通过引纬机构逐层顺序或多层同时引入。正交结构成型原理如图 13.13 所示。

角联锁结构由经、纬向纤维交织而成，将织物长度作为经向，通过引纬机构引入纬向纤维以实现纤维交织和层间连接。依据织物宽度、经向密

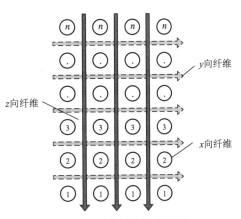

图 13.13　正交结构成型原理

度、织物层数计算经向纤维的排布方式和数量，并进行预置。通过开口机构实现经向纤维的层间开口，通过引纬机构逐层顺序或多层同时引入纬向纤维，实现经纬向纤维的交织。

层层角联锁结构经向纤维均以两列纤维即一对为基础，纤维运动规律的差别可以形成层层角联锁和衬纬层层角联锁结构。衬纬层层角联锁结构的运动规律以两个步骤为一个循环，假设初始状态中奇数列位于高位时，则偶数列位于低位，高低相差两个纱锭位置，通过引纬机构逐层顺序或多层同时引入纬向纤维，完成第一个步骤的纤维交织；步骤一完成后，将偶数列调整至高位，奇数列则位于低位，同样高低相差两个纱锭位置，通过引纬机构逐层顺序或多层同时引入纬向纤维，完成第二个步骤的纤维交织；上述两个步骤完成后即完成一个循环操作。层层角联锁结构的成型原理如图 13.14(a) 所示。

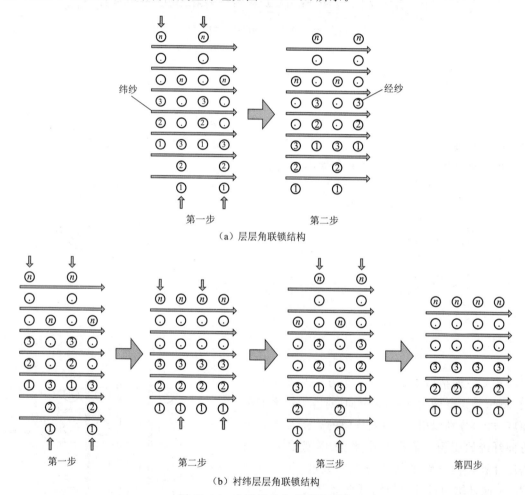

图 13.14　角联锁结构成型原理图

衬纬层层角联锁结构的运动规律以四个步骤为一个循环，假设初始状态奇数列位于高位时，则偶数列位于低位，高低相差两个纱锭位置，通过引纬机构逐层顺序或多层同时引入纬向纤维，完成第一个步骤的纤维交织；步骤一完成后，将偶数列与奇数列调整至同样高度，通过引纬机构逐层顺序或多层同时引入纬向纤维，完成第二个步骤的纤维交织；步骤二完成后，将偶数列调整至高位,奇数列则位于低位,同样高低相差两个纱锭位置,通过引纬机构逐层顺序或多层同时引入纬向纤维,完成第三个步骤的纤维交织;步骤三完成后,将偶数列与奇数列调整至同样高度,通过引纬机构逐层顺序或多层同时引入纬向纤维,完成第四个步骤的纤维交织;上述四个步骤完成后即完成一个循环操作。衬纬层层角联锁结构的成型原理如图13.14(b)所示。

13.2　成　型　方　法

三维机织物的成型方法有平面成型和立体成型两种。

平面成型是在平面内织造三维机织物。类似于二维机织物的织造,区别在于三维机织物的层数多,织物的截面形状多样。

立体成型是根据构件外形织造成型的三维机织物。立体成型一般是在具有构件外形的模具外表面进行成型,实现一次整体成型,适用于形状复杂、精度控制要求高的三维机织物。

下面按照三维机织物截面形状的不同分别介绍其成型方法及其特点。

13.2.1　等截面成型

平面成型相对容易成型等截面三维机织物,即在织物的长度方向任何一处的横截面始终保持不变,如矩形、T形、L形、π形等。

以三维机织物矩形截面平板织物为例,其成型方法如下:首先根据目标产品的技术指标及性能要求,确定织物结构、纤维体积分数,然后进行相应的工艺设计计算;根据织物纤维体积分数确定各系统的纤维体积分数,然后计算各个系统纤维的组成与规格;根据织物尺寸,结合织物密度,计算织物成型所需的经向纤维层列数及总经根数。上述工艺计算基本确定了三维机织物的织造工艺参数。根据织物的工艺参数要求按照图13.15的工艺流程,即首先进行织造所需纤维的准备工作,然后按照织造的五大运动(开口—引纬—打纬—牵引—送经)进行织物的织造,最终完成等截面板织物的成型。

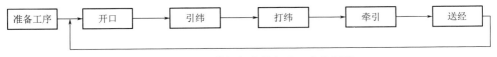

准备工序 → 开口 → 引纬 → 打纬 → 牵引 → 送经

图13.15　三维机织物的织造工艺流程图

13.2.2　变截面成型

变截面三维机织物包括横向变截面、纵向变截面以及纵横双向变截面三种类型[6,7]。沿织物横向截面发生变化,其成型方法可以通过改变纬向纤维的数量和规格来实现,同时经向纤维数量和规格变化同样也影响织物横向截面尺寸;反之,也适用于织物纵向截面的变化。

横向截面的变化。横向截面厚度不变,宽度增加的三维机织物成型时,在宽度方向增加相同层数的经向纤维,与原有经向纤维共同与纬向纤维交织,实现织物的宽度增加,如

图 13.16 所示。相同的方法,宽度不变,只增加经纬向交织层数,可以实现横截面厚度的增加。

纵向截面的变化。纵向厚度逐渐变薄三维机织物属于板状织物中的一种,织物纵向厚度变薄成型方法有两种:第一种是逐渐减少织物交织层数实现厚度变化;第二种是通过减细经向和纬向纤维直径实现厚度变化。也可以将这两种方法结合来共同实现厚度的变化[8,9]。第一种变厚

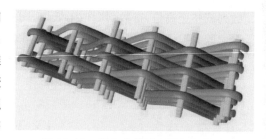

图 13.16　横向变截面三维机织物

度方法是通过减少织物交织层数实现纵向厚度的减少,同时满足纤维连续性等制备要求;减少交织纤维层数的方法中包含直接减少经向纤维层,适用于厚度渐变的预成型体成型,需依据厚度变化和厚度变化速度设计减层层数和减层频率,减层效果图如图 13.17 所示。另外一种减层方式为合股并层,即通过经向纤维合股并层减少织物交织层数,实现厚度渐减。需依据厚度变化和厚度变化速度设计合并方式。合并方式如层间二并一如图 13.18 所示。

图 13.17　厚度变化减层的基本方法

图 13.18　层间合并技术结构单元示意图(二并一)

13.2.3　回转体成型

回转体三维机织物同样有等截面和变截面之分,厚度变化原理与变截面三维机织物相同,下面结合具体实例说明其成型方法。

1. 仿形机织

仿形机织物是一种借助织物的变形性能,将织物的三维空间型面展平为平面型面,再以平面形式进行织造的织物。成型后的织物通过套模重新转换为三维空间型面。

将构件空间立体曲面应用数学方法进行平面展开,并按照织物经纬向进行纵横网格划分,通过可上机织造的织物结构以及工艺参数设计经纬网格及其分布,织造出的织物通过织物变形能够形成原来的空间结构,实现织物空间曲面从立体到平面展开、再从平面回到立体空间成型的仿形过程。

以锥形回转结构为例,可将其近似平面化为双层结构的梯形。采用管状织物组织在有梭织机上进行织造,用纬向纤维将上、下层织物连接起来形成整体的管状结构。在织造过程中,通过增加或减少织物边部经纱的数量,使织物的幅宽增加或减少,即可形成梯形结构的双层织物,经纱数量变化的频率决定了布边的倾斜程度。经纱的总根数会影响到织物的幅

宽和布边的连续性,因此要根据织物的组织结构进行调整。每次增加或减少的经向纤维根数,应是织物组织经纱循环数的整倍数[10-12]。

下面以等截面和变截面两种织物成型方式分别进行介绍。

以等截面圆柱织物中圆柱管状织物为例,即采用三维曲面展开原理进行精确展开,其展开后的矩形平面如图 13.19 所示。

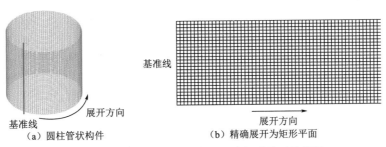

图 13.19 圆柱管状构件精确展开为矩形平面示意图

仿形机织物设计根据其展开矩形图形精确放样,放样方法:根据不同设计要求,一般沿着基准线的方向设置为经向纤维方向,展开的方向设置为纬向纤维方向。将仿形织物基准线与圆柱管状母线相重合,即可用于无误差织物仿形设计,如图 13.20 所示。

以变截面织物中圆锥状织物为例,其精确展开为扇形平面,如图 13.21 所示。

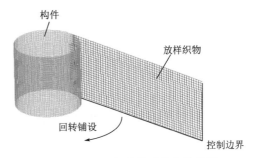

图 13.20 无误差织物仿形设计示意图

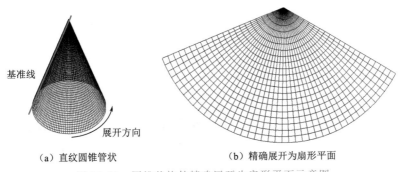

图 13.21 圆锥状构件精确展开为扇形平面示意图

仿形机织物设计根据其展开扇形图形精确放样,放样方法:根据不同设计要求,一般沿着扇形平面的对称中心线方向与经向纤维方向相一致,纬向纤维方向与经向纤维方向相垂直,如图 13.22 所示。

2. 立体成型

(1)立体成型的设计原理

为方便理解,以典型形状——圆管形织物(图 13.23)为例介绍立体成型的设计原理。

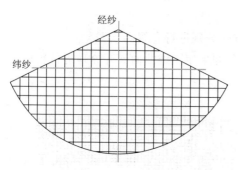

图 13.22　仿形设计经纬向纤维示意图

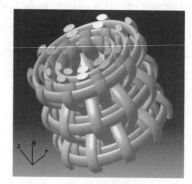

图 13.23　圆管形织物示意图

圆管形织物内径为 R_0，外径为 R_1，初始经向纤维列数为 M，织物壁厚为 δ，经向纤维密度为 J，n 为经向纤维总层数，i 为经向纤维层数序号（内表面第 1 层即 $i=1$，第 2 层即 $i=2$，依次类推），经纱数量必须为偶数。

①当织物壁厚较小（厚度＜5 mm）时，可采用每一层经纱数量统一、纤维规格一致的设计，即经向纤维列数 M 为

$$M=2\pi R_1 \times J \tag{13.1}$$

②当织物壁厚较大（厚度≥5 mm）时，须采用经向纤维列数变化的圆管形织物立体编织设计。以织物内外经向纤维密度一致为设计基础，依据每层经向纤维所在圆周的周长和经向纤维密度计算每层经向纤维的数量，满足纤维体积分数一致性。设计计算第 i 层的经纱数量为

$$M_i=2\pi\left(R_0+\frac{\delta}{n}\times i\right)\times J \tag{13.2}$$

③通过经向纤维列数一致，调整内外层经向纤维规格，也可以满足纤维体积分数一致性要求。

（2）立体成型的方法

变截面织物的设计方法与等截面织物相似，可以看成是不同高度方向上的多个等截面织物。下面以变截面织物说明三维机织物的立体成型方法。

变截面三维机织物主要包含锥形、抛物线形等，其成型可以由小端向大端进行，也可以由大端向小端进行。织物特征如形状、周长、厚度均可发生变化，但须以织物密度的均匀性为设计依据。设计原则主要包含：依据周长变化和经向密度设计列向增加纤维工艺，如图 13.24（a）所示；依据厚度变化设计层向增加纤维工艺，如图 13.24（b）所示。

在实际应用时要结合织物的具体结构，确定增加纤维数量和位置，保证增加点处织物密度变化幅度最小和增加纤维工艺对织物结构完整性影响最小。

（3）整体封顶成型

整体封顶成型是为实现半封闭回转体三维机织物而开发的工艺技术，核心是织物顶的生成。构成封顶织物的纤维需连续延伸至织物的其他区段（如锥段或侧壁），纤维连续性要

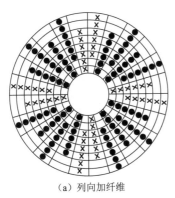

（a）列向加纤维

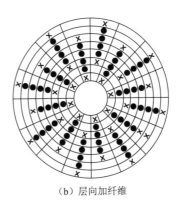

（b）层向加纤维

图 13.24　增加层列向纤维工艺示意图

×—新增纤维；●—原有纤维

求高，研制难度大。南京玻纤院发明的三维机织封顶技术，提出了将角联锁单元作为基础结构，顶部中心点作为构建织物的起点，以点构面、以面构圆、以圆筑球顶、球延伸至锥的设计思路。

封顶织物的成型以经向纤维（最小单元为 2 列）的中间作为始点，向经向纤维的两端分别引入纬向纤维（即纬向纤维是从中间作为始点），引入的纬向纤维预留出一定长度固定在垂直于经向纤维的左右两侧。从始点经向纤维层间引入纬向纤维，经纬向纤维按角联锁结构的连接方式相互交织，从而形成了"点构面"，如图 13.25 所示。

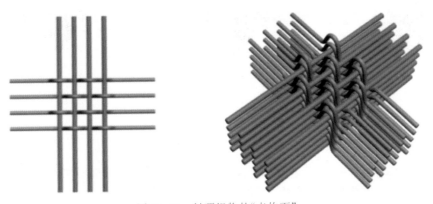

图 13.25　封顶织物的"点构面"

将上述经纬向纤维均作为经向纤维看待，并按照角联锁交织规律形成开口，在经向纤维开口内引入围绕顶部中心点的环向纤维，处于"面"的方角逐渐受到环向纤维的约束，便可形成圆面，实现了封顶织物的"面构圆"，如图 13.26 所示。

在"方面"到"圆面"的形成过程中，使用适当的球形模具，紧贴"方面"和"圆面"，使"方面"到"圆面"在平面方向变化的同时，织物厚度方向贴模变形逐渐形成球面，实现封顶织物的"圆筑球顶"，如图 13.27 所示。

封顶技术中，最先形成"点"到"面"的经纬向纤维可以一直延伸至织物其他区段，形成结构完整、纤维连续、整体封顶织物。

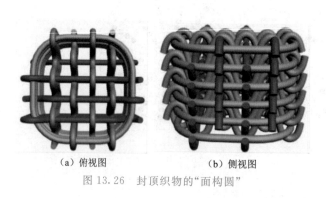

（a）俯视图 　　　（b）侧视图

图 13.26　封顶织物的"面构圆"

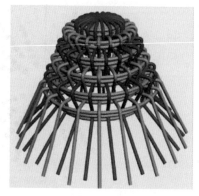

图 13.27　封顶织物的"圆筑球顶"

整体封顶技术可实现几何形状为圆锥体、矩形体、梯形体等形状的封顶，如图 13.28 所示。该封顶织物编织为一次成型的连续编织，且其顶部可与其连接的其他区域一体成型，该结构不分层、整体性强、均匀性好、纤维体积分数占比高且编织工艺参数可控。

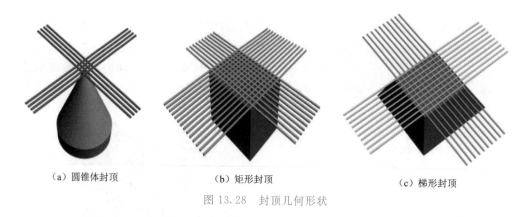

（a）圆锥体封顶 　　　（b）矩形封顶 　　　（c）梯形封顶

图 13.28　封顶几何形状

13.2.4　异形件成型

异形件具有型面复杂、变化多样等特点，它包含盒型、翻边型、加筋型、带翼方盒、空间拐角、立体交叉、多向成型等多种形式，主要应用于航天用次承力构件。异形件预制体的成型需选取适当的编织方法，保证纱束在结构突变处连续，使整体构件满足复杂的承力条件需求。针对构件结构，采取分解—组合的方式，将局部编织工艺有机合理地组合在一起，保证纤维在构件中连续；同时对厚度、纤维体积分数等结构参数的检测进行研究，以便有效控制预制体的尺寸和形位公差，获得质量稳定、性能良好的异形件预制体。

1. 一体化成型设计

对异形件承力的方向进行分析，针对不同型面预制体承力要求，设计适宜的编织工艺。结合每种异形件预制体纤维连续性要求，实现构件具有连续完整单胞结构，充分发挥结构最佳综合性能。通过结构的衍变，如图 13.29、图 13.30 所示，以及工艺参数的优化，设计了不同的完整单胞结构，主要有：层向完整单元结构和列向完整单元结构。层向完整单元结构可实现织物增厚,且纤维连续性好;列向完整单元结构可实现经向纤维列向增长,且纤维连续性好。以上两种完整单元结构具有设计性强、易实现、灵活性强等优点。通过试验验证异形型面预制体纤维连续性可满足 90%以上。

图 13.29 层向完整单元结构示意图

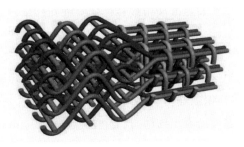

图 13.30 列向完整单元结构示意图

2. 异形立体成型

立体编织异形件以双翻边三维机织物为例,该织物中间部分为管状,在管状两端可延伸出翻边或其他形状,呈对称或非对称分布,如图 13.31 所示。织物结构常采用浅交弯联或浅交直联结构,具有良好的仿形性能。编织过程中以芯模为内芯,保证织物的内型面尺寸。设定三维织物长度方向的中心线作为起始编织位置,设定三维织物一端为 A 端,另一端为 B 端。由起始位置开始向 A 端编织(即一次编织),A

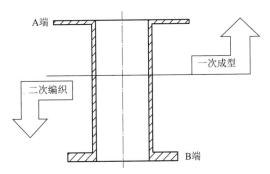

图 13.31 双翻边型异形件示意图

端完成编织后再由起始位置向 B 端编织(即二次编织)。

双翻边型异形件成型工艺的优点在于:

(1)可实现直线形,且直线两端延伸出其他形状的异型三维织物的整体成型。

(2)三维织物整体纤维连续性优良。

(3)三维织物成型过程中均匀性易于控制。

以上述方法成型的复合材料织物具有高强度、高模量、高损伤容限、耐冲击、抗分层和抗疲劳等综合性能,已广泛应用于航空航天领域中异型构件的编织。

13.2.5 工艺参数

三维机织物成型工艺参数主要包括经纬向纤维种类和规格、经纬向纤维层数、列数及其密度、织物体积分数等参数[13]。

1. 原材料

原材料种类不同,其线密度选择的范围有一定的约束。如碳纤维一般规格有 T3001K(66 tex)、3K(198 tex)、6K(396 tex)等,不同品种的碳纤维的线密度又有差异,如同是 12K 碳纤维,但是 T700 和 T800 的线密度不同。这些是设计中需要考虑的原材料参数。

2. 织物层数

三维机织物是靠多层经纬向纤维相互交织连接在一起具有一定厚度的织物,经纬向纤维层数越多,织物越厚。织物成型需要的层数是取决于单位层数对厚度的贡献和构件厚度,单位层数对厚度的贡献与经纬密度和纤维规格有关,这都是织物设计中需要考虑的因素。

3. 均匀性工艺参数

三维机织物的均匀性是判断织物质量一致性的重要因素,它包括织物外观均匀及体密度均匀性。三维机织物均匀性工艺参数有织物经密、织物纬密及织物体积分数。

(1)织物经密 J 是指沿着织物宽度方向单位厘米内经向纤维的根数。通常是用钢板尺或者卷尺沿着织物纬向(宽度方向)数 10 cm 内经向纤维根数 N,应用公式(13.3)计算出织物某一位置经密,测量多处进行数据对比,数据在一定浮动范围内即织物整体经密控制均匀性好。

$$J = \frac{N}{10} \tag{13.3}$$

(2)织物纬密 W 是指沿着织物长度方向单位厘米内纬向纤维的根数。通常是用钢板尺或者卷尺沿着织物经向(长度方向)数 10 cm 内纬向纤维根数 M,应用公式(13.4)计算出织物某一位置纬密,测量多处进行数据对比,数据在一定浮动范围内即织物整体纬密控制均匀性好。

$$W = \frac{M}{10} \tag{13.4}$$

(3)织物体积分数是表征织物整体体密度均匀性的工艺参数,其计算方法一般包括称重法和理论模型计算法[14,15]。

①称重法。称重法不受织物结构形式限制,不仅适用于一维形式的单向带缠绕、铺层或短纤维增强体,二维形式的机织布、针织布、编织布铺层增强体,而且适用于三维机织物、三维编织物、三维针织物等。

已知织物的单位面积质量 W_s 和厚度 t,可通过公式(13.5)求出织物的纤维体积分数。

$$V_f = \frac{W_s}{t \times \rho_f} \times 100\% \tag{13.5}$$

式中　V_f——织物的纤维体积分数,%;

　　W_s——织物的单位面积质量,g/m²;

　　t——织物的厚度,mm;

　　ρ_f——纤维密度,g/cm³。

②理论模型计算法。为了计算三维机织物的纤维体积分数,并分析其影响因素,需要根据织物中纤维的组成和几何形态,建立织物的几何结构模型。理论模型计算法是分析、计算单元体的体积和其各个纤维组分的体积,并对各个纤维组分的体积求和,即可得到纤维体积分数。影响立体机织物几何模型变化的主要因素有织物组织结构、织造工艺参数、经(纬)纤维的线密度、经(纬)纱的密度、经纬向纤维的原料性能等。纤维的形态是纤维在三维织物中的空间状态,描述的是纤维的空间走向。由于实际织物中纤维形态的复杂性,纤维的形态常

采用纤维模型来进行描述。以带衬经的层层正交角联锁结构单胞织物为例,如图 13.32 所示,介绍 V_f 的计算方法。

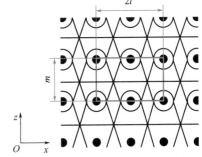

假设:纤维截面为圆形,经向纤维的曲线是由圆弧段和直线段所组成,纬向纤维呈直线形,衬经纤维为直线形。建立的沿 xOz 和 yOz 的几何分析模型如图 13.33 所示。图中纤维束截面半径为 r,纬纤维沿 Ox/Oz 方向的中心距为 m,以及经向纤维沿 Oy 方向的中心距为 n。

图 13.32 衬经层层角联锁结构单胞

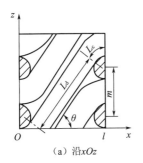
（a）沿xOz

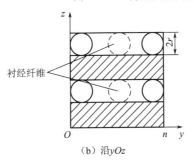
（b）沿yOz

图 13.33 沿 xOz 和 yOz 的几何分析模型

确定接结向纤维的直线段对 x 轴的倾角 θ:

$$\tan \theta = \frac{m+4r\cos \theta}{l-4r\sin \theta} \tag{13.6}$$

纤维的体积分数由两部分组成:经向纤维体积分数 V_f^w 和纬向纤维体积分数 V_f^f,而经向纤维本身又为衬经和接结经纤维两部分,其纤维体积分数分别为 V_f^s 和 V_f^j,具体计算方法如下:

$$V_f^j = \frac{4(L_d+2L_c)\pi r^2}{V} = \frac{(l+\theta\pi r/p_0)\pi r}{2nl} \tag{13.7}$$

$$V_f^s = \frac{2l\pi r^2}{V} = \frac{\pi r}{4n} \tag{13.8}$$

$$V_f^f = \frac{2n\pi r^2}{V} = \frac{\pi r}{4l} \tag{13.9}$$

$$V_f = V_f^j + V_f^s + V_f^f \tag{13.10}$$

式中,L_d 和 L_c 分别为接结纤维的直线段和曲线段的长度;V 为复合材料的总体积。

通过纤维截面半径 r 以及单元体的几何尺寸 l、m、n 这 4 个参数就确定了纤维体积分数 V_f。而这 4 个参数是可以根据织物的规格参数经向纤维密度 ρ_j、纬向纤维密度 ρ_w、织物厚度 t、层数 P 和纤维细度导出。

上述方法是在已知织物的规格参数或能准确测得的前提下,以及对织物的几何结构模型作出适当假设的条件下才能使用的方法。最终结果的准确与否在很大程度上依赖于所建几何模型的仿真度大小,即假设的合理程度。

13.3 成 型 设 备

13.3.1 设备组成及工作原理

1. 平板类三维机织设备

平板类三维机织物的成型与传统机织物技术类似,主要由送经、开口、引纬、打纬及成型卷取五大运动组成。对应相应的成型工艺,其机织设备主要由送经机构、开口机构、引纬机构、打纬机构及成型卷取机构组成。但是,平板类三维织物织造需要多层经向纤维,而传统纺织领域织物织造时采用整经盘头送经,适用于二维织物的成型,无法满足三维织物多层经向纤维送经要求。三维织物成型时,纬向纤维需沿织物厚度方向规整排列,传统纺机的打纬方式多为凸轮式或连杆式摆动打纬,对多层经向纤维进行打纬时,沿织物厚度方向从下至上打纬装置输出的打纬力逐渐减小,会造成纬向纤维沿织物厚度方向斜向排布,造成织物沿厚度方向不同层处纬密不等,影响织物密度均匀性,无法满足多层纬向纤维打纬的需求。平板类三维织物具有一定的截面形状与厚度,并且织物密度高,导致织物不易弯折且弯折后会对织物的形状、纬密等造成影响,因此传统纺机的卷取方式无法满足平板类三维织物的卷取需求。

基于传统纺织成型原理,结合平板类三维织物的特点,平板类三维机织设备送经机构多采用筒子架进行单纱张力控制与送经,或采用多经轴送经方式送经。打纬机构采用连杆式或凸轮式驱动水平打纬方式。成型织物的卷取多采用沿经向的水平牵引方式。因此,平板类三维机织设备主要由多层经向纤维送经机构、开口机构、引纬机构、水平打纬机构及水平牵引机构组成,其工作原理为:在织物织造前,进行经向纤维准备、穿综、穿筘等工序,完成织造前准备;织物织造时,首先通过开口机构驱动经向纤维上、下运动,形成经向纤维梭口,在每层经向纤维梭口中通过引纬机构引入纬向纤维,再通过水平打纬机构驱动钢筘将纬向纤维水平打紧,最后通过水平牵引机构按照设定步距将已成型织物沿织物成型方向牵引。其中,开口机构控制经向纤维提综规律,实现不同结构平板类三维织物的经向纤维交织规律控制,水平牵引机构控制牵引步距,实现不同织物不同纬密的控制要求。依此顺序循环,实现连续织造。平板类三维机织设备如图 13.34 所示。

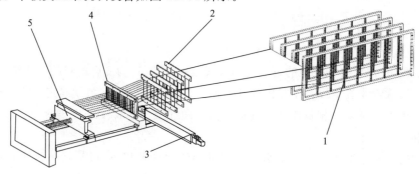

图 13.34　平板类三维机织设备示意图

1—送经机构;2—开口机构;3—引纬机构;4—水平打纬机构;5—水平牵引机构

2. 回转体三维机织设备

针对三维变截面成型、回转体成型工艺及空间三维织物,采用回转体三维机织设备实现织物的织造成型。与平板类三维织物成型所需的送经、开口、引纬、打纬及卷取五大运动不同,由于三维变截面成型及回转体成型工艺中,纬向纤维为沿织物周向分布,所需开口机构需沿编织芯模周向分布。同时不同于平板类织物机织成型,采用回转体三维机织设备成型的织物,经向纤维沿编织芯模中心向开口机构方向发散,导致回转体三维织机无法实现环向打纬。因此,回转体三维机织设备主要由:送经机构、编织芯模、挂纱机构、绕纬机构、芯模升降机构及开口机构组成。

回转体三维机织设备工作原理为:在织造前,将经向纤维进行环向布置,并进行穿综后固定至编织芯模顶部的挂纱机构上;根据织物结构要求,编制开口机构综丝升降规律控制程序,并导入控制系统中。在织造过程中,控制程序控制开口机构提综,实现经向纤维交织并形成环向梭口;通过绕纬机构,带动纬向纤维沿穿过环向梭口实现环向纬向纤维引入,同时对纬向纤

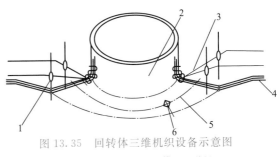

图 13.35　回转体三维机织设备示意图

1—开口机构;2—编织芯模;3—送经;
4—送经机构;5—纬纱;6—绕纱机构

维进行张力控制,保证织物贴模;纬向纤维引入完成后,芯模升降机构带动编织芯模向上移动一定的步距。其中,通过控制芯模升降机构上升步距,对织物的纬密进行控制。回转体三维机织设备原理如图 13.35 所示。

13.3.2　三维机织设备发展

机织技术是广泛使用的复合材料纤维预成型方法。20 世纪 50 年代初期,研究人员开始将机织技术应用于玻璃纤维复合材料的制备中[16]。三维机织物最早出现时,是在传统织机上进行了尝试性织造,即采用传统多综框织机实现了层数在 10 层以内的角联锁织物织造。

随着三维织物的发展,普通织机已无法满足更多层数或截面变化的三维机织物的制备。为适应多层三维机织物的制备,研究人员在传统织机的基础上,将单梭口改为多梭口织造,并针对三维机织物的特点对织机的卷取、引纬进行了改进,明显提高了可织造层数和织造效率,并有效减少了织造过程中,碳纤维、碳化硅纤维等高模量纤维的磨损。其中,最具代表性的为美国3Tex 公司所研发的三维机织设备,如图 13.36 所示。

图 13.36　三维机织设备(美国 3Tex 公司)

自 20 个世纪 70 年代起,随着航空航天技术的发展,美国、日本、欧洲等高性能纤维的主要生产国在三维织物的结构特点和成型方法上,针对特定形状或结构要求的三维织物研究

了专用的三维机织设备。如美国航天工业开发出了一种纤维无交织三维织物成型工艺,所成型织物结构为纤维相互垂直取向分布。

根据织造时经向纤维的运动特性,研究人员又研制了可独立控制两组经向纤维进行织造的织机。采用该织机进行织造时,经向纤维分成固定经向纤维组和接结经向纤维组。其中,固定经向纤维组的纤维按预制体的物理型面要求和织物经密要求排列固定,接结经向纤维组的纤维分为上接结经向纤维层和下接结经向纤维层,分别进行穿综后与固定经向纤维组形成上、下两个梭口。然后,通过开口机构运动,控制综丝运动规律,使接结经向纤维与固定经向纤维形成交织,固定引入的纬向纤维形成最终的预制体整体机构[17]。

根据织物织造原理特点,美国研究人员将机织和编织工艺技术相结合,研制了一种新型织机,并申请了发明专利。这种新型的织物结构中不包含纬向纤维,而由一定层数的经向纤维通过交织和纤维捆绑,形成整体的织物结构。该织物结构主要由经向纤维和斜向纤维组成,其中经向纤维沿两个方向多层分布,斜向纤维在同一平面内沿两个方向斜向分布。在织物的成型过程中,利用针织原理斜向纤维将分布的多层经向纤维按 $\pm 45°$ 捆绑,并在织物的后面形成线圈,随着织造的进行,连续形成的针织线圈环环相套,对经向纤维形成链式锁结,进而形成整体的三维织物[18]。

20 世纪 70 年代初,随着我国玻璃纤维复合材料技术的发展,相关科研院所学习、借鉴国外复合材料的技术经验,同时对三维机织物及成型工艺和制备技术开始了探索、研究。早期,国内研究的三维机织设备主要针对平板类三维机织物的织造,相关高校及研究人员在三维机织物的成型工艺及专用设备的研制方面投入了巨大的精力,也取得了一定的研究成果。1992 年,国内研发出了一种区别于传统有梭织机的织造设备。该设备可织造 z 向纤维(经向)、x 向纤维(纬向)和 y 向纤维(法向)交织的三维织物,其中设备设计有 z 向纤维和 y 向纤维送出辊轴,实现织造过程中 z 向纤维和 y 向纤维的存储与输送。同时,设计有双层 x 向纤维引入机构,两个机构分别安装于沿 y 向不同高度处,在进行织造时两个 x 向纤维引入机构分别沿 x 向从左右两侧依次引入两根纬向纤维进入上、下两梭口。待纬向纤维贯穿梭口到达对侧后,通过纬向纤维与剑杆形成的空隙中插入边针固定纬向纤维,待完成打纬动作后,将边针拔出,形成半光边织物[19]。随着越来越多的人力物力的投入,我国在三维机织方面也取得了飞速的发展,新的织物结构、新的成型工艺及新的制备技术不断涌现。相关研究人员基于刚性剑杆织机的织造原理,研制了一种单侧四梭箱机构,通过织机程序灵活控制每把梭子的使用,为复杂结构三维机织物的织造奠定技术基础[20]。此后,国内相关技术团队开发了具有 y 向开口及 z 向引纬机构和 z 向开口及 y 向引纬机构的新型三维织机,可灵活适用于不同结构三维机织物的织造[21]。

最初,为满足三维机织物的织造要求,多采用多眼综丝对设备进行改造,其单根多眼综丝可根据织物的层数进行设计,这样可以明显减少综片的数量,降低了综丝对纤维、纤维与纤维的磨损,实现了高模量纤维的织造。国内开发的四梭口机织设备如图 13.37 所示。

近十几年,随着高性能纤维增强复合材料在航空航天领域的应用逐步提高,国内相关单位及高校都投入了更大的精力进行相关技术的研究,开口机构、整机设计以及成型工艺,并取得了相应的成果。南京玻纤院多层三维机织设备如图 13.38 所示。

图 13.37　四梭口机织设备　　　　　图 13.38　多层三维机织设备(南京玻纤院)

伴随航空航天工业的发展,国内也一直致力于三维机织、三维编织等技术的研究。其中,三维织物机织设备也由最初的多综眼织造方式,逐步向多综眼多综框、大容量提花开口织造方式发展。目前,已突破了针对三维机织成型的大容量纱束存储及单纱张力控制送经技术、大容量开口技术及升降式引纬技术等一系列制约三维织物机织设备的关键技术。但是,由于三维机织设备常用于碳纤维、石英纤维及碳化硅等高模量纤维三维织物的织造,在降低纤维磨损方面需进一步深入研究。另外,由于三维机织物密度高且对织物的均匀性控制要求较高,而目前专门针对三维织物密度在线检测技术的研究较少,因此在三维机织设备在线检测方面需加大研究力度。伴随我国制造业转型升级,三维机织设备的自动化、信息化及智能化发展是必然趋势。

13.4　工程应用及发展趋势

13.4.1　工程应用

1. 航空航天

纺织复合材料所具有的质量轻、强度和刚度大、抗疲劳性好等特点,使其率先在航天领域得到应用。经过几十年的发展,目前航空、航天飞行器的许多部件都已经采用纺织复合材料,使用范围从初期的次承力部件(构件)发展到主承力部件(构件)。有资料显示,美国军用飞机从 F16,F18 到 F22,复合材料的用量分别为 3.4％、12.1％和 26％,使用量逐步扩大。随着主承力结构复合材料在军用飞机上的成功应用,民用飞机上应用的复合材料也越来越多,如波音 B767,B777 复合材料用量分别为 3％、11％,到 B787 的用量已达到 50％;空客 A320、A340 的复合材料用量为 5.5％、8％,而 A380 采用了 25％的复合材料。

在航天飞行器中,复合材料的应用更加广泛。例如美国的"北极星 A-3"潜地导弹采用复合材料后比原先的金属结构质量减轻 50％～60％,飞马座火箭的三级固体发动机采用的复合材料已占其构件质量的 94％。由于高性能复合材料的应用,尽管卫星的尺寸和有效载荷日益增加,卫星的结构质量占整星质量的比例日益减小,由过去的 13％～20％向 10％以下发展[22]。

在航空领域,三维机织织物可应用在冷端叶片上,由于中等推力发动机对更小、更轻的风扇叶片提出了更高的强度要求,Snecma 公司作为 GE 公司在 CFM 国际公司的合伙人,在 CFM56 系列的下一代发动机 LEAP-X 上采用了新的碳纤维增强复合材料结构制造工艺。

与 GE90 和 GEnx 风扇叶片采用铺设多层预浸碳纤维薄层的方式不同,Snecma 公司采用树脂传递模塑成型(RTM)工艺来制造 LEAP 发动机的风扇叶片,该叶片首先采用三维机织工艺将碳纤维进行预制体成型,然后再注入树脂,进行高压下的叶片成型[23],如图 13.39 所示。

图 13.39　LEAP-X 发动机三维机织复合材料叶片

法国 Snecma 公司委托 Albany Engineered Composites(简称 AEC 公司)完成三维编织预制体的制备和整个复合材料风扇叶片的制造,由于自动化程度高,叶片制造的全过程仅需 24 h 即可完成。与 CFM 公司同等推力水平的采用更多金属结构的 CFM56 发动机相比,采用三维机织复合材料技术成型的 LEAP 发动机质量降低了 450 kg 以上,燃油效率提高 16%,NOX 排放量低 60%,噪声水平低 10～15 dB,而可靠性维持 CFM56 的水平。与同样采用复合材料风扇叶片设计的 GE90 发动机相比,三维机织成型的发动机叶盘直径减少了 127 cm 以上,但具有与之相当的抗鸟撞能力。目前,LEAP-X 发动机已被中国商飞 C919、B737 max、A320 neo 这三种双发单通道旅客机选中[23]。

此外,LEAP-X 发动机风扇机匣同样采用了三维机织 RTM 成型技术,整个机匣由 30 m 长的仿形三维机织织物缠绕制备而成,实现了法兰翻边与机匣本体的一体化成型,相对于 GE90 的二维三轴缠绕的复合材料机匣,三维机织预制体仿形精度更高,采用自动化机织设备实现自动化连续制造,其缠绕过程也更为容易,且不容易出现褶皱等质量问题。

纺织复合材料在航空航天的成功应用,对其他领域的应用也起到促进作用,到目前为止,纺织复合材料已渗透到几乎所有的技术领域,如建筑、交通运输、石油化工、体育器材、医疗卫生、海洋工程等。

2. 医疗卫生

医疗卫生用纺织品主要分为两类,即普通医用纺织品和高性能医用纺织品。普通医用纺织品主要包括手术室用布、医护人员隔离服、病人及病房用布、医疗护理用布等。高性能医用纺织品主要包括保健类纺织品,如医疗保健用的绷带、医疗服装、头罩、口罩、医疗用的床单及相关寝具等产品;治疗类舒适功能纺织品,如抗病毒用纺织品、消痒的纺织品、可溶性止血纱布、除螨用纺织品等;仿器类纺织品,如人工血管、人工心脏瓣膜、人工气管等;防护类纺织品,如防毒服装以及各种防辐射服装(防静电、防 X 射线、防磁辐射等)[24]。

3. 建筑工程

土工织物在现代土木工程如水利、公路、铁路、海港、建筑等领域发挥着重要作用。例如,在道路建设中,不使用土工布的路基需设计较厚,所用砂石和工时多,当受车轮载荷后,上层碎石容易被挤压侵入下层泥土中;使用土工布可替代过滤砂层起过滤、隔离作用,防止两层石土料间侵蚀,特别是在劣质土地上筑路,减少了砾石基础层的厚度[25]。目前土工织物种类有机织土工布、非织造土工布、复合土工布及其相关制品等,其中机织土工布抗拉强度大,适用于加固、增强、防冲蚀等高强度用途。

4. 安全防护

安全防护用纺织品是为保护穿着者抵御外部恶劣环境的伤害,避免死亡或在一定程度上减少死亡人数的相关纺织品。防弹服是安全防护领域的一个重要分支,采用三维结构的防弹机织物作防护材料,由于织物中有较多处于伸直状态的纱束,提高了织物的面内刚度,因而可在不降低防护水平的同时,适当减小防弹服的厚度,提高穿着舒适度,有资料统计,三维机织物将最终取代传统的平面机织物,成为生产防弹服的主要织物结构。

13.4.2 发展趋势

三维机织复合材料因其织造工艺稳定、自动化程度高、生产成本低、设计灵活、可加工性强、层间剪切性能好、整体性好等优点,越来越得到航空航天领域的青睐,成功应用到飞机的起落架、蒙皮、机翼、卫星蒙皮等结构部件。

随着航空航天、轻轨、船舰领域复合材料越来越多的应用,降低复合材料整体成本成为目前主要的发展方向。

另外,为了更好地利用和发挥三维机织复合材料的先进性,三维机织复合材料用织物的发展方向将以三维机织结构设计精准化、复合材料性能预测数字化、成型制造自动化、检测标准化为主要发展趋势,各方面的发展前景如下:

1. 结构设计精准化

为提供三维机织复合材料结构设计和优化迭代基础性能数据,需要实现规范化的数据存储、管理和读取,建立三维机织复合材料力学性能数据库,涵盖纤维、树脂等原材料,机织结构、预制体力学性能等信息,为三维机织结构设计精准化设计奠定技术基础。同时需要建立三维机织结构的细观模型、预制体力学模型和预制体变形分析方法,实现预制体的变形仿真分析。

2. 性能预测数字化

为建立三维机织结构和结构参数变化对复合材料性能之间的关系,需要完善三维机织复合材料刚度、强度和疲劳寿命预测方法,提高预测精度。主要研究内容有:①三维机织复合材料性能测试评价方法;②三维机织预制体机织参数与复合材料性能关联关系;③三维机织复合材料性能仿真计算方法;④三维机织复合材料性能测试方法与标准,包括原位试验、电镜扫描、CT扫描等;⑤三维机织复合材料失效机理和破坏模式研究。

3. 制造成型自动化

为实现三维机织复合材料预制体的快速成型,保证产品质量一致性,需要解决三维机织预制体自动化制造技术,大容量恒张力送经系统、多层开口系统、变高度的引纬系统、打纬系统、连续式牵引或卷取系统,各系统协调配合运动。为了实现高效制造,自动化设备要具有断头自停和在线检测的能力。

4. 性能检测标准化

由于航空发动机的特殊性,尤其是商用航空发动机,构件必须满足适航认证要求,因此所建立的三维机织预制体的检测标准必须满足适航认证要求。但是,目前对三维机织预制体产品的检测通常采用直尺、游标卡尺等测量工具,操作人员在测量过程中不可避免会接触到预制体产品,导致预制体局部纱束发生变形,甚至脱落等问题,在检测纱束特征时,操作人员往往凭借自己的工作经验来确定测量值,检测不规范、精度差、效率低。因此需要在厚度、尺寸、预制体缺陷等方面建立标准的检测方法,实现对三维机织预制体的表征和评价。

参考文献

[1] 蔡德龙,陈斐,何凤梅,等.高温透波陶瓷材料研究进展[J].现代技术陶瓷,2019,40(Z1):4-12.

[2] 黄新乐,林富生,孟光.三维纺织复合材料力学性能研究进展[J].武汉科技学院学报,2005(4):11-15.

[3] 邵明正.层联机织复合材料细观结构建模与仿真[D].天津:天津工业大学,2017.

[4] 郭兴峰.三维机织物[M].北京:中国纺织出版社,2015.

[5] 杨彩云,李嘉禄.复合材料用3D角联锁结构预制件的结构设计及新型织造技术[J].东华大学学报(自然科学版),2005(5):53-58.

[6] 韦鑫,沈兰萍,雷蕾.纵向厚度渐变三维机织物经纱固结方式设计[J].现代纺织技术,2017,25(6):40-44.

[7] 曾文敏.连续变厚度平面板状三维机织物的研制[D].上海:东华大学,2015.

[8] 王鹏.变厚度三维机织物的制备与结构分析[D].上海:东华大学,2012.

[9] 郭军.纵横双向变厚度三维机织物的研制[D].上海:东华大学,2016.

[10] 刘佳.三维机织回转体复合材料的细观结构及力学分析[D].南京:南京航空航天大学,2016.

[11] 陈和春.回转体仿形机织物的织造研究[D].天津:天津工业大学,2007.

[12] 徐良平.回转体仿形织物的研究[D].天津:天津工业大学,2007.

[13] 齐萌,王瑞柳,沈兰萍.三维异型角联锁涤纶机织物的设计[J].轻纺工业与技术,2014(5):3-6.

[14] 杨彩云.2.5维预制体结构参数的设计方法[J].纺织学报,2009(6):54-57.

[15] 杨彩云,李嘉禄.三维机织复合材料纤维体积含量计算方法[J].固体火箭技术,2005(3):224-227.

[16] 陈利,孙颖,马明.高性能纤维预成型体的研究进展[J].中国材料进展,2012,31(10):21-29.

[17] COMBIERL C M. Woven multilayered textile fabric and attendant method of making. US Pat. 4748996[P],1988-6-7.

[18] MOURITZA A P,BANNISTERB M K,FALZON P J,et al. Review of applications for advanced three-dimensional fibre textile composites[J]. Composites:Part A,1999(30):1445-1461.

[19] GU B H,LI Y L. Ballistic perforation of conically cylindrical steel projectile into tree-dimensional braided composites[J]. AIAA Journal. 2005,43(2):426-434.

[20] 李毓陵,李刚,丁辛.刚性剑杆织机1*4多梭箱机构:ZL200710042827.9[P].2007-11-28.

[21] 林富生,雷元强,陈燚涛,等.新型三维织机:CN101294327[P],2008-10-29.

[22] 姜利祥,何世禹,杨士勤,等.碳(石墨)/环氧复合材料及其在航天器上应用研究进展[J].材料工程,2001(9):39-43,46.

[23] 刘强,赵龙,黄峰.商用大涵道比发动机复合材料风扇叶片应用现状与展望[J].航空制造技术,2014(15):58-62.

[24] 张丽,王庆珠,吕宏亮.高性能医用纺织品的新发展[J].现代纺织技术,2005(5):51-53.

[25] 赵永霞.国内外土工用纺织品的发展现状及前景[J].纺织导报,2014(5):35-43.

第14章 中空织物

中空织物没有统一的名称,我国学者称之为中空夹层织物、整体中空层连织物、双层壁织物、机织间隔织物等,我国台湾学者习惯称之为平行梁结构,美国学者称之为层连结构,其他一些国家和地区称之为三明治夹层织物。由于该种织物是三维织物的一种,由两个面层与中间空芯层组成,为了与常规三维织物的实心结构有所区别,因此被形象地称为中空织物。目前市场常规的中空织物应属于机织双层织物的范畴,为一类特殊的机织三维织物。

机织双层织物是由两组经向纤维与两组纬向纤维分别交织形成相互重叠的上、下两层织物。根据上、下两层的相对位置关系,分别为上层和下层。根据用途的不同,上、下两层可以分离也可以连接在一起[1]。

中空织物为一种产业化用途的双层织物,采用高性能纤维织造,含有上、下两层,中间层采用相等长度纤维连接,且与上层进行交织,呈现等高表观的一种机织双层织物。

14.1 结 构

14.1.1 基本结构

常规的中空织物有两组经向纤维系统和两组纬向纤维系统采用机织的方式交织形成,如图 14.1 所示,绒经系统为织物芯部连接纱 1、2,地经系统为织物上层地经 3、5、7,织物下层地经 4、6、8;织物的上层面由上层地经和上层纬向纤维交织形成;织物的下层面由下层地经和下层纬向纤维交织形成;绒经连接织物的上、下两层面,绒经同时与上下对应的一组纬向纤维交织,形成对称的空间 8 字形态[2]。

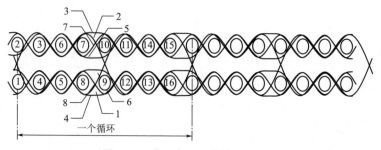

图 14.1 典型中空织物结构示意图

中空织物经过复合后形成中空织物复合材料,如图 14.2 所示,它具有高强度、低介电、抗冲击、隔热、抗断裂分层的优点,能够满足终端部件对透波、填充、间隔、隔声隔热等方面的使用需求[3]。中空织物典型空间特征形态是芯部沿经向呈现出 8 字形,如图 14.3 所示,它具有很强的可设计性,如:芯部 8 字单元沿两个方向(x-y 向)的间距可以设计,芯部 8 字单元的高低(z 向)可设计,甚至上下两层面板的厚度、芯部纤维的粗细、不同的芯部形态都可以根据材料的使用要求进行设计。中空织物的绒经纤维可以在虹吸效应的影响下,吸收底部的树脂,在树脂的表面张力作用下,绒经挺立,织物自动成型到设计高度,形成中空结构的夹芯复合材料。由于中空织物复合材料采用三维整体成型技术,与传统蜂窝、泡沫芯材等夹芯复合材料比较,除拥有较好的比刚度和比强度外,还具有众多优点:

图 14.2 中空织物复合材料图片

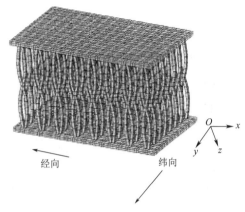

图 14.3 典型结构效果图

(1)中空织物可设计性强,织物的结构、参数都可进行独立调整,满足不同场合的使用需求。

(2)整体性优异,面层与绒经层采用连续纤维交织在一起,面板、芯层界面强度大大提高,不会产生分层。

(3)绒经层回弹性好,提高了抗冲击性能。

(4)天然的 C 夹层结构,提供了优良的透波、隔声、隔热的性能。

(5)夹层结构的空间可用于储油、铺设电缆、埋设电子元件、监控等[4]。

中空织物一般使用高性能纤维,常用的纤维主要有玻璃纤维、石英玻璃纤维、玄武岩纤维、碳纤维等,根据产品的使用场合及性能要求,采用一种或者多种进行织造。最常见的是无碱玻璃纤维中空织物,如图 14.4 所示,其价格低廉,市场应用广泛,主要用于制备储罐罐体夹芯层、天线美化罩外壳等。在宽频带、高透波要求较高的场合,一般使用石英纤维,石英纤维透波性能优异,使用石英纤维制备的中空织物在 L~C 波段插损在 0.2 dB 以下,X 波段插损在 0.3 dB 以下,Ku 波段插损在 0.6 dB 以下。随着石英纤维价格的降低,应用的场合也越来越多。在高碱及耐久性环境使用时,一般选择耐碱纤维或者玄武岩纤维,如图 14.5 所示。在刚度要求高、使用环境比较苛刻的条件下,可选择碳纤维,见图 14.6 所示,但目前碳纤维价格还比较高,特别是进口碳纤维。

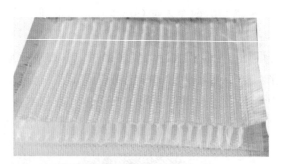

图 14.4　无碱玻璃中空织物

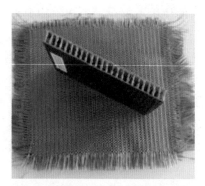

图 14.5　玄武岩中空织物及复合板

图 14.6　碳纤维中空织物及复合板

14.1.2　结构变化

中空织物的面层组织一般为单层织物,可以是平纹、斜纹、纬重平等纬向飞数为常数的组织。平纹中空织物交织最紧密,对绒经的锁结效果最好,适合用于平面产品的制备,平纹中空织物的变形率非常低,曲面成型效果较差;斜纹中空织物的纬向变形相对较好,适合制备单曲率制品;纬重平变形更大,织物更为柔软,相对绒经的锁结效果一般,特别是在纤维比较粗、密度较低的情况下。

1.面层加厚中空织物

在一些特殊的场合,如对织物面层厚度有一定的要求,或者对强度要求比较高的场合,面层组织可设计为单层角连锁结构,如图 14.7 所示,或双层角连锁结构,如图 14.8 所示。

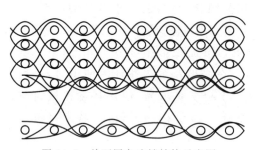

图 14.7　单面层角连锁结构示意图

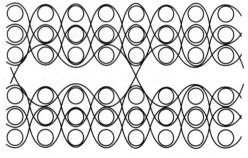

图 14.8　双面层角连锁结构示意图

2. 网格状中空织物

中空织物一般作为复合材料的增强体,可与多种基体进行复合成型,常规的基体呈液态,如环氧树脂、不饱和树脂等,可从致密的织物表面浸透,当基体颗粒比较大,非液态情况下,如沥青基、橡胶基等,需要织物表面稀疏,呈网格状,如图 14.9 所示。专利 ZL201220685884.5 公开的网格状织物具有多种形态,可呈现单面或者双面网格。

图 14.9 网格状中空织物

3. 不同绒经形态中空织物

中空织物绒经结构的形式丰富,可以使纤维连接,常用的有 V 字形、W 字形、I 字形等,如图 14.10 所示。

 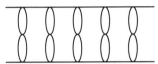 

图 14.10 常用的绒经结构形式示意图

V 字形结构,纤维固结不牢靠。高性能纤维普遍较滑,采用单根纤维交织在受到外力作用时,容易发生滑移,而且显露在织物表面的接结点一旦磨损,绒经与面层脱离,容易产生织物结构性破坏,且该种结构的织物在受压后,表面容易产生毛圈,造成织物高度不匀;W 字形结构,纤维固结相对较紧密,纤维间的夹持力大,即使有磨损,绒经也不易脱落。两根绒经在织物中间点位置相交,可以形成较为稳定的结构,由于绒经受到上面层压力和自身重力的影响,最终呈现 8 字形;I 字形结构,绒经单根直立,可以在织物中形成较好的通道,便于预埋部件等特殊用途,但纤维固结较差,织物容易发生倒伏。

为了满足功能性使用要求,还可对绒经的形态进行组合设计,形成双 8 或者三 8 字结构如图 14.11 所示,使织物内部形成通道,方便基体灌注、预埋螺栓、布置缆线等。

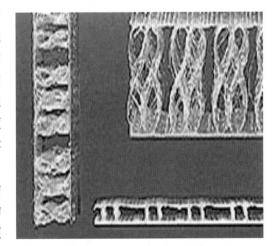

图 14.11 组合型 8 字形结构

在高厚度的织物中，一般采用错位8字形结构，如图14.12所示，这种结构是在8字形结构基础上演变而来，常规8字形如图14.13所示，8字呈单列排布，8字结构排列的位置为绒经的支撑点，当外力作用在两列8字之间时，极易造成失稳，绒经层失效，特别是随着织物高度的增加，此问题越显著。因此将相邻的8字错位排布，可以减少两列之间的间距，增加面内支撑。理论来说，8字分布越均匀，芯部支撑效果越好，但是织造难度呈直线上升，目前可见为2组8字错位结构。

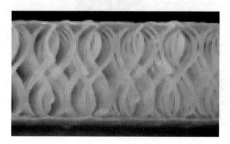

图 14.12　错位8字形结构

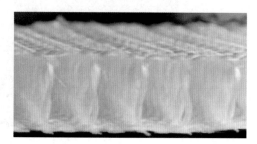

图 14.13　常规8字形结构

4. 点阵结构中空织物

常规的中空织物沿纬向呈8字形，沿经向呈"/"排列，如图14.14所示，但由于其具有单方向性，因此容易产生倒伏。通过结构设计，使织物沿经向呈V字状交叉排列，成为点阵中空结构如图14.15所示。点阵结构抗压性能优异，可弥补绒经单向排列的不足，形成稳定的结构。但采用机织的方式实现难度极大，无法实现产业化生产。

图 14.14　常规中空织物沿经向剖面图

图 14.15　点阵中空织物沿经向剖面图

5. 织物连接中空织物

绒经结构除了线状连接，还可以是织物连接，如图14.16所示。两个面层之间采用平纹织物进行连接，结构形式多样，织物结构稳定性更强，沿纬向刚度显著提高。其他形式的层间织物连接的中空织物结构示意如图14.17所示。

6. 双层中空织物

双层中空织物复合板如图14.18所示。双层中空织物具有较高的织物厚度，中间多一个面层，受压状态下更稳定，不容易发生分层。但该织物织造难度极大，尚未实现产业化生产。

图 14.16　整体夹芯多孔织物

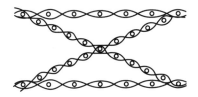
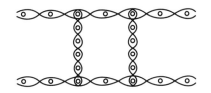

图 14.17 其他形式的层间织物连接中空织物示意图

7. 回转体中空织物

专利 ZL201410707112.0 公开了一种中空夹芯回转体织物及其应用。回转体中空织物由外层经向纤维系统Ⅰ、绒经系统Ⅱ和外层纬向纤维系统Ⅰ交织,形成回转体织物的外层;内层经向纤维系统Ⅲ、绒经系统Ⅱ和内层纬向纤维系统2交织,形成回转体织物的内层;绒经系统Ⅱ连接内、外两层织物,使内外织物成为一个中空织物,该种织物内、外层纬向纤维系统均用一根连续的纬向纤维与内外层经向纤维系统和绒经系统完成交织,如图 14.19 所示。内、外层仅各有一根连续纬向纤维的好处在于:纬向纤维在回转体的基础结构单元中的存在形态完全相同,回转体织物每个切线方向和轴向的组织完全相同,故不存在结构弱环和透波性能的较大跳动;同时,其具有中空结构,更利于发挥纤维增强复合材料的轻质高强、透波性能优异的结构特点。

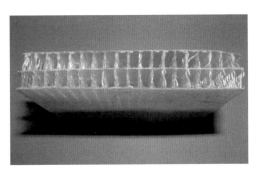

图 14.18 双层中空织物复合板

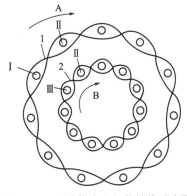

图 14.19 回转体中空织物结构示意图

8. 仿形中空织物

专利 201818466716.9 公开了一种仿形中空织物,该织物内层与外层呈非对称结构,单曲率形态,如图 14.20 所示。可以根据不同的曲率要求,分别设计内层织物与外层织物的纬向纤维根数,使内、外层织物采用不同的纬向纤维根数,从而可以使内层织物的内层经向纤维和外层织物的外层经向纤维具有相同或大致相同的弯曲度,使内层织物和外层织物具有大致相同的内应力,在制备单曲率部件时,具有更为稳定的结构。

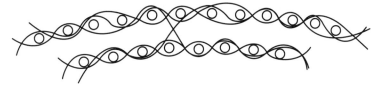

图 14.20 仿形中空织物结构示意图

14.1.3 成型原理

双层织物的成型方式一般分为"下接上""上接下""联合接结法""接结经接结法"和"接结纬接结法"五种。下层经向纤维提升与上次纬向纤维交织形成接结组织，这种接结方法称为"下层经向纤维接结法"或"下接上"接结法；上层经向纤维下沉与下层纬向纤维交织形成接结组织，这种接结方法称为"上层经向纤维接结法"或"上接下"接结法；下层经向纤维与上次纬向纤维交织，同时上层经向纤维与下层纬向纤维交织，共同形成织物的接结组织，这种接结方法称为"联合接结法"；采用附加的接结经与上、下层纬向纤维纱交织形成接结组织，称为"接结经接结法"；采用附加的接结纬向纤维与上、下层经向纤维纱交织形成接结组织，称为"接结纬接结法"。在传统纺织行业这五种接结方法专门用于制织双层织物，所制织的双层织物的上下两层紧密地贴合在一起，形成一个整体，以达到增厚、增重、保暖、改变织物表面的色彩效果的目的[1]。

由于"上接下""下接上""联合接结法"这三种接结方法在生产中经常将起接结作用的经向纤维或纬向纤维作为上层织物或下层织物中的一部分，即上层织物或下层织物的地经或地纬，同时起接结作用的径向纤维或纬向纤维又用于连接上下层织物，要利用这部分纤维使上下层之间形成具有一定高度的连线几乎是不可能的，因此这三种方法不适合中空织物的织造[5]。

在"接结经接结法""接结纬接结法"中，接结经向纤维或接结纬向纤维为一组 z 向纤维，位于上下两个面层的中间。在垂直方向上，这组 z 向纤维同时与上下两个面层的织物交织，将两个面层有机结合在一起，形成一个整体。

因为有第三个系统纤维存在，可以在两个面层织物形成空心层，由此，这两种方法给织造中空创造了可能。

采用"接结纬接结法"织造中空织物是将每一根接结纬向纤维与上下层织物的接结点各设一个，且这两个点的分布沿布幅方向拉开一定的距离，这样，接结用的纬向纤维即可成为上下层织物之间的连线，上下层两个接结点相隔的距离则成为中空织物的上下层连线的高度，其横截面示意如

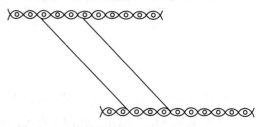

图 14.21 接结纬接结法织造中空织物示意图

图 14.21 所示。下机后，将下层织物往左平移，使相应的两个接结点重叠在一起，再将上层织物垂直向上移动，直到中间的纤维绷直为止，即可得到中空织物[5]。

采用该方法制备中空织物，织物的高度主要取决于织物幅宽，一般可获得较高的织物高度，且高度一致性好。但是绒经的密度较低，且高度越高，绒经的密度越低。由于中空织物作为一种产业用布，有一定的强度、刚度等要求，对绒经的密度要求较高，因此使用该方法制备中空织物并不常见。

采用"接结经接结法"织造中空织物是借鉴天鹅绒织物的织造方法，除了地经盘头以外，

还有一组绒经盘头,用于连接上下两个面层,形成中间芯层部分。在织造过程中地经分成上、下两部分,分别形成上下两层经向纤维的梭口,纬向纤维与上、下层经向纤维的梭口进行交织,形成上下两个面层,两个面层间隔一定的距离。绒经位于两面层中间,与上下层纬向纤维同时交织,两面层间的距离等于织物的高度。

14.2　成　型　方　法

中空织物的成型方法如下:首先根据目标产品的技术指标及性能要求,确定中空织物的结构形式,然后进行相应的工艺设计计算,确定织物的高度和立柱根数。根据立柱的根数和织物的密度,确定绒经和地经的比例、总经根数、纤维的长度。根据上述工艺参数进行中空织物的织造工艺参数设计。中空织物的织造沿用传统织造的五大步骤(送经—开口—引纬—打纬—卷取)进行,经过不断的循环,最终完成中空织物的成型。

中空织物成型的核心是成型及控制。常见的中空织物绒经成型方法是采用接结经接结法,该种方法织造中空织物时,根据开口和投纬的方式不同分为单梭口织造法和双梭口织造法两种。

14.2.1　单梭口织造法

单梭口织造法为织机曲轴每一回转形成一个梭口,投入一根纬向纤维。地经综提综情况如图 14.22 所示,上层经向纤维穿 3、4 页综,下层经向纤维穿 5、6 页。

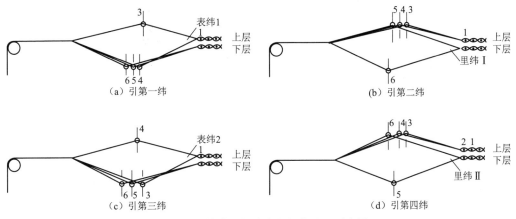

图 14.22　单梭口织造中空织物地经示意图

引第一纬:织上层,投上层纬向纤维 3,下层经向纤维沉于下面,第 3 页综框上升。

引第二纬:织下层,投下层纬向纤维 I,上层经向纤维全部提起,第 5 页综框上升。

引第三纬:织下层,投下层纬向纤维 II,上层经向纤维全部提起,第 6 页综框上升。

引第四纬:织上层,投上层纬向纤维 2,下层经向纤维沉于下面,第 5 页综框下降,仅第 4 页综框仍留在上升位置[6]。

值得注意的是:

（1）织下层投下层纬向纤维时，上层经向纤维必须全部上升。

（2）织上层投上层纬向纤维时，下层经向纤维必须全部留在梭口下部。

（3）引纬顺序按上层纬向纤维、下层纬向纤维、下层纬向纤维、上层纬向纤维为宜。

单梭口织造的设备相对简单，对普通单剑杆织机进行改造即可实现，但织造的高度有限，一般为 2～15 mm，织物高度的一致性略差，生产效率低。

14.2.2 双梭口织造法

双梭口织造法为织机曲轴每一回转能同时形成两个梭口，并同时投入两根纬向纤维，如图 14.23 所示。绒经（蓝色线所示）综框位于综框前区，在织造过程中，有上、中、下三个位置，分别与织物的上下两个面层交织，形成织物的芯层；地经（黑色线所示）分为上层地经和下层地经，分别穿于综框的中区和后区。上层地经开口向上，下层开口向下，同时打开，形成两个梭口，同时引入两根纬向纤维。在织物成型过程中，可观察到织物的成型高度及织物结构。

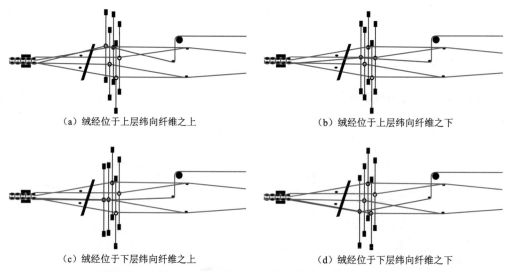

（a）绒经位于上层纬向纤维之上 （b）绒经位于上层纬向纤维之下

（c）绒经位于下层纬向纤维之上 （d）绒经位于下层纬向纤维之下

图 14.23 双梭口织造中空织物示意图

双梭口织造需采用双剑杆设备（图 14.24），该设备结构复杂，投入较大，但织物高度一致性好，织造高度可达 40 mm，生产效率高。

14.2.3 工艺参数

1.织物高度

中空织物的高度直接影响织物的透波性能及力学性能，材料的相对介电常数和损耗角正切值随着织物高度增加而减小，刚度随着织物高度的增加而增加，压缩性能随着织物高度的增加而降低，因此中空织物的高度是十分关键的指标。

织物高度可通过绒经的送经量、两层剑杆之间的间距、综框的开口高度进行调整。常规的中空织物高度为 3～20 mm，在特定的要求下，织物的高度可达 40 mm。

图 14.24 双剑杆织机织造中空织物

中空织物的高度为织物站立时上下两面层及中间芯层的高度,以 mm 表示,如图 14.25 中 L。

中空织物高度测量仪如图 14.26 所示。

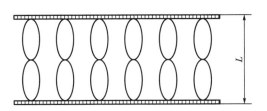

图 14.25 中空织物高度示意图

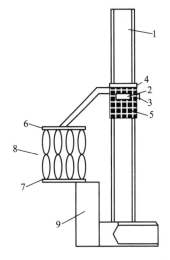

图 14.26 中空织物高度测量仪

1—标尺;2—数显仪;3—固紧螺丝;
4—微调螺丝;5—数显仪壳;6—A 板;
7—B 板;8—中空织物;9—基准面板

2. 立柱根数计算

中空织物作为一种复合材料的预制体,有一定的力学性能及电性能的要求,这些都跟立柱根数有着密切的关系,因此织物立柱密度十分重要。

立柱根数可按照下式计算:

$$X = K\rho_{\mathrm{j}}\rho_{\mathrm{w}}/n \tag{14.1}$$

式中　X——立柱根数，根/cm^2；

　　　ρ_j——单层织物经向纤维密度，根/cm；

　　　ρ_w——单层织物纬向纤维密度，根/cm；

　　　n——单层地经与绒经的排列比。

14.3　成型设备

14.3.1　设备组成及工作原理

中空织物的成型与传统纺织技术类似，主要由送经、开口、引纬、打纬及成型卷取五大运动组成。对应相应的成型工艺，其机织装备主要由送经机构、开口机构、引纬机构、打纬机构及成型卷取机构组成。中空织物成型时，在单位长度内，地经和绒经的长度不相同，因此不能采用同一个盘头送经。特别在织物高度比较高的时候，织造单位长度的中空织物，绒、地经消耗长度比可达 8∶1，绒经消耗量巨大，如仍采用盘头送经，将导致穿纱频繁，织造效率降低，不利于规模化生产。中空织物厚度一般在 3～20 mm，收卷过程采用两层压叠的方式进行，但织物仍有一定的厚度，如采用机内卷取，一般只能卷绕 10～15 m，对织物的连续化使用、包装、运输都不方便，因此传统的机内卷取无法满足中空织物大卷装的要求。

基于传统纺织成型原理，结合中空织物的结构特点，在传统的剑杆织机基础上对送经、卷取部分进行改造。低高度的中空织物织造时，送经装置采用盘头送经，至少两个盘头，1地 1 绒；采用双梭口织造时，一般是采用 2 地 1 绒或 2 地 2 绒的配置。在织造高厚度织物时，考虑采用纱架送经，绒经由筒子架直接供纱，地经仍采用盘头送经。

中空织物织造的关键在于如何通过绒经高度的控制来控制织物高度，而绒经高度的控制需通过对绒经送经装置的设计、绒经张力的控制、织造工艺的设计等来达到。

绒经的长度决定了织物的高度，送经装置的设计就十分重要，既不能采用张力感应式，也不能采用对经轴施加以恒角速度传动的方式来送经。前者因为张力不可避免地具有波动性，这将影响织物中的绒经长度，不能保证织物高度恒定不变；后者因为经轴上经向纤维直径随着经向纤维的消耗由大变小不断变化，这将不能实现纤维的恒线速度送经[5]。

目前主流的方法是采用主动式导辊摩擦传动纤维的定长积极式送经的方式。定长积极式送经装置的安装位置应位于织机后方，介于织口与绒经织轴之间。绒经也可由纱架直接提供，不需要经轴，此时定长积极式送经装置应位于织口与纱架之间。

该定长积极式送经装置在中空织物织造的过程中为绒经提供稳定、设定长度的纤维，以保证绒经的长度不变，从而保证织物高度的一致，确保织物的质量[5]。

在单梭口织造中空织物的过程中，绒经如采用较大的张力，则两个面层就被挤压在一起，无法形成中空的结构；绒经如采用较小的张力，松弛的纤维会游荡在织口位置，造成开口不清，织造无法顺利进行，且在一个织造周期内，起绒点和不起绒点的绒经张力波动剧烈，并且这种张力波动随织物的间距增加而增加，这种剧烈的张力波动将使整个定长积极式送经装置难以稳定正常地起作用[7]。

为了解决这个问题,在定长积极式送经装置与织口之间配置一套绒经摆杆。不起绒点,摆杆逐渐松弛,吸收定长送出的绒经,保证织口清晰;起绒点,摆杆收紧,将该部分的绒经全部送进织口,经过高速打纬,绒经被夹持在两个面层之间。

穿纱时,采用分区穿法,绒经动程较大,张力小,一般布置在前区综框。为了减少综框的运动,降低能耗,上层地经布置在中区综框,下层地经布置在后区综框;穿筘时,必须注意绒经与地经在筘齿中的排列位置。因绒经的张力小,地经的张力大,假如绒经在筘齿中被夹在地经中间,绒经容易被地经夹住而影响正常的开口运动,因此绒经布置在钢筘的两侧位置,地经布置在中间的位置,可方便绒经的动作,高度更稳定;织造时,一般采用较大张力,更有利于开口清晰和起绒稳定。

14.3.2 中空织物设备的发展

中空织物作为整体中空夹层复合材料的增强基体,因其具有轻质、高强、抗分层和一次成型等特点,被广泛应用于航空航天、轨道交通、风力发电、储罐改造和雷达天线防护罩等众多领域,是三维纺织复合材料的重要组成部分。

国外采用二维织造技术生产三维机织物的方法早在20世纪30~40年代就已经开始了,当时已经可以采用有梭织机生产双层组织织物;到20世纪70年代,美国等一些发达国家就已普遍能够工业化生产双层和多层织物了[8]。

20世纪80年代初,国外开展了三维机织中空复合材料的制备研究,三维机织中空织物及相关织造技术和设备也因此开始得到广泛的研究和开发。比利时鲁汶大学和德国斯图加特大学开展了相关的研究工作,提出了三维机织连续间隔(中空)材料的概念,经过长时间的设计和应用,开发出了类似的纤维织物增强基体;Drechsler等[9]首次提出了机织连续整体夹芯结构复合材料的全新概念,由于传统的蜂窝夹芯和泡沫夹芯结构制造成本高,且容易发生材料分层破坏,因此由上下面板和z向芯层纤维组成的新型机织连续整体夹芯结构,可以有效地解决上述问题;Verpoest等[10]也提出了一种与Drechsler类似的新型机织整体夹芯结构,其面层与芯层的界面强度比传统夹心结构明显提高。这一时期双层中空织物的组织研究如火如荼,对相应的产业用织机也提出了全新要求。由于中空织物组织的不同,以及中空织物面层和芯层结构的巨大差别,传统的单盘头有梭织机已经难以满足相关组织结构的产业化生产。所以,在满足织物结构需求和生产效率需求的前提下,以单剑杆织机为基础,开创性的改造出了双盘头单剑杆织机,其结构示意如图14.27所示。该织机工作原理大致如下:中空织物的上下面层和中间芯层由两个独立的纤维盘头单独控制和织造,其中绒经盘头采用积极式张力控制系统,地经盘头采用消极式张力控制系统,通过控制综框的运动规律,实现中空织物的连续、可控生产。

20世纪90年代后,三维机织中空织物(预制体)被列入了美国NASA和海军的战略计划中,中空织物及其复合材料的应用被推向了新的时代。三维机织中空织物的空心截面结构,多层细观结构,以及织物结构同复合材料性能影响等方面,成为这一时期的研究重点,并对三维机织中空复合材料的力学性能、基本力学理论、弹性性能预测、复合材料微观结构及成型工艺等,也在同步推进研究[11-13]。与此同时,对三维机织中空织物的质量品质和高效生产也提出了新的要求。原有的双盘头单剑杆织机生产的中空织物,其上下两个面层由同一个盘头供给纤维,中空织物的整体站立性欠佳,织机生产效率也有待提高,基于此,开发出了三盘头双剑杆织机,如图 14.28 所示。该织机在生产中空双层织物时,上下两个面层由相互独立的两个盘头供给纤维。在织造时,可同时形成上下两个梭口,因此可以对上下两个面层进行同时织造,中空织物的站立稳定性有效提升,织机效率显著提高。

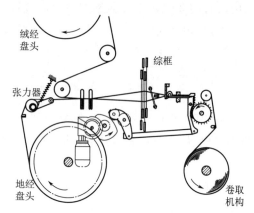

图 14.27　双盘头单剑杆织机结构示意图

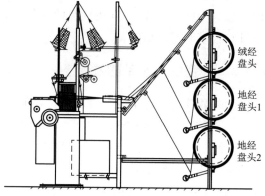

图 14.28　双剑杆织机三盘头配置结构示意图

荷兰 Parabeam BV 公司的一个工程师项目小组借鉴了天鹅绒的编织技术,通过对纺织机械进行必要改造并调整织造工艺参数,采用 100% 无碱玻璃纤维纱成功地生产出了机织玻璃纤维中空织物(3D glass fabrics),其制造的"Parabeam"结构被广泛应用于各个领域,带动复合材料行业实现了巨大飞跃。目前,国外关于三维机织中空织物的研究主要集中在不同原料纤维、组织结构的产业化生产应用开发,以及不同复合体系的复合材料性能研究。

国内关于中空织物及其复合材料的研究相对较晚,但在 20 世纪 60 年代已经出现了以双层组织为基础的类似织物组织结构[14],如:双层织造经起绒组织、双层表里换层组织、长毛绒组织等。直到 20 世纪 90 年代,杨彩云等[15-17]首次介绍了三维中空织物复合板材的特点,深入研究了三维中空织物的组织结构和织造方法。丁辛等[18]研究了三维中空织物的生产工艺技术,并通过影响中间芯层柱纱形态的五个工艺参数,研究了中空织物高度的影响因素。2000 年以来,祝成炎等[19-21]研究了三维中空织物的结构设计和织造技术,并对基于中空织物的增强复合材料进行了深入研究。张立泉、匡宁等[22-24]对三维中空织物组织设计进行了深入研究,在国内首次实现了该型中空织物的产业化生产,并对三维中空织物复合材料的性能分析和应用开发进行了广泛的研究,取得了丰硕的成果。钱坤、周罗庆、曹海建等[25-29]从三维中空织物的组织结构入手,进行结构设计分析,借鉴 2.5 维织物的技术特点,实现了三维中空织物的面层设计。与此同时,他们对三维中空织物复合材料的力学性能、抗冲击性能、隔声性能、抗压缩性能等做了全面的研究分析,并对复合材料设计单胞模型进行有限元分析,积累了宝贵的实验数据和实践经验。吴伯明等[30-31]积极拓展三维中空织物的产业化生产和复合材料生产研发,在三维中空织物及其复合材料的产业化应用中取得了丰富的成果。2019年公布的一种三维中空织物专利[32],通过织造工艺设计创新,实现了一种中间芯层沿经向 V 字形排布的类点阵中空织物,提高了三维中空织物抗剪切性能和整体结构的稳定性。

14.4 工程应用及发展趋势

14.4.1 工程应用

1. 雷达天线罩

雷达天线罩是雷达系统的重要组成部分,被称为雷达系统的"电磁窗口",用来保护雷达天线或整个微波系统在恶劣环境下能够正常工作,是一个结构/透波功能一体化部件。天线罩将雷达天线与外界环境形成物理隔离,能够保护天线免受恶劣的环境条件,如风霜、雨雪、冰雹、尘雾、烈日或者过高过低的温度对雷达天线系统的影响或破坏,大大降低了天线承受的载荷,简化了天线及其驱动系统结构。同时其优良的电磁通透性为雷达天线系统的稳定工作提供一个相对安全的工作环境,使天线全天候工作,延长了雷达系统的使用寿命,提高其工作可靠性,降低寿命周期费用,具有积极、重要的作用[33-34]。

经过几十年的发展,天线罩演变出适应不同用途的多种形式,在国防及民用领域发挥着重要作用。雷达天线类型与使用环境的不同,对天线罩的电性能与力学性能要求也就不一样,且差异很大。中空织物制备而成的高性能中空织物复合材料天线罩,不同于传统天线罩的材料透波,其内部空腔的结构在原理上属于结构透波,介电常数为 2 ± 0.2,正切损耗为 $0.006\sim0.008$,突破了材料透波的局限性,因此大大改善了传统天线罩电磁辐射损耗大、增益损失大等缺陷。通过中空织物组织结构、绒经结构、曲面仿形等方面的设计,可实现不同频段、不同形状天线罩的透波要求。中空织物复合材料具有良好的环境适应性,满足在温度、湿度、盐雾、霉菌、太阳辐射不同工况下的使用要求,同时能够抗冲击、振动、颠震,是理想的高性能天线罩材料。中空织物复合材料天线罩按应用场合不同可分为地面型、舰载型等[35]。

图 14.29 地面型天线罩

地面型天线罩有地面固定型和地面移动型,通常呈截球形,如图 14.29 所示,架设于塔上或架设于地面轨道上。也有些是平板、圆锥形的,如机场地面雷达检测站用的平面相控阵天线罩和平板裂缝阵列天线的天线罩。天线罩能保护价值昂贵而又极其重要的制导系统免受高温、雨雪、风沙等恶劣气候影响,保障雷达系统处于正常工作环境并延长系统使用寿命,还大大降低了对内部天线的结构要求和驱动要求[36]。中空织物复合材料天线罩在减重、透波、抗分层、抗风载等方面具有综合性能优势,成为新一代气象、民航用雷达天线罩的重要发展方向,它可覆盖 L、S、C、X、Ku、Ka 等波段。

舰载型天线罩是武器装备的重要组成部分,其技术、功能、性能的跨越,对于新一代武器装备功能、性能跨越的实现具有重要的影响。在现代海域及军事技术下,战争以全方位、立体化、高纵深作战为主,实际上是争夺"制信息权""制电磁权""制空权"的较量,其中敌我双方雷达与电子战的较量是关键。而相控阵雷达集搜索、截获、跟踪、火控于一体,以多功能、多目标、精度高等优势,已经成为现代舰载雷达技术的发展与应用重点。当前世界主要军事强国均加强了相控阵技术在舰载雷达的应用,如美军"宙斯盾"武器系统采用的就是 AN/SPY-1 相控阵雷达,4 部 SPG-2 可同时对抗 18 个目标。俄罗斯的"大网"远程对空警戒雷达、法国的"海虎"中程对空对海雷达、意大利的 RAN-30X 导弹制导雷达等均应用相控阵技术[37]。

在现有技术条件及军事发展方向上,为满足雷达装备探测能力不断升级的需求,对相控阵雷达天线罩的透波性能提出了更高的要求。同时,对舰载平台来说,随着搭载装备的种类和数量快速增长,对相控阵雷达系统的轻型化需求和期望更加迫切。在贯彻轻型化的过程中,其核心是解决透波性能与结构性能之间的矛盾。

国内新一代结构功能一体化雷达天线罩,采用三维中空织物与热固性树脂基体经由真空引流成型工艺整体复合而成,其中中空织物是一种连续编织而成的新型夹层结构,从根源上解决了传统夹层结构蒙皮开裂和分层的现象。通过对天线罩产品进行电性能仿真设计、结构设计、结构静力与动力学仿真分析、制备技术、可靠性测试技术等关键技术研究,提高了天线罩透波性能、结构的刚强度、承载能力和稳定性,减重 28%,实现轻量化目标。

2. 储罐领域

中空织物因其夹芯层具备良好的贯通性,且其复合成型方式简易,在双壁储罐行业有广泛的应用。利用其中空夹层,在其中预埋检测探头,在储罐内层因化学腐蚀出现渗漏后,设置的探头可及时监测到,以便对储罐进行维修操作。与传统的储罐相比,避免了因发现渗漏不及时,污染土壤及水体的情况发生。中空织物不仅提供了预埋探头的空间,更是保证了储罐良好的结构性能,避免因储罐自重过大,而自身产生的应力破坏。SF 双壁储罐夹层截面如图 14.30 所示,其实物如图 4.31 所示。

图 14.30　SF 双壁储罐夹层截面图　　　图 14.31　中空织物制备 SF 储罐实物图

3. 轨道交通

中空织物因为其独特的组织结构,利用它制备而成的复合材料是一种新型的结构与功能一体化材料,具有比强度、比模量高;蒙皮与芯层一体成型,整体结构强度高、抗分层剥离、抗冲击;中空夹层空间可进行填充、预埋等可设计处理;中空织物的柔软性易于复合,贴模仿形性好,适合异形件的成型;具有隔声降噪、阻燃、保温、透波、轻量化等特点。与传统轻量化材料相比,密度小,强度高,模量高,适合用于轨道交通的轻量化、环保材料,其应用典型部件包括:受电弓导流罩、窗下墙板、侧墙板、顶板、地板、车门等,如图 14.32 所示。

（a）受电弓导流罩

（b）车窗下墙板

（c）厢式货车侧板

（d）地铁车门

图 14.32 部分典型部件

4. 建筑幕墙

石材幕墙是由石板支承结构(铝横梁立柱、钢结构、肋等)组成,可相对主体结构有一定位移能力或自身有一定变形能力,不承担主体结构载荷与作用的建筑围护结构。建筑幕墙作为建筑的外围结构,其作用对于建筑节能产生直接的影响。建筑物外墙保温是较为合理的节能形式,将保温材料与装饰石材结合的构件能够实现保温装饰一体化、制品构造化,也是外墙保温行业发展的趋势。

将天然石材(厚 3~8 mm)与中空织物复合材料通过黏接或机械连接复合而成的超薄石材中空织物复合板,由于中空夹芯结构的贯通结构,其夹芯内部还可以根据保温隔热需要填充阻燃泡沫或水泥发泡,如图 14.33 所示。该产品具有更强的耐冲击性和弯曲强度,完全克

（a）超薄石材中空织物复合板　　　　　　（b）超薄石材中空织物复合板（酚醛发泡）

图 14.33　超薄复合板

服了天然石材固有的重量大、易碎裂等缺点，具有绿色环保、节约
资源、重量轻、施工快捷、强度大、抗冲击性能好、坚固耐用、花纹
自然、光泽度好等优点；与常见的铝蜂窝增强石材复合板比较，具
有抗分层、重量轻、耐腐蚀、抗暴晒变形、热膨胀系数与石材接近、
保温隔热、安全系数高、成本低、易于异形加工等综合优势。能广
泛应用于高级大型建筑物的室内外墙面保温装饰、室内地板及天
花板吊顶等装饰，用透光树脂成型的基材与透光大理石结合，具
有很好的透光效果[38]。超薄石材中各织物复合板产品如图
14.34~图 14.36 所示。

图 14.34　超薄石材中空
织物复合板样板楼

图 14.35　超薄石材中空织物复合板透光灯　　　图 14.36　超薄石材中空织物复合板透光屏风

14.4.2　发展趋势

中空织物独特的结构特点，给其发展注入了生机，随着研究的深入，中空织物在更多的
领域崭露头角。

随着 5G 的开发，6G 甚至 7G 的布局，中空织物在结构透波方面独特的结构优势愈发明
显，以中空织物为基材制备基站如何能够进一步降损增效，满足高带宽、大连接和低时延场
景下的通信需求，是中空织物在通信领域发展的重要课题。巴沙木是世界上最轻、最软、最
易切割的木材，类似于泡沫，但比其略有强度，物理性能好，既隔热，又隔声，因此是制造船

艇、风电叶片、飞机的良材，但目前全部依赖国外进口，中空织物如何进一步发挥轻质高强的优势，替代巴沙木，是中空织物扩宽市场的利器；部队野战营房以军用帐篷、彩钢板活动房和集装箱式活动房为主，存在品种类型多，使用、管理、维修不便，隔热保温性低，功能单一，重复利用率低等问题，彩钢板和集装箱式营房还存在运输不便的问题。如何利用中空织物隔声隔热、轻质高强的优势，搭建可快速组装、移动的营房，是中空织物面临的新挑战，并可向民用领域辐射，开发建筑工地板房、房车箱体等。在航天航空领域，中空织物作为结构功能一体化的材料，已经逐步开始了在舰船功能件、卫星通信、战机隐身等方面的探索，中空织物未来的发展大有可为。

参考文献

[1]　顾平.织物结构与设计学[M].上海：东华大学出版社，2006.

[2]　匡宁，张立泉，张建钟，等.三维机织层连织物：CN1807731A[P].2006-07-26.

[3]　匡宁，周光明，张立泉，等.整体夹芯中空复合材料的开发与应用[J].玻璃纤维，2007(5)：15-16.

[4]　钟志珊.整体中空夹层复合材料力学性能研究[D].南京：南京航空航天大学，2007.

[5]　李文璋.中空双层壁织物的设计原理及其织造工艺研究[D].天津：天津工业大学，2017.

[6]　蔡陛霞.织物结构与设计[M].北京：纺织工业出版社，1980.

[7]　张明俊，周罗庆.三维机织间隔织物复合材料的设计和织造[J].纺织导报：2006(7)：68-69.

[8]　易洪雷，丁辛.三维纺织预型件的生产技术[J].纤维复合材料，1999(3)：31-33.

[9]　DRECHSLER K，BRANDT J，ARENDTS F J. Integrally woven sandwich-structures[M]. Berlin：Springer Netherlands，1981.

[10]　VERPOEST I，WEVERS M，DEM P，et al. 2.5D- and 3D-fabrics for delamination resistant composite laminates and sandwich structures[J]. SAMPLE Journal，1989，25(3)：51-56.

[11]　IVENS J，VANDEURZENP H，VANVUUREA W，et al. Modeling of the skin properties of 3D sandwich fabric composites[C]. In：MiraveteA，eds. Proceedings of ICCM-16. England：woodhead Publishing Ltd，1993：540-547.

[12]　KARSSSONK F，ASTROM T. Manufacturing and application of structural sandwich components[J]. Composite Part A：Application Science，1997，28(2)：97-118.

[13]　BANNISTERM K，BRAEMAR R ，CROTHERSP J. The mechanical performance of 3D woven sandwich composites[J]. Composite Structures，1999，47(4)：687-690.

[14]　华东纺织工学院.织物结构与设计：上册[M].北京：纺织工业出版社，1960.

[15]　杨彩云.用机织法生产复合材料板材预制件的研究[J].天津纺织工学院学报，1994，13(1)：107-118.

[16]　杨彩云，李文璋，王磊，等.三维机织空芯结构复合材料的研究[J].纤维复合材料，1996(4)：10-14.

[17]　杨彩云，李文璋.中空双层壁织物的制织原理[J].纺织学报，1997，18(1)：23-24.

[18]　景波，丁辛，周祝林.机织间隔织物柱纱高度的确定[J].东华大学学报，2012，38(1)：31-33.

[19]　祝成炎.立体织物结构及其织造技术[J].丝绸，2000(10)：33-35.

[20]　祝成炎，陈俊俊，朱俊萍，等.三维整体夹芯织物增强复合材料的研制[J].纺织学报，2007，28(1)：56-59.

[21]　谭冬宜，祝成炎，余延寿.机织间隔织物的结构设计及其织造[J].丝绸，2007(8)：42-44.

[22]　张立泉，朱梦蝶，郭洪伟，等.浅析三维机织物组织结构的可设计性[J].玻璃纤维，2003(4)：15-17.

[23]　匡宁，周光明，张立泉，等.整体夹芯中空复合材料的开发与应用[J].玻璃纤维，2007(5)：15-19.

［24］ 陈同海,周正亮,张守玉.透波用三维中空复合材料研究进展［J］.工程塑料应用,2016,44(9):141-144.

［25］ 曹海建,钱坤,魏取福,等.三维整体中空复合材料低速冲击性能［J］.纺织学报,2009,30(10):70-74.

［26］ 李文敏,钱坤,曹海建.新型结构整体中空夹芯复合材料的设计［J］.上海纺织科技,2010,38(5):18-19.

［27］ 李鸿顺,曹海建,钱坤,等.机织间隔织物压缩性能有限元分析［J］.纺织学报,2010,31(7):50-54.

［28］ 蒋家松,周罗庆.叠经式多层间隔结构整体机织预制体的实现［J］.棉纺织技术,2010,38(12):24-27.

［29］ 冯古雨,曹海建,周红涛,等.三维机织复合材料单胞模型各向异性的有限元分析［J］.玻璃钢/复合材料,2017(1):18-52.

［30］ 周祝林,吴伯明.三维夹芯织物及新型夹层结构［J］.玻璃钢,2008(4):6-7.

［31］ 吴伯明,戴浩,李东旭.三维玻璃纤维间隔连体织物水泥基复合材料的研究与应用［J］.中国建材科技,2016(1):47-50.

［32］ 蒋汉文.三维机织物:CN109385733A［P］.2019-02-26.

［33］ 周畅,吕文中.大型金属桁架雷达罩桁架综合优化仿真［J］.计算机仿真,2012(12):5-8.

［34］ 金志峰.天线罩电性能设计与测试及损伤研究［D］.南京:南京航空航天大学,2018.

［35］ 张明习,轩立新.高性能雷达罩设计与制造关键技术分析［J］.航空科学技术,2015(8):13-18.

［36］ 刘晓春.雷达天线罩电性能设计技术［M］.北京:航空工业出版社,2017:1-17.

［37］ 王俊刚.相控阵技术在舰载雷达中的应用［J］.电子技术与软件工程,2016(2):37.

［38］ 郑云,魏艳,匡宁.中空夹芯增强石材复合板的开发［J］.石材,2013(7):4-5.

第15章 三维非织造织物

15.1 结　构

15.1.1 基本结构

三维非织造织物是指利用纤维、纤维棒、二维织物等通过摩擦、搭接、抱合、黏结等方式形成的三维织物。三维非织造织物借鉴了编织的原理,但是利用纤维棒具有一定刚性的特点改进了织物成型的工艺,制备了具有独特性能的织物,在航空航天、模型制造、体育用品等方面具有广泛应用。

纤维棒是一种利用纤维浸渍树脂通过拉挤工艺制备成的具有一定直径、一定刚度和韧性的纤维棒,目前主要的纤维棒有碳纤维棒、玻璃纤维棒等。拉挤纤维棒所选用的树脂有环氧树脂、双马来酰胺树脂等热固性树脂,该类树脂具有较低的固化温度和适宜的黏度,利于拉挤成形,同时也可为纤维棒提供所需的刚度。

利用纤维棒具有一定刚度的特点,将纤维棒排布成一定规律的三维织物需要的骨架结构,然后利用其他纤维棒、纤维、二维织物进行装配、缠绕、穿刺进而形成三维织物。按照纤维棒骨架结构中纤维棒方向不同,可分为轴棒结构[1]和径棒结构[2],如图 15.1 和图 15.2 所示。轴棒结构是指纤维棒沿轴向上形成矩阵,按照纤维棒矩阵间距不同可以构成矩形矩阵、多边形矩阵等。径棒结构是在回转体结构中,纤维棒沿径向方向依次排布,纤维沿周向或母线方向的纤维棒缝隙内铺设形成三维织物。

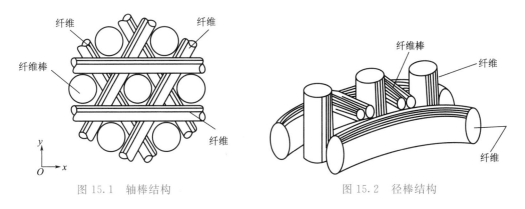

图 15.1　轴棒结构　　　　　　　　　图 15.2　径棒结构

在纤维棒构成织物骨架的基础上,根据配合成型材料不同,三维织物也具有不同的结构。

1.纤维棒铺纱结构

纤维棒铺纱结构织物是在纤维棒排布形成矩阵的基础上在纤维棒缝隙内铺设纤维成型。根据纤维棒矩阵的方向不同可分为径棒铺纱结构和轴棒铺纱结构。轴棒矩阵可排列出正交的两个方向和互成120°的三个方向铺纱缝隙,铺设纤维后形成轴棒铺纱的三向结构和四向结构非织造织物。同样的径棒矩阵也可沿不同方向进行纤维缠绕形成径棒三向结构和四向结构非织造织物。

2.纤维棒穿刺结构

纤维棒穿刺结构织物是将纤维棒进行尖端加工形成针尖结构,然后将处理后的纤维棒沿轴向排布成矩阵,最后将纤维布逐层穿刺加压形成三维织物。通过调整纤维棒矩阵间距和结构可以实现立方体、多边形、回转体等织物的成型。纤维布的种类也可以选择展宽布、无纬布、单向布等特殊类型布,以实现特殊性能要求的织物成型。纤维棒穿刺基本结构如图15.3所示。

3.纤维棒装配结构

纤维棒装配结构织物完全由纤维棒组成,通过相互间搭接的摩擦力装配成型。根据纤维棒的方向排布不同可以分为正交三向结构及变化结构等。纤维棒装配基本结构如图15.4所示。

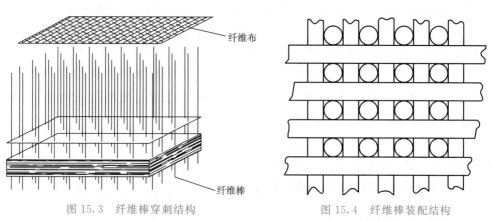

图 15.3　纤维棒穿刺结构　　　　　图 15.4　纤维棒装配结构

15.1.2　结构变化

三维织物根据不同的成型方法能够形成不同的结构。三维织物主要的成型方法有编织法、机织法、针织法及非织造法等工艺方法,主要的结构有三维编织结构、机织结构、层连结构、针织结构及非织造结构等。三维非织造工艺是借鉴三维层连织物成型方法,采用了刚性纤维棒作为三维织物骨架结构,运用非织造工艺成型三维非织造织物的技术,在结构上与三维层连织物结构相似。

1.纤维棒装配结构变化

在纤维棒装配工艺中可以变换纤维棒矩阵样式,改变纤维棒方向以实现多向装配结构织物的成型,甚至可以通过辅助工装,实现空间斜向织物的成型[3]。纤维棒多向装配结构如

图 15.5 所示。

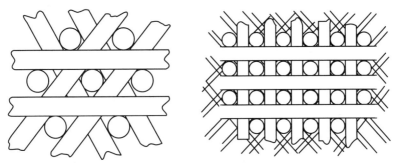

图 15.5 纤维棒多向装配结构

除此之外,纤维棒在拉挤过程中可制备成方形、锥形、三角形等异形截面。不同直径和截面的纤维棒,装配过程中在织物中产生的装配间隙不同,由此可以对织物纤维的体积密度以及形状进行设计,其复合后性能也相去甚远[4]。异形截面纤维棒装配结构如图 15.6 所示。

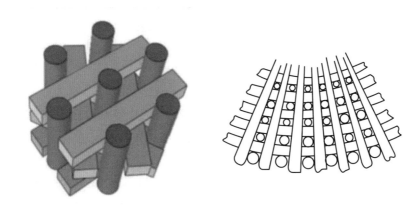

图 15.6 异形截面纤维棒装配结构

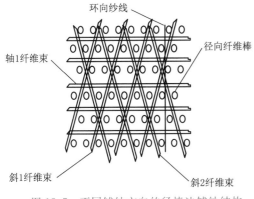

图 15.7 不同铺纱方向的径棒法铺纱结构

图中标注:环向纱线、径向纤维棒、轴1纤维束、斜1纤维束、斜2纤维束

2.纤维棒编织结构变化

在纤维棒铺纱编织工艺中,可以设计不同的纤维棒矩阵排布,铺设纤维方向也可多样化。通过改变矩阵类型(轴棒和经棒)和铺设纤维方向(三向和四向)组合形成多样化的纤维棒铺纱结构[5]如图 15.7 所示。

纤维棒穿刺工艺相较于其他三维非织造工艺,一般只适用于轴棒矩阵,但是在原材料纤维布的选择上则表现出优异的可设计性和操作性。无论是平纹布、缎纹布、展宽布、无纬布甚至于非织造布都可以成为穿刺的原材料。

15.1.3 成型原理

三维非织造织物成型工艺主要有纤维棒铺纱工艺、纤维棒穿刺工艺及纤维棒装配工艺，不同工艺在成型过程中有相通相近之处，也有各自特点，其基本原理都是利用纤维棒之间及与纤维、纤维布之间的摩擦缠结形成织物。

纤维棒铺纱工艺是在排布好的纤维棒矩阵内，沿不同方向将纤维铺设在矩阵缝隙内，并经密实形成三维织物。

纤维棒穿刺工艺是采用尖端形态的纤维棒作为织物成型的基本框架矩阵，在外加压力下使得纤维棒刺入纤维布，在刺入的过程中，纤维布纤维受到纤维棒排挤弯曲，形成横向应力约束，逐层穿刺后形成三维织物。

纤维棒装配工艺是利用纤维棒一定刚度的特性，不同方向的纤维棒之间通过相互搭接后挠曲形成摩擦，保证内部应力束缚，在不同方向上的纤维棒层层堆叠进而形成三维织物。

15.2 成 型 方 法

15.2.1 等截面成型

在三维非织造织物成型过程中，无论是采用纤维棒铺纱、纤维棒穿刺还是纤维棒装配工艺，基础都是构建纤维棒矩阵作为织物骨架，因此纤维棒矩阵的排布决定了织物的最终结构。在等截面织物成型过程中要求织物在成型方向上的截面保持不变，因此三维非织造织物的纤维棒矩阵排布一般采用轴向排布，且纤维棒长度相等，形成尺寸上下均一的竖直矩阵。为实现不同结构类型织物，在轴向矩阵排布时一般有矩形矩阵排布、六边形矩阵排布、圆形矩阵排布等。

1. 矩形矩阵排布

矩形矩阵排布是纤维棒按照行列沿轴向排布，利用模板逐行逐列形成纤维棒矩阵，矩阵内含有 x 和 y 两个方向纤维引入缝隙。辅助工装约束矩阵整体尺寸，满足织物尺寸公差要求，就实现了矩形矩阵的排布，如图 15.8 所示。

2. 六边形矩阵排布

六边形矩阵排布是纤维棒沿三个方向呈 120° 排布，每根纤维棒与邻近两根组成等边三角形，形成三个方向纤维引入通道，最后需要在六边形六个面上进行整体尺寸的约束，如图 15.9 所示。

3. 圆形矩阵排布

圆形矩阵排布一般保证纤维棒在径向间隙保持不变，因此在周向上矩阵间隙随直径增加而增加。在圆形矩阵排布时一般需要模板和特殊工装辅助完成，如图 15.10 所示。

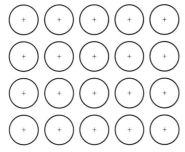

图 15.8 矩形矩阵排布

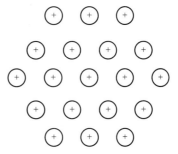

图 15.9 六边形矩阵排布

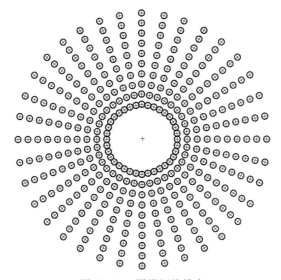

图 15.10 圆形矩阵排布

15.2.2 变截面成型

虽然三维非织造织物结构一般情况下不适合变截面织物整体成型,对于异形的织物一般采用后期加工的方法实现,但是通过一定的优化和改进,利用现有工艺也能够实现变截面织物整体成型,成型的关键在于矩阵的排布上,另外还有工艺过程中控制纤维层铺设的范围。

1. 轴棒梯度针矩阵排布

梯度针矩阵排布方法与等截面织物矩阵排布相同,不同之处在于沿径向看,由内至外形成矩阵的碳棒的长度依次变化。在不同高度位置,设纤维缝隙长度不同,如图 15.11 所示,以此实现变截面织物的成型。

2. 变截面径棒法排布

径棒法[6]是指纤维棒沿着回转体直径方向排布,如图 15.12 所示,然后采用铺纱的方式沿纤维棒缝隙铺设纤维形成非织造三维织物。径棒法矩阵可以是周向加斜向的三个方向,也可以是周向加轴向的两个方向。一旦截面(直径)发生变化,两种矩阵在大小端的缝隙随即产生差异,随着直径变小,缝隙也逐渐减小,导致织物单胞结构发生变化,如果铺设纤维规格不变,小端织物厚度增加;如果需要保持织物厚度不变,可以逐渐减细周向铺设纤维规格。

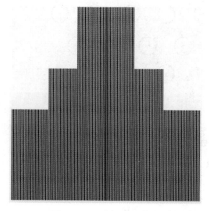

图 15.11　长短针排布

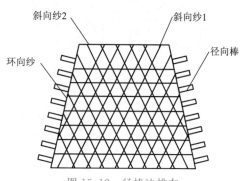

图 15.12　径棒法排布

15.2.3　回转体成型

如前所述,径棒法可以实现变截面的回转体织物成型,同样也可以成型等截面回转体织物。轴棒法可以通过辅助工装实现圆形矩阵排布,最终实现回转体织物成型。除此之外,轴棒法还可以通过排布圆环形矩阵进而加工成型管状回转体织物。

15.2.4　异形件成型

三维非织造工艺在轴向矩阵排布过程中可以通过组合排布方式实现"工"字排布,如图15.13 所示,以及不同曲率的曲面等异形件成型。

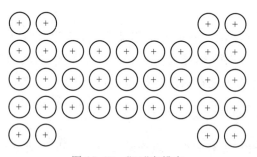

图 15.13　"工"字排布

15.2.5　工艺参数

1.纤维棒方向

纤维棒在强度、热物理性能上与纤维具有较大差异,在不同方向上引入纤维棒对织物整体性能影响较大。国内研究机构分别采用径棒法和轴棒法制备了 C/C 复合材料并用于发动机喉衬材料中,研究表明轴棒法在竖直方向上热导率性能优异,整体耐烧蚀性能较径棒法有明显提高[7]。

2. 纤维棒直径

纤维棒直径的影响主要在两方面,一是纤维棒本身性能,不同直径的纤维棒在刚度、强度上具有明显差异;二是对矩阵间距的影响,进一步影响织物整体纤维体积分数。纤维棒直径越大,矩阵间距相对较大,三维织物在纤维棒方向上纤维体积分数占比相对减少。

3. 纤维棒间距

纤维棒间距直接影响着织物在该方向的纤维体积分数,纤维棒间距越小,矩阵排布越密集,该方向上纤维体积分数占比越高,三维织物在该方向上的整体性能也相对较好,但是间距越小,三维织物成型越困难[8]。

4. 纤维直径

纤维直接影响三维织物的细密性。一定尺寸下,纤维直径越小,单位体积内纤维根数越多,三维织物细密化程度高。

5. 铺纱角度

在纤维棒铺纱工艺中,纤维棒矩阵排布不同时,纤维铺设角度也不同。铺纱方向上的纤维够增强该相应方向上材料性能,在整体上提高三维织物性能均匀性。

6. 层密度

在纤维棒穿刺工艺中,不同的密实程度使得纤维层间紧密度不同,进而影响三维织物的纤维体积分数。一般情况,纤维层获得压力越大,层密度越高,纤维层间压实的越紧密,三维织物的纤维体积分数占比越高。

7. 纤维棒截面

在纤维棒装配工艺中,纤维棒截面直接影响纤维棒相互间的配合方式是点配合还是面配合,配合间隙的大小影响织物中纤维的体积分数。

15.3　成　型　设　备

15.3.1　设备组成及工作原理

三维非织造设备主要由径向棒插入设备和轴向纤维、周向纤维喂入设备组成。

径向棒插入设备如图 15.14 所示,由棒料线盘、机头、径向棒、塑料芯、丝杆、工作台组成。其工作原理是:棒料从线盘推出,进入机头,机头将棒料切断,切断的径向棒的长度按照织物的壁厚确定。机头在塑料芯上钻预制孔并将径向棒插入预制孔中。上述动作完成后,步进电机传动塑料芯转过一定角度,通过链轮带动齿轮箱传动丝杆。两根丝杆控制传动工作台前进后退,工作台带动塑料芯完成轴向移动。

径向碳棒插入完成后,带有径向棒的塑料芯搬运到轴向纤维、周向纤维喂入设备上。轴向纤维、周向纤维喂入设备如图 15.15、图 15.16 所示,由纱筒、引纬器、塑料芯盘片、步进电机、张力器、张力传感器、导纱器等组成。其工作原理是：轴向纤维从纱筒上引出，由引纬器引入径向棒形成的轴向通道内。轴向纤维的头端固定在塑料芯盘片上。引纬器引到两端时，步进电机传动塑料芯转过一定角度。同时轴向纤维绕在两端凸头上，然后导纱器把轴向纤维引入下一个轴向通道，用靠模控制导纱器移动路线，使导纱器与塑料芯表面保持恒定距离。靠模外形和塑料芯外形相同。周向纤维从纱筒推出，经过张力器、张力传感器、导纱器喂入径向纤维棒形成的螺旋通道内。四根周向纤维同时喂入一个螺旋通道。周向纤维喂入时，塑料芯做旋转运动，导纱器作轴向运动，导纱器的移动和塑料芯的移动均受严格控制，使周向纤维以恒张力正确地喂入螺旋通道内。轴向纤维和周向纤维交替喂入，直到完成预定的织物壁厚为止。

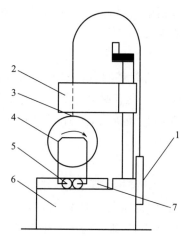

图 15.14　插棒机台示意图

1—棒料线盘；2—机头；3—径向棒；
4—塑料芯；5、6—丝杆；7—工作台

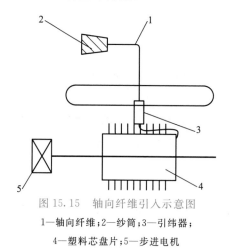

图 15.15　轴向纤维引入示意图

1—轴向纤维；2—纱筒；3—引纬器；
4—塑料芯盘片；5—步进电机

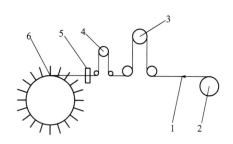

图 15.16　周向纤维喂入示意图

1—周向纤维；2—纱筒；3—张力器；
4—张力传感器；5—导纱器；6—塑料芯

15.3.2　非织造设备的发展

三维非织造圆筒形织物的织造设备是在法国原子能委员会资助下，由布罗彻于 1972 年创造发明。后来，美国不断引入三维自动编织非织造技术，从而认识到其与国外在材料工艺上的发展差距。在 20 世纪 60 年代，近 75% 的新材料工艺都是由美国发现，到 1995 年下降至 35%。在 20 世纪 80 年代初期，为了掌握美国和欧洲的三维预制体制造能力情况，美国空军实验室进行了相关研究。1983 年三维非

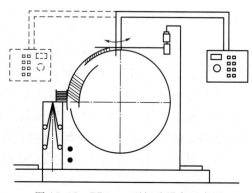

图 15.17　BR2000 型织造设备示意图

织造设备专利转到美国。1986 年在美国设计和安装 BR900 型、BR2000 型整套织造设备。BR900 型能生产外径在 900 mm 以内的各种圆筒织物。BR2000 型(图 15.17)生产外径在 2 150 mm 以内的圆筒织物[9]。我国三维非织造织物的研制起步较晚,但现在已具备一定的机械化成型能力。目前,以三维非织造织物作为增强体的先进复合材料主要用于航天、冶金和原子能设备中。

15.4 工程应用及发展趋势

15.4.1 工程应用

目前,三维非织造织物主要应用在航空航天飞行器、固体火箭发动机部件、休闲娱乐、体育用品等方面。在航空航天方面,可以制备成耐烧蚀材料和耐高温材料,运用在端头帽、喉衬等部位[10]。在休闲娱乐方面,由于碳纤维棒优异的力学性能,可以作为鱼竿、航模等结构材料。由于三维非织造织物成型方法简便高效,形成的织物性能优异,相信在不久的将来可以进一步运用到船舶重工等各行各业中。

国内采用纤维棒铺纱工艺分别制备了轴棒铺纱结构和径棒铺纱结构的 C/C 复合材料[11],并作为固体火箭发动机喉衬预制体分别进行了工程验证,如图 15.18 所示。其中径棒法便于自动化生产,成型效率高;轴向和环向力学性能优异,但是在耐烧蚀试验过程中发现其径向热导率较高,对烧蚀性能有一定的影响。对两种结构不同的喉衬部件在烧蚀过程中物理特征的研究表明,轴棒法制备的 C/C 复合材料在轴向上具有更高的热导系数,而在径向上的耐烧蚀性能更加优异。

喷管实体结构

图 15.18 轴棒法成形的喉衬实体

15.4.2 发展趋势

三维非织造织物具有工艺简单、成型效率高、整体性能好、能够成型异形件等优点,发展前景广阔。无论是在航空航天领域、船舶重工领域,都面临批量化产业化发展。三维非织造织物结构简单、成型工艺多样化,必能在产业化过程中飞速、普及发展。作为抗烧蚀耐高温材料,碳纤维棒能够实现高模量碳纤维、石墨纤维等不利于编织的纤维快速成型织物。纤维棒作为三维非织造的关键原料,也为陶瓷纤维等脆性较大、织造过程损伤严重的纤维提供了低损伤成型路径。此外,在织物成型过程中,添加金属纤维或纤维网、实现复合材料物理改性、作为特殊功能材料应用也是重点研究与发展方向。

参考文献

[1] 曹翠微,李照谦,李贺军,等.轴棒法编织三维四向 C/C 复合材料压缩及弯曲性能[J].固体火箭技术, 2011(4):5-15.

[2] 方国东.轴编 C/C 复合材料组分材料有效性能[J].固体火箭技术,2012,35(5):644-650.

[3] 胡连成.前苏联碳/碳复合材料的开发与应用研究[J].宇航材料工艺,1994,2:57-59.

[4] 唐敏,高波,杨月城,等.基于均匀化方法的轴编 C/C 复合材料性能预测[J].固体火箭技术,2011(1): 10-16.

[5] 单忠德.三维织造层间增强的纤维复合材料细观结构模型及力学性能有限元模拟[J].复合材料学报,2015,32(1):138-150.

[6] 张波.径棒法编织 C/C 复合材料高温拉伸性能研究[J].材料导报,2017,31(29):351-355.

[7] 苏君明,崔红,苏哲安,等.轴棒法混编 4D 炭/炭复合材料喉衬研究[J].碳素,2004,117(1):12-16.

[8] 李书良.编织参数对轴编 C/C 复合材料热膨胀系数的影响[J].固体火箭技术,2012,35(4):670-675.

[9] 道德锟,吴以心,李兴国.三维织物与复合材料[M].上海:中国纺织大学出版社,1998.

[10] 徐世南.高超声速飞行器热防护材料研究进展[J].机械研究与应用,2018,31(5):221-226.

[11] 朱昭君.固体火箭发动机喉衬用轴编 C/C 复合材料的烧蚀及热结构特性研究进展[J].推进技术, 2019,40(4):721-732.

第16章 三维编织物

二维纺织品增强复合材料由于缺少层间连接纤维,层间力学性能低,限制了产品的使用领域[1-3]。随着科技的发展和复合材料应用领域的拓展,对复合材料层间性能要求越来越高。三维整体编织技术是于20世纪80年代发展起来的一种新型的纺织技术。采用该方法成型的织物中由于纤维沿织物厚度方向斜向贯穿,因此织物整体性强,避免了复合材料分层的风险,可以更好地应用于航空航天领域,这是纺织技术在复合材料领域应用的巨大进步[4]。

16.1 结　　构

16.1.1 基本结构

三维编织的单元为立方体,根据纤维在立方体中的取向不同,可将基本结构分为两种,如图16.1所示。其中,图16.1(a)所示的立方体中有4根动纱,且动纱沿四个不同方向延伸;图16.1(b)所示的立方体中有3根纤维,一根不动纱沿着z向,另外两根动纱在空间交错倾斜。三维编织由于具有多个方向的斜交纤维、纤维体积分数占比高、结构整体性强的特点,已成为耐烧蚀复合材料用增强体的首选结构。

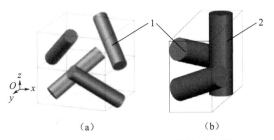

图 16.1　三维编织基本结构示意图

1—动纱;2—不动纱

16.1.2 结构变化

为了增加复合材料的轴向强度,可在图16.1(a)所示三维四向结构的基础上增加z向的不动纱,从而形成如图16.2(a)所示的三维五向结构;为了同时提高复合材料的层间剪切性能和环向性能,可在三维四向结构的基础上同时增加x向的纬纤维和y向的法向纤维,从而形成如图16.2(b)所示的三维六向结构;为了避免复合材料显示各向异性的特征,可在三维四向结构的基础上同时增加x向的纬向纤维、y向的法向纤维和z向的不动纱,形成如图16.2(c)所示的三维七向结构……由于在立方体的六个面对角线和x、y、z三个方向均可任意增加纤维,进行组合,因此理论上最多可形成三维十三向结构,如图16.2(d)～(i)所示。但实际生产应用中,最多到三维七向结构,其他理论结构暂无使用案例报道。

在图16.1(b)所示三维六向结构的基础上,同样可沿立方体的六个面对角线和x、y、z三个方向任意增加纤维,形成多种新型的三维多向结构,这里不再赘述。

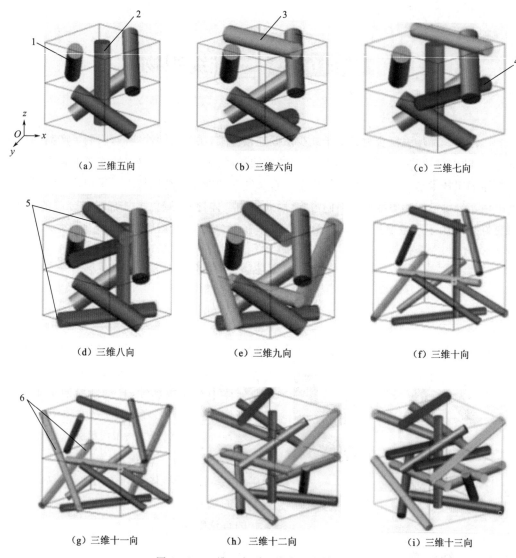

（a）三维五向　　　　（b）三维六向　　　　（c）三维七向

（d）三维八向　　　　（e）三维九向　　　　（f）三维十向

（g）三维十一向　　　　（h）三维十二向　　　　（i）三维十三向

图 16.2　三维五向到三维十三向结构示例

1—动纱；2—不动纱；3—纬向纤维；4—法向纤维；5—上下面纤维；6—侧面纤维

16.1.3　成型原理

　　机织工艺中有两个相互垂直的纤维系统，即经向纤维系统和纬向纤维系统；针织则是由无数纤维的线圈纵横交织而成。三维编织与其他所有的成型工艺完全不同[5]；所有固定在纱锭上的纤维系统，均是沿编织成型方向引入。三维编织的基本成型原理如图 16.3 所示。首先，依据织物的外形尺寸和选用纤维的线密度、股数来确定机器底盘上的纤维层列数和排布方式；然后将纤维的一端全部挂在机器底盘的纱锭上，另一端固定在挂纱装置上。在成型过程中，纱锭带动纤维，在机器地盘上按一定的规律运动。所有纤维在织口位置相互交织在一起，形成了一个不分层的整体结构。

根据纱锭在一个完整机器循环中的步数不同,三维编织的成型方法主要分为四步法和两步法。根据所成型织物的截面形状,三维编织物可分为矩形截面织物和环形截面织物。

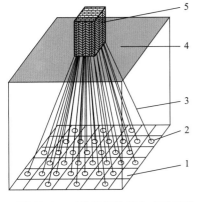

图 16.3 三维编织的基本成型原理

1—机器底盘;2—纱锭;3—纤维;

4—织口;5—织物

1.四步法

四步法编织的基础结构为三维四向结构,必备纤维为动纱。下面就不同截面形状织物分别阐述。

(1)矩形截面织物纱锭运动规律

首先纤维需按照织物横截面的形状排布纱锭的层和列,形成主体纱锭,如图 16.4(a)的方格内即为主体纱锭。若用 m 表示纱锭的层数,n 表示纱锭的列数,那么主体纱锭可表示为 $m \times n$。图 16.4 所表示的是 4 层 6 列,即主体纱锭为 4×6,共 24 个纱锭。然后在方格外布置附加纱锭,附加纱锭均为一隔一排列[6]。主体纱锭带动的纤维和附加纱锭带动的纤维共同构成了织物中的纤维。

矩形截面四步法编织纱锭运动遵循图 16.4 所示的四个步骤[7]:第一步,动纱纱锭沿层的方向按交替方式移动一个动纱纱锭的位置;第二步,动纱纱锭沿列的方向按交替方式移动一个动纱纱锭的位置;第三步与第一步的运动方向相反;第四步与第二步的运动方向相反。重复上述四个步骤,将形成矩形截面织物。

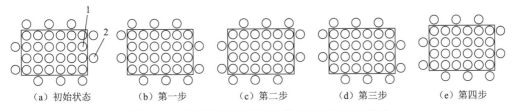

（a）初始状态 （b）第一步 （c）第二步 （d）第三步 （e）第四步

图 16.4 矩形截面织物四步法纱锭运动规律示意图

1—主体纱锭;2—附加纱锭

在上述四步法运动过程中,纱锭移动了一个位置称为步距。实际编织中可根据需要设置不同的编织步距,如 1 个、2 个、3 个……图 16.4 表示的纱锭步距为 1×1 步距,图 16.5 表示的纱锭步距为 1×2 步距。若用 a 表示层数方向纱锭移动的步距,b 表示列数方向纱锭移动的步距,则纤维总根数 N 的计算公式为

$$N = mn + am + bn \tag{16.1}$$

(2)环形截面织物纱锭运动规律

图 16.6 为环形截面织物的纱锭运动规律示意图,其编织步骤包括[7]:第一步,相邻层的动纱纱锭以相反的方向沿周向移动一个动纱纱锭的位置;第二步,相邻列的动纱纱锭以相反的方向沿径向移动一个动纱纱锭的位置;第三步与第一步的运动方向相反;第四步与第二步的运动方向相反。重复上述四个步骤,将形成环形截面织物。环形截面织物的纤维总根数 N 的计算公式为

$$N = mn + bn \tag{16.2}$$

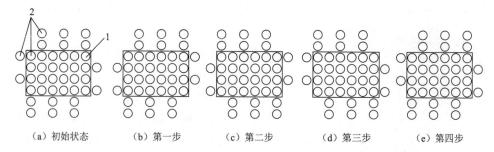

（a）初始状态　　（b）第一步　　（c）第二步　　（d）第三步　　（e）第四步

图 16.5　矩形截面织物 1×2 四步法纱锭运动规律示意图

1—主体纱锭；2—附加纱锭

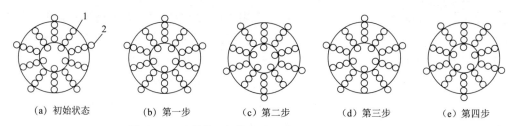

（a）初始状态　　（b）第一步　　（c）第二步　　（d）第三步　　（e）第四步

图 16.6　环形截面织物四步法纱锭运动规律示意图

1—主体纱锭；2—附加纱锭

2. 两步法

从表面上看，两步法编织的形式与四步法编织的形式相似，所有的纤维都沿着织物的成型方向排列。但两步法编织至少包含两个纤维系统，即不动纱系统和动纱系统。不动纱系统根据织物的横截面形状排布，构成了织物纤维的主体部分；动纱系统分布在不动纱系统的外侧。在编织过程中动纱按一定的规律运动并穿过不动纱所形成的空间，这样动纱不但相互交织，而且把不动纱捆绑起来，从而形成一个不分层的整体结构。

（1）矩形截面织物纱锭运动规律

图 16.7 为两步法编织一个横截面为矩形的织物时，纱锭在机器底盘上的运动规律[8]。不动纱的排列为：相邻层的不动纱交错排列，而且彼此相差一根纤维。动纱排列在不动纱所形成的主体纤维外侧，且沿着层数和列数方向均是间隔排列。第一步，动纱沿一个对角线方向相互平行地运动，相邻轨道上动纱的运动方向相反，如图 16.7（a）中箭头方向；第二步，动纱沿另一对角线方向平行地运动，相邻轨道上动纱的运动方向相反，如图 16.7（b）中箭头方向。经过两步运动，形成一个机器循环。重复上述编织步骤，纤维将相互交织而形成一定长度的矩形截面织物。

如果 $m \times n$ 表示两步法的主体纤维，m 表示有较多不动纱的层数，n 表示有较多不动纱的列数，故图 16.7 表示的矩形截面织物主体纤维为 4×6。显然，两步法 $m \times n$ 矩形截面织物中，不动纱根数 $N_{\text{不}}$ 为

$$N_{\text{不}} = 2mn - m - n + 1 \tag{16.3}$$

动纱根数 $N_{\text{动}}$ 为

$$N_{动}=m+n \tag{16.4}$$

纤维总根数 N 为

$$N=2mn+1 \tag{16.5}$$

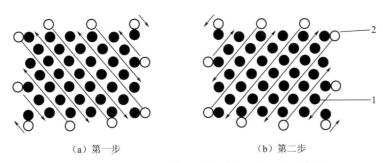

（a）第一步　　　　　　　　　（b）第二步

图 16.7　矩形截面织物两步法纱锭运动规律示意图

1—不动纱;2—动纱

(2)环形截面织物纱锭运动规律

图 16.8 为两步法编织一个环形截面织物时,纱锭在机器底盘上的运动规律。不动纱排列在不同直径的同心圆轨道上,每个圆周称为一层,用 m 表示。每层上的不动纱根数相等,相邻层的不动纱交错排列。动纱仅分布在不动纱阵列内、外层的两侧,且为间隔排列。每层动纱根数用 n 表示的话,n 为偶数。第一步,动纱沿同一个方向相互平行地运动,相邻轨道上动纱的运动方向相反,如图 16.8(a)中箭头方向;第二步,动纱沿另一方向平行地运动,相邻轨道上动纱的运动方向相反,如图 16.8(b)中箭头方向。经过两步运动,形成一个机器循环。重复上述编织步骤,纤维将相互交织而形成一定长度的环形截面织物。

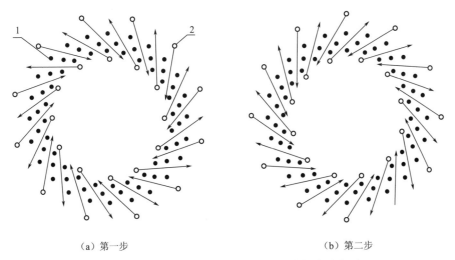

（a）第一步　　　　　　　　　　　（b）第二步

图 16.8　环形截面织物两步法纱锭运动规律示意图

1—不动纱;2—动纱

从图 16.8 可以推出，两步法 $m \times n$ 环形织物中，不动纱根数 $N_{\text{不}}$ 为

$$N_{\text{不}} = mn \qquad (16.6)$$

动纱根数 $N_{\text{动}}$ 为

$$N_{\text{动}} = n \qquad (16.7)$$

纤维总根数 N 为

$$N = mn \pm n \qquad (16.8)$$

四步法和两步法因其纤维系统和运动规律不同，显示出了不同的特征。表 16.1 所示为 1×1 步距四步法与两步法编织特性对比。

表 16.1　四步法和两步法的特性对比

工艺	四步法(1×1)	两步法
编织复杂形状能力	好	更好
是否需打紧	必要	不必要
动纱与全部纤维之比	0.5~1	<0.5
汇合点位置	可移动的	固定的
每花节长度纤维消耗量	适中	不动纱:≈1;动纱:高
纤维最大编织角度	55°	接近于90°
织物稳定性	好	更好
纤维路径	稍微弯曲	接近笔直
最大纤维体积分数	68.5%	56.9%~78.5%
纤维轴向强度和模量	高	更高
厚度方向强度和模量	高	更高

16.2　成　型　方　法

16.2.1　等截面成型

本节中的等截面织物针对的是矩形截面织物，主要为板块类织物。其成型方法主要包括图 16.9 所示的连续相接的步骤。

图 16.9　等截面成型工艺流程图

布纱：根据织物的外形尺寸及其他参数要求，计算需排布的纤维层数、列数；按照设计要求的纤维规格、纤维长度，将纤维的一端与编织机上的纱锭相连，另一端固定在挂纱装置上。

动机：在选定的四步法编织机或二步法编织机上运动纱锭，使纱锭的运动规律满足要求。

打紧：将纤维分别沿列数方向、层数方向逐一分开，驱动打紧机构将纤维交织点推移到工艺要求位置。

重复动机和打紧工序，直到编织有效长度满足织物长度要求。

16.2.2 变截面成型

1.成型方法

本节中的变截面织物针对的是沿编织成型方向宽度或厚度变化的矩形截面织物。其成型方法主要包括图16.10所示的连续相接的步骤。

图16.10 变截面成型工艺流程图

布纱:根据织物一端的截面尺寸及其他参数要求,计算需排布的纤维层数、列数。

加/减纱:根据织物截面尺寸的变化情况,进行相应的加/减纱操作。加/减纱技术种类及实施范围详见下文。

2.变截面织物的加/减纱技术

加/减纱的基本思想是:在织物成型过程中,根据织物横截面尺寸的变化,改变参与编织的纤维数量[9]。而织物的截面发生变化,指的是其宽度、厚度发生了变化。根据尺寸变化的不同,选取以下不同的加/减纱技术。

(1)列向加/减纱技术

三维编织物的长度方向即为编织成型方向。随着编织长度的增加,织物宽度如果发生变化,可依据三维多向结构设计的原理,应用结构单向可扩展技术,沿列向增加或减少纤维数量,实现织物的宽度变化,如图16.11所示。

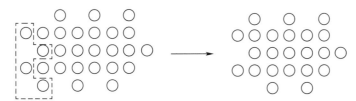

图16.11 列向减纱示例

(2)层向加/减纱技术

随着编织长度的增加,织物的厚度变厚或减薄时,沿着纤维层数方向增加或减少纤维数量,实现织物的厚度变化,如图16.12所示。

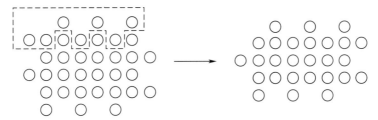

图16.12 层向减纱示例

(3)层、列向组合加/减纱技术

织物的宽度变化常通过列向加/减纱技术实现，织物的厚度变化则通过层向加/减纱技术来实现。当织物的宽度、厚度沿着编织成型方向均发生变化时，单一的加/减纱技术往往不能满足织物的尺寸变化。为满足复杂形状织物不同截面处的尺寸要求，一般需要将两种加/减纱技术相结合，即为层、列向组合加/减纱技术[9]。

16.2.3 回转体成型

1. 成型方法

本节中的回转体织物针对的是环形截面织物，包括圆管形、锥管形、收腰形等织物的成型。其成型方法主要包括图 16.13 所示的连续相接的步骤。

图 16.13　回转体成型工艺流程图

安装芯模：将织物所需的芯模安装在固模装置上，并使得芯模不发生前、后、左、右的偏移。

布纱：根据织物一端的截面尺寸及其他参数要求，计算需排布的纤维层数、列数。

动机：在编织圆机上运动纱锭，使纱锭的运动规律满足要求。

加/减纱：根据织物截面尺寸的变化情况，进行相应的加/减纱操作。加/减纱技术种类及实施范围详见下文。

重复动机、加/减纱和打紧工序，直到编织有效长度满足织物长度要求。使用织物裁切装置将织物两段平齐切割，连同芯模一起取下。

2. 回转体织物的加/减纱技术

回转体织物中除了圆管形织物以外，其他形状的圆形截面织物在生产过程中均会用到加/减纱技术。根据其尺寸变化的不同，选取以下一种或多种加/减纱技术[6]。

（1）列向加/减纱技术

随着编织长度的增加，织物的直径发生变化，可在编织圆机上沿列向增加或减少纤维数量，实现织物的直径变化，如图 16.14 所示。需要特别注意的是：由于三维编织圆形截面织物时，动纱列数需为偶数方能满足四步法的运动规律，因此在进行加/减纱操作时也应成对操作[9]。

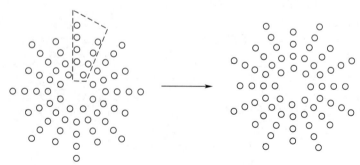

图 16.14　列向减纱示例

（2）层向加/减纱技术

随着编织长度的增加,织物的厚度变厚或减薄时,沿着纤维层数方向增加或减少纤维数量,实现织物的厚度变化,如图16.15所示。如果是参与编织的纤维中间层进行加/减纱操作,需同时加/减偶数层的动纱;如果仅是在纤维的最外层或最内层进行加/减纱操作,则可不必考虑加/减纱时的奇偶性[9]。显然,外层操作比内层操作更方便。

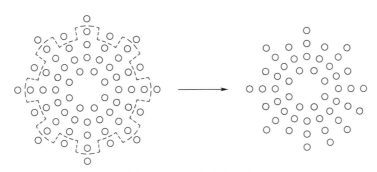

图16.15　层向减纱示例

（3）层、列向组合加/减纱技术

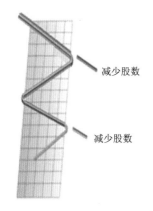

图16.16　减少股数减纱示例

对于横截面尺寸变化较大的织物,需要将上述两种加/减纱技术结合,方能满足直径、厚度共同变化的要求,这便是层、列向组合加/减纱技术。

（4）改变纤维股数的加/减纱技术

改变纤维股数的加/减纱技术是指参加编织织物的每一个纱锭的纤维由更小单位的纤维合股,当纱锭运动至圆机外层时,改变其中的若干股,改变后的纤维所在锭子改变方向,向圆机内部运动,继续参与编织;已改变的纤维随锭子离开外层后,又有新的待改变的纱锭运动至外层,继续改变股数,如图16.16所示。由于参与编织的纤维股数逐渐减少,故单元结构也随之越来越小,采用该技术制得的织物尺寸也逐渐发生改变[9]。

16.2.4　异形件成型

本节中的异形织物针对的是组合截面织物,包括矩形组合截面织物(如T形、L形、工字形)、矩形与环形组合截面织物。其成型方法主要包括图16.17所示的连续相接的步骤。

图16.17　异形件成型工艺流程图

安装芯模:如果织物的截面形状包含环形或矩形组合成的封闭形状(如"回"形截面),则需包含此步骤。

布纱:若为矩形组合截面,则将所有纤维全部拴在方机上;若为环形与矩形的组合截面,则分别将纤维拴在圆机和方机上。

动机：组合截面织物一般采用多步法成型，多步法的原理是通过将复杂的横截面划分成若干个简单的矩形或矩形与圆环的组合，然后对每个简单的形状一一进行编织[10]。如图 16.18 所示的"工"字形截面织物将其分为三个矩形，其中上下两个矩形为一组同时编织，如图 16.18（b）～（e）所示；中间一个矩形为另一组再次编织，如图 16.18（f）～（i）所示。经过一个循环的八步操作后，纤维回到初始状态。需要指出的是，横截面越复杂，在一个循环中所需的步数越多。环形与矩形组合截面与此类同，这里不再赘述。

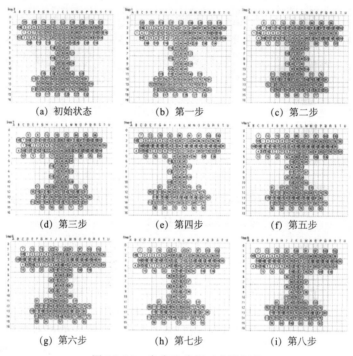

（a）初始状态	（b）第一步	（c）第二步
（d）第三步	（e）第四步	（f）第五步
（g）第六步	（h）第七步	（i）第八步

图 16.18　多步法编织工字形织物

加/减纱：若织物截面尺寸有变化，则选取相应的加/减纱操作；若没有变化，则忽略此操作。

16.2.5　工艺参数

复合材料的力学性能与三维编织物的工艺参数息息相关[9]。为了充分发挥织物的结构优势，设计时需充分考虑各工艺参数，主要包括编织角、纤维规格、单胞尺寸、纤维体积分数等。

编织角是指动纱与织物编织成型方向之间的夹角，它是研究编织复合材料力学性能的重要因素之一[11]。编织角较小时，动纱沿轴向分布的纤维体积分数占比较高，有助于提升复合材料轴向拉伸强度。对于要求尽可能各向同性的复合材料，除了结构的变化以外，理论上也可通过调整编织角的方式实现。两步法编织中，动纱仅有少部分占比，不动纱成了织物的主体纤维。因此，在其他参数相同的情况下，两步法成型织物轴向拉伸性能大于四步法成型织物轴向拉伸性能。在进行参数设计时，可根据不同的承载要求来设计编织角大小[11]。

纤维规格包括纤维类型、线密度以及纤维股数，综合反映了参与成型纤维的粗细[11]。织物中纤维股数越多或线密度越大,纤维的直径越大,织物在相同打紧条件下的母向花节长度越大,织物成型速度越快;反之,纤维容易打紧,母向花节长度越小,织物成型速度越慢。在设计时,可在满足力学性能的前提下,选取适当的纤维规格,缩短织物生产周期,以满足低成本的需求。

单胞尺寸是指构成织物的最小重复单元的尺寸,是编织角、纤维规格、层列数共同作用的结果。单胞尺寸越小,越有利于提高织物的仿形精度。对于复合后加工难度比较大的复合材料(如 SiC/SiC 陶瓷基复合材料)、复合后不便于加工的复合材料(如喷管喉部)或者截面尺寸不断变化的净尺寸仿形织物,在进行设计时,可采用选取小单胞尺寸的方法。

织物的纤维体积分数是指织物中所有纤维体积与织物体积的百分比[11]。对于烧蚀型复合材料,可设计纤维体积分数占比高的织物作为增强体;对于有减重需求的部件来说,在满足各种性能需求的前提下,应尽可能地降低织物的纤维体积分数占比。

16.3 成型设备

16.3.1 组成及工作原理

针对三维回转体织物编织成型,三维编织设备主要由编织圆机、打紧机构、芯模、固模机构和模具升降机构组成,如图 16.19 所示。其工作原理为:首先将纤维一端拴在编织机纱锭上,另一端挂到模具上方,编织机安装在模具中心正下方,通过编织机上的锭子运动实现三维编织结构纤维交织规律;打紧机构将纤维分别沿层、列方向逐一分开,将纤维交织点推移到工艺要求的位置;芯模安装在固模机构上,用于保证织物的内型面形状及尺寸;芯模升降机构保证操作人员与织口保持合适的操作高度。

三维板块类织物成型,三维编织设备主要由编织方机、打紧机构和牵引机构机构组成,如图 16.20 所示。相比于回转体织物编织成型,板块类织物无须模具定型,通过编织机上的锭子运动实现三维编织结构纤维交织规律,牵引机构将成型织物牵离织口,保证织口位置恒定。

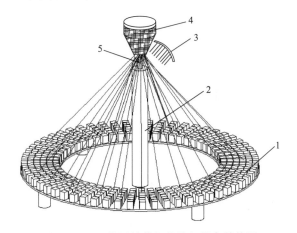

图 16.19 三维回转体织物编织设备结构图
1—编织圆机;2—芯模升降机构;3—打紧机构;
4—芯模;5—固模机构

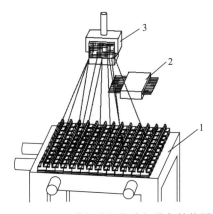

图 16.20 三维板块织物编织设备结构图
1—编织方机;2—打紧机构;3—牵引机构

16.3.2　编织设备的发展

　　三维编织机按照运动方式可以分为行列式三维编织机和旋转式三维编织机。行列式三维编织机纱锭需往复来回运动,旋转式三维编织机纱锭只需沿周向和径向环向运动,其纱锭更容易实现自动化控制。

　　行列式三维编织机经历了电磁驱动、气缸驱动和电机驱动三个阶段。1960 年首次开发了电磁驱动的三维编织机应用于复合材料的制备上[12]。1983 年 McAllister 等设计的三维编织机可实现增强型复合材料结构的自动化成型,并进行商用推广[13]。之后 Florentine[14] 设计了方形底盘和圆形底盘两种形式的电磁驱动式底盘模型,如图 16.21 所示,并得到了广泛的应用。

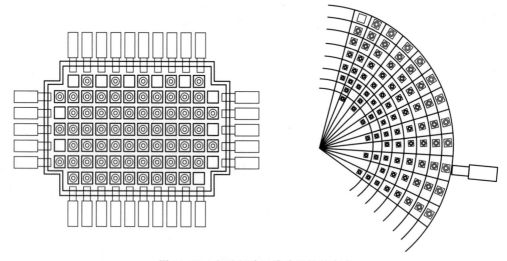

图 16.21　电磁驱动三维编织机的底盘

　　1988 年,Brown[15]将三维编织机的纱锭安装在一个环形封闭的轨道内,采用气缸动作为动力源以代替 Florentine 编织机采用的电磁式驱动。这种利用多组同心环形轨道的编织机可仿形织造变直径的管状织物。1990 年,Ivsan 等[16]将行列式三维编织机的底盘划分成多组行列直线轨道,如图 16.22 所示,以满足大容量纱锭需求。1996 年,Huey 和 Brookstein 等发明了一款新型 AY-PEX 编织机,如图 16.23 所示。驱动机构将选中的梭子按程序设定轨迹推送到指定位置后,梭子通过机械结构与底座连接在一起,底座的下方设计了顶起机构,用于选取和顶起梭子[17]。

　　旋转式三维编织机源于传统的二维编织机,2000 年,Laourine 等[18]将改进后的离合器安装在携纱器底部,用于自动控制携纱器的启停,工作过程中,可自由切换携纱器"原位状态"和"行走状态"两种状态,最终发明了一款 Herzog 旋转式三维编织机,如图 16.24 所示。2002 年,Mungalov 等[18]在相邻的角轮间增加了间隙导向装置,保证了工作时相邻角轮转角间隙差恒定,互不干涉,如图 16.25 所示;3Tex 公司据此生产出了旋转式三维编织机的样机。

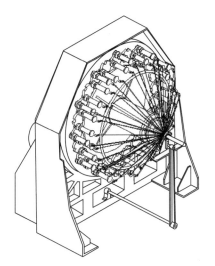

图 16.22 圆筒形三维编织机结构图

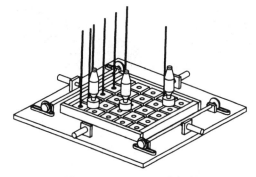

图 16.23 AY-PEX 编织机

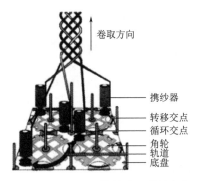

图 16.24 Herzog 旋转式三维编织机

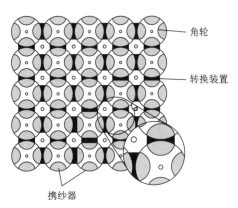

图 16.25 3Tex 公司旋转式三维编织结构图

为了在增加锭子数的同时，可以缩小机身的大小，2009 年，加拿大英属哥伦比亚大学 AFML 实验室和德国亚琛工业大学 ITA 研究所合作发明六角形三维编织机，其基本单元为六角形角轮，如图 16.26 所示。

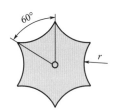

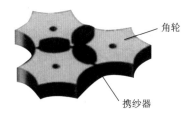

图 16.26 六角形三维编织机角轮单元

随着国内三维编织复合材料的不断发展，三维编织复合材料成型技术取得了诸多成果，也设计了多种类型的三维编织设备，如图 16.27 所示，实现了不同截面形状三维织物的自动化成型。但因锭子数量较少，因此，成型织物尺寸较小。

图 16.27 三维旋转编织机

国内科研院所为研究三维织物的设计及织造,开发了多种新型三维编织设备,设计的三维旋转编织机锭子数量达到 4 万个。通过伺服控制系统,全自动实现三维编织物快速成型,设备采用多模块拼接组装,可实现矩形、工字形、L 形、回字形等多截面形状织物编织成型。为满足多种三维编织结构的开发和研制,开发了多种行列式三维编织机,如三维面芯结构编织设备、非正交结构编织设备等,该设备全为国内自主研发设计,且编织的织物满足工程应用要求。

16.4　工程应用及发展趋势

16.4.1　工程应用

目前,三维编织增强复合材料不仅在航空航天领域得到了广泛应用,同时可以制作各种异形结构的承力梁、接头和具备耐烧蚀、承力的锥管型部件,并应用于各种型号的飞行器、汽车及人造生物组织。总之,与其他复合材料相比,三维编织增强复合材料因为其优异的性能,使其在众多高新领域不可或缺,具备较好的应用前景[19-21]。

1. 航空航天

三维编织复合材料耐高温、耐磨损的性能使其在 20 世纪 70 年代初就广泛应用于火箭发动机部件。加之三维编织可适用的纤维种类多,常作为结构、功能一体化材料的增强体,主要应用于:航天飞行器前部的耐烧蚀材料,如导弹头锥的碳/酚醛、碳/陶瓷等热防护材料,如图 16.28 所示;发动机喷管、调节片,如图 16.29、图 16.30 所示;航空发动机热端部件,如涡轮叶片、涡轮盘,如图 16.31 所示;高温陶瓷过滤材料等[19-21]。

图 16.28　正在编织中的 JASSM 巡航导弹筒身

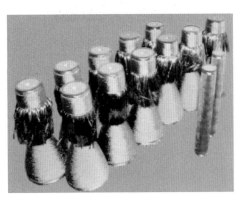

图 16.29　发动机喷管

图 16.30　发动机调节片

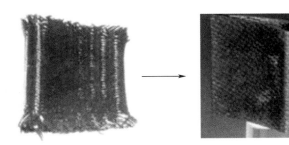

图 16.31　航空发动机涡轮叶片

(1)在承力梁上的应用

采用三维编织工艺编织承力梁时,其织物为一次编织成型,形成一个整体的不分层结构。同时可以依据其力学性能要求,对织物内部纤维的分布与取向进行设计使得承力梁受力更加合理[19-20],三维整体编织工字梁如图 16.32 所示。

(2)在多通管上的应用

图 16.33 所示的三维编织多通管,选用了三维四向结构,织造时采用圆机整体成型,织物内部纤维连续,织物尺寸可做到精确仿形[19]。

(3)在锥管型部件上的应用

图 16.34 所示的三维整体编织锥套,选用了三维多向结构,纤维在空间斜交,织物纤维体积分数占比高,有利于提高复合材料的力学性能和耐烧蚀性能。目前已在多个航天飞行

器上得以应用。

图 16.32　三维整体编织工字梁

图 16.33　不同形状的异形接头

图 16.35 所示为三维整体编织圆管织物复合材料,其质轻、使用寿命长、损耗低、不锈蚀等特点使其可以用于制作轴类零件,如德国 CENTA 公司制造的高速客船上的传动组合轴便是采用碳纤维整体编织圆管复合材料来提高传送螺旋桨的推力[1]。

图 16.34　三维编织锥套

图 16.35　三维编织圆管

2. 医疗卫生

三维编织复合材料优异的力学性能、灵活的设计性以及质量较轻的优势,使其在人造生物组织方面得到了越来越广泛的应用,如:成人造骨、人造韧带,以及骨折内固定接骨板、人造心脏瓣膜、人造血管等[19-20]。

16.4.2　发展趋势

三维编织物以其独特的性能和优点,在航空航天、汽车船舶、机械制造等方面都有了广泛的应用。在可以预见的将来,其应用范围还将进一步扩大。相比应用而言,三维编织技术的理论研究和试验研究都比较滞后。在今后一段时间,该领域还存在以下问题需要相关技术人员去解决:

(1)研发新型编织工艺。现有的三维编织技术以两步法和四步法为主,材料品种较少,研究范围受到限制,不利于材料的性能优化。

(2)研制机械化程度高的大型三维编织设备。现有的三维编织设备,无论是机器的安装还是织物成型时纱锭的运动,都非常烦琐复杂[17],所能织造的层数只有几十层。随着三维编织应用领域的拓展,对大型部件用三维织物的需求越来越多,现阶段的设备无法满足生产需求,因此如何提高三维编织设备的自动化程度和织造效率尤为重要。

(3)细化结构单元与性能之间的关系。现阶段开展细观结构、工艺参数与力学性能之间关系的研究较多,而复合材料内部纤维横截面的变化以及细观结构的变化对材料强度等力学性能的影响研究鲜有报道。因此建立更加准确和完善的三维编织物准细观结构模型是快速发展三维编织物的重要条件,为后期三维编织物的研究提供基础理论和参数支撑[22]。

(4)降低复杂异型件的织造成本。由于三维编织的结构多样,纱锭运动复杂,尤其在制备复杂异型件时,成型步骤多,人工参与程度高,因此导致其制备周期长、编织成本高[20]。因此,简化成型过程、降低复杂异形件的织造成本,方能使三维编织物在更加广阔的领域得以应用。

(5)完善织物检测标准。目前国内在三维编织物的厚度、内部质量等方面的检测仍未有统一的检测标准;三维编织物力学性能的检测方法仍在初步的研究阶段,尚无标准可参考。因此建立健全的三维编织物检测标准十分必要。

参考文献

[1] 裴会成.双二步法三维管状编织机设计及关键技术研究[D].上海:东华大学,2014.

[2] 顾平.间隔型三维机织物织造原理与上机条件[J].南通纺织职业技术学院学报,2007(4):1-3.

[3] 胡芳.三维编织技术新进展[J].非织造布,2013(5):94-98.

[4] 李嘉禄.三维编织复合材料的研究和应用[A]//中国复合材料学会.复合材料:生命、环境与高技术——第十二届全国复合材料学术会议论文集,2002:5.

[5] 李嘉禄.用于结构件的三维编织复合材料[J].航天返回与遥感,2007,28(2):57-62.

[6] 道德锟,吴以心,李兴国.立体织物与复合材料[M].上海:中国纺织大学出版社,1998.

[7] 徐正亚.三维五向编织复合材料细观结构及工艺分析[D].天津:天津工业大学,2007.

[8] 李嘉禄,孙颖.二步法方型三维编织预制件编织结构参数与工艺参数[J].复合材料学报,2003,20(2):81-87.

[9] 朱建勋.三维编织锥体织物的减纱技术[J].中国工程科学,2006,8(3):66-69.

[10] 张志毅.三维异型整体编织机底盘及运动控制技术研究[D].西安:西安工程大学,2018.

[11] 陈绍杰,梁晶红.三维编织复合材料结构的发展与应用[J].航空制造工程,1994(4):33-35.

[12] STOVER E R,MARK W C,MARFOWIT Z I,et al. Preparation of an omniweave reinforced carbon-carbon cylinder as a candidate for evaluation in the advanced heat shield screening program[C]. USA:AFML-TR-70-283,1971.

[13] MCALLISTER L E,LANCHMAN. Mutidirectional carbon-carbon composites[M]. Elsevier,theHague:Fabrication of Composites,Handbook of Composites,1983:109-175.

[14] FLORENTINER A. Apparatus for weaving a three-dimensional article:US4312261[P]. 1982-1-26.

[15] MCCONNELLR F,POPPER P. Complex shaped braided structures:US4719837[P]. 1988-1-19.

[16] IVSANT J,BAILEYC,JESSUP L. Apparatus and method for braiding fiber strands:US4922798[P]. 1990-5-15.

[17] 李政宁,陈革,Frank Ko. 三维编织工艺及机械的研究现状与趋势[J]. 玻璃钢/复合材料,2018(5): 109-115.

[18] LAOURINE E,SCHNEIDER M,WULFHORST B,et al. Computerunterstützte berechnung und herstellung von 3D-Geflechten[J]. Band-und Flechttechnologie,2001,7(4):521-538.

[19] 李嘉禄. 三维编织技术和三维编织复合材料[J]. 新材料产业,2010 (1):46-49.

[20] 马新安,李建利. 高性能纤维立体编织技术的应用与发展趋势[A]//中国纺织科学研究院、纺织行业生产力促进中心、北京纺织工程学会、常州市人民政府、北京服装学院、服装材料研发与评价北京市重点实验室、生物源纤维制造技术国家重点实验室、天津工业大学"改性与功能纤维"天津市重点实验室、北京雪莲羊绒股份有限公司、中国阻燃学会. 雪莲杯第10届功能性纺织品及纳米技术应用研讨会论文集,2010:15.

[21] 王一博,刘振国,胡龙,等. 三维编织复合材料研究现状及在航空航天中应用[J]. 航空制造技术, 2017,60(19):78-85.

[22] 熊自明,刘欣,张中威,等. 三维立体编织物及其工程防护应用初探[J]. 湘潭大学自然科学学报, 2018,40(5):65-70.

第17章 三维连层织物

传统叠层复合材料因层间强度和冲击韧性等问题,其应用领域受到一定局限。为解决复合材料此类问题,国内外行业专家从材料和制备工艺两方面开展了研究工作。材料方面:改善组分,如高强度基体材料等;制备工艺方面:采用不同制备工艺引入厚度方向纤维,形成层间连接,解决层间力学性能低的难题。其中三维连层成型工艺作为预制体一种典型制备方法,被广泛应用于三维织物织造成型[1]。

三维连层织物主要是指采用细编穿刺、缝合、针刺、Z-Pin等成型方法编织成型的三维织物。此类织物以三向结构为基础,分别采用不同的专用设备实现纤维在空间的交织,主要成型大尺寸板块、薄壁异形壳体等织物,广泛应用于热结构、透波、抗烧蚀材料等。

17.1 结　构

17.1.1 基本结构

三维连层织物指 x-y 平面方向内纤维层叠加一定厚度,由 z 向纤维实现层间贯穿或非贯穿的织物。三组纤维沿笛卡尔坐标系中 x、y 和 z 三个方向有规律或者无规律交织叠加分布,伸直度较高,经复合后纤维力学性能可充分发挥,能够有效地传递载荷,其基本结构为三向结构,如图 17.1 所示,每个方向上纤维规格、纤维比例、体积分数可控可调。

图 17.1　三维连层织物基本
结构示意图

17.1.2 结构变化

x、y 和 z 三个方向相互交织是三维连层织物基础结构的显著特点,在此基础上,改变纤维取向、连接形式,可以衍生出多种织物组织结构。按交织情况可以分为正交三向、准正交三向;按 z 向形态可以分为贯穿三向、非贯穿三向。这两种组织结构的变化、组合,可衍生出丰富的三维连层织物结构。

正交三向结构是由三组相互呈正交状态的纤维层构成的一个稳定整体结构,如图 17.2 所示,多层呈水平状态的 x 向和 y 向纤维层交替排列,由 z 向纱垂直贯穿。由于正交三向结构简单,织物中纤维呈直线状态,且克服了二维叠层结构织物易分层的问题,有利于纤维承载能力的充分发挥,因此,在三维连层织物中应用最为广泛。

准正交三向结构是由三组相互呈准正交状态的纤维构成,根据在 x、y 和 z 三个方向上纤维的状态可以设计不同的织物组织结构。如图 17.3 所示,在 x、y 和 z 三个方向纤维排列夹角不同,可实现织物组织结构的变化,满足材料承载要求的同时,可实现织物仿形编织。

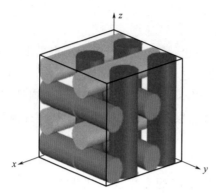

图 17.2　正交三向组织纤维排列示意图　　　图 17.3　准正交三向纤维排列示意图

图 17.4(a)所示为贯穿三向结构示意图。x、y 方向上由有序或无序纤维按照一定的形状、规律叠加组成,在 z 方向上由纤维或纤维棒沿织物厚度方向贯穿连接。

图 17.4(b)所示为非贯穿三向结构示意图。x、y 方向上由无序纤维与纤维布按设定比例组合叠加组成,z 向由短纤维连接。其中,z 向纤维引入过程,不但有助于织物整体结构更加细密,提高了织物的整体性,同时改善了平面纤维层间剪切强度和 z 向的层间结合强度,形成独特的准三维网络结构[2]。

图 17.4(c)所示为图 17.4(a)和图 17.4(b)所示结构的组合结构,集中了两种结构的优点。x、y 方向上由无序纤维与纤维布按设定比例组合叠加组成,z 向可根据复合材料层间性能要求,实现短纤维和长纤维的耦合设计。

17.1.3　成型原理

（1）细编穿刺成型

细编穿刺成型原理:将高性能纤维或其制品以一定角度(如 0°、90°、±45°等)逐层引入至预先形成的 z 向介质矩阵中(具有一定刚度的介质,如钢针、纤维棒等),在专用设备作用下,高性能纤维或其制品被刺入介质矩阵,并下移至矩阵底部成型区加压密实,循环叠加至一定厚度;用设定规格纤维或纤维棒将 z 向介质逐根置换,形成细编穿刺织物,如图 17.5 所示。

（2）缝合成型

缝合成型原理:将二维或三维织物在厚度方向叠层至一定形状、厚度,然后由缝合设备沿厚度方向引入缝合线而得到三维织物,如图 17.6 所示。缝合成型原理与家用缝纫机的原理相似。

（3）针刺成型

针刺成型原理:以一种带倒向钩刺的特殊刺针,在专用针刺设备作用下对 x-y 平面系统的机织布与无序纤维网组合的单元层逐层叠加针刺,将 x-y 向面内杂乱分布的短纤维带入 z

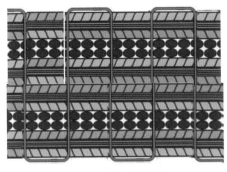

（a）z向连续纤维示意图

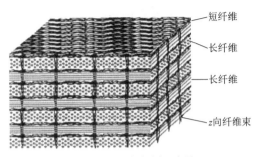

短纤维

长纤维

长纤维

z向纤维束

（b）z向非连续纤维示意图

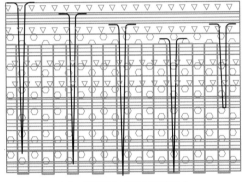

（c）z向连续与非连续纤维组合

图17.4　准正交三向纤维和纤维组合结构示意图

向一定深度,形成"销钉",进而达到层间连接。刺针刺入时,倒钩携带纤维网中纤维进入厚度方向,刺针回升时,纤维脱离钩刺以几乎垂直的状态留在织物内部,使各单元层成为一体。同时由于摩擦作用使得纤维网被压缩,基布与纤维网紧密缠结,相互约束,从而形成具有一定层间强度和厚度的准三向结构织物,如图17.7所示。

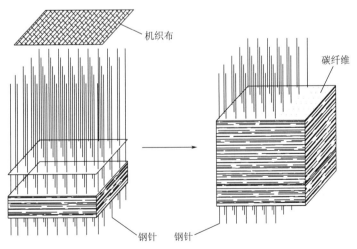

机织布

碳纤维

钢针　钢针

图17.5　细编穿刺成型原理示意图

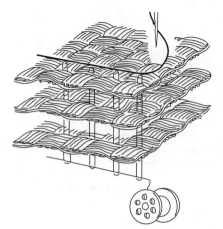

图 17.6　缝合成型原理示意图

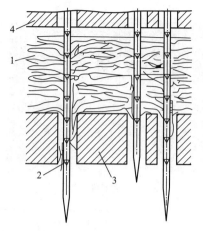

图 17.7　针刺成型原理示意图

1—纤维网；2—刺针；3—托网板；4—剥网板

（4）Z-Pin 成型

Z-Pin 成型是由缝合成型演变而来，其平面系统纤维层同样以机织布或预浸料布叠加而成，但层间纤维由具备一定刚度的 Pin 针，在专用设备作用下直接嵌入。Z-Pin 使用的材料包括铝、钢等金属，玻璃纤维、碳纤维等非金属。其嵌入织物的方法有整体嵌入法和单个射入法：整体嵌入法是多个排列有序的 Z-Pin 一次性整体嵌入；单个射入法是利用高压枪逐个嵌入。Z-Pin 成型原理示意如图 17.8 所示。

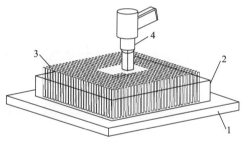

图 17.8　Z-Pin 成型原理示意图

1—织物；2—模板；3—Z-Pin 针；4—超声工作头

17.2　成型方法

17.2.1　穿刺工艺

以穿刺工艺成型的三维织物，其纤维体积分数占比高、纤维伸直度高、易细密化，经复合后材料具有优异的热、力学性能，是防/隔热、热结构等材料常用的纤维增强体[3]。该工艺最早由美国 AVCO 公司研究成功，在我国则是最先由南京玻纤院实现重大技术突破。为配合整体穿刺三维织物生产，提高三维织物制备的自动化程度及效率，我国自主研制出整体穿刺机，并开发整体穿刺工艺，即通过穿刺设备使叠层机织布在 z 向钢针阵列中刺入、移动、加压密实等操作来实现织物的制备。穿刺工艺过程示意如图 17.9 所示[4]。

本工艺的主要工艺过程如下：

（1）形成阵列。根据织物尺寸及参数要求，将一定数量的高度、直径一致的刚性介质（钢针或纤维棒）按照设定的行列数、外形尺寸，在阵列模板作用下形成规整、稳定的介质阵列，

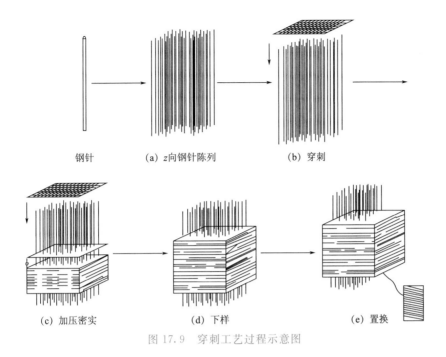

图 17.9　穿刺工艺过程示意图

如正方形、长方形、正多边形、Ω、L 形等[图 17.9(a)]。此时,介质阵列一部分在设备底部由阵列模板、紧固工装等固定维形,剩余部分则为阵列的工作区。

z 向钢针阵列对于三维织物的穿刺成型极为重要,其规整性直接影响织物内部质量。

(2)刺布。待介质阵列稳定后,将裁剪好的纤维层或其制品放至阵列顶部,由穿刺设备施加一定的均衡压力,将纤维层或其制品刺入刚性介质阵列内。在设备持续外力作用下将若干层纤维层移至成型区[图 17.9(b)]。

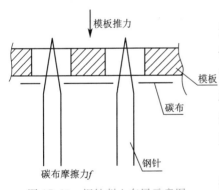

图 17.10　钢针刺入布层示意图

穿刺过程中,纤维层受到介质的挤占作用,被挤开、偏移,致使弯曲变形[1]。同时,介质受到纤维的反作用力,阵列容易发生偏移、变形,小部分介质会出现弯曲现象,失去应用的功能。刺入过程如图 17.10 所示。纤维布与介质阵列之间相互影响、相互作用的复杂关系,直接影响到整体穿刺工艺的可行性,刺布是穿刺织物控制的关键工序。

(3)加压密实。在穿刺设备、加压工装的作用下,按照设定压力值,将移动到成型区的若干纤维层按 x、y 两个方向先后加压密实[图 17.9(c)]。

(4)下样。重复刺布、加压过程,直至织物高度满足织物要求。将织物上下用阵列模板固定,从穿刺设备转移至置换平台[图 17.9(d)]。此时,织物为包含 z 向介质的中间状态(若阵列介质为纤维棒,则织物下样后即完成织物的制备工作,无须后续置换工序)。

(5)置换。将 z 向介质针拔出,由置换针将一定股数的纤维引入(或者直接引入一定长度的纤维棒),逐根完成钢针的置换,最终完成织物的制备工作[图 17.9(e)]。

17.2.2 缝合工艺

常见的缝合工艺可分为干法和湿法两种。干法缝合是指将干态纤维层按照设定形状、顺序铺层固定,然后引入 z 向纤维的成型方法;而湿法缝合是将湿态纤维层(通常指预浸料等)按照一定形状、顺序铺层固定,然后引入 z 向纤维的成型方法[5]。根据缝合操作面,缝合技术可分为双面缝合和单面缝合。

1. 双面缝合

双面缝合是在被缝合织物的双面同时缝合,缝合线经过顶端带有针孔的缝针从被缝合织物一侧引至对侧,由摆线轮接应,钩住缝合线并绕过底线,缝针退回时缝合线与底线配合完成一次缝合过程。该缝合技术的缝合线轨迹主要有锁式缝合、改进后的锁式缝合、链式缝合和平针缝合[6-9],缝合线轨迹分别如图 17.11(a)~(d)所示。

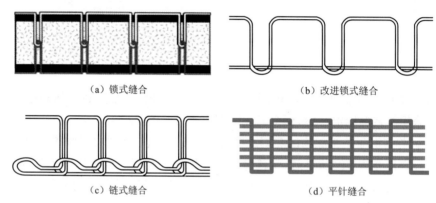

（a）锁式缝合　　　　　　　　　　（b）改进锁式缝合

（c）链式缝合　　　　　　　　　　（d）平针缝合

图 17.11　缝合线轨迹

(1)锁式缝合与改进锁式缝合。传统锁式缝合的特点是缝合线和底线在织物厚度的中间位置形成两个相交线圈,交点处的应力集中和纤维损伤会在一定程度上降低材料的性能。为此经工艺优化,形成了改进锁式缝合[10],该缝合方式形成的结点留在织物表面,内部的缝线为伸直无交结状态,此优点使得它在复合材料用三维织物上应用较多。

(2)链式缝合。链式缝合的缝合线轨迹类似于针织,缝合线多次绕曲,表面会形成大量纤维结,加上缝合线是处于紧缩状态,纤维损伤较严重,且操作复杂,不仅会增加预制体的重量还会形成局部应力集中,因此使用较少。

(3)平针缝合。尽管传统上平针缝合被归类为手缝,但此缝合线没有内环或交织(两者形式不可避免地引起小半径曲线,降低了缝合线的性能)。平针缝合中缝针处的缝合线弯曲理论上为 90°,实际上由于受到线施加的张力和基底的压缩,此角度变大。织物上下表面对称的缝合线对平面纤维层起到良好的束缚作用,确保了织物的尺寸精度。

2. 单面缝合

单面缝合是缝针在被缝件的单面完成缝合操作,而另一面没有缝合单元,无须底线即可完成缝合。该缝合方式具有很强的灵活性,在复合材料领域具有很好的发展前景。德国研发了 OSS 单面缝合技术[11-13]和 Aerotiss O3S 单面缝合技术[14]，并取得较大的成果。

（1）OSS 单面缝合技术需要由一个带传统缝针的缝合针头和一根带专用勾线针的缝合针头在被缝合织物单面相互协作来实施整个缝合过程。OSS 单面缝合原理如图 17.12（a）所示，两缝合针在空间成 45°角布置，均先穿过缝合物，至织物另一面；勾线针钩齿接过普通针上的缝合线，然后两针均沿针轴向回缩，退出缝合物，再穿过上次形成的线圈，双针同时向前移动一定间距，重复上述动作，完成相互锁结形成线圈。其缝合线轨迹如图 17.12（b）所示[6]。

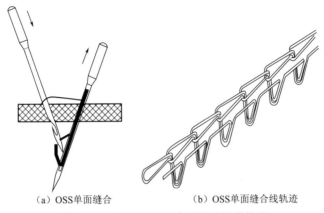

（a）OSS单面缝合　　　　　　（b）OSS单面缝合线轨迹

图 17.12　OSS 单面缝合原理及缝线轨迹

（2）Aerotiss O3S 单面缝合技术是缝针顶端带有针孔的缝合头携带缝合线刺入被缝合织物一定深度中，在缝针退回时，缝合线留在被缝合织物内而不跟随缝针退出，如图 17.13 所示。缝合线轨迹如图 17.14 所示。

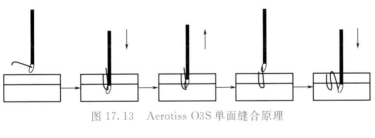

图 17.13　Aerotiss O3S 单面缝合原理

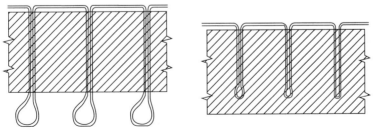

图 17.14　Aerotiss O3S 缝合线轨迹

Aerotiss O3S 单面缝合技术的特点在于缝合线张力相对较小，且缝合线在织物内部无所锁结现象[6]。但缝合线相对较为松弛，需施加张力，提高缝合线对织物的束缚力。因此，为了确保缝合线在缝针退出时留在织物内部,通常采用增大缝线与织物内部摩擦力的方法,如在织物铺叠时加入少量定位胶黏剂或者在被缝合织物对面放置耐摩擦的材质来增大织物与缝合线的摩擦[10]。

17.2.3 针刺工艺

针刺工艺源于纺织行业的短切纤维制造工艺;在高性能纤维织物领域,主要是指纤维布、纤维网为主的原材料,在机械刺针的上下运动作用下,纤维网中按无序分布的短纤维被刺针的钩齿带入 z 向而制备成织物的方法[15]。

采用针刺工艺制备的三维织物不但解决了铺层材料层间强度弱的问题,同时因其特殊的多孔结构,具有易于致密化的优势[2]。由于针刺织物成本低、效率高,且已经实现自动化生产,目前在织物成型技术中占据重要地位。针刺过程主要包括如下步骤:

(1)单元层成型:将基布、纤维网按设定参数进行预针刺形成单元层。

(2)叠层针刺:针刺过程中,将单元层逐层交替叠加在针刺平台或芯模上(异型构件),逐层针刺;每铺放一个单元层,将单元层根据设计要求旋转一定角度(如 45°、90°等),以保证针刺孔在材料在 x 和 y 方向的均匀一致性。

(3)型面检测:每完成若干单元层或一定厚度,采用型面检测设备对织物尺寸进行检测并调整。

(4)修整:织物达到设定厚度时,完成针刺。对织物进行修样整理。

17.2.4 Z-Pin 工艺

Z-Pin 工艺将单向复合材料拉挤成细棒(通称 Z-Pin),并将其"钉扎"到未固化的预浸料或纤维织物中,待完成固化后,Z-Pin 形成"锚固"的 z 向增强材料,如图 17.15 所示[16]。该工艺操作简单、便于控制工艺质量,尤其适于局部补强、轻质高强夹层结构制备和预浸料层合板领域[17]。

通常,Z-Pin 增强复合材料可采用单根植入和多个有序整体嵌入两种形式。单根植入方式因其操作的灵活性可用于成型曲面部件,但效率相对较低;而整体嵌入式效率高,多用于大尺寸平面结构,也是常用的制备方式。整体嵌入式按照工艺方法可分为热压罐法和超声植入法(ultrasonically assisted Z-fibre,UAZ)。与热压罐法相比,UAZ 法在植入时可控制深度,还可用于异型构件的制备,工艺方便、灵活、应用最为广泛[18]。

(1)热压罐法

热压罐法即 Z-Pin 整体嵌入过程是通过热压罐成型工艺实现,步骤如图 17.16 所示。将含有 Z-Pin 的泡沫放在需要增韧的部位,升高温度致使泡沫融化,Z-Pin 在压力作用下被植入预浸料内部。经固化后,去除泡沫和多余 Z-Pin 进而得到复合材料。该方法主要用于平面构件,且因受到原材料和 Z-Pin 材质及密度等因素的影响,Z-Pin 在被植入过程中需要施加较大的压力,致使在织物中 Z-Pin 体积分数占比一般在 1% 以下,为此该技术应用领域有一定局限性[19]。

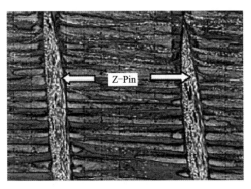

图 17.15 Z-Pin 在层合结构中示意图

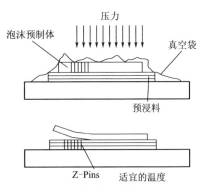

图 17.16 利用热压罐嵌入 Z-Pin

（2）超声植入法

UAZ法可实现大批量 Z-Pin 的快速植入，如图 17.17 所示。UAZ 法主要包括两个步骤[20]：

①Z-Pin 植入：首先根据设计的要求，数控植入机将 Z-Pin 植入到载体，然后在专用超声波枪的作用下，将 Z-Pin 由载体逐步转移至进层合板[20]。

②固化：被植入 Z-Pin 的预浸料在一定的条件下被固化，同时在此过程中 Z-Pin 与各子层形成牢固结合界面[21]，此固化过程是整个工艺过程中的技术关键。

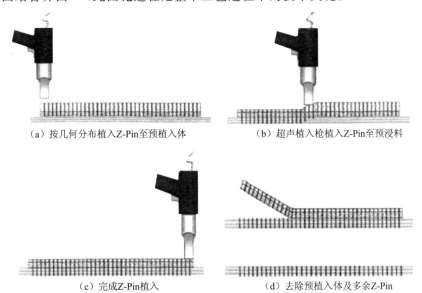

（a）按几何分布植入Z-Pin至预植入体 （b）超声植入枪植入Z-Pin至预浸料

（c）完成Z-Pin植入 （d）去除预植入体及多余Z-Pin

图 17.17 UAZ 法植入 Z-Pin 示意图

17.2.5 工艺参数

1. 穿刺工艺参数

由穿刺织物单胞结构可知，织物纤维体积分数主要受 z 向中心距、z 向纤维配比、原材料规格、层密度（受压力影响）、介质针等因素影响。

（1）z 向中心距。z 向相邻纤维之间的中心距,也是介质矩阵中任意两相邻 z 向介质针的中心距离。它是表征穿刺织物 z 向纤维之间细密性的重要技术参数,不仅对穿刺织物复合物的热力学、烧蚀性能和层间性能等有很大的影响,同时在一定程度上影响平面性能,而且对整体穿刺成型工艺有着直接的影响。一般来说,z 向中心距小层间性能优异,但对平面纤维层损伤较大,面内性能下降。

（2）z 向纤维配比。置换时 z 向纤维股数,又称 z 向纤维填充率。在 z 向介质直径一定时,纤维股数越大填充率越高,z 向纤维体积分数越高,z 向性能越好。但是 z 向纤维股数同 z 向中心距一样,材料要求与工艺要求存在矛盾。

（3）原材料规格。主要指纤维层的面密度（或厚度）、纤维规格等。纤维层越薄、纤维越细越易实现织物的细密化,利于提高复合材料性能。

（4）层密度。指沿织物 z 向每厘米纤维层数,用层/cm 表示,它是评价织物层间细密化程度的重要技术参数。在原材料规格一定时,受设备压力、z 向中心距、z 向介质针直径、织物尺寸等参数影响,层密度是纤维体积分数的主要表现参数。若织物在织造过程中层密度偏差过大,导致织物在复合时形成复合材料整体细观不均匀,严重时会造成复合材料富碳区增加,甚至导致复合材料沿 z 向开裂。

（5）介质针。指形成密集针矩阵的介质,无论介质选用钢针或纤维棒,其垂直度随着高度增加而降低。当介质矩阵刺入机织布时,由于介质矩阵挤占了机织布的体积,致使刺布的阻力增加,在此过程中细长介质针受到复杂应力的作用,若细长介质针选材加工处理不当,将会导致介质针尖的断裂、针杆的弯曲,甚至折断,进而直接影响矩阵的稳定性。而矩阵是穿刺成型过程的基础,其稳定性影响穿刺工艺顺利实施,并决定了织物内部质量。因此,穿刺织物成型过程中,需要材质高、直径公差等级高、表面光滑、笔直的细长介质针排列介质矩阵,同时对介质针的长度误差和针尖形状也需严格控制。

2. 缝合工艺参数

缝合工艺参数主要包括缝合密度、缝合针、缝合线、增强材料等[22-26]。

（1）缝合密度。在厚度方向上单位面积引入纤维的根数称为缝合密度,通常以根/mm² 表示。缝合密度的增大将会使得织物不易分层,但存在一个最优值,超过该值,将会导致织物的面内性能整体降低[22]。

（2）缝合针。在缝合过程中缝合针会对织物造成一定的损伤,缝合针针尖太锋利将容易切断 x-y 平面纤维;反之,针尖太钝,刺入 x-y 平面纤维的阻力过大,不仅降低了缝合效率,而且容易将 x-y 平面纤维压断[10]。因此,适中的缝合针针尖的锋利程度可以最小限度地损伤纤维,同时最大限度地提高缝合效率。

（3）缝合线。①缝合线种类:对于特殊复合材料构件,缝合线不仅要具有强度高、耐磨损等优异性能,而且在复合和使用过程中缝合线应不受影响,一般选择高性能纤维进行缝合,根据工艺需求选择相应的缝合线种类[6,10,22,27]。②缝合线捻度:加捻后缝合线的纤维相互更紧密地结合,使其具有良好的耐磨损性,但是加捻后,缝合线的强度下降[26-27]。不加捻的纤维在缝合线中分布均匀使裂缝闭合力增加,缝合纤维和平面纤维之间可以很好地结合,纤维的损伤较少,形成更多的完整结构,使层间断裂韧性比不缝合的试样显著提高,同时面内机械性能下降也较小。③缝合线直径:缝合线的粗细直接影响到缝合后纤维的弯曲程度。同时,织物面内力学性能受缝合线直径影响显著,直径越大,其影响越大。缝合线直径变大,缝合线的拉伸性能变大,可提高缝合复合材料的层间断裂韧性和抗冲击损伤能力,但缝合线直径过大则会导致层合复合材料更多的面内纤维损伤。

(4)增强材料。缝合工艺参数还与增强材料有关。增强材料有材质的不同(主要有碳纤维织物、玻璃纤维织物、玄武岩纤维织物等)、织物结构不同(有机织物、针织物、非织造材料、编织物以及各种毡等)以及在织物铺层方式、铺层厚度、分散织物的拼接方式等方面的差异,因而需要适中的缝缝工艺参数相匹配才能制备更优的缝合编织物[28-29]。

3. 针刺工艺参数

针刺织物主要由基布和纤维网构成,其中基布与纤维网的种类及配比、铺层方式是影响材料性能的主要因素。由于具备工艺参数多、可调节范围广等特点,针刺织物具有较强的可设计性,其中针刺密度和深度等因素对材料性能起着决定作用[30]。

(1)针刺密度。针刺密度是指当前单元层每平方厘米上被针刺的次数。随着针刺密度增加,z 向纤维形成的"销钉"作用愈加明显,而纤维体积分数呈线性增加,材料层间性能也随之增强。但由于刺针的每次运动均会对基布纤维造成损伤,随着针刺密度增加,基布纤维损伤严重,直接造成复合材料面内性能降低[15]。

(2)针刺深度。针刺深度是指刺针穿过当前层时,以底面为基准的进针深度。随着针刺深度的增加,z 向纤维穿过的单元层数逐渐增多,从而使得织物的 z 向拉伸强度和层间剥离强度逐步提升。针刺深度存在一个最优值,超过该值时,z 向纤维损伤断裂率增加,织物的 z 向拉伸强度和层间剥离强度随之逐渐降低[15]。

4. Z-Pin 工艺参数

Z-Pin 植入未固化的预浸料层合板时,层合板各个子层间的纤维会发生串层,如图 17.18(a)所示,造成一定程度的面内机械性能损。同时 Z-Pin 周围的纤维产生绕流现象,出现由树脂构成的眼状区域,如图 17.18(b)所示。在拉伸载荷作用下,一般复合材料的微裂纹首先会在富树脂区内产生,从而影响复合材料的面内力学性能[31-33]。

因此影响复合材料层合板性能的因素主要包括 Z-Pin 的植入密度、植入直径及植入时的固化度。随着 Z-Pin 植入密度和植入直径的增大,不仅面内纤维受损伤程度会增多,而且单根 Z-Pin 周围所形成的"眼状"区域面积也会随之增大,从而导致复合材料面内力学性能的降低,相反其层间性能则随之增大。其增韧机理是 Z-Pin 通过与复合材料基体之间的结合力,在材料受力过程中 Z-Pin 拔出或剪断产生的抗力以及 Z-Pin 自身的弹性变形等约束来增强复合材料层间性能[34-36]。Z-Pin 的固化度影响了 Z-Pin 与层合板界面的化学结合情况,进而对材料性能产生一种非线性影响。低固化度 Z-Pin 未固化树脂可与层合板之间发生共固化反应,使其界面结合强度大大提升。但随着 Z-Pin 的固化度降低幅度的加快,复合材料力学性能提升的速率却逐渐减慢,直至近似不受影响。同时,基本可判定 Z-Pin 的固化度对层合板面内性能没有影响[32]。

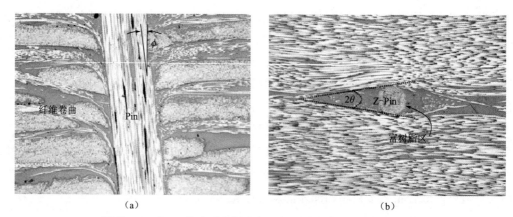

（a）　　　　　　　　　　　　　　　（b）

图 17.18　Z-Pin 植入引起层合板层间纤维卷曲桥联和眼状区域

17.3　成　型　设　备

17.3.1　穿刺设备

穿刺设备用于介质矩阵成型、刺布、铺设纤维层、密实纤维层、置换中间介质等。穿刺设备如图 17.19 所示，它主要由穿刺系统和 z 向钢针置换系统组成，其中穿刺系统主要实现纤维层沿 z 向钢针的叠层穿刺铺放；z 向钢针置换系统主要是将 z 向穿刺钢针置换为纤维，实现穿刺纤维层的层间连接。

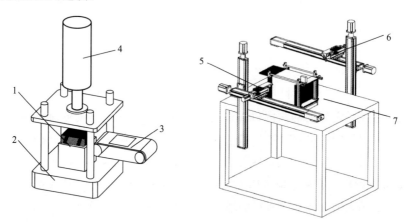

图 17.19　穿刺设备示意图

1—钢针矩阵组；2—工作平台；3—纤维布层铺放机构；4—加压机构；5—拔针机构；6—送线置换机构；7—置换工作台

穿刺设备中的穿刺系统主要由工作平台、钢针矩阵组、加压装置、纤维布层铺放装置组成。穿刺系统工作原理为：根据穿刺连层织物 z 向纤维密度要求，在穿刺系统工作平台上排布一定行、列间距的钢针矩阵组，并通过工装将钢针矩阵组进行固定；然后，通过纤维布层铺放装置将裁剪好的纤维布层铺放到钢针矩阵组顶部；待纤维布层铺放完后，通过加压机构将纤维布层沿钢针方向进行加压密实，达到织物纤维布层间密度要求。依次循环，完成纤维层穿刺。

待完成纤维层穿刺后,需通过 z 向钢针置换系统对 z 向钢针进行置换。z 向钢针置换系统主要由置换工作台、拔针机构、送线置换机构组成,其工作原理为:将已完成穿刺的织物转移固定至置换工作台上,通过拔针机构对单根钢针进行定位、夹持及拔出。同时,送线置换机构携 z 向置换纤维,沿拔针路径将 z 向纤维贯穿入织物中,完成一根纤维的置换。通过程序控制,依上述置换流程,进行钢针矩阵中钢针的依次置换。

17.3.2 缝合设备

针对大型异型曲面三维织物的缝合,结合工业机器人的发展,三维缝合设备主要由 x、y 轴组成的水平行走机构、6 自由度机械臂、缝纫系统、模具固定机构及控制系统、离线编程软件和辅助工装等组成,如图 17.20 所示。三维缝合设备工作原理为:首先,根据缝合工艺要求,将裁剪好的纤维布层预先铺设在模具固定装置上;然后,通过控制系统控制 x、y 轴水平行走机构及 6 自由度机械臂进行缝合路径设计,并结合离线编程软件进行缝合路径仿真规划及检验;待缝合路径确定后,在设备控制系统中设定所需的缝合间距、缝合速度等参数;最后,通过控制程序集中控制缝纫系统,x、y 轴组成的水平行走机构和 6 自由度机械臂协调运动,完成三维织物的缝合。

17.3.3 针刺设备

针刺设备的原理同典型的曲柄连杆运动机构一样,其主要由喂入机构、托网板、剥网板、针板、主轴、偏心轮、连杆、导向机构、刺针、输出机构等组成,如图 17.21 所示。在设备工作时,通过主轴将电机的驱动力传递到偏心轮上,带动偏心轮做旋转运动,进而带动针板、刺针

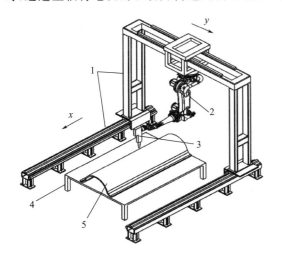

图 17.20 三维缝合设备

1—水平行走机构;2—6 自由度机械臂;
3—缝纫系统;4—模具固定机构;5—缝合模具

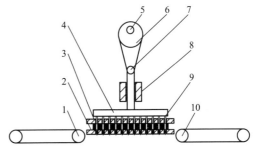

图 17.21 针刺设备示意图

1—喂入机构;2—托网板;3—剥网板;4—针板;
5—主轴;6—偏心轮;7—连杆;
8—导向机构;9—刺针;10—输出机构

及剥网板沿垂直于棉网层方向做上下往复运动,在此过程中,刺针依次穿过剥网板、棉网层和托网板,实现棉网层间短纤维的连接,形成针刺织物。在整个针刺工序中,喂入与输出采用间歇步进或连续方式运动,两者速度相配合。针刺机构是针刺设备的核心机构,主要实现纤维棉网的针刺固结[37]。

由于针刺机工作是利用偏心轮带动连杆机构进行针刺,这就导致在工作时设备会产生一定的偏心量,增加了整个设备的振动,对针刺的速度和频率产生影响。为避免偏心运动所产生的振动影响,通常在设计针刺机时,考虑在偏心轮处设计一平衡轮,利用平衡轮的旋转使整个设备系统实现动平衡,并通过连杆带动针梁和针板做上下往复运动,进而带动针板上的刺针重复穿刺棉网,通过输出横杆连接输出机构,将已完成针刺织物输出[37]。

17.3.4 Z-Pin设备

Z-Pin植入技术主要有单根植入式和整体嵌入式两类。其中,单根植入式即将制备好的Z-Pin按照一定的分布规律,单根依次植入未固化的层合板中。20世纪70年代,研究人员为提高层合板的层间连接性能,第一次采用手工操作的方式,将一定长度特定材质的金属短棒按一定的分布规律逐根"钉入"层合板内。但在技术推广应用中,研究人员发现在对于尺寸较大的复合材料生产时,采用单根植入技术的植入效率低,且受到空间限制,不易操作。因此,研究人员提出了整体嵌入式技术,即将预先按参数要求规律分布的若干Z-pin同时嵌入未固化的层合板中,该技术可实现一定区域内多根Z-pin同时植入,大大提高了Z-pin植入的一致性和植入效率,更便于推广,但该类设备技术要求较高[38]。

整体嵌入式Z-Pin植入设备机械部分如图17.22所示,它主要由水平三坐标移动机构、Z-Pin、工作台、超声植入枪、植入基材组成。设备工作时植入基材固定在工作台上,水平三坐标移动机构能够控制超声植入枪准确到达工作平面内的任一工作位置。超声植入枪连接超声发生器,通过一定的超声频率将Z-Pin嵌入到植入基材中。

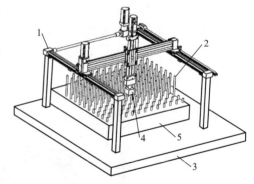

图17.22 整体嵌入式Z-Pin植入设备
1—水平三坐标移动机构;2—Z-Pin;3—工作台;
4—超声植入枪;5—植入基材

17.3.5 三维连层织物成型设备发展

随着航空航天技术的发展,三维连层织物也得到了越来越广泛的应用。同时,也对三维连层织物的性能及制备成本提出了新的要求。因此,国内外对三维连层织物的制备也投入越来越多的人力物力,相关的设备也得到了长足的发展。

1.穿刺设备发展

采用穿刺工艺制备的预制体密度高,专用设备研制难度大。为实施叠层机织碳布与 z 向钢针阵列整体穿刺、移布、加压密实等一系列复杂操作,南京玻纤院开发了整体穿刺设备,

图 17.23 整体穿刺机高精度液压控制系统

如图 17.23 所示。该设备采用框架立柱式结构，由液压系统或电缸系统提供动力，进行刺布、加压等操作。通过控制、调整加压液压系统的油压压力或者加压电动缸的加压步距、加压压力等参数，可实现细边穿刺织物的层密度精确控制。根据织物的尺寸、层密度、z 向间距等工艺参数要求，形成了系列化的整体穿刺机，以满足不同 z 向纤维直径和 z 向纤维间距的穿刺织物的编织[39-40]。

目前，由于复合材料向着大尺寸、细密化、高均匀性方向的发展，压力控制加压难以满足精确的位置控制要求，更高精度的控制是电动缸提供动力的位移控制设备，可进一步提高细边穿刺类织物的细密化及从密度精度。伴随着自动化技术和信息技术的发展，细边穿刺类设备也逐步向纤维层铺设自动化、生产过程信息化采集及管控的方向发展。

2. 缝合设备发展

从 1846 年，美国发明家伊莱亚斯·豪（Elias Howe）发明第一台真正现代意义上的缝纫机开始，缝合设备就广泛地应用于工业生产中。经过 100 多年的发展，工业缝合设备逐步从人工驱动纯机械传动缝纫机，发展为计算机控制电气驱动平面缝合设备。在进入 21 世纪后，伴随着计算机集成技术、工业机器人技术、传感器技术等科技的发展，现代的缝合设备已发展为多台计算机控制的多针、多自由度的三维空间缝合设备，可实现平面、空间曲面的多种结构二维及三维缝合[41]。

为增强复合材料层间性能，推动航空航天事业新材料的发展，国内和国外相关科研机构及公司都在新型二维及三维缝合技术和缝合设备上投入了很大的精力和财力。经过多年的发展，缝合设备由最早的工业用缝纫机向缝纫高速化、集成化、定制化发展，为适应材料行业的需求，还发展出了定制化的计算机集中控制大型专用缝合设备。该类大型专用缝合设备不同于传统缝纫机的双面缝合原理，其缝纫原理为单面缝合，不仅能够实现平面内直线、曲线及复杂路径的自动缝合，而且还能满足大型复杂曲面复合材料预制体的成型要求，最具代表性的为德国 KSL 公司开发研制的三维缝纫系统。该缝纫系统将 6 自由度机器人、单面缝合系统进行了集成，可提供临缝、暗缝、双针缝三种单面缝合系统，同时为保证在缝制曲面构件时缝针处于缝合点法向位置，通过 6 自由度机器人实现缝合点位置姿态的调整，KSL 缝合设备如图 17.24 所示，其双针缝合方式，最大材料缝合厚度可达 15 mm，缝合速度达 500 针/mm；临缝缝合方式，最大可实现 30 mm 厚材料的缝合；暗缝缝合方式，则最大可实现 8 mm 厚材料缝合。国外的航空巨头也采用该类设备进行了相关部件的研制生产，其中空客公司采用三维缝纫系统成功研制出了 A380 尾部压力仓壁，将该部件质量降至 250 kg。在美国，为了降低机翼壁板质量，NASA 和波音公司提出制造复合材料机翼壁板，并合作研发了一种 28 m 长的缝纫系统，采用该系统制造的机翼壁板获得了 25% 的减重效果，较铝合金壁板降低成本 20%[42]。

图 17.24 德国 KSL 公司的 3D 缝合机器人

随着航空及航天工业的发展,许多结构件、连接件等部件已使用复合材料,国外的空客、波音等公司已广泛采用单面缝合技术来增强铺层复合材料的层间连接性,已提高传统层合板结构复材的抗分层性能。在国内,由于缝纫机行业主要还聚焦在服装、汽车内饰等传统行业,对单面缝合技术研究较少,而伴随国家大飞机项目的推动,目前国内一些研究院所和高校也开始在单面缝合技术方面进行研究,取得了一定的研究成果[43],但还没有相关技术用于工程化生产的报道。

3. 针刺设备发展

针刺设备主要有条纹针刺设备、通用花纹针刺设备、异式针刺设备、环形针刺设备、圆管形特殊针刺设备、四板正位对刺针刺设备、倒刺针刺设备、双滚筒针刺设备、双主轴针刺设备、起绒针刺设备、提花针刺设备、高速针刺设备、电脑自动跳跃针刺设备、针刺水刺复合机等。针刺设备的发展经历了从手工到自动化的历程,设备由易到难,从基础的平面针刺成型到回转体针刺成型,以及复杂异形针刺成型,设备的发展逐步由机械化、自动化向智能化方向发展。

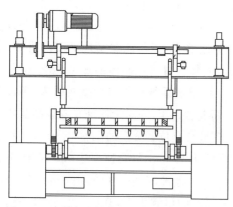

图 17.25 刺密度均匀的碳纤维制品针刺设备

国内专利公开了系列三维针刺设备。针刺密度均匀的碳纤维制品针刺设备如图 17.25 所示。该设备为托网板与针刺板的运动保持相同频率、针刺密度均匀的碳纤维制品用针刺设备,解决了现有碳纤维制品的针刺密度不均匀导致不平整问题。

用于生产回转体预制体的自动针刺设备如图 17.26(a)所示。该自动针刺设备包括针刺设备机构和模具机构,可实现针刺过程的自动化和机械化,能够显著提高生产效率。

环形产品的针刺设备如图 17.26(b)所示。该设备包括固定架、针梁、针刺旋转机构和压紧机构,结构小巧紧凑,方便筒状织物或非织造物的针刺,解决了传统针刺设备无法针刺环状产品的问题。

变直径回转体织物针刺成型设备如图 17.27 所示。该设备包括机架、针刺机构、压力反

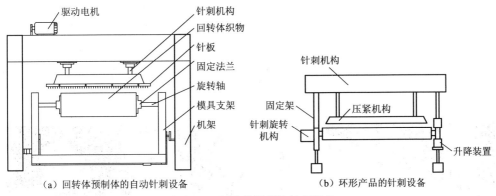

(a) 回转体预制体的自动针刺设备　　　　(b) 环形产品的针刺设备

图 17.26　回转体预制体针刺设备

馈及调节机构、模具旋转机构和模具升降机构。设备实现了针刺纤维多层变直径回转体准三维预制体生产，主要解决现有工艺操作过程中生产效率低、成本高和产品质量稳定性差等问题，并通过压力反馈及调节机构实现剥网板在线压力监测及调节，有效控制针刺产品密度，实现高精度针刺成型。该设备结构简单，操作方便，适于产业化生产。

随着高性能纤维制备的复合材料应用越来越广泛，尤其在航空航天等国防军工中占据越来越大的比重，鉴于针刺工艺快速、低成本的特点，其在复合材料增强体中具有突出的应用优势，目前针刺增强体制备的复合材料已经广泛应用于结构、透波、抗烧蚀、耐温热防护等领域，但是其部件也越来越复杂，从平面板块到复杂异形回转体。随着产品结构功能一体化、高性能低成本和短周期的要求，对针刺设备的发展提出更高的要求。

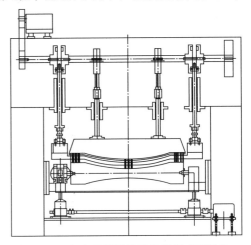

图 17.27　变直径回转体织物针刺成型设备

(1)针刺设备功能集成化。设备不仅单独实现针刺功能，根据工艺的要求，需具备铺带、铺丝功能、在线精度检测功能和下样裁剪功能等，因此，需实现功能集成化，最大限度提高设备的适用性。

(2)针刺设备智能化。设备智能化可有效提高生产效率，保证产品质量的稳定性。因此友好的人机界面设计、自动路径规划、针刺策略分析、记忆存储等智能制造是针刺设备发展的必然趋势。

4. Z-Pin 设备发展

制备 Z-Pin 增强复合材料过程中，完成 Z-Pin 制备后的自动植入技术主要包括泡沫预植入体制备设备技术和超声辅助植入设备技术。要实现复合材料层合板上按一定规律和参数要求植入 Z-Pin，需将已制备好的 Z-Pin 按相关技术要求先均匀植入到过渡载体泡沫中，通过控制植入角度、植入深度及植入位置的精度，实现 Z-Pin 间的精确定位。国外针对层合板 Z-Pin 工艺研究较早，相关制备设备技术也发展较快，伴随工业机器人的发展，英国的 Crandfield 大学研发了基于 6 自由度机器人的过渡植入机，如图 17.28 所示。该设备可实现三维空间曲面 Z-Pin 过渡植入。在国内，部分航空航天科研院所和高校也对 Z-Pin 植入机进行了深入研究，并成功开发了 3 轴数控过渡植入机[44]。

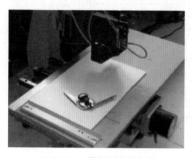 

（a）NUAA数控过渡植入机　　　　（b）Crandfield大学6轴数控植入机以及植入头

图 17.28　过渡数控植入机

在超声辅助植入的自动化设备方面，国外同样更早投入了较大的人力物力进行研究，具有代表性的是英国的 Crandfield 大学开发的数控自动超声辅助植入机，如图 17.29 所示。该设备可精确控制植入压力以及植入速度等工艺参数[44]。国内在超声辅助植入方面的研究起步较晚，但经过多年的不断研究，也取得了很大进步，相关高校已针对圆柱、圆锥类复合材料构件在 Z-Pin 自动植入系统取得了一定的研究成果。

图 17.29　Crandfield 大学数控自动超声辅助植入机

17.4　工程应用及发展趋势

17.4.1　工程应用

1. 穿刺工艺工程应用

细编穿刺织物具有纤维体积分数占比高、易于细密化等特点，常作为防隔热、热结构等材料用的纤维增强体[40]，如飞行器舵翼骨架、发动机部件、弹头材料、高温紧固件等，可成功解决材料烧蚀、承力、轻质化、热抗振、耐侵蚀等问题。例如，随着对导弹射程、精度和重量要求的不断提高，研发了以三向细编 C/C 复合材料为典型代表的第二代碳基复合材料，已成功地被用作 MK-12 弹头鼻锥材料以及固体火箭发动机的喷管喉衬材料。为满足材料性能的需求，经技术改进后在细编穿刺织物编织中加入耐熔金属纤维、耐侵蚀粒子等其他组分,解决了飞行器飞行过程中遇到的粒子侵蚀问题,并用于改进型 MK-12 弹头,成为第三代弹头鼻锥防热材料首选材料[45]。另外,美国民兵-Ⅲ的 MK-12A、MX 和 MK-21、MK-500 机动弹头以及三叉戟-Ⅱ和苏联的一些洲际导弹的碳/碳端头均采用类似成型工艺。

2. 缝合工艺工程应用

近几年来,有许多航空航天的部件都采用复合材料缝合工艺,例如固体火箭发动机喷管喉衬、螺钉、延伸锥、刹车盘、扩张段、飞机机翼等。美国国家航空航天局的 ACT 计划研制了大尺寸异形的缝合/RFI 半翼展机翼壁板,并且在 200 座飞机半翼展盒段成功完成了地面试验。为满足大尺寸复杂结构件(如机身曲板)缝合工艺,波音公司研制了第三代缝合设备,空客公司采用缝合工艺制备了 A380 尾部压力仓壁。此外,美国海军航空兵总司令部和美国空军莱特实验室联合制定了关于翼身整体设计、机翼结构布局、梁的布置、机身油箱设计、内部管路设置、内部筋条布置和上下大梁连续性设计等七大关键技术的 ALAFS 计划[41]。目前国内已经成功将缝合工艺成功应用于各类复合材料结构件,大大提高了复合材料结构件的层间强度、冲击阻抗以及整体性,并降低了结构件的装配成本[41]。

3. 针刺工艺工程应用

针刺织物成型技术成熟、设备自动化程度高,适合进行大规模批量生产,广泛应用于光伏产业多晶硅氢化炉用热场产品、单晶硅拉制炉用热场产品、粉末冶金热压模具、工业高温炉、钎焊炉用支架等领域。随着技术工艺发展的完善及成本降低,针刺复合材料也在军事领域得到了应用。在航空方面,针刺技术制备的飞机刹车盘因具有优异的散热效率,大大改善了材料的摩擦性能,因此得到广泛应用。在航天方面,针刺复合材料应用于液体火箭发动机燃烧室、喷嘴喉衬、延伸锥和其他复杂尺寸防隔热部件等[15]。

4. Z-Pin 工艺工程应用

Z-Pin 增强技术工艺简便、成本低、性能优异,近年来逐渐受到重视。它不仅可以连接搭接部位或补强局部区域,而且可以增强小曲率曲面或者平板构件的整体层间性能,如图17.30 所示。同时,相比螺栓连接,Z-Pin 连接区的载荷分布更加均匀,应力集中现象较弱,从而大大降低了复合材料分层的可能性。在航空航天领域,采用 Z-Pin 代替钛合金进行紧固连接的方法应用于 C-17 环球霸王Ⅲ军用运输机舱门、F/A-18E/F 超级大黄蜂的进气管和引擎隔门上,每架飞机减重 17 kg;日本的空天飞行器 HOPE-X 上的陶瓷基复合材料防护结构也已经使用了 Z-Pin 技术。另外,在其他领域,Z-Pin 技术也具有广阔应用空间,目前已经成功应用于 F1 赛车的防滚架中架上[32,44,46]。

17.4.2　发展趋势

1. 穿刺工艺发展趋势

虽然在国家重点计划的资助下我国对整体穿刺成型碳纤维三维织物开展了相关研究,以南京玻纤院为主的单位在设备研制、产品研发与应用方面取得迅速发展和进步。但随着航空航天领域复合材料使用环境日渐苛刻以及对材料增强体的快速低成本、高质量等提出

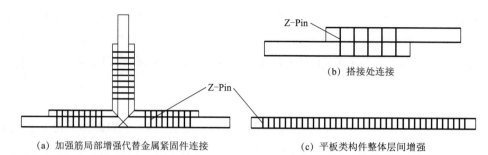

图 17.30　Z-Pin 技术的应用

的新要求,现有的材料体系及制备方法急需优化与改进[40]。

（1）织物结构体系的优化

为满足材料体系的快速发展,三维织物作为增强材料,须及时优化与发展:

①细密化。主要包括织物 z 向间距、层间距离的细密。解决间距细密带来的穿刺难度增大、平面纤维损伤大等问题。同时,提供平面内单位高度纤维层数,以达到结构细密的目的,提高复合材料的抗烧蚀性能。

②密度梯度变化。在现有穿刺织物基础之上,进一步提高织物纤维体积分数占比,满足部分部件对力学性能的高要求。同时,注重从单一追求高体积分数占比,向梯度综合变化发展,实现同一织物密度由低到高的均匀变化。满足不同部件对织物结构体系的要求,为多功能材料的研制提供技术支撑。

（2）快速低成本

正是由于碳纤维复合材料在军用和民用领域占有十分重要的地位,且材料对产品质量要求近乎苛刻。迫切需要立足国内资源,自主研制与改进核心装备,实现穿刺织物由手工为主向机械化、自动化及智能化迈进,并形成自主知识产权,实现织物的快速低成本研制与批产[40]。

①介质矩阵的自动化成型。穿刺织物所用介质矩阵一般由几千至数万根细长钢针或纤维棒组成,而快速形成阵列并维持其稳定性是织物研制时的重点及难点。特别是针对大尺寸、异形织物,介质矩阵成型难度较大,产品适应性差,难以满足整体穿刺织物快速研制的需求。

从工程化角度开发适用于不同界面尺寸、不同 z 向密度、不同直径、超长穿刺介质的整体穿刺阵列成型机构,能够达到介质阵列机外（穿刺设备）成型、稳定转移的目的。

②纤维布在线裁剪与转移。现有穿刺工艺所需纤维布需在专用平台完成裁剪后再转移至操作平台,整个转移过程需保持布面平整无褶皱。从工程化角度考虑,如何快速实现纤维布在线自动化裁剪,且精准无皱褶铺放至介质阵列顶部,为穿刺工艺自动化发展的重要方向。

③z 向机械化置换。针对介质为钢针的三维织物（介质为纤维棒织物无须置换）逐根置换钢针效率低下、成本较高等问题,z 向钢针机械化置换成为影响本工艺发展的一大关键点,急需设计适用于钢针置换的专用机构,以满足自动化精确置换。

2. 缝合工艺发展趋势

复合材料的缝合工艺是高新技术领域中不可缺少的一项技术,为此引起复合材料领域部门的关注,并成功将此工艺广泛应用于航空航天、汽车、海运、陆运和民用建筑等领域。但是目前我国缝合成型工艺织造以半机械设备为主,设备相对落后,一定程度上影响新材料的产业化应用。随着航空航天相关领域的快速发展,材料的使用环境日渐苛刻,复合材料构件外形不仅出现大尺寸异形,而且对构件的结构功能一体化、低成本等方面提出了更高的要求,这将要求缝合设备能够满足大尺寸异形织物构件的快速低成本制备,实现织物的结构功能一体化。为此,缝合工艺的机械化、自动化将是未来发展的一个热点[47]。

3. 针刺工艺发展趋势

随着针刺技术的发展及人们对材料研究的加深,针刺产品的应用已不局限于单一的耐烧蚀部件或透波领域。针刺产品具有可设计性强的优势,使其在结构/功能一体化、多功能领域具有发展前景。

(1)研究的三维针刺机器人已经适用于变截面回转体、复杂多曲率织物的针刺自动化成型。今后的研究将聚焦纤维网和基布的一体化制备,并通过增材制造的方式实现针刺过程的自动化,逐步实现针刺机器人的智能化控制和针刺织物的智能化制造[48]。

(2)针刺过程中刺针对基布的损伤一直是个亟待解决的问题,为此需要研究刺针与纤维网的作用机理,并采用理论与实验相结合的方法优化刺针构型,逐步实现针刺过程中纤维的低损伤[48]。

4. Z-Pin 工艺发展趋势

经过多年的发展,人们对 Z-Pin 增强技术有了更深刻的认识。一方面通过实验的方法例如通过对微观结构的观察分析进行了大量研究,另一方面采用仿真分析的方法,对 Z-Pin 增韧机理进行了大量研究。但仍存在一些问题亟待研究解决[18,35]。

(1)基础研究有待加强。现有理论模型不能完全表征 Z-Pin 引起的复合材料细观结构变化,其增韧机理需进一步完善[18]。

(2)Z-Pin 复合材料的综合性能研究。目前主要集中在常规力学性能的研究方面,而其他性能(如耐久性等)也急需研究与完善,才能有利于更好地将其推广应用[18]。

(3)工艺改进。国内现有的超声波植入不仅工艺工作量大,而且工程化难度大,满足不了当前材料对快速低成本的要求,因此迫切需要探索出一套能够满足快速低成本,且适合工程化生产 Z-Pin 增强复合材料的工艺[18]。

参考文献

[1] 毛春见.缝合复合材料层板低速冲击及冲击后压缩性能研究[D].南京:南京航空航天大学,2013.

[2] 张力.布带缠绕针刺 C/C 复合材料的制备与性能研究[D].西安:航天动力技术研究院,2016.

[3] 董九志,谭自阳,蒋秀明,等.纤维绕针弯曲阶段穿刺钢针针尖形态优化[J].哈尔滨工程大学学报,2019,40(2):387-392.

[4] 朱建勋,何建敏,王海燕.正交叠层机织布整体穿刺工艺的纤维弯曲伸长机理[J].中国工程科学,2003(5):59-62,69.

［5］ 许昌.复杂载荷下缝合层板面内强度研究［D］.南京:南京航空航天大学,2011.

［6］ 严柳芳,陈南梁,罗永康.缝合技术在复合材料上的应用及发展［J］.产业用纺织品,2007(2):1-5.

［7］ 杨明才.工业缝纫设备手册［M］.南京:江苏科学技术出版社,1995.

［8］ 孙金阶.服装机械原理［M］.3版.北京:中国纺织出版社,2000.

［9］ MOURITZ A P,LEONG K H. A review of the effect of stitching on the in-plane mechanical properties of fibre-reinforced polymer composites［J］. Composites Part A,1997,28:979-991.

［10］ 吴刚,赵龙,高艳秋,等.缝合技术在复合材料液体成型预制体中的应用研究［J］.航空制造技术,2012 (Z2):70-72.

［11］ RTID H,WEILAND A.通过单面缝纫技术生产三维球面增强预型件［J］.国际纺织学报,2005(3): 71-72.

［12］ THORSTEN T. Applications of one-sided stitching techniques for resin infusion preforms and structures［J］. SAMPE Journal,2005,41(1):64-67.

［13］ 王永军,何俊杰,元振毅,等.航空先进复合材料铺放及缝合设备的发展及应用［J］.航空制造技术, 2015(14):40-43.

［14］ BERTRAND J,DESMARS B. Aerotiss O3S stitching for heavy loade structures［J］. JEC-Composites, 2005,18:34-36.

［15］ 王毅.铺层针刺预制体碳/碳复合材料力学性能研究［D］.西安:航天动力技术研究院,2015.

［16］ 王鹏.复合材料 Z-Pin 增强技术及力学性能研究［D］.南京:南京航空航天大学,2011.

［17］ MASTERS J,JOHNSON W,JEELANI S,et al. Low-velocity impact response of cross-ply laminated sandwich composites with hollow and foam-filled Z-Pin reinforced core［J］. Journal of Composites Technology & Research,1999,21(2):84-97.

［18］ 冯波,王晓洁,惠雪梅.复合材料 Z-Pin 增强技术研究现状［J］.玻璃钢/复合材料,2012(2):82-85.

［19］ 张新哲,曹可乐,周洪.无人机复合材料壁板 Z-Pin 工艺技术研究［J］.航空精密制造技术,2016,52 (6):31-34.

［20］ MOURITZ A P. Review of Z-Pinned composite laminates［J］. Composites Part A,2007,38(12):2383-2397.

［21］ 韩雪梅,李嘉禄,焦亚男.缝合连接三维编织复合材料技术［J］.山东纺织科技,2005(3):48-49.

［22］ 梁倩囡.缝合编织复合材料低速冲击及冲击后弯曲性能研究［D］.上海:东华大学,2014.

［23］ 李晨,许希武,汪海.缝合复合材料层板面内力学性能试验与分析［J］.南京航空航天大学学报,2005, 37(2):192-197.

［24］ 焦亚男,李晓久,董孚允.三维缝合复合材料性能研究［J］.纺织学报,2002,23(2):16-18.

［25］ ING D,JURGEN W. Recent development in robotic stitching technology for textile structural composites［J］. JTATM,2001,2(1):1-15.

［26］ 孙其永,李嘉禄,焦亚男.三维编织物的缝合连接技术研究［J］.玻璃钢/复合材料,2008(3):50-52.

［27］ 艾涛,王汝敏.Kevlar 缝合复合材料的研究进展［J］.材料导报,2005,19(1):64-67.

［28］ 王春敏.三维缝合复合材料力学性能的研究进展［J］.材料导报,2010,24(15):204-206.

［29］ 牛天军.经编轴向缝合复合材料树脂流动浸润性能流动及其力学性能研究［D］.上海:东华大学,2015.

［30］ 谢军波.针刺预制体工艺参数建模及复合材料本构关系研究［D］.哈尔滨:哈尔滨工业大学,2016.

［31］ 孙涛.Z-Pin 增强树脂基层合板制备与力学性能研究［D］.南京:南京航空航天大学,2017.

［32］ 尚伟.Z-Pin 固化度对复合材料力学性能影响的研究[D].南京:南京航空航天大学,2012.

［33］ 周洪.Z-Pin 植入密度对复合材料壁板力学性能影响的研究[J].航空精密制造技术,2016,52(5): 29-35.

［34］ 孙涛,李勇,王鹏,等.层合复合材料 Z-Pin 增强技术研究进展[J].航空制造技术,2009(15):43-45.

［35］ 朱洪艳,南力强,云庆文,等.Z-Pin 增强复合材料结构研究综述[C]//探索创新交流(第 7 集)——第 七届中国航空学会青年科技论坛文集.北京:中国科学技术出版社,2016:83-88.

［36］ 马丹.Z-Pin 增强双马来酰亚胺层合板制备及力学性能研究[D].南京:南京航空航天大学,2011.

［37］ 梁铭,鲁喜,李浩.高速针刺机构优化设计[J].纺织机械,2015,9(9):78-82.

［38］ 王晓旭,陈利.复合材料 Z-Pinning 技术的应用与发展[J].宇航材料工艺,2009,39(6):10-14.

［39］ 陈盛洪.细编穿刺 C/C 复合材料热物理性能的模拟研究[D].哈尔滨:哈尔滨工业大学,2008.

［40］ 张琳.叠层机织碳布整体穿刺机研制[D].天津:天津工业大学,2016.

［41］ 陈静,王海雷.复合材料缝合技术的研究及应用进展[J].新材料产业,2018(6):38-41.

［42］ 王永军,何俊杰,元振毅,等.航空先进复合材料铺放及缝合设备的发展及应用[J].航空制造技术, 2015,483(14):38-43.

［43］ 潘杰,文立伟,肖军,等.复合材料预制件单面双针缝合装备技术研究[J].玻璃钢/复合材料,2017,2: 76-81.

［44］ 丁丽苹.圆柱、圆锥类复合材料构件 Z-Pin 自动植入系统研究[D].南京:南京航空航天大学,2012.

［45］ 赵稼祥.加强发展军用功能材料[J].材料工程,1995(3):3-11.

［46］ 谭彦.Z-Pin 增强复合材料 T 型加筋结构增强机理研究[D].南京:南京航空航天大学,2017.

［47］ 田静.缝合复合材料层板低速冲击损伤研究[D].南京:南京航空航天大学,2008.

［48］ 陈小明.异型构件预制体机器人三维针刺成形轨迹规划与针刺模拟[D].天津:天津工业大学,2018.

第18章 三维针织物

三维织物与二维织物有所不同,并非普通纺织工艺技术可以实现。目前世界上各个国家都在大力开发各种不同的成型工艺用于三维织物的成型,如美国、法国、日本、德国这几个国家多是采用机织或者编织工艺来进行三维织物的织造,采用针织工艺来织造三维织物的国家比较少[1-2]。长期以来,较高的成本和设备的局限性使得针织成型三维织物被认为是不适宜的。但是,新一代纬编针织电脑横机改变了这一观念,无论是在送纱张力、换纱、针织线圈长度变化和牵拉张力方面,还是在三维针织产品设计、选针编织等方面,都实现了电脑自动化控制,尤其是电子单针选针技术以及压脚或握持沉降片的使用,使得真正意义上的三维针织得以实现。新一代的纬编针织电脑横机设备展示了一种新的三维针织结构:一方面可以实现具有特定使用要求和回弹性要求的针织物的编织,可以根据针织物具体的使用要求来设计和调整针织密度和结构组合,进而满足织物的弹性和延伸性的要求;另一方面能够实现所要求形状的三维针织物的一体成型,免除了裁剪和缝合工序,大大节省了原材料,提高生产效率,降低生产成本,同时也避免裁剪和缝合对织物增强的复合材料结构性能的影响。

18.1 结　构

18.1.1 基本结构

针织物的基本组织结构包括纬编结构和经编结构,纬编结构中又包含纬平针、螺纹、双反面及双螺纹组织;经编结构中包含编链、经平、经缎组织。这些在二维针织部分已详细介绍,此处不再赘述。

三维针织物基于上述组织结构,主要分为两大类,分别为三维叠层结构及三维全成型结构。三维叠层结构由两个独立的表面层和连接表面层的连接层构成,连接层可以是纤维或是织物。三维全成型结构可通过调整织针数、织物组织结构以及针织线圈长度等手段改变织物的尺寸,以形成所需针织物结构[3]。

18.1.2 结构变化

结构变化是由两个或两个以上组织的纵行间配置而成,即在一个基本组织的相邻线圈纵行间,配置另外一个或几个基本组织,以改变原来组织的结构与性能。这类组织有单面的变化经平、变化缎纹和变化重经组织,以及双面的双螺纹经平组织等。

18.1.3 成型原理

针织三维编织的概念可以追溯到织袜中袜跟和袜头的形成,这一过程包括在不工作的织针上握持旧线圈,而在其他织针上退圈并进行编织达到成型效果,然而三维成型编织上真正的突破还是横机上压脚技术的采用使得放针方法形成三维结构成为可能,目前三维针织物在针织横机上主要有以下几种成型方式[4]。

1. 衬入间隔纱或间隔织物

用不同刚度的间隔纤维或织物来连接两层独立的织物而形成具有叠层结构的间隔织物。间隔层采用抗弯刚度较高的纤维或由其编织成的织物,以垂直、倾斜或其他形式将两个表面层织物撑起隔开,形成具有一定厚度的三维叠层结构。

2. 不同织物组织相结合

改变织物结构参数或弹性不同、延伸性不同的组织结构相互组合,使得针织物具有各种不同的形状,但由于其结构的不同会造成性能上的差异[5]。

3. 改变线圈长度

改变线圈长度得到不同尺寸的三维织物,但由于不同的部位采用不同的线圈长度成型,会造成性能上的差异。

4. 收放针

通过增减参与工作的织针数,从而改变线圈的纵行数达到形成不同的平面或者是三维立体形状的目的。收放针主要分为持圈式和移圈式两种方式,而只有持圈式收放针才能实现三维结构的成型编织。持圈式收放针又被称为休止收放针或握持式收放针,如图18.1所示。持圈式收放针的关键为三维结构的平面二维展开,以获得完全符合所要求的形状[6]。

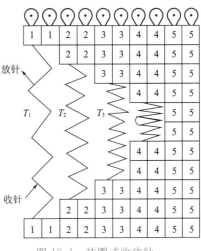

图18.1 持圈式收放针

18.2 成 型 方 法

18.2.1 纬编叠层

三维纬编叠层织物是一种双层的织物结构,由不同刚度的间隔纤维或织物来连接两层独立的织物,从而形成具有叠层结构的间隔织物。通过不同的织造方法可以形成不同结构的复合材料增强体,如球体、盒状、锥体、管状、三通、凸台等[7]。间隔纤维通常具有较高的抗弯刚度,从而能够将两个表面层撑起隔开,形成一定厚度。间隔织物的结构特点决定了间隔织物稳定的结构和性能,其质量较轻,具有良好的透气性、抗压缩性、隔热性、隔声减振,并能够进行涂层等后处理[8]。可以考虑用交叉线连接两种独立的织物层和用织物层连接两种独立的织物层。

1. 交叉线连接

如图 18.2 所示,前、后针床上针织而成的两块独立的平针织物通过集圈弧线缝编连接在一起制成三维叠层结构。连接线的密度可以依据应用需要加以选择。在针织过程中,当集圈弧线在所有针上针织时可以获得最大的密度[2]。

由于针织横机上针床之间的距离有限,为使获得夹层织物之间有较大空间,可使用不同的织物层作为连接元素。

2. 织物层连接

当在电脑横机上通过织物连接两层独立的织物时,针织技术由织物结构及连接方向决定,无移圈和有移圈均可适用。

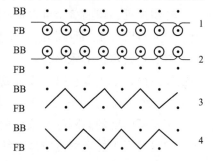

BB:后针床;FB:前针床

图 18.2 叠层织物的制作

无移圈针织技术的针织过程及织物成型步骤如图 18.3 所示,其中,FB 指前针床织针,BB 指后针床织针,n_1、n_2、n_3 分别指相应横列的循环数。成圈过程如下:①在前后针床分别织造两块独立的织物 F_1 和 F_2,所有的织针都投入工作,织物长度根据需要而定;②在前后针床上分别织造连接织物 L_1 与 L_2,针床上针轮流工作,织物的长度由两种结构之间的间距而定;③织造筋 R 将连接织物 L_1 和 L_2 连在一起;④针织连接织物 L_3 和 L_4 回到连接点 C_1 点和 C_2 点,以便继续进行下一次循环,内层织物的长度同②。这种织物虽然有双连接层,但由于只有一半的织针用于织连接织物,用这些针织成的织物两边的线圈纵行在这些连接点上被中断,因而导致连接点上织物强度不高[2]。

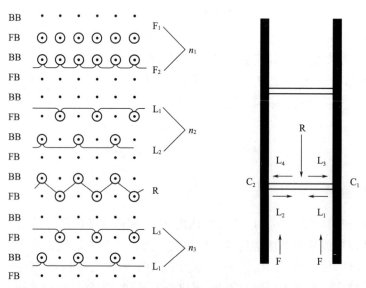

图 18.3 无移圈的针织技术(由双层连接两层独立织物)

有移圈的针织技术不仅可以用单一的连接层织造三维夹层织物,还可以编织织物的两边,并且在连接点上,线圈纵行没有中断。其针织过程及织物成型步骤如图 18.4 所示,其中，FB 指前针床织针，BB 指后针床织针，n_1、n_2 分别指相应横列的循环数。成圈过程如下：①分别织两块独立织物 F_1 和 F_2，在前后两个针床上进行间隔针编织，如双号针织 F_1，单号针织 F_2，织物长度视需要而定；②用前针床的全部织针编织一行连接线圈 C_1；③使用前针床上的交替针编织连接织物层 L，编织长度视织物两边之间所需距离而定；④将连接织物 L 的最后一行线圈移到后针床的针上，这样，连接织物将织物 F_1 连接到织物 F_2 上；⑤开始下一轮针织循环。

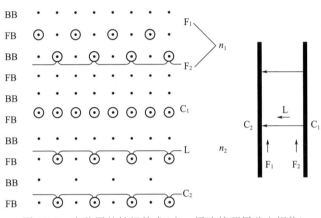

图 18.4 有移圈的针织技术（由一层连接两层独立织物）

与没有移圈的针织技术相比较，有移圈的针织技术更为灵活。通过移圈操作不仅能方便快捷的将一层织物连接到另一层织物上，而且通过转移使一半织针空出来。用这种方法在针织电脑横机上，不仅可以编织双面夹层结构，还可以编织出三面夹层结构[2]。

由上述可知，针织过程中按照织物成型顺序即可进行编织。但实际织造过程中需要考虑电脑横机上的设计因素，根据电脑花型设计系统的要求来进行相应的选择。另外，需明确导纱器数，织物两边开口为表现叠层结构对针床提出要有两个导纱器的要求[9]。由于有部分织针不参与编织，所以应减少牵拉值与线圈密度，避免在编织时由于线圈过大而牵拉较小使编织的线圈乱圈。循环单元的大小取决于 n_1、n_2 以及 n_3 数值的大小。当数值较大时，织物在侧面方向显示出较明显的立体效果，但对不参加编织的织针施加的牵拉力就越大，造成了编织困难并易出现起疵[9]。

18.2.2 纬编成型

三维纬编成型织物是一种采用握持式收放针的方法一体成型的满足不同形状要求的针织物，其成型过程主要是通过将旧线圈握持在不参与编织工作的若干枚织针上，而其他参与编织工作的织针继续完成垫纱退圈动作并编织，从而达到直接成型各种不同形状的效果[10]。握持沉降片在电脑横机上的使用使通过握持式收放针的方式进行三维纬编成型结构的织造成为可能，这才是真正实现了三维针织[11]。

1. 管状

管状针织物是在电脑横机编织而成的圆筒状织物，它在前后两个针床上轮流交替编织而成的,在编织的过程中如果改变前后两个针床上参与工作的织针数,可以实现各种不同转向的管状针织物的织造,这些织物可作为各种异型管道的增强材料[12]。

直筒形管状织物(图18.5)是一种最简单的三维成型针织物,根据直筒直径确定参与编织工作的织针数。在编织时,电脑横机前后两个针床上参加工作的织针数不变,由两个针床轮流交替编织而成[13]。首先选用1个由左边带入的导纱器完成织物底部起底废纱的编织,而后选用另一个同样由左边带入的导纱器在前针床和后针床之间轮流交替垫纱进行编织,垫纱顺序为前、后、前、后,依次循环,形成满足要求的直筒形管状织物[3]。

U形管状针织物(图18.6)根据直管的直径确定起始参与编织的织针数,前后两个针床轮流交替编织到直管所需高度 H,而后根据转角每一部分的角度及半径尺寸确定该部分参与编织工作的织针数,此时一部分织针暂时退出编织工作,握持旧线圈,余下的织针继续完成垫纱退圈动作进行编织,并且通过加针和减针的方式来改变参与编织工作的织针数,实现转角部分的编织成型[14]。在编织时,首先选用一个由左边带入的导纱器进行织物底部起底废纱的编织工作,而后选用另一个由左边带入的导纱器在前后两个针床轮流交替垫纱编织,此时的垫纱顺序为前、后、前、后,依次循环编织,直到达到直管高度 H。而后采用握持式收放针的方式来进行转角部分的编织工作,一部分织针在一段时间内暂时退出编织工作,但这些织针上的旧线圈握持在针钩上,待完成计算所得的应收针数之后再重新进入编织工作。此时的垫纱顺序为前、后、后、前,依次循环,直到达到转角部分所需高度 $4h_1$,此处在无收放针的一侧织物的前后两片连结,而在收放针的一侧织物前后两片不连结,保证织物在此处能够顺利形成管状。在进行握持式收放针的过程中,机头每次返回编织时进行集圈,以修补握持式收放针所产生的孔洞。之后,第二次引入的导纱器继续在前后两个针床上轮流交替垫纱进行编织,此时的垫纱顺序恢复为前、后、前、后,依次循环,直到完成另一端直管处的编织,最终形成完整的 U 形管状针织物[3]。

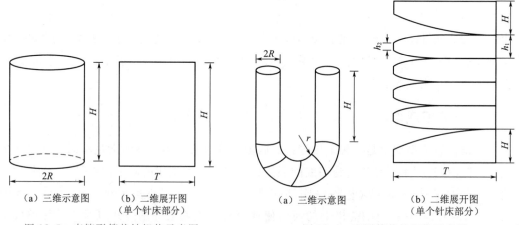

（a）三维示意图 （b）二维展开图（单个针床部分）

图18.5 直筒形管状针织物示意图

（a）三维示意图 （b）二维展开图（单个针床部分）

图18.6 U形管状针织物示意图

Y形管状针织物(图18.7)首先根据大圆管直径确定起始参与编织的织针数,前后针床的织针轮流交替垫纱编织直到达到大圆管的高度 H_1,之后根据两个小圆管的直径确定参与工作的织针数,根据计算结果,少数织针暂时退出编织工作,旧线圈握持在针钩里,其余织针继续完成垫纱退圈动作进行编织,此时先减针后加针,实现两个小圆管之间夹角 β 的编织。夹角 β 的大小由加针和减针的速度决定,之后再由两个三角系统分别进行两个小圆管的编织[15]。在编织时,首先选用一个由左边带入的导纱器进行织物底部起底废纱的编织,而后再选用另一个由左边带入的导纱器在前后两个针床的织针上轮流交替垫纱,完成大圆管的编织,此时的垫纱顺序为前、后、前、后,依次循环,直到达到大圆管所需高度 H_1。分叉处则由第二次带入的

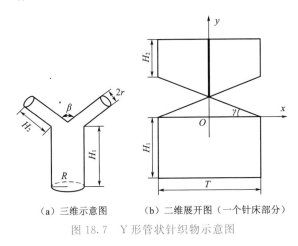

(a) 三维示意图　　　　(b) 二维展开图(一个针床部分)

图 18.7　Y 形管状针织物示意图

导纱器和另一把新的由右边带入的导纱器进行分别进行两个分开的小圆管的编织。此时需要注意的是,这两把导纱器的选择应尽量选择位于不同轨道上的两把导纱器,且需充分利用电脑横机的多系统,调节两把导纱器的编织顺序,使得这两把导纱器在每一个编织行程中的运动方向始终保持一致,有效提高织物的编织效率,同时保证能够准确地编织出所要求的形状;另外,为防止两把导纱器相撞,应将二者之间要保持一定的距离。织物分叉处的编织主要采用握持式收放针的方式进行。左边支管的终止针在 $T/2$ 处,右边支管的起始针在($T/2$+1)处[14]。另外,为了修补分叉处产生的孔洞,需在此处由前后两个针床进行两针交叉编织;握持式收放针处的垫纱顺序为前、前、后、后,依次循环,完成分叉处的编织,此处在无收放针的一侧织物前后两片连结,而在收放针的一侧织物前后两片不连结,保证织物在此处能够形成管状。完成握持式收放针之后垫纱顺序恢复为前、后、前、后,依次循环,直到达到小圆管所需高度 H_2,完成两小圆管的编织,最终得到所要求的 Y 形管状针织物[3]。

2. 盒状

盒状针织物(图 18.8)采用前针床满针编织纬平针的方式。左半部休止编织的终止针在 $(T-T_2)/2$ 处,右半部休止编织的起始针在 $(T+T_2)/2+1$ 处。编织时,首先选用由左边带入的一个导纱器进行织物底部起底废纱的编织,而后选用由左边带入的另一个导纱器进行盒状织物主体部分的编织。需要注意的是,在休止编织时,每次机头返回编织时进行集圈。同时,为了修补休止编织时所产生的孔洞,收针与放针过程中尽量不在同一枚织针上进行集圈,而是错开一枚针,即"引返"。最终得到所要求的盒状针织物[3]。

3. 球体

半球形针织物(图 18.9)在编织时,多次采用握持式收放针的方式进行编织,即通过增加或减少参与工作的织针数,依次循环,形成所要求的形状。其编织的关键在于将半球形展开成多个形状相同的平面图形。半球形的主体分为 6 个形状完全相同的平面图形,即进行 6 次握持式收放针编织,左半部休止编织的终止针在 $(T-T')/2$ 处,右半部休止编织的起始针

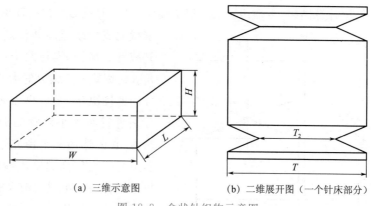

(a) 三维示意图　　　　(b) 二维展开图（一个针床部分）

图 18.8　盒状针织物示意图

在 $(T+T')/2+1$ 处，并且在休止编织时，每次机头返回编织时进行吊目（即集圈）处理，以修补休止编织时所产生的洞，即"引返"。最终得到所要求的半球形针织物[3]。

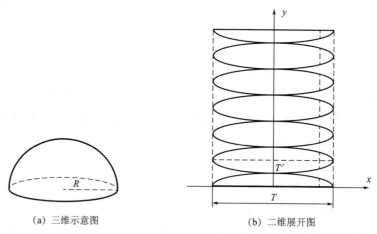

(a) 三维示意图　　　　(b) 二维展开图

图 18.9　半球形针织物示意图

18.2.3　工艺参数

1. 管状

直筒形管状针织物工艺参数计算公式如下：

$$I = s \cdot \frac{\rho_a}{10} \tag{18.1}$$

$$N = H \cdot \frac{\rho_b}{10} \tag{18.2}$$

式中　I——起针数，针；

　　　s——直筒周长，cm；

　　　ρ_a——织物横密，针/10 cm；

　　　N——直筒转数，转；

　　　H——直筒高度，cm；

ρ_b——织物纵密,转/10 cm。

U 形管状针织物工艺参数计算公式如下:

$$I = s \cdot \frac{\rho_a}{10} \tag{18.3}$$

$$N = H \cdot \frac{\rho_b}{10} \tag{18.4}$$

管状转角处握持式收放针计算如下所述。

图 18.10 为 U 形管状转角部分的正视图,图中圆弧 cd 为转角处任一纵行 $i(i \in [O, T])$ 的投影线,设其半径为 r'。图 18.11 为 U 形管状转角部分通过圆心 O 点的任一截面圆,其中 (x_i, y_i) 为织物第 i 纵行上的某一点,则有[3]

$$C_i = \frac{2\pi r' - 2\pi r}{2 \times 2N} \times \frac{\rho_b}{10} = \frac{\pi \times \rho_b \times [r + R(1 - \cos\gamma)] - \pi r}{20N}$$

$$= \frac{T\left[1 - \cos\left(\frac{\pi i}{T}\right)\right]}{2aN} \tag{18.5}$$

式中 R——圆形截面半径,cm;

r——圆形转角半径,cm;

a——横密与纵密的比值;

T——一个针床参与编织工作的织针数;

C_i——每次收放针编织循环中收针或放针时第 i 枚针连续编织的转数,C_i 取整。

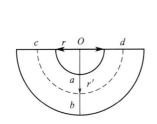

图 18.10 弯管圆形转角部分正视图

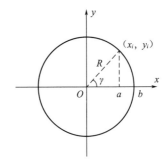

图 18.11 圆形弯管转角处通过圆心的截面图

Y 形管状针织物工艺参数计算公式如下:

$$I = s_1 \cdot \frac{\rho_a}{10} \tag{18.6}$$

$$N = H \cdot \frac{\rho_b}{10} \tag{18.7}$$

式中 s_1——大圆管周长,cm。

图 18.12 为 Y 形管状针织物握持式收放针部分的二维展开图,图中建立二维坐标,设 j 为收针过程任意横列,$j \in \left[1, \frac{T \times \tan\gamma}{2a}\right]$,$j$ 取整;(x_j, y_j) 为其收针线上所对应的点,则有两小圆管分叉处握持式收放针计算[3]:

$$R_j = \frac{T}{2} - \frac{(x_0 - x_j) \cdot x_j}{10} = \frac{T}{2} - \frac{j \cdot a}{\tan\gamma} \tag{18.8}$$

式中 R——大圆管半径,cm;

　　H_1——大圆管高度,cm;

　　H_2——小圆管高度,cm;

　　γ——两小圆管间的夹角;

　　R_j——收放针编织时收针或放针过程第 j 横

列应编织的针数(取整)。

2. 盒状

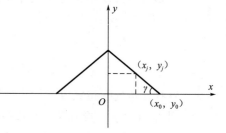

图 18.12　Y 形管状针织物握持式收放
针部分二维展开图的二维坐标图

盒状针织物工艺参数计算公式如下:

$$I = (W + 2H) \cdot \frac{\rho_a}{10} \tag{18.9}$$

$$M = (L + 4H) \cdot \frac{\rho_b}{10} \tag{18.10}$$

式中 M——总转数,转;

　　W——盒体宽度,cm;

　　L——盒体长度,cm;

　　H——盒体高度,cm。

3. 球体

半球形针织物工艺参数计算公式如下:

$$I = s \cdot \frac{\rho_b}{10} \tag{18.11}$$

式中 s——半球截面周长,cm。

图 18.13(a)和图 18.13(b)分别为半球形的三维坐标图与俯视二维坐标图,则有握持式
收放针处的计算[3]:

$$C_i = \frac{\pi R \cos\left(\dfrac{10i/\rho_a}{R}\right) \cdot \rho_b}{20N} = \frac{T \cdot \cos(\pi i/T')}{2Na} \tag{18.12}$$

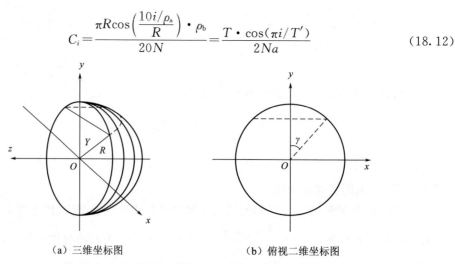

（a）三维坐标图　　　　　　　　（b）俯视二维坐标图

图 18.13　半球织物三维坐标图及俯视二维坐标图

式中　*R*——球体半径,cm;

　　　T——一个针床上参与编织工作的织针数;

　　T'——每次收放针结束后的织针数;

　　N——二维展开图中所包含的收放针编织循环的个数。

18.3　成　型　设　备

18.3.1　设备组成及工作原理

三维针织设备主要分为三维圆形针织设备和三维经编设备两大类。

三维圆形针织设备包括由伺服电机控制的双圆针床装置、导纱钩装置、与针床相应的纱供给装置及位于双圆针床装置下方的三维针织物卷取装置,该设备具有很强的可控制性,如织造速度控制、织造动程控制、喂纱方式的控制、卷绕成型的控制,以生产各类产品用于不同领域。三维圆形针织设备示意如图 18.14 所示[16]。

三维圆形针织设备主要由送纱机构、编织机构、选针机构、实时控制机构、牵拉卷取机构、传动机构和辅助机构组成。送纱机构:其作用是输送纱线,纱线从纱筒上退绕后通过送纱机构送入编织机构。编织机构:是针织机的核心机构,它直接体现了编织品质、编织方法和织物品种。选针机构:当织物需要增加各种花色组织时,就需要

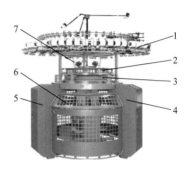

图 18.14　三维圆形针织设备图
1—送纱机构;2—编织机构;3—选针机构;
4—实时控制机构;5—牵引卷取机构;
6—传动机构;7—辅助机构

选针机构按花型选择对应的织针参与成圈工作。实时控制机构:负责对其他机构运动的控制,并协调各机构动作流程。牵拉卷取机构:主要作用是将编织好的织物牵引下来,然后绕到卷取辊上。传动机构:传动机构主要功能是将各个电机的动力传递给相应的执行对象。辅助机构:辅助机构包含风扇、纱架等,起安装和辅助编织功能。

三维经编设备主要由送经系统、铺纬系统、成圈机件、衬纤维网装置和卷取装置组成。送经系统实现将纬纱引入平行纤维的织物中,几乎没有损坏,并且张力均匀,从而确保了织物的质量。铺纬系统实现纬纱多角度变化铺放,满足不同工艺需求;成圈机件用于织造过程中编织的纤维穿过整个织物,所有预铺的载纱都在厚度方向上精确地束缚在一起;衬纤维网装置使用双排钩针系统控制纬纱喂入,保证铺纬更平稳更到位;卷取装置保证织物的牵拉卷取过程中,整体张力恒定,织物的门幅和织物密度满足工艺要求,实现织物连续织造。三维经编设备如图 18.15 所示。

18.3.2　三维针织设备发展

中国的针织业正处于转型升级时期,拥有先进制造技术的针织设备是关键。智能化、网络化和连续化生产设备是发展的必然趋势[17]。高效、精准的成型技术已成为当代针织技术

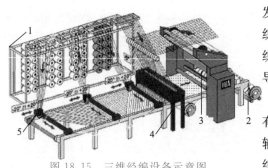

图 18.15　三维经编设备示意图

1—送经系统；2—卷取装置；3—成圈机件；

4—衬纤维网装置；5—铺纬系统

发展的重要方向，并且深刻影响着针织结构织造与针织材料制备工艺、流程与特性，为针织技术和针织材料科学领域发展提供有力导向。

复合材料增强体制备的三维针织设备有多轴向经编机设备与电脑横机两种。多轴编织技术是一种新型和高效的预定向编织技术，在国外有着广泛的应用。复合材料领域不断地扩大，其中纤维增强复合材料是使用最广泛和应用量最大的。多轴增强材料由于其低成本、高能效、灵活的设计、较强的层间剪切力和良好的抗撕裂性等优势，在产业领域内用途广泛。

1981 年，世界上第一台 Copcentra 多轴经编机在德国诞生，其国内的卡尔迈耶（KARL MAYER）和利巴为世界多轴经编设备领域的领先者。卡尔迈耶推出了 RS2DS 拉舍尔多轴纬编经编机，该机的织物具有清晰的织物表面，但纬向铺放最多 4 层，且设备结构复杂，机器速度仅为 400 r/min，生产效率低，已被淘汰。随着科学技术的飞速发展，多轴经编设备不断创新。当今常用的多轴经编设备主要包括卡尔迈耶的 MalimoMultiaxial 系列（图 18.16）和利巴的 Copcentra MAX 3 CNC 系列，两家公司的设备的生产和设计各有所长，并且都可以织造碳纤维。

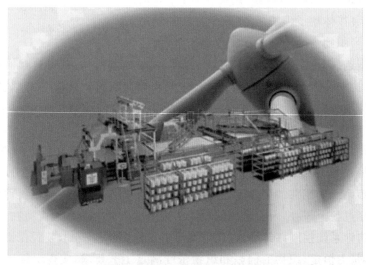

图 18.16　卡尔迈耶公司 MalimoMultiaxial 型经编设备

我国经编行业中的多轴经编技术始于 1990 年初。1997 年，我国成功开发了第一台圆形多轴经编设备，该设备与卡尔迈耶的 RS2DS 经编设备类似。但是，由于纬纱层数少，设备结构复杂，生产效率低，因此已被淘汰。

图 18.17 为 RCD-1 型多轴向经编设备。它是一种由计算机控制的多轴纬纱铺设技术、

多连杆可动(机织针坯布跟踪)套圈技术、织物恒张力卷绕技术和多速电子传送技术等集成于一体的设备,其铺纬方法已接近国外先进水平。类似于利巴机器,在铺纬角度的合成方面,它是铺纬滑轨运动、传动链运动和铺纬小车运动的组合,可以更方便地更改铺纬角度。但是,在生产过程中,该经编设备的行程比卡尔迈耶经编设备的行程大,因此纬向纤维的损伤大,织物的表面质量略差。

图 18.17　RCD-1型多轴向经编设备

多轴经编技术结合了多学科技术,随着各个学科的发展,该技术将继续不断发展。在原材料的适应性方面,高性能材料层出不穷,它们还将不断应用于多轴经编织物中,以改善多轴向织物的性能;在产品的适用性上,根据多轴经编织物的特性和应用场合的不同要求,一定会被应用到更多领域,弥补其他织物的缺陷,以提高复合材料的性能。在设备的自动化程度上,随着自动化技术的不断提高,多轴经编设备的自动化程度也将得到提高,设计更加人性化,铺纬角更加准确,同时铺纬角范围的扩大增加了织物的可塑性,其复合材料的性能得到改善[18]。

横机是双针床纬编针织设备的一种,传统上用于生产套头衫和其他外套。自 1970 年以来,电子技术广泛地应用在横机设备中。从产品设计到织造,新一代电脑横机上的电子选针技术、电子程序控制和花样准备系统已日趋完善。从送纱张力、换纱、花型变化、组织变化、线圈长度变化到牵引力都通过计算机自动控制实现自动化。尤其是使用电子单针选针技术以及使用新型的成圈机压脚或沉降片,就可以实现真正的三维针织,并且计算机横机产品正从传统的服装领域开始扩展应用于工业产品[10]。电脑横机设备如图 18.18 所示。

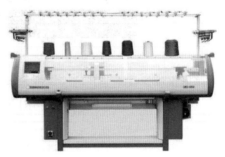

图 18.18　电脑横机设备

通过电脑横机生产的三维针织产品共计两种,一种是三维叠层织物,即在横机上通过调节针床的间距和结构织制织物。不仅可以制造双面夹层结构,也可以生产出三面夹层织物。另一种是三维中空织物,横机可将三维几何形状展开为平面二维图形,并根据平面二维图形准确地控制收放针的过程,从而使编织物完全符合所需的三维几何形状,形成织物。

此外,横机织物在生产模塑性成型复合材料方面具有优势。横机的三维成型织物具有模塑性织物结构,该织物结构适合于形成具有良好的耐冲击性和能量吸收性能的拉伸成型复合材料,并且可以形成特别坚韧的构件[1]。基于以上优点,电脑横机在复合材料产业领域内具有巨大的优势,也是现在的一大研究方向[19]。

随着横编技术的发展,出现了一种横编高效生产技术。电脑横机由于机头需要往复移动,不能连续织造,但是,各个制造商通过使用各种技术来提高编织效率。德国 Stoll 公司减小了主要型号 CMS 530HP 机头的尺寸和重量,并且通过快速机头的返回系统,提高了机头的往返速度和生产效率,可以在不到 18 min 的时间内完成 3 件衣片的编织。日本岛津公司也通过采用轻质的机头和快速往复技术,使大多数型号的机头最大速度达到了 1.4 m/s,其中 MACH2X153 型四针床全功能电脑横机的最大速度更是达到了 1.6 m/s。瑞士斯坦纳公司(已被国内企业收购)的 LIBRA 3.130 三系统电脑横机共 16 台电动机独立控制各自的导纱器。导纱器可以根据衣物的形状自动定位,比常规方式驱动可使生产效率提高 20%[20]。三系统电脑横机如图 18.19 所示[21]。

图 18.19　三系统电脑横机

横机编织技术与其他编织技术相比较,其优势在于产品的成型。充分利用电脑横机的这一优势必将开辟工业针织应用的新领域[13]。

18.4　工程应用及发展趋势

18.4.1　工程应用

三维针织物区别于普通针织物,以产业用为背景,主要服务于航空航天、汽车船舶、建筑、农业、医疗等领域。

(1)汽车方面。三维针织物可作为汽车内装饰材料等。采用智能调温纤维来编织间隔织物,开发出汽车内的自动调温座椅坐垫[22]。

(2)建筑方面。多轴向经编针织物是一种典型的复合材料增强结构,可根据材料实际应用中的受力情况进行设计,替代传统金属材料作为 T 字梁、工字梁等结构材料应用[21]。

(3)医疗方面。三维针织物具有轻质、柔软、回弹性好等优点,是良好的医用产品材料,如应用于口罩、绷带、床垫等,选用功能性纤维织造的产品有利于加快伤口愈合[23]。

(4)其他方面。横机编织的三维针织物具有原材料损耗少、织物结构完整性好、轻质、可自动化生产、生产效率高且生产成本较低等优点,可编织不同形状、结构复杂的产品,如球体、锥体、盒形、多通管等,主要应用于军事、航空航天、交通运输等领域,如防弹头盔、防弹背心、风力发电叶片、增强轻质构件或复合材料的增强材料等。

18.4.2 发展趋势

与生产三维织物的其他技术相比较而言,针织具有生产流程短、生产效率高、占地面积小、噪声小、劳动强度低等特点。针织工艺的技术灵活性、结构多样性、结构完整性和可成型性、原材料普适性、可自动化生产、装备高效性使得针织三维织物在各个不同领域的比重日渐提升。但是针织物因其结构特点在力学性能等方面也存在着一定的不足,限制了针织技术的应用范围。未来将针织技术与其他纺织技术结合,开发全新结构织物可进一步提高针织物的性能以满足更高的使用要求。

随着针织技术在各个领域的不断开拓与发展,以及针织设备的不断研发和创新,给三维针织物在各不同领域的应用进一步提供了发展的机遇。与此同时,要保证三维针织物的持续深入发展,仅仅只靠发展三维针织技术本身是远远不够的,因为三维针织产品是一个高科技含量的综合产业,涉及物理、化工、医药、水利、建筑等多门学科与技术,是各个学科、各类工程技术、各个领域的交叉,所以不仅需要对三维针织技术本身进行更新与发展,还需要不断促进跨行业、跨领域的技术信息交流并不断拓展各行业、各领域之间的技术合作[15],多方面共同合作发展才能够不断促进三维针织物在各个领域持续不断地深入发展。

参考文献

[1] 周荣星,冯勋伟.横机三维编织技术及其产业应用[J].国外纺织技术,2000,18(119):6-9.

[2] 胡红,柴雅凌.产业用三维针织物[J].产业用纺织品,1998(4):3-5.

[3] 王群.三维全成形产业用针织物的编织工艺与性能研究[D].上海:东华大学,2016.

[4] STOLL T. The use of V-bed flat machines for the production of technical textile[J]. Knitting International,1991,98(5):96.

[5] LI Y L,YANG L H,CHEN S Y,et al. 3D modeling and simulation of fancy fabrics in weft knitting [J]. Journal of Donghua University(English Edition),2012(4):3510-3515.

[6] HONG H,ARAUJO M,FANGUEIRO R. 3D technical fabrics[J]. Knitting International,1996,103 (1232):55-57.

[7] 宋广礼,韦艳华.三维成形针织间隔结构材料的编织研究[J].东华大学学报(自然科学版),2003,29 (2):41-46.

[8] 倪敬达,于湖生.经编间隔织物的性能和应用[J].化纤与纤维技术,2005(3):21-25.

[9] 张传德,龙海如.三维针织物在电脑横机上的编织工艺探讨[J].山东纺织科技,2003(1):15-18.

[10] 周荣星,冯勋伟.横机三维编织技术及其产业应用[J].产业用纺织品,2000,18(119):6-16.

[11] HONG H,FLLHO A A,FANGUEIRO R,et al. The development of 3D shaped knitted fabrics for technical purposes on a flat knitting machine[J]. Indian Journal of Fibre& Textile Research,1994,19 (9):189-194.

[12] 陈莉,李伟.三维纬编管状成形结构在电脑横机上的编织[J].产业用纺织品,2011(8):14-18.

[13] 胡红,龙海如.利用电脑横机生产三维成形产业用针织物[J].中国纺织大学学报,1997,23(2):50-55.

[14] 郑淑琴,龙海如.电脑横机三维全成形织物的编织[J].产业用纺织品,1998,16(6):16-17.

[15] 韦艳华,宋广礼,李津,等.三维纬编针织物编织工艺的研究及其CAD系统的开发[D].天津:天津工业大学,2000.

[16] 张迎晨,吴红艳,张夏楠,等.一种三维编织动态拦截PM2.5三维针织物的加工设备及其使用方法:CN106987991A[P].2017-07-28.

[17] 蒋高明,彭佳佳.面向先进制造的针织装备技术及发展趋势[J].纺织导报,2015(2):43-47.

[18] 李建利,张新元,张元.国内外多轴向经编设备的研发状况[J].纺织导报,2012(9):75-78,80.

[19] 王智.针织技术织物—STOLL横机在技术织物领域的应用[J].针织工业,1995(5):48-50.

[20] 陈金灿.电脑横机向高精尖迈进[J].纺织服装周刊,2014(8):95-95.

[21] 蒋高明.针织技术:创新与发展[J].江苏纺织,2014(6):1-7.

[22] 陈绍芳,伯燕,雷励.间隔织物的生产与应用[J].上海纺织科技,2011,39(10):42-43.

[23] 刘洪玲.纺织结构复合材料中的纺织品[J].产业用纺织品,2001,19(10):7-18.

第19章 高性能纤维性能测试与评价

高性能纤维材料作为先进复合材料的增强体,是材料科学中的一个重要分支,其自身具有优异的性能,对这些性能如何进行准确的评价已成为广大科研技术人员非常关注的研究内容。通过开展测试方法研究,建立合适的测试评价手段,对各种高性能纤维的性能进行准确表征,有助于推动高性能纤维的研究开发、生产工艺的改进和产品质量的提升,为高性能纤维在先进复合材料中的应用提供技术支撑。

高性能纤维材料的性能是指纤维材料本身的物理性能和化学性能,主要包括纤维直径、密度、线密度、力学性能以及纤维本身的化学成分等方面。纤维的力学性能主要取决纤维的化学成分、结构、成形条件等因素,它包括拉伸强度、弹性模量和伸长率。弹性模量测试方法主要有静态法、共振法、敲击法、声波法。作为复合材料的增强材料,在应用领域除了考虑纤维本身的强度和弹性模量外,还要考虑它们的比强度和比模量,因此纤维密度也是一项重要的物理性能。密度测量有多种方法,如液体置换法、浮沉法、密度梯度柱法、比重法等,不同方法受精度、仪器设备、误差等的限制,各有优缺点。与纤维有关的通用性能测试包括纤维直径、单丝力学性能、纤维线密度、纤维结构、捻向、捻度、断裂强度、可燃物含量、含水率等[1]。

标准是如何对这些纤维性能进行准确测定表征的基础,同时标准化研究工作也是开展高性能纤维性能测试与评价中一项极其重要的研究内容。标准在促进行业技术水平进步,引领行业发展中发挥着重要的作用。针对复合材料增强用的高性能纤维,目前我国已相应成立了全国玻璃纤维标准化技术委员会和全国碳纤维标准化技术委员会等技术委员会。通过充分发挥标准化技术委员会的作用,做好标准体系顶层设计,构建囊括基础标准、试验方法标准、产品标准、管理标准和工艺规范等标准的高性能纤维标准体系。积极参与国际标准化工作,及时将国际标准转化为我国国家标准,同时将我国的国家标准转化为国际标准,提高国内标准技术水平,加快我国技术标准国际化的步伐。加强标准宣贯,使标准真正地发挥作用,促进行业技术水平的提升。

19.1 基础物理性能

19.1.1 纤维直径

1. 概述

高性能纤维中单丝大多数呈圆柱形,一般用直径来表示其粗细。纤维直径不仅影响到纤维的性能,也影响到纤维的生产工艺、产量和成本,是捻线机成型工艺、整经工艺、织物结构设计的基础,因此正确地测定纤维单丝直径是十分重要的。例如,用于喷射成型工艺的纤维最关键的特性之一就是短切性,而一根原丝的切割负荷,即用切片切割它所需要的力,在其他条件相同时,纤维直径愈细切割负荷愈低。换言之,相同线密度的纤维,较细纤维的原丝制成的纤维切割要容易些。

纤维的直径通常用公称直径和实际直径表述。公称直径是用来命名纤维所规定的直径,其值近似等于纤维直径的平均值,单位为 μm,一般直接用数字表示直径大小,如 3.5、4.5、5、6、7、15……国际上也常用英文字母表示纤维的公称直径,如用"B"表示纤维公称直径为 3.5 μm,"U"表示纤维公称直径为 24.0 μm。平均直径是一束纤维或单丝直径实际测试值的算术平均值。在现阶段为了不断提高高性能纤维产品的稳定性,通常已不局限于仅仅采用纤维直径平均值进行分析评价,目前一些科研及生产单位对纤维直径进行上百次甚至上万次的测量后,通过对纤维直径的整体分布情况进行分析对产品的稳定性给出评价,并用于指导生产。

不同类型的纤维测量纤维直径的方法也不尽相同。根据纤维种类的不同,纤维直径的测量方法有纵向法、横截面法、千分尺法、激光衍射法;所用显微镜有光学显微镜、扫描电子显微镜。

纵向法是将纤维浸入一种与其折射率不同的液体介质中,用显微镜观察纤维纵向轮廓线并测量其直径[2]。该方法操作简单方便,目前已被广泛采用,但测量时有时纤维边缘不够清晰,容易产生测量误差。为使纵向轮廓变得清晰且纤维易分散,在测量直径前可先将纤维表面的浸润剂除去。

横截面法是将一束纤维垂直固定在模子中,倒入树脂使其固化,截取一定厚度的薄盘状试样,在显微镜下进行测试[2]。用横截面法测量纤维直径时纤维截面清晰逼真,边缘清晰,测量误差较小,但是试样制备比较麻烦。

千分尺法是将单纤维一端放入杠杆式千分尺卡口两测量面的中心处卡住,通过千分尺指示表读取单纤维的直径值。

激光衍射法是用相干单色光(例如激光束)照射一根单丝,两个衍射条纹在屏幕上的距离是直径的函数。通过两个条纹的距离、光的波长和系统的焦距计算纤维直径。该方法适用于圆形的纤维截面,对于非圆形截面,这种方法给出的是表观直径[3]。

2. 测试步骤

(1)试样制备

纵向法即将纤维截取一定的长度置于载玻片中,将纤维分开,使它们不是紧密的一束,基本保持相互平行。用玻璃棒蘸取液体介质在载玻片上,浸渍试样。

横截面法即用少量树脂将一段待测纤维直径的纱束包裹住,然后使其固化。用抛光机将固化树脂中垂直于纤维轴向的一面抛光,形成光滑、平坦的表面。

(2)操作步骤

将制备好的载玻片或固化的试样置于载物台,利用光学显微镜或扫面电子显微镜读取纤维直径或单丝横截面积。

3. 测试标准

GB/T 7690.5—2013《增强材料纤维试验方法　第 5 部分：玻璃纤维纤维直径的测定》；

GB/T 29762—2013《碳纤维纤维直径和横截面积的测定》；

GB/T 34519.2—2017《连续碳化硅纤维测试方法　第 2 部分：单纤维直径》；

ISO 1888：2006《纺织玻璃纤维　短纤维或长丝　平均直径的测定》；

EN 1007－3－2002《高技术陶瓷　陶瓷复合材料　增强的试验方法　第 3 部分：长纤维直径和横截面积的测定》；

JIS R7607：2000《碳纤维　长丝直径和横截面积的测定》。

上述标准针对不同类型的纤维分别规定了测试方法，主要分为三类。第一类是计算法，依据纤维的线密度、密度和纤维中单丝的根数计算得到纤维的平均直径；第二类适用于纤维截面为圆形或近似圆形的纤维直径测试，一般可直接采用纵向法进行测量；第三类是适用于纤维截面为非圆形纤维直径测试，一般通过测量多根纤维的横截面积，再通过计算得到单根纤维的表观直径或横截面积。

19.1.2　密度

1. 概述

高性能纤维的密度是纤维本身的一种属性，通常可用作识别高性能纤维的类型，对于评价纤维增强复合材料中孔隙率和纤维体积分数等性能都必须用到纤维的密度。

通常，密度是通过测量高性能纤维代表性样品的体积和质量来测得的，用质量除以体积间接地计算得到密度。纤维的质量一般用天平就可直接进行测定，但是测定体积通常有几种方法可使用。最普遍的方法是浮力法（阿基米德法），该方法就是用已知密度液体的排量法，也可通过观测纤维沉在按密度分级液体中的水平进行密度的直接测量。还有一种液体比重瓶法，该方法适用于能研磨成粉末的纤维。

在排量法中，对于体积的测定通常使用专用液体。但也可使用气体介质代替液体来测定纤维体积，其优点是将与液体表面张力有关的误差可减到最小。通常将气体法称为氦气比重瓶法，当使用气体排量法时，在室温下表现为理想气体（最好为高纯度氦气）的有限数量气体，测量其压力变化来确定试样体积。氦气比重瓶法是尚未认定的试验方法，但已证明是可行的技术。

2. 浮力法

（1）测试原理

浮力法又称阿基米德法，是测定密度比较常用的方法，操作简便。取无气泡经烘干处理后在干燥器中冷却的试样，在空气中称重，然后完全浸入已知密度小于试样密度的液体中，根据阿基米德定律，以试样在两种介质中的浮力不同，在天平中所显示的"质量"读数，反映了重力和浮力的差值，从而计算得出试样的密度[4]。

（2）仪器装置

①分析天平。可读至 0.1 mg，最大允许误差为 0.5 mg。

②悬线或试样架。悬线为不锈钢材质,直径小于 0.2 mm;试样架为玻璃或不锈钢材质,带孔以易于浸入液体。图 19.1 为试样架示例,图 19.2 为浮力法测定密度的设备示例。

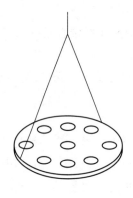

图 19.1　试样架示例

③比重瓶或比重计。最大允许误差为 0.001 g/cm³。

④烧杯。由硼硅酸盐玻璃制成。

⑤真空泵(可选)。

⑥超声波装置(可选)。

(3)方法要点

①在空气中称取试样质量,精确至 0.1 mg(m_1)。如果使用悬线或试样架称取试样,则应在总质量中减去悬线或试样架的质量。

②在试验温度下用比重瓶或比重计测定浸渍液体的精确密度(ρ_L)。

③将试样浸入装有浸渍液体的烧杯中,通过搅动或挤压排除气泡,待平衡几秒钟后称取试样质量,精确至 0.1 mg(m_2)。按式(19.1)计算试样密度。

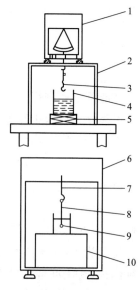

$$\rho = \frac{m_1}{m_1 - m_2} \cdot \rho_L \qquad (19.1)$$

式中　ρ——试样密度,g/cm³;

　　　m_1——试样在空气中的质量,g;

　　　m_2——试样在浸渍液中的质量,g;

　　　ρ_L——浸渍液密度,g/cm³。

图 19.2　浮力法测定密度的
设备示例

1—天平;2—框架;3—悬线;4—烧杯;
5—烧杯垫;6—天平;7—悬线吊钩;
8—悬线;9—试样;10—支座

(4)影响因素

该方法操作过程比较简单,但存在较多的影响因素,主要表现在以下几个方面。

①浸渍液温度影响

按照阿基米德原理采用浸渍液进行纤维密度测定时,由于浸渍液密度受温度影响较大,为了获得精确的称量结果,在纤维密度的测定过程中始终要保持浸渍液的温度。尽可能减小浸渍液和空气的温度差[5]。

②试样浸入浸渍液中表面附着的气泡影响

当纤维浸入浸渍液中,气泡可能会附着在纤维的表面,或者附着在浸没的部件如挂篮等上面,从而影响称量结果。为了避免气泡的产生,可采用以下方法:

a.用真空泵或超声波装置消除气泡。

b.采用有机浸渍液,如果用水浸渍,应加入微量的表面活性剂。

c.避免用手接触浸没在液体中的部件。

d.在第一次使用时轻轻抖动挂篮以去除表面气泡。

e.通过搅动或挤压排除纤维表面的气泡。

f.大气压力的影响

当大气压变化在正常范围的情况下,所引起的密度测量结果的偏差小于 0.004%。此处忽略大气压的影响结果。

3. 液体比重瓶法

(1)测试原理

本方法是通过测定粉末状试样的质量和所占的体积,计算出单位体积的质量值,即密度[6]。

(2)仪器装置

①分析天平。可读至 0.1 mg,最大允许误差为 0.5 mg。

②烘箱。

③恒温水浴。

④25 mL 比重瓶。

(3)方法要点

①样品必须是均匀的。对于长纤维,先去除浸润剂后,放在玛瑙研钵中研碎,取磨碎后的颗粒状试样作测试用样品。

②用水洗净比重瓶,连瓶塞一起在 105 ℃下烘干到恒重,称量质量 m。把试样倒入比重瓶内,连瓶塞重新称量质量 m_1。

③气泡的存在对该方法的精密度有一定的影响,因此在用蒸馏水充满比重瓶时应排除试样上附着的气泡。为确保使气泡消除干净可采用抽真空的方法进行消除[7]。

④用蒸馏水充满比重瓶,置于(23±2)℃的恒温水浴中,1 h 后取出,擦干称量质量 m_2。称量后去除试样,装满(23±2)℃的蒸馏水,擦干称量质量 m_3。按式(19.2)计算试样密度[7]。

$$\rho = \frac{(m_2 - m) \cdot \rho_k}{[(m_3 - m) - (m_2 - m_1)]} \tag{19.2}$$

式中　ρ——试样密度,g/cm³;

m——比重瓶质量,g;

m_1——装有试样的比重瓶质量,g;

m_2——装有试样和蒸馏水的比重瓶质量,g;

m_3——装有蒸馏水的比重瓶质量,g;

ρ_k——在测量温度下蒸馏水的密度,g/cm³。

4. 浮沉法

(1)测试原理

根据观察纤维浸入和其密度相同的混合液中的平衡状态测定密度。

该方法又有两种不同的具体测试方法。

方法1:将试样均匀悬浮在混合液中的动态测试方法。

方法2:将短切的纤维试样放入一系列已知密度的混合液中的测试方法。

(2)仪器装置

①温度计。

②比重瓶或比重计。最大允许误差为0.001 g/cm³。

③试管或样品管。容量5 cm³,并带有塞子。

④量筒。容量250 cm³。

⑤恒温水浴槽。能使试管中的液体温度保持在(23±0.1)℃。

⑥镊子。

⑦刮刀。

⑧储液瓶。容量250 cm³。

⑨浸渍液体。两种液体,当它们混合时能包含所测纤维密度的范围。

(3)方法要点

方法1:选取两种浸渍液体在储液瓶中混合,混合液的密度应小于试样密度。液体完全混合后,调节温度至(23±0.1)℃并保持此温度。取10~20 mg或1~2 cm的纤维段,将试样打结放入混合液中,在合适的真空压力下抽真空排除气泡并保持至少2 min。逐渐滴入几滴比混合液密度大的液体,并轻轻搅拌至完全混合。继续加入液体使试样悬浮在储液瓶的中部,静置5 min后观察。如果试样下沉,加入密度较大的液体,如果试样上浮,则加入密度较小的液体,直至平衡。在试样平衡静止后,将混合液进行过滤,然后再用比重计测定混合液的密度即为试样的密度[8]。

方法2:准备六种液体混合液,其密度以0.2 g/cm³递增,密度范围包含所测试样的密度。用比重瓶或比重计测定每一种混合液的密度,记录测量时的温度。如果需要可加入少量的润湿剂。向6支试管中分别加入2.5 cm³不同密度的混合液,然后再分别加入约100 μg的短切纤维,塞上塞子摇动。静置60 min后,在白色背景下观察试管中纤维的位置。当绝大多数纤维都悬浮在混合液中时,该混合液的密度即为试样的密度。

(4)影响因素

①浸渍液温度的影响。

②试样浸入浸渍液中表面附着的气泡影响。

③比重计的精度。

5. 密度梯度柱法

(1)测试原理

密度梯度柱是指从上到下密度均匀增加的液体柱。根据观察试样在密度线性增加的液体中的平衡位置进行测试[9]。

（2）仪器装置

密度梯度柱。一根标有刻度的直管，上端开口，长约 1 m，直径为 40～50 mm，外有恒温水浴使其温度保持在(23±0.1)℃。柱底有一个不锈钢框，可由不被液体浸蚀的悬线上提或下降。

①一系列经校准的浮标。直径约 5～6 mm，23 ℃时的密度已知，精确至万分之一，其范围包含所测试样的密度。

②填充密度梯度柱的仪器。包括虹吸管、活塞、玻璃管、体积为 2 L 的容器、磁力搅拌器。

③浸渍液体。两种液体，当它们混合时能包含所测纤维密度的范围。

（3）方法要点

取 1～10 mg 或 1～2 cm 的纤维段，浸入两种液体中密度较小的液体中至少 10 min，小心地排除气泡。将试样制成适宜的形状浸入密度梯度柱，该形状应根据测试的纤维类型选择，最好是打结或弓形。

①配置浸渍混合液。

②将试样小心地浸入密度梯度柱的上部，使其自然下降到平衡位置，注意应没有纤维飘浮到表面也没有气泡夹杂在试样中。

③当试样达到平衡时，记录相应的刻度值，并从校准曲线上得出相应的密度值。

注：达到平衡的时间通常是长短不一的，它取决于试样的形状、密度梯度和所要求的精度[8]。避免试样接触柱子的侧边，并且避免之前测试的试样留在柱中，以免降低试样自由下落的速度。

④用框移走散落的试样，小心避免破坏梯度柱。

（4）影响因素

①浸渍液温度的影响。温度不稳定会影响到密度梯度。

②浸渍液基本都是有机溶剂，具有一定挥发性，一段时间后需重新制备密度梯度柱，且操作时需采取一定的安全措施。

③放置及取出试样时易破坏梯度柱，应小心缓慢操作。

6.氦气比重瓶法

（1）测试原理

根据阿基米德原理（密度＝质量/体积），选用分子直径较小的惰性气体在一定条件下依据波义耳定律（$PV=nRT$），精确测量试样的真实体积，从而得到其密度[10]。

（2）仪器装置

气体比重仪。

（3）方法要点

①将试样烘干，取出后放入干燥器进行冷却；将试样放入样品室内，开机进行测试。

②注入气体，样品池压力上升，达到设定压力后，停止输入气体，待压力稳定后，读出压力 P_a。

③打开附加体积 V_a 阀门，压力发生变化，平衡后记录压力 P_b。

根据波尔定律 $PV=nRT$，按式（19.3）计算试样体积。

$$V_p = V_c + \frac{V_a}{1-\left(\dfrac{P_a}{P_b}\right)} \tag{19.3}$$

式中　V_c——样品室体积，cm^3；

　　　V_a——附加体积，cm^3；

　　　P_a——注入气体后的压力，kPa；

　　　P_b——平衡后的压力，kPa。

称量试样质量 m，按式（19.4）计算试样的密度。

$$\rho = \frac{m}{V_p} \tag{19.4}$$

式中　V_p——试样体积，cm^3；

　　　m——试样质量，g。

（4）影响因素

①试样在测试过程中，由于气流的影响，在样品室内可能会抖动。

②由于假定 nRT 为常数，所以样品室的密闭性以及测试过程中温度的变化对测试结果有较大的影响。

③不同的测试温度对密度的测试结果有一定的影响。

④试样是否吸潮对密度测试的结果影响较大。

7. 测试标准

GB/T 30019—2013《碳纤维　密度的测定》；

GB/T 34519.3—2017《连续碳化硅纤维测试方法　第 3 部分：线密度和密度》；

ISO 10119:2002《碳纤维　密度的测定》。

目前，玻璃纤维、碳纤维、玄武岩纤维、芳纶纤维、超高分子量聚乙烯纤维、聚酰亚胺、聚苯硫醚纤维、聚对亚苯基苯并二噁唑纤维（PBO 纤维）、聚醚醚酮（PEEK）纤维、碳化硅纤维、氮化硅纤维等这些高性能纤维中，仅碳纤维和碳化硅纤维密度的测试方法有相应的国家标准。在纤维密度测定时，需根据纤维类型在上述五种纤维密度测试方法中选择合适的测试方法。在这些测试方法中，氦气比重瓶法因测量结果准确且具有快速高效的优点，该方法正逐步得到应用。

19.1.3　含水率

1. 概述

纤维在生产或运输过程中容易吸收水分，水分会加速纤维表面微观裂纹的扩展，从而降低纤维的韧性，影响纤维的织造；水分还会使纤维中某些化学成分溶解，使结构破坏，纤维强度下降。当纤维用于制备增强树脂基复合材料时，纤维表面的水分会使纤维和树脂之间的黏结力减弱，从而影响复合材料的强度，所以一定要严格控制纤维的含水率[11]。

2. 测试步骤

将试样置于测试的温度下干燥直至质量恒定,称取试样干燥前后的质量,按式(19.5)计算含水率。

$$H = 100(m_1 - m_2)/m_1 \tag{19.5}$$

式中　H——含水率,%;

　　　m_1——试样干燥前质量,g;

　　　m_2——试样干燥后质量,g。

3. 测试标准

GB/T 9914.1—2013《增强制品试验方法　第1部分:含水率的测定》;

GB/T 6503—2008《化学纤维回潮率试验方法》。

19.1.4　浸润剂含量

1. 概述

浸润剂是在纤维成型过程中涂覆在纤维表面上赋予黏结、成膜、润滑、柔软、抗静电等性能的化学品混合液,有的也称为上浆剂。涂覆在纤维表面的浸润剂起到两个作用:一是保护纤维,防止纤维在各个纺织加工工序中受到损伤;二是使纤维和有机聚合物界面形成适当的黏结力,使纤维增强塑料具有足够的强力,如没有纤维与有机聚合物之间的黏结力,纤维会在基体中滑脱,造成局部破坏。不同用途的纤维制品都有它各自控制的浸润剂含量范围,例如用于缠绕成型工艺的纤维,由于需要具备较快的树脂浸透速率,其表面的浸润剂含量较低。浸润剂含量过低,就会出现严重的毛丝、散丝等现象,起不到润滑和保护的作用,这样的纤维测得抗拉强度会偏低;反之,如果浸润剂含量过高,在一定程度上会提升纤维的抗拉强度,但会降低树脂浸透速率,影响纤维与树脂基体的界面结合程度[12]。所以浸润剂含量的准确测定有利于生产的稳定和产品质量的稳定。

浸润剂含量是干态纤维制品表面涂覆的浸润剂质量和干态纤维制品质量的比值,以百分比表示[13]。浸润剂质量分数的测定主要有两种方法:灼烧法和萃取法。灼烧法主要是应用于在高温下化学成分稳定的纤维的浸润剂含量的测定,化学成分在高温下不稳定的纤维采用萃取法进行浸润剂含量的测定。

2. 测试步骤

将干燥恒重后的试样采用合适的方法(灼烧或萃取)测得纤维表面的浸润剂质量,称取去除浸润剂的试样质量,根据去除浸润剂前后试样的质量计算浸润剂质量分数(%),计算公式见式(19.6)[14]。

$$w = 100(m_1 - m_2)/(m_1 - m_0) \tag{19.6}$$

式中　w——浸润剂质量分数,%;

　　　m_0——试样皿的质量,g;

　　　m_1——干燥试样和试样皿的质量,g;

　　　m_2——去除浸润剂后试样和试样皿的质量,g。

3. 测试标准

GB/T 9914.2—2013《增强材料制品试验方法　第 2 部分：玻璃纤维可燃物含量的测定》；

GB/T 29761—2013《碳纤维　浸润剂含量的测定》；

GB/T 6504—2017《化学纤维含油率试验方法》；

GB/T 34519.1—2017《连续碳化硅纤维测试方法　第 1 部分：束丝上浆率》。

19.1.5　线密度

1. 概述

线密度是描述纤维纱线粗细程度的常用指标，用纤维质量除以长度即得到线密度。在织物的纺织加工过程中，线密度是非常重要的影响因素，直接影响纺织加工和织物的性能[15]。同样，线密度也是纱线最重要的指标。法定单位为特克斯(tex)，特克斯的千分之一、十分之一和一千倍，分别称为毫特(mtex)、分特(dtex)和千特(ktex)，线密度越大表示纱线越粗。1 tex 是指 1 000 m 纱线所具有的质量克数。线密度是生产企业生产过程控制的重要指标，用于调整拉丝的工艺参数，也是纱线规格的重要参数之一。

线密度的测试由于需要去除水分和浸润剂，所以测试时间比较长，在实际生产控制中可简化方法，即绕取合适长度的试样，在不去除浸润剂和水分的情况下直接称取试样质量，然后按照经验公式换算成不含浸润剂和水分的线密度值，这样可以节约大量的时间，用这种简化方法测得的线密度仅用于控制生产，不作为纤维纱线线密度的测试值[16]。

2. 测试步骤

用绕纱架绕取一定长度的试样，用规定的方法除去试样中的浸润剂和水分，称取试样质量并计算单位长度的质量(g/km)。玻璃纤维浸润剂的去除采用灼烧法；芳纶纤维表面浸润剂的去除采用萃取烘干法；碳纤维表面的浸润剂的去除采用萃取法、热解法或消解法。按式(19.7)计算试样的线密度[17]。

$$T = 1\ 000 \cdot \frac{m}{L} \tag{19.7}$$

式中　T——试样的线密度，tex；

　　　m——试样质量，g；

　　　L——试样长度，m。

3. 测试标准

GB/T 7690.1—2013《增强材料　纱线试验方法　第 1 部分：线密度的测定》；

GB/T 14343—2008《化学纤维长丝线密度试验方法》；

GB/T 34519.3—2017《连续碳化硅纤维测试方法　第 3 部分：线密度和密度》。

19.1.6　捻度

1. 概述

捻度是指在单位长度的纱线中，纤维所捻成的回旋数。捻度对纱线的强度有非常重要的影响,有的纤维适合加捻,加捻后有利于纱线强度的提升;有的纤维不适合加捻,加捻后会大大降低纱线的强度。

2. 测试步骤

已知长度试样的捻度可以通过解捻来消除,即相当于固定试样的一端不动,旋转另一端,直至组成试样的所有单元(纱或单丝)平行。记录纱线的捻向和捻度,即使 1 m 长的纱线消除捻度所需的转数。测量时必须考虑到引出方式对测试结果的影响,当纱线切向引出时,捻度不会发生改变。如果是端部引出,则捻度测试值要根据管纱周长而修正,增加或减少取决于纱从卷装的底部或顶端引出[18]。

如需要,端部引出修正后的捻度值可通过测量得到或是由式(19.8)计算得到的近似值。

$$T_{端} = T_{切向} \pm \frac{1}{\pi D} \tag{19.8}$$

对于没有捻度或捻度小于 20 捻/m 的碳纤维纱,可以采用一种能够测试试验长度 L 为 4～5 m 的带有固定夹具的操作台进行测试。

按照式(19.9)计算试样的捻度 T,单位为捻/m。

$$T = N/L \tag{19.9}$$

式中　N——使试样解捻所需的转数,转;

　　　L——解捻前标准张力下试样的长度,m。

3. 测试标准

GB/T 7690.2—2013《增强材料　纱线试验方法　第 2 部分:捻度的测定》;

GB/T 14345—2003《合成纤维长丝捻度试验方法》。

19.1.7　硬挺度

1. 概述

硬挺度是反映纱线使用性能的一个重要参数,目前主要是玻璃纤维硬质类纱线有该项性能测评要求。例如玻璃纤维 SMC 纱为满足工艺要求,必须具备一定的硬挺度,保证纱线在受到刀片的切割作用时不发生变形,使刀片能顺利地切断纱线。如果硬挺度低,则会影响纱在生产过程中的切割性和分散性,如果硬挺度太高,则会影响树脂的浸透速率,进而影响纤维和树脂基基体之间的结合性能,所以硬挺度必须控制在一个适宜范围内,GB/T 18369—2008《玻璃纤维无捻粗纱》对短切类无捻粗纱的硬挺度指标值作出了规定,其硬挺度应在 80～200 mm。

2. 测试步骤

在一定的条件下,按图 19.3 的纱线退绕装置取一束长度为 500 mm 的试样在其中点处悬挂起来,然后在硬挺度仪(图 19.4)上测量悬挂点下 60 mm 处试样两个悬垂端中心的距离,以 mm 为单位[19]。

3. 测试标准

GB/T 7690.4—2013《增强材料　纱线试验方法　第 4 部分:硬挺度的测定》。

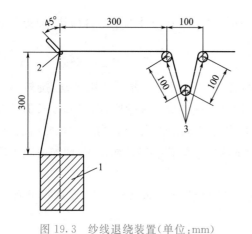

图 19.3　纱线退绕装置(单位:mm)

1—无捻粗纱管;2—陶瓷导纱钩;3—φ10 不锈钢辊

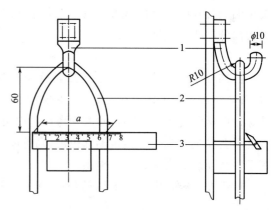

图 19.4　硬挺度仪(单位:mm)

1—不锈钢钩;2—试样;3—滑动标尺

19.1.8　体积电阻率

1. 概述

体积电阻率由试样的电阻、长度和横截面积计算得到,其中,电阻和长度由试验测得。测定纤维体积电阻率主要有两种方法,分别称为方法 A 和方法 B。方法 A 规定了采用纤维单丝测定体积电阻率,其横截面积由单丝直径计算得到。方法 B 规定了采用纤维纱束测定体积电阻率,其横截面积根据试样的密度和线密度计算得到[20]。

2. 测试步骤

方法 A:从样品中切取一定长度的纱段,一般为 40～50 mm,并逐根分离成单丝。取一根单丝沿着制备好的试样框的中线拉直,用导电黏结剂黏结于试样框的两端,形成两个结点,在每个结点处再分别用导电黏结剂黏结一段铜丝,使之与纤维单丝相连,铜丝用于连接直流电阻测定仪,试样框如图 19.5 所示。

将制备好的试样置于试验环境下一段时间使导电黏结剂中的有机溶剂充分挥发。用长度量具测量导电黏结剂两结点之间的距离,该距离为电阻测量的试样有效长度。将直流电阻测定仪的导线电夹分别与试样上的两铜丝相连,应确保接触牢靠。开启直流电阻测定仪,30 s 后测量试样的电阻。试样体积电阻率按式(19.10)计算。

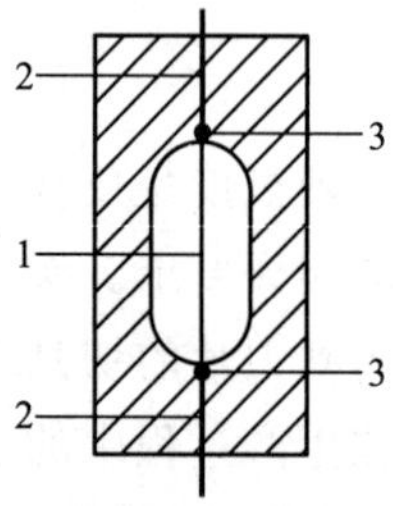

$$S_t = \frac{\pi D^2 R_f}{4L_f} \times 10^{-6} \qquad (19.10)$$

式中　S_t——体积电阻率,Ω·m;

　　　D——试样的直径,mm;

　　　R_f——试样的电阻,Ω;

　　　L_f——试样的有效长度,mm。

图 19.5　方法 A 中的
试样框(单丝用)

1—纤维单丝;2—铜丝;
3—导电黏结剂

方法 B:从样品中切取长度为 50～2 000 mm 的纱束作为试样。当试样的含水率或浸润剂含量影响到电阻的测定值,需要在电阻测定之前将试样作干燥处理或去除浸润剂。调节绝缘基板上的两电极间的距离与所切取的试样长度相适应,测量两电极之间的距离,精确至 0.1 mm,将试样绷直地固定在两电极之间。用导线将电极连接至电阻测定仪,如图 19.6 所示,开启电阻测定仪,30 s 后读取两电极之间的电阻。试样体积电阻率按式(19.11)计算。

$$S_s = \frac{R_s \rho_s}{L_s \rho} \times 10^{-6} \tag{19.11}$$

式中　S_s——体积电阻率,$\Omega \cdot m$;

　　　R_s——试样的电阻,Ω;

　　　ρ_s——试样的线密度,tex;

　　　L_s——试样的有效长度,mm;

　　　ρ——试样的密度,g/cm^3。

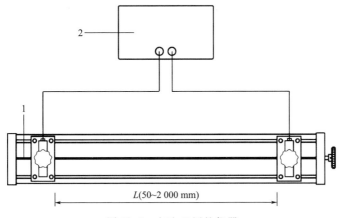

图 19.6　方法 B 用的仪器

1—试样;2—直流电阻测定仪

3. 测试标准

GB/T 32993—2016《碳纤维体积电阻率的测定》。

19.2　力　学　性　能

19.2.1　单丝拉伸性能

1. 概述

单丝拉伸性能是纤维固有的力学性能,虽与实际纤维束性能以及高性能纤维在复合材料中的性能相差较大,但常用来量化表征不同纤维的力学性能,对新型高性能纤维研究有一定的指导意义。

(1)单丝拉伸强度的测定

纤维单丝拉伸强度是用单丝拉伸断裂强力和单丝横截面积相除而得到的单位面积上的强力。在试样制备时,一般情况下,对于无机纤维是将单根纤维黏贴在规定长度的纸框上,在温度为 22~25 ℃,相对湿度为 40%~50% 的环境中,测定其拉伸强力;而对于有机纤维,由于具有较好的柔韧性和耐磨性,可直接取单根纤维进行拉伸试验。

影响纤维拉伸强度测定结果的参数有:试样有效长度、环境温度和操作方法。试样有效长度越长,纤维单丝强度越小,通常规定为 1 cm;环境温度越高,湿度越大,纤维单丝强度越低,所以应严格控制试验的温湿度条件;操作的影响,因为纤维非常的细,任何细小的不当操作都会损伤纤维,造成强度值减小。

(2)纤维单丝弹性模量的测定

纤维弹性模量的测定方法有静态拉伸法和动态法两种。

方法一:静态拉伸法

静态拉伸法是根据单丝拉伸强度试验的"拉伸载荷—伸长"曲线计算纤维单丝弹性模量。但由于纤维弹性伸长较小,在拉伸试验过程中,由系统误差或试样在夹具内的微小滑移都会引起实际应变的较大变化,最终导致实际测量的弹性模量误差较大,所以需要在试验之前测定由于加载系统和试样夹持系统引起的指示伸长部分,称之为系统柔量 L[21]。

方法二:动态法

动态法又称声波法,该方法是测定声波在纤维中的传播速度,根据音频信号发生器输入的准确频率和被测纤维的密度按式(19.12)计算弹性模量[22]。

$$E = C^2\rho = (\lambda f)^2\rho \tag{19.12}$$

式中　　E——弹性模量,Pa;

　　　　C——声波速率,m/s;

　　　　λ——声波波长,m;

　　　　f——声波频率,1/s;

　　　　ρ——纤维的体密度,kg/m³。

采用声波测量弹性模量常用的方法主要有三种,即超声脉冲回波法、干涉法和相位比较法。在这三种方法中,超声脉冲回波法需要测量长度和时间,与测量载荷和频率相比,测量方法成熟、操作简单且测量精度高,而且具有非破坏性、无须改变试样大小或振动频率等特点,避免了静态拉伸法测量的缺点。该测试方法在国外已经逐步推广,成为碳纤维等高性能纤维及其单向复合材料弹性模量检测主要方法和发展方向[23]。

2.测试步骤

(1)试样制备

将单丝放在试样衬狭槽中间,在试样两端滴一滴胶黏剂,使试样与试样衬牢固地结合在一起。

(2)操作步骤

将制好的试样夹持在试验机中,以恒定的速度进行试验。然后用纤维镜测定待测试样的直径,计算出纤维的单丝强度值。

纤维单丝拉伸强度按式(19.13)计算,单位为 MPa。

$$\sigma_f = \frac{4F_f \times 10^4}{\pi d^2} \tag{19.13}$$

式中　σ_f——单丝拉伸强度，MPa；

　　　F_f——单丝最大拉伸载荷，cN；

　　　d——单丝的直径，μm。

系统柔量 K 的测定过程：

①准备不同孔槽长度的试样框架，以制备不同有效长度的试样，这些试样框架应由相同材料制成。孔槽的长度分别是 5 mm、10 mm、20 mm、30 mm 和 40 mm。每种孔槽长度至少准备 5 个，且孔槽长度的偏差应小于 ±0.5 mm。

②小心将单丝粘贴到试样框上，应确保试样的有效长度偏差小于 ±0.5 mm，测定每个试样，记录"载荷—伸长"曲线。

③从"载荷—伸长"曲线上读出 ΔF 和 ΔL。

④按图 19.7 所示，以 $\Delta L/\Delta F$ 为纵坐标，试样的有效长度 L 为横坐标，绘制"$(\Delta L/\Delta F)$-L"曲线。

⑤系统柔量 $K(\Delta L/\Delta F)$ 是将直线外延至有效长度为 0 时的纵坐标值（即纵坐标轴上的截距），单位为 mm/N。

按式（19.14）计算拉伸弹性模量 E，单位为 GPa。

$$E=\frac{4\Delta F_A L\times 10^{-6}}{\pi d^2(\Delta L_A-K\Delta F_A)}\qquad(19.14)$$

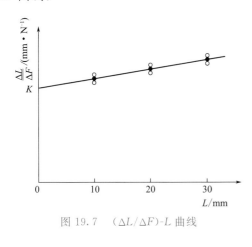

图 19.7　$(\Delta L/\Delta F)$-L 曲线

式中　ΔF_A——在 ΔL 间的载荷增量，N；

　　　L——试样的有效长度，mm；

　　　ΔL_A——对应于 ΔF_A 的伸长增量，mm；

　　　K——系统柔量，mm/N。

3. 测试标准

GB/T 31290—2014《碳纤维　单丝拉伸性能的测定》。

19.2.2　纱线拉伸性能

1. 概述

纱线拉伸性能主要包括纱线的拉伸强度和断裂伸长。纱线拉伸强度是指纱线单位线密度所承受的最大拉伸断裂强力，用 N/tex 表示；拉伸断裂伸长是试样断裂时的两夹具之间的伸长量，用 mm 表示[24]。

2. 测试步骤

选用等速伸长型试验机（CRE）[25]，一般采用平板气动夹具或圆弧气动夹具，如图 19.8 所示。该标准方法不仅适用于玻璃纤维，也适用于玄武岩纤维、聚酰亚胺纤维等高性能纤维。

由于高性能纤维易受到外界条件的影响，如磨损、受压、受潮等因素都会影响到纱线的强度。因此,在拉伸试验过程中要尽量避免这些不利因素的影响。试验选取的纱线试样应平顺整齐,尽量避免损伤。同时,夹钳的两个夹持面应有保护层或用胶带粘连,以保证纱线定位及不受损伤。在试验开始之前,对试样施加一定的预张力。在夹具内打滑、断裂及在距夹具口 10 mm 范围内断裂的测试数据都视为无效。纱线拉伸强度按式(19.15)计算。

$$P_{纱线} = F_y / \rho_t \tag{19.15}$$

式中 $P_{纱线}$——纱线的拉伸强度,N/tex;

  F_y——纱线的最大拉伸载荷,N;

  ρ_t——纱线的线密度,tex。

3. 测试标准

GB/T 7690.3—2013《增强材料 纱线试验方法 第3部分:玻璃纤维断裂强力和断裂伸长的测定》;

GB/T 3916—2013《纺织品 卷装纱 单根纱线断裂强力和断裂伸长率的测定(CRE)法》;

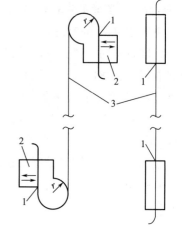

图 19.8　圆弧式和平板式夹具示意图
1—试样固定点;2—活动钳口;3—试样

ISO 2062:2009《纺织品 卷装纱 利用伸展固定比率(CRE)试验仪进行单纱断裂力和断裂伸长的测定》。

上述测试标准分别适用于不同类型的纤维纱,需要针对纤维类型和纱线规格选择合适的试验夹具并设置相应的参数。

19.2.3　浸胶纱拉伸性能

1. 概述

浸胶纱拉伸性能最能反映高性能纤维在实际应用中的拉伸性能,是应用企业最为关注的性能,相对于单丝拉伸性能的测定和纱线拉伸性能的测定而言,试样制备和测试过程也较为复杂。

浸胶纱拉伸性能的测试方法是:高性能纤维通过均匀浸渍合适的树脂,并按照一定的固化工艺进行固化,采用合适的试验机和夹持装置,将试样装夹好后通过匀速施加载荷进行拉伸试验直至断裂,记录"拉伸应力—应变"曲线,通过该曲线计算得到拉伸强度、拉伸弹性模量和最大载荷时的拉伸应变[26]。

试样的制备是试验步骤中最为关键的一步,其质量好坏直接影响到试验结果。高性能纤维浸胶纱的制备包括纤维纱线的张力控制、胶的浸渍、浸胶纱的绕取、加强片的制作等环节,其中的关键技术是纱线的张力控制和浸胶纱的树脂含量控制。纱架装有张力调节系统,通过张力辊的位置调节,使纱线的张力控制在合适范围内,并能保证高性能纤维纱不受损伤,以获得良好的浸胶质量。浸胶纱的树脂含量须控制在适当的范围以内,如果太低,试样含有孔隙,纤维没有得到充分的浸润,试样不能最大限度地发挥出材料的该有的特性,无法得到正常强度值;树脂含量过量,纱线上的树脂容易形成珠子,成珠部位容易断裂,难以得到正常的强度值。

在进行浸胶纱拉伸性能试验时,要确保试样正常断裂,使载荷能够有效地通过树脂基体传递给纤维,并使试样中的所有纤维断裂。浸胶纱中主要承受载荷的是高性能纤维,因此如何保护好高性能纤维不使其脱胶或在端部破坏是试验成败的关键所在。浸胶纱在承受逐渐增加的拉伸载荷时,破坏起始于试样最薄弱的横截面上。随着载荷增加,有更多的纤维断裂,纤维的破坏完全是一个随机过程。由于纤维断裂数目的增加,浸胶纱的某个横截面可能变得很薄弱,支撑不了增长的载荷,于是导致整个材料的断裂。浸胶纱在纤维方向受到拉伸载荷作用下,有四种断裂模式:①正常断裂,试样中间所有的纤维同时断裂,这是最理想的断裂模式;②纤维断裂,试样中的纤维不是同时断裂,在试样最终断裂之前,已经有部分纤维断裂;③脱胶,在试样断裂之前,加强片中的纱线与树脂脱离,带有纤维拔出、界面基体剪切破坏,导致"拉伸应力—应变"曲线不连续;④非正常断裂,在试样有效长度之外的断裂。脱胶或非正常断裂都属于异常断裂,其测试结果应舍弃[22]。

应使用引伸计或其他应变测量装置来测定试样的拉伸应变,引伸计在试样上不能产生滑移,且不损伤试样。引伸计应足够轻,使其在试样上产生的附加载荷可以忽略不计。一般推荐使用标距长度为 50 mm 的引伸计。

2. 测试步骤

(1)试样制备

将纤维纱线通过浸胶装置,保证充分浸胶,依次间隔卷绕在框架上,并按树脂制造商要求固化树脂,固化后从框架上剪取足够数量的试样以备测试。建议试样粘贴加强片后进行测试。

(2)操作步骤

①按要求设置试验速度。

②将试样放入夹具中,保持试样处于夹具正中,锁紧夹具。为防止试样滑移,在试样和夹具之间可插入砂纸。

③小心将引伸计固定在试样上[26]。

④启动记录仪和试验机,给试样加载,直至试样破坏[26]。

⑤重复上述步骤,进行下一个试样的试验。若试样破坏模式异常或拉伸曲线异常,则舍弃该试验结果[26]。

按式(19.16)计算每个试样的拉伸强度 σ_r,单位为 MPa。

$$\sigma_r = \frac{F_r \rho_g \times 10^3}{\rho_1} \tag{19.16}$$

式中 σ_r——拉伸强度,MPa;

$\quad F_r$——最大拉伸断裂载荷,N;

$\quad \rho_g$——纤维的体密度,g/cm³;

$\quad \rho_1$——纱线线密度,tex。

按式(19.17)计算试样的拉伸弹性模量 E[22],单位为 MPa。

$$E = \frac{F \rho_g L_0 \times 10^3}{\rho_1 \Delta L} \tag{19.17}$$

式中　E——拉伸弹性模量,MPa;

　　　F——测量的对应于 ΔL 的载荷,N;

　　　L_0——引伸计的标距长度,mm;

　　　ΔL——载荷 F 下的伸长,mm;

按式(19.18)计算最大载荷时的应变 ε_E,单位为%。

$$\varepsilon_E = \frac{L_U - L_0}{L_0} \times 100 \tag{19.18}$$

式中　ε_E——应变,%;

　　　L_U——最大载荷时引伸计两钳口之间的距离,mm。

3. 测试标准

GB/T 20310—2006《玻璃纤维无捻粗纱　浸胶纱试样的制作和拉伸强度的测定》;

ISO 9163:2005《玻璃纤维无捻粗纱　浸胶纱试样的制作和拉伸强度的测定》;

ASTM D2343-17《增强塑料用玻璃纤维、细纱和粗纱拉伸性能的标准试验方法》;

GB/T 3362—2017《碳纤维复丝拉伸性能试验方法》;

GB/T 26749—2011《碳纤维　浸胶纱拉伸性能的测定》;

ISO 10618:2004《碳纤维　浸胶纱拉伸性能的测定》;

ASTM D4018-17《碳和石墨连续纤维丝束性能标准试验方法》。

上述浸胶纱性能测试标准中,主要包含我国国家标准、国际标准和美国的 ASTM 标准,其中 GB/T 20310—2006、ISO 9163:2005 和 ASTM D2343-17 适用于玻璃纤维浸胶纱拉伸性能的测定,GB/T 20310—2006 等同采用 ISO 9163:2005;GB/T 3362—2017、GB/T 26749—2011、ISO 10618:2004 和 ASTM D4018-17 适用于碳纤维浸胶纱拉伸性能的测定,GB/T 26749—2011 等同采用 ISO 10618:2004。在碳纤维浸胶纱拉伸性能测定的四个标准中,GB/T 3362—2017 与其他三个标准主要差异在于采用了较大的预加载荷,使试样在试验开始前产生更大的初始拉伸应变,从而往往会导致按该标准测得的拉伸弹性模量会偏高;GB/T 26749—2011,ISO 10618:2004 和 ASTM D4018-17 虽然在试样制备、试验参数等方面也存在一些细节上的差异,但这些差异的存在不易使试验结果产生较明显的差异,随着标准的进一步改进标准技术性差异将越来越小,因此按这三个标准测得的试验结果具有一定的可比性。

19.3　化学成分分析

19.3.1　无机纤维

无机纤维主要有玻璃纤维、玄武岩纤维、石英纤维、碳纤维、碳化硅纤维、氮化硅纤维等,在无机纤维化学成分测定方法中,常用化学分析法和仪器分析法,化学分析法有:重量法、氧化还原滴定法、配位滴定法、酸碱滴定法等;仪器分析法有:分光光度法、原子吸收光谱法、电感耦合等离子体发射光谱法、荧光光谱法等。

1.硅酸盐类无机纤维化学成分测定

硅酸盐类无机纤维主要是指玻璃纤维、玄武岩纤维、石英纤维等。

(1)化学分析法

试样的预处理:玻璃球、块、滴料等形状的玻璃样品,取适量经清洗、灼烧、粉碎、缩分后研磨;对纤维形状的玻璃样品,去除浸润剂等有机物后再缩分研磨;研磨的试样应可全部通过 80 μm 孔径筛,然后在 $105\sim110$ ℃烘箱中干燥 1 h 后用于测试。

①二氧化硅的测定

二氧化硅的测定方法主要有两种,重量法—硅钼蓝分光光度法、氟硅酸钾滴定法。

重量法—硅钼蓝分光光度法为仲裁方法。该方法原理是将硅元素分离出后,用硫酸和氢氟酸处理,使二氧化硅呈现 SiF_4 形式挥发,挥发的质量即为二氧化硅的质量,分离溶液中微量的二氧化硅采用硅钼蓝分光光度法测定,两者相加得二氧化硅的质量分数。

$$SiO_2 + 4HF \longrightarrow SiF_4 \uparrow + 2H_2O$$

氟硅酸钾滴定法:可溶性硅酸在硝酸溶液中与过量的钾离子、氟离子作用,定量生成氟硅酸钾沉淀,沉淀在热水中水解,生成氢氟酸,而后用氢氧化钠标准溶液滴定。

$$SiO_3^{2-} + 2K^+ + 6F^- + 6H^+ \longrightarrow K_2SiF_6 + 3H_2O$$

$$K_2SiF_6 + 3H_2O \longrightarrow 2KF + H_2SiO_3 + 4HF$$

$$HF + NaOH \longrightarrow NaF + H_2O$$

该方法中应注意以下几点:氟硅酸钾沉淀必须在塑料烧杯中进行,溶液的体积控制在 40 mL 左右,沉淀时的温度在 25 ℃以下。如果溶液的体积较大或温度较高,氟硅酸钾的溶解度会增大而使沉淀不完全。

②三氧化二硼的测定

试样经碱熔融和酸中和后,溶液中的硼均转变为硼酸盐,加入碳酸钙使硼形成更易溶于水的硼酸钙,而与铁、铝、钙、镁等元素分离。在分离的溶液中,加入甘露醇,使硼酸定量地转变为离解度较强的一种络酸醇硼酸,溶液的 pH 降至 7 以下,以酚酞为指示剂,用氢氧化钠标准滴定溶液滴定。

由于 H_3BO_3 是弱酸,不能用碱直接滴定,因此采用甘露醇作为强化剂加入。甘露醇的加入量直接影响着分析结果。测定时应先加入约 1 g 甘露醇,用氢氧化钠标准滴定溶液滴定至微红色,再继续加入 1 g 甘露醇,若微红色消失,继续用氢氧化钠标准滴定溶液滴定,如此反复,直至加入甘露醇后溶液微红色不消失为终点。

③铁的测定

总铁的质量分数一般用总的三氧化二铁质量分数($T_{Fe_2O_3}$)表示,这里介绍化学还原分光光度法和光化学还原分光光度法,二者的区别主要是铁的还原方式不同。原子吸收分光光度法在后续章节中介绍。

化学还原分光光度法是试样经硫酸和氢氟酸分解后,用盐酸羟胺将铁(Ⅲ)还原为铁

(Ⅱ)，亚铁离子在 pH 为 3～5 的条件下与邻菲啰啉(1,10－二氮杂菲)反应生成稳定的橙红色络合离子，用分光光度计测定总铁的质量分数。

$$3C_{12}H_8N_2 + Fe^{2+} \longrightarrow [Fe(C_{12}H_8N_2)_3]^{2+}$$

光化学还原分光光度法是采用光化学反应箱将铁(Ⅲ)还原为铁(Ⅱ)，试样经硫酸和氢氟酸分解后，加入缓冲溶液和邻菲啰啉显色剂，置光化学反应箱内还原显色，用分光光度计测定总铁的质量分数。

测定过程中溶液的 pH 决定了铁(Ⅲ)在溶液中的存在形式，pH＜1 时，溶液体系中不发生光化学还原反应；pH＞1.5 时，显示光化学还原反应；pH＞8 时，反应速度变慢。试验表明发生光化学还原反应的最佳 pH 为 3～7。当溶液中有大量卤离子 X^-、OH^-、PO_4^{3-} 等时，初始会严重抑制光化学还原反应，但长时间照射后，反应仍可进行到底。酒石酸、8-羟基喹啉等酸体能大大加速光化学还原反应。

氧化亚铁的测定通常也采用邻菲啰啉分光光度法，但需在避光的条件下完成显色，以防止铁(Ⅱ)被氧化成铁(Ⅲ)。

④三氧化二铝的测定

由于种种原因，许多金属离子是不能直接滴定的。例如金属离子与 EDTA 的络合缓慢或金属离子在滴定所要求的 pH 范围内容易生成沉淀等，都不能采用直接滴定法，而需要进行反滴定。反滴定是在适当的酸度下加入过量 EDTA，使被测离子与 EDTA 完全络合，然后调至一定的 pH，加入合适指示剂，用标准盐溶液反滴定过量的 EDTA。

三氧化二铝的测定使用反滴定法，通常采用乙酸锌反滴定法和硫酸铜反滴定法。

乙酸锌反滴定法是在酸性和微酸性溶液中，如用氨水和硫酸调节至 pH＝3.5～4.0，锆、钛、铁和铝与过量的 EDTA 经加热定量生成稳定的配合物，以二甲酚橙为指示剂，用乙酸锌标准滴定溶液回滴过量的 EDTA，使溶液由黄色变为红色为终点，得铝、铁、钛、锆的质量分数，差减后得三氧化二铝质量分数。

$$Al^{3+} + H_2Y^{2-} \longrightarrow AlY^- + 2H^+$$

$$H_2Y^{2-} + Zn^{2+} \longrightarrow ZnY^{2-} + 2H^+$$

$$Zn^{2+} + H_6XO \longrightarrow ZnXO^{4-} + 6H^+ (H_6XO 代表二甲酚橙)$$

以称取 0.5 g 试样转移至 250 mL 容量瓶为例，可参考表 19.1 的 EDTA 加入量。

表 19.1　加入 EDTA 标准滴定溶液的体积

三氧化二铝的质量分数/%	分取试液体积/mL	加入 EDTA 体积/mL
≤1	50	11～12
1～7	25	12～14
12～16	25	18～22
45～52	25	45～50

硫酸铜反滴定法原理和乙酸锌反滴定法相似，在 pH 约为 3.5 的微酸性溶液中，锆、钛、铁和铝与过量的 EDTA 经加热定量生成稳定的配合物，以 PAN 为指示剂，用硫酸铜标准滴

定溶液回滴过量的 EDTA,溶液终点由黄色变成稳定的紫色。得铝、铁、钛、锆的质量分数,差减后得三氧化二铝的质量分数。

⑤氧化钙的测定

在 pH 为 8～13 的溶液中,钙离子与 EDTA 定量的络合生成无色络合物。由于 pH 在 8～9 范围内缺少合适的金属指示剂,因此通常在 pH>12 的溶液中进行钙的络合滴定。在 pH>12 介质中,钙指示剂与钙离子生成紫红色络合物。

$$HInd^{2-} + Ca^{2+} \longrightarrow CaInd^- + H^+$$

钙离子和 EDTA 生成的络合物稳定性较弱(pK=17.96),钙指示剂和钙离子所形成的络合物更不稳定。滴定时,与钙指示剂络合的钙离子将被 EDTA 所夺取,直至溶液中全部的钙离子被 EDTA 络合,完全游离出钙指示剂,溶液就会呈现出指示剂本身的纯蓝色,到达滴定终点。

$$CaInd^- + H_2Y^{2-} \longrightarrow CaY^{2-} + HInd^{2-} + H^+$$

可用三乙醇胺和盐酸羟胺掩蔽铝、铁、钛。少量镁的存在不影响测定结果,因为在强碱性介质中,镁形成 $MgOH^+$ 或 $Mg(OH)_2$ 而不消耗 EDTA。此时滴定终点的突变反而更为敏锐。

⑥氧化镁的测定

在 pH=10 的氨性溶液中镁和 EDTA 作用形成较弱的络合物(pK=15.7)。在此条件下钙也能与 EDTA 定量络合,由于钙镁通常共存,故配位滴定中同时形成钙、镁与 EDTA 的络合物,得出钙镁总的质量分数。

在 pH=10 的氢氧化铵-氯化铵缓冲溶液中,铬黑 T 指示剂和钙镁形成紫红色络合物:

$$Hind^{2-} + Mg^{2+} \longrightarrow MgInd^- + H^+$$
$$Hind^{2-} + Ca^{2+} \longrightarrow CaInd^- + H^+$$

$MgInd^-$、$CaInd^-$ 络合物不如 EDTA 与钙镁生成的 MgY^{2-}、CaY^{2-} 络合物稳定。用 EDTA 标准滴定溶液滴定时,原来和铬黑 T 指示剂络合的钙、镁离子逐步被 EDTA 夺取络合。当溶液中的钙、镁离子全部被 EDTA 夺取后,游离出铬黑 T 指示剂,溶液显出本身的纯蓝色。在指示剂中加入适量的萘酚绿 B,可使终点更加明显。

$$MgInd^- + H_2Y^{2-} \longrightarrow MgY^{2-} + HInd^{2-} + H^+$$
$$CaInd^- + H_2Y^{2-} \longrightarrow CaY^{2-} + HInd^{2-} + H^+$$

可用三乙醇胺和盐酸羟胺掩蔽铝、铁、钛。用 EDTA 标准滴定溶液滴定得到的为镁、钙的质量分数,差减后得氧化镁的质量分数。对含有氧化锰、氧化锌的试样,测定结果还需要扣除氧化锰、氧化锌的质量分数。

⑦二氧化锆的测定

二氧化锆的测定方法主要有四种,苦杏仁酸[$C_5H_5CH(OH)COOH$]重量法、EDTA 配位滴定法、ICP 法和 X 射线荧光光谱法。苦杏仁酸重量法准确度高,但操作过程烦琐,测定周期长;ICP 法和 X 射线荧光光谱法的设备、标准物质研制需要较高的投入,限制了其广泛应用;EDTA 配位滴定法虽然存在一定的影响因素,但简便快捷,是目前比较常用的一种方法。

EDTA 配位滴定法是将试样用硫酸、氢氟酸和焦硫酸钾分解后,在 1 mol/L 的盐酸近沸溶液中,以二甲酚橙为指示剂,用 EDTA 标准滴定溶液滴定氧化锆的质量分数。在煮沸的 1 mol/L 的盐酸介质中,ZrO^{2+} 与指示剂二甲酚橙生成红色络合物。用 EDTA 标准滴定溶液滴定时,EDTA 与 ZrO^{2+} 络合,计量点时 ZrO^{2+} 与二甲酚橙的红色络合物被破坏,溶液呈现游离二甲酚橙本身的黄色,指示终点,由于络合物不稳定,需要反复煮沸再滴定两到三次。

$$ZrO^{2+} + XO \longrightarrow ZrO-XO(XO 代表二甲酚橙)$$
$$ZrO-XO + Y \longrightarrow ZrO-Y + XO$$

酸度对锆的测定有一定的影响,酸度过低,络合不完全,酸度过高,终点判断不明显。试验表明酸度在 1 mol/L 时结果较为准确。试验中还需注意将溶液加热近沸后滴定,这是由于在强酸条件下,锆在水溶液中的离子形态主要是 ZrO^{2+},极易发生聚合反应 $2ZrO^{2+} \longrightarrow [ZrO]_2^{4+}$。因此,在用 EDTA 滴定前,必须加热煮沸数分钟,以防止 ZrO^{2+} 聚合,达到完全络合,减少终点的返色现象。

由于锆和铪化学性质极为相似,常常共生于自然界中难以分离,因此二氧化锆含量通常是指锆铪氧化物总的质量分数。

⑧二氧化铈的测定

玻璃中引入 CeO_2 会增加其密度,提高折射率。CeO_2 还是一种澄清剂,在高温下由于产生下式的反应,放出 O_2,起澄清作用。

$$4CeO_2 \longrightarrow 2Ce_2O_3 + O_2 \uparrow$$

玻璃中的铈的质量分数一般为 $0.03\% \sim 0.3\%$,常用氧化还原滴定法进行 CeO_2 质量分数的测定。试样经硫酸和氢氟酸溶解、焦硫酸钾熔融后,用氢氧化钠使铈、铁呈氢氧化物沉淀,而与铝、钙、镁等元素分离,随后灼烧成氢氧化物,再用磷酸和高氯酸溶解,溶液中所有铈离子均以四价状态存在。随后在硫磷混酸介质中,以邻苯氨基苯甲酸作为指示剂,用硫酸亚铁铵标准滴定溶液滴定,由紫色变为橙红色为终点,测得二氧化铈的质量分数。

$$2Ce(SO_4)_2 + 2(NH_4)_2Fe(SO_4)_2 \longrightarrow Ce_2(SO_4)_3 + Fe_2(SO_4)_3 + 2(NH_4)_2SO_4$$

测定过程中,磷酸能与铈生成络合物,大大降低铈的氧化电势,使铈很容易被高氯酸从低价氧化到高价。加入高氯酸时,以 $5 \sim 10$ mL 为宜,加入太少,结果偏低,且磷酸易生成焦磷酸、偏磷酸。磷酸和高氯酸溶解温度也不宜过高过低,过高时易生成焦磷酸盐黏结在瓶底不再溶解,导致结果偏低,过低时试样分解不完全。过量的高氯酸稀释后即分解,分解出的氧与氯很容易用煮沸的方法除去。

(2)仪器分析法

现代仪器分析涉及的范围很广,大的方面可分为光谱法、质谱法、色谱法、电化学法等,无机纤维成分分析常用的仪器分析法主要为光谱法,包括原子吸收分光光度法、原子吸收光谱法、电感耦合等离子体发射光谱法、X 射线荧光光谱法等。仪器分析法具有灵敏度高,选择性好、检出限低、准确性好等特性。这里介绍无机纤维试中常用的仪器分析方法,原子吸收分光光度法、电感耦合等离子体发射光谱法和 X 射线荧光光谱法。

图 19.9 原子吸收光谱仪

①原子吸收分光光度法（AAS）

原子吸收分光光度法又称原子吸收光谱法，其原理是根据从光源发出的被测元素的特征谱线通过试样原子蒸气时，被待测元素的基态原子吸收，使特征谱线的强度减弱，由其减弱程度求得试样中被测元素的质量分数。原子吸收光谱仪如图 19.9 所示。在锐线光源条件下，原子蒸气中待测元素的基态原子数与光源的发射线被原子蒸气中基态原子吸收后的吸光度遵循朗伯—比尔（Lambert-Beer）定律，式（19.19）为朗伯—比尔定律关系式。

$$A = \lg \frac{I_0}{I} = KLN \qquad (19.19)$$

式中，A 为吸光度；I_0 为入射光强度；I 为被吸收后的透射光强度；K 为吸光系数；L 为光经过原子蒸气的光程长度；N 为基态原子密度。

一般认为，在火焰绝对温度低于 3 000 K 时，原子蒸气中基态原子的数量基本上与原子总数接近，并且若实验条件固定，试样物质的量浓度 C_B 与原子总数的比例是一个常数，所以，式（19.19）又可记为：$A = KC_B$。

以上原理就是原子吸收分光光度法的定量基础，其常用的定量方法有外标法和标准加入法。

原子吸收分光光度法用样量小，可极大地节约样品，此外选择性好、适用范围广，可以分析元素周期表中绝大部分的金属和非金属，玻璃中的 K、Na、Li 常首选原子吸收分光光度法。当质量分数较小时，Fe、Ca、Mg、Sr、Pb、Hg、Cr、Cd、Ba 等金属元素均可采用原子吸收分光光度法。

在原子吸收测定过程中，对待测元素的干扰因素很多，不同的测定环境、不同仪器型号和不同的测定方法，其干扰表现也不尽相同，常见的有物理干扰、光谱干扰、吸收线重叠干扰、电离干扰及化学干扰等[27]。

物理干扰是指在雾化进样、高温蒸发和原子化过程中，由于试样一些物理性质的变化而引起的原子吸收信号强度变化的效应[28]。物理干扰一般是负干扰，最终影响火焰分析体积中原子的密度。物理干扰可以通过配制与待测试液基体相一致的标准溶液消除。当被测元素在试液中物质的量浓度较高时，可以用稀释溶液的方法来降低或消除物理干扰。

原子吸收光谱分析中的光谱干扰比原子发射光谱干扰要少。理想的原子吸收，应该是在所选用的光谱通带内仅有光源的一条共振发射线和波长与之对应的一条吸收线。当光谱通带内多于一条吸收线或存在光源发射非吸收线时，灵敏度降低、工作曲线线性范围变窄[29]。

吸收线重叠的干扰程度由干扰元素的浓度、灵敏度和吸收线的重叠程度决定。若重叠的吸收线为灵敏线,干扰就会非常明显。通常情况下,选用其他的分析线或预分离干扰元素是消除这种干扰的有效方式。

电离干扰是待测元素在高温原子化过程中因电离作用而引起基态原子数减少的干扰,电离电位<6 eV,易发生电离,火焰温度越高,越易发生电离[27]。消除这种干扰的方法一是控制原子化温度,二是可以加入大量消电离剂,如 NaCl、KCl、CsCl 等。

化学干扰是待测元素在它的化合物中离解不完全或与共存组分生成难离解的氧化物、氮化物、氢氧化物等。消除方法可加释放剂,与干扰组分生成更稳定的或更难挥发的化合物,或加保护剂,与干扰元素生成稳定的配合物避免分析元素与共存元素生成难溶化合物。

②电感耦合等离子体发射光谱(ICP-OES)

电感耦合等离子体发射光谱仪如图 19.10 所示,是以高频振荡器提供的高频能量加到感应耦合线圈上,并在石英炬管中产生高频电磁场。用微电火花引燃炬管中的氩气,使氩气电离而导电。导电的气体继续受高频电磁场的作用,形成与耦合线圈同心的涡流区。强大的电流产生高热,从而形成火炬状的并可以自持的等离子体。由于高频电流的趋肤效应及内管载气的作用,使等离子体呈环状结构。此时载气携带由雾化器生成的试样气溶胶从进样管进入等离子体焰中央,在高温和惰性气氛中被充分蒸发、原子化、电离和激发,发射出所含元素的特征谱线。由中阶梯光栅、棱镜等分光系统将各种组分原子发射的多种波长的光分解成光谱,并由光电倍增管、CCD 或 CID 等检测器接收。根据特征谱线判断试样中是否含有某种元素,根据特征谱线强度来定量试样中相应元素的质量分数[30]。

图 19.10   电感耦合等离子体发射光谱仪

ICP-OES 法(简称 ICP 法)具有分析速度快,灵敏度高,准确度高,测定范围广等特点。通过配制和试样中含有相同元素的标准溶液,可实现多个元素的同时测定。用于玻璃纤维中的 Al_2O_3、CaO、MgO、Fe_2O_3、CeO_2 等以及微量、痕量元素的检测。

ICP-OES 法的干扰分为四大类:物理干扰、化学干扰、光谱干扰以及基体干扰。

标准溶液和样品溶液在制备过程中需要添加一定量的无机酸以防止分析物的水解和沉淀,物理干扰主要表现在各种酸的黏度、密度以及溶液的黏度、表面张力等差异引起谱线强度的变化。

　　化学干扰是火焰光源经常发生的干扰效应。它是指待测元素与试样存在的共存元素发生化学反应，从而影响原子化效率。但是由于等离子体高温的特性，ICP 化学干扰比起火焰原子吸收或发射光谱法可以忽略。

　　光谱干扰在 ICP 中比化学火焰光源要严重。在一般的光谱仪工作的波长范围内约有数十万条光谱线，经常会出现不同程度的谱线重叠干扰[31]。谱线变宽、复合辐射、基体元素的强烈发射造成的散射光、原子化过程中生成的气体分子氧化物及盐类分子对辐射吸收等均会引起光谱干扰。

图 19.11　X 射线荧光分析仪

　　ICP 光源由于温度高和电子数密度高的原因，一般基体效应较小。但是，对于基体成分复杂的试样，当基体含量与待测元素浓度相差很大时，将会产生各种干扰效应，使 ICP 分析检测限提高，选择性变差。采用标准加入法、预分离预富集的方法都可以有效地消除基体引起的非光谱干扰。

　　③X 射线荧光光谱法

　　X 射线荧光分析仪是近十年快速发展的一种比较新型的可以同时对多元素进行快速测定的仪器，如图 19.11 所示。在 X 射线激发下，被测元素原子的内层电子发生能级跃迁，其他层电子补充进内层时将发出次级 X 射线（X-荧光）。而波长和能量是从不同角度来观察描述 X 射线的两个物理量。波长色散型 X 射线荧光光谱仪（WD-XRF）是用晶体分光而后由探测器接受经过衍射的特征 X 射线信号。如果分光晶体和探测器作同步运动，不断地改变衍射角，便可获得样品内各种元素所产生的特征 X 射线的波长及各个波长 X 射线的强度，可以据此进行特定分析和定量分析。能量色散型 X 射线荧光光谱仪（ED-XRF）是用 X 射线照射到试样上，试样产生的次级 X 射线（X-荧光）进入 SI(LI)探测器，根据特征 X 射线的能量特征对试样进行定性、定量分析[32]。

　　波长色散型 X 射线荧光光谱仪与能量色散型 X 射线荧光光谱仪的存在原理、结构和功能三方面的区别如下。

　　a.原理区别

　　波长色散型 X 射线荧光光谱仪（WD-XRF）是用分光晶体将荧光光束色散后，测定各种元素的特征 X 射线波长和强度，从而测定各种元素的质量分数，属于光谱。而能量色散型 X 射线荧光光谱仪（ED-XRF）是借用高分辨率敏感半导体检查仪器与多道分析器将未色散的 X 射线荧光按光子能量分离 X 射线荧光光谱线，根据各元素能量的高低来测定各元素的质量分数，由于原理的不同，故仪器结构也不同[32]。

　　b.结构区别

　　波长色散型 X 射线荧光光谱仪（WD-XRF）由光源（X-射线管）、样品室、精密运动装置、分光晶体和检测系统等组成。由于晶体的衍射，会造成强度的大量损失，作为光源的 X 射线管的功率要足够大，一般 X 射线管只有 1% 的功率转化为 X 射线辐射，大部分电能均转化为热能产生高温，X 射线管需要专门的冷却装置（水冷或油冷），因此仪器的价格往往比较高。能量色散型 X 射线荧光光谱仪（ED-XRF），一般由光源（X-线管）、样品室、各检测系统等组成，与波长色散型 X 射线荧光光谱仪的区别在于他不用分光晶体，仪器结构简单，省略了晶体的精密运动装置，也无须精确调整。另外，避免了晶体衍射所造成的强度损失，光源使用的 X 射线管功率低，一般在 100 W 以下，不需要高压发生器和大功率的冷却系统，节省电力。试样发出的全部特征 X 射线光子同时进入检测器，从而可以快速方便地完成定性分析工作[32]。

c. 功能区别

能量色散对试样形状要求不高，对试样中元素的定性检测操作简单，多用于定性分析。对易受放射性损伤的试样，如液体、有机物（可能发生辐射分解）、玻璃品、工艺品（可能发生褪色）等，用能量色散型 X 射线荧光光谱仪分析特别有利。其次能量色散型 X 射线荧光光谱仪很适合动态系统的研究，如在催化、腐蚀、老化、磨损等与表面化学过程有关的研究中发挥了很大作用。波长色散型 X 射线荧光光谱仪需要比较规则的试样状态，定量结果比较准确，多用于定量分析，也可以用于定性分析[32]。

2. 碳纤维化学成分测定

碳纤维的化学成分测定主要是对碳纤维的碳的质量分数以及纤维中的硅、钾、钠、钙、镁和铁等杂质的质量分数的测定。

（1）碳的质量分数的测定

作为评价碳纤维的最主要的性能指标，碳的质量分数无论是对于规范市场还是企业研发都是至关重要的。现有测定碳的质量分数的方法有红外光谱法、滴定法、重量法、电导法以及 ICP 和 X 荧光光谱法等，而对于碳的质量分数高达 90％ 及以上的碳纤维主要采用重量法进行测定。

①原理

碳在氧气流中燃烧生成二氧化碳，用吸收剂吸收所产生的二氧化碳，由吸收剂的增量计算碳的质量分数。

②仪器

碳含量测定仪、分析天平。

③测定步骤

称取 0.1 g 已除去浸润剂且干燥的碳纤维试样，精确至 0.1 mg，置于灼烧过的燃烧舟中，再称取 0.20 g 三氧化钨，均匀覆盖在试样上。打开硅橡胶塞，取出铜丝卷，迅速将燃烧舟放入燃烧管中，使其前端刚好在第一节炉炉口，再放入铜丝卷，塞上硅橡胶塞，保持氧气流量为 120 mL/min。2 min 后向净化系统移动第一节炉，使燃烧舟一半进入炉子；3 min 后，移动炉体，使燃烧舟全部进入炉子；再过 2 min 后，使燃烧舟位于第一节炉中央，保温 20 min 后，再将第一节炉移回原位。2 min 后关闭吸收系统所有的旋塞阀，取下两个吸收二氧化碳 U 形管，用绒布擦净，置于密封容器内，10 min 后分别称量，精确至 0.1 mg。记为 m_{12} 和 m_{22}。

同时做空白试验，吸收二氧化碳 U 形管的质量记为 m_{11} 和 m_{21}。

碳纤维中的碳的质量分数按式(19.20)计算。

$$w(C) = \frac{0.272\,9 \times (m_{12} + m_{22} - m_{11} - m_{21})}{m} \times 100 \tag{19.20}$$

式中 $w(C)$——碳纤维中碳的质量分数，%；

m_{11}, m_{21}——试验前吸收二氧化碳 U 形管的质量，g；

m_{12}, m_{22}——试验结束后吸收二氧化碳 U 形管的质量，g；

m——试样质量，g；

0.272 9——二氧化碳换算成碳的系数。

一般取两次试验结果的算术平均值作为测定结果。

(2)碳纤维中硅、钾、钠、钙、镁和铁等杂质的质量分数的测定

碳纤维中的杂质一般主要包括硅、钾、钠、钙、镁和铁等元素，这些杂质的质量分数的多少一定程度上会影响到纤维的性能以及复合材料的性能。

①硅的测定

a. 氟硅酸钾滴定法

本方法适用于碳纤维中硅的质量分数不小于 0.30% 的测定。

称取一定量的试样，置于马弗炉中灰化完全后，经氢氧化钾熔融，加入硝酸生成游离硅酸，与过量的钾氟离子作用，生成氟硅酸钾沉淀。沉淀经分离、中和后，在热水中水解，生成氢氟酸，以酚酞为指示剂，用氢氧化钠标准滴定溶液滴定，按式(19.21)计算碳纤维中硅的质量分数。

$$w(Si) = \frac{c \times V \times 7.02 \times 100}{m \times 1\,000} = \frac{c \times V \times 0.702}{m} \tag{19.21}$$

式中 $w(Si)$——碳纤维中硅的质量分数，%；

c——氢氧化钠标准滴定溶液的标定浓度，mol/L；

V——减去空白试验后的滴定用氢氧化钠标准滴定溶液的体积，mL；

7.02——四分之一硅的摩尔质量，g/mol。

b. 硅钼蓝分光光度法

本方法适用于碳纤维中硅的质量分数在 0.005%~0.30% 的测定。

称取一定量的试样，置于马弗炉中灰化完全后，用碳酸钠-硼酸混合溶剂熔融，再用盐酸溶解，溶液中的硅用硅钼蓝分光光度法测定，按式(19.22)计算出碳纤维中硅的质量分数

$$w(Si) = \frac{c \times V_2 \times 100}{m \times \frac{V_1}{V} \times 10^6} = \frac{c \times V_2 \times V}{m \times V_1 \times 10^4} \tag{19.22}$$

式中 $w(Si)$——碳纤维中硅的质量分数，%；

c——所测试液中减去空白试验后硅的质量浓度，$\mu g/mL$；

V——试液的总体积，mL；

V_1——分取试液的体积，mL；

V_2——所测试液的体积,mL。

②钾、钠、钙、镁和铁的测定

a. AAS 法测定钾、钠、铁

称取一定量的试样,置于马弗炉中灰化后,经高氯酸和氢氯酸分解,加入一定量的盐酸,用 AAS 测定,按式(19.23)分别计算出碳纤维中钾、钠和铁的质量分数。

$$w(K)、w(Na)或 w(Fe) = \frac{c \times V_2 \times 100}{m \times \frac{V_1}{V} \times 10^6} = \frac{c \times V_2 \times V}{m \times V_1 \times 10^4} \tag{19.23}$$

式中 c——所测试液中减去空白试验后钾、钠或铁的质量浓度,$\mu g/mL$。

b. AAS 法测定钙和镁

称取一定量的试样,置于马弗炉中灰化,经高氯酸和氢氯酸分解后,加入一定量的盐酸,再加入氯化锶作为抑制干扰剂,用 AAS 法测定,按式(19.24)分别计算出碳纤维中钙和镁的质量分数。

$$w(Ca)或 w(Mg) = \frac{c \times V_2 \times 100}{m \times \frac{V_1}{V} \times 10^6} = \frac{c \times V_2 \times V}{m \times V_1 \times 10^4} \tag{19.24}$$

式中 c——所测试液中减去空白试验后钙或镁的质量浓度,$\mu g/mL$。

c. ICP 法测定钾、钠、钙、镁和铁

称取一定量的试样,置于马弗炉中灰化,用高氯酸和氢氟酸分解制成溶液后,在电感耦合等离子体矩焰中激发,发射出所含元素的特征谱线,根据钾、钠、钙、镁和铁的特征谱线的强度测定其质量分数。ICP 法测定钾、钠、钙、镁和铁的推荐波长见表 19.2。

表 19.2 ICP 法测定钾、钠、钙、镁和铁的波长

元素	波长 1/nm	波长 2/nm
K	766.491	769.897
Na	589.592	589.955
Ca	315.887	317.933
Mg	285.213	279.553
Fe	259.940	239.563

按式 19.25 分别计算土碳纤维中钾、钠、钙、镁和铁的质量分数。

$$w(K)、w(Na)、w(Ca)、w(Mg)或 w(Fe) = \frac{c \times V_2}{m \times \frac{V_1}{V}} \tag{19.25}$$

式中 c——所测试液中减去空白试验后钾、钠、钙、镁或铁的质量浓度,$\mu g/mL$。

(3)测试标准

GB/T 31292—2014《碳纤维 碳含量的测定 燃烧吸收法》;

JC/T 2336—2015《碳纤维中硅、钾、钠、钙、镁和铁含量的测定》。

3. 碳化硅纤维化学成分测定

(1)硅的测定

①碳化硅的测定

a. 化学分析法

将试样灰化,除去试样的碳,加入硝酸、硫酸、氢氟酸使得试样中的硅以四氟化硅的形式挥散,再加入盐酸以溶解其余杂质,经过滤、洗涤、灼烧、称量可得碳化硅的质量分数。反应式如下:

$$SiO_2 + 4HF \rightarrow SiF_4\uparrow + 2H_2O$$

b. 硅钼蓝分光光度法

先以硫酸、氢氟酸挥散试样中的二氧化硅,然后加入混合碱溶剂,在高温条件下熔融,使试样分解。再以盐酸浸取溶解,制得试液,然后以硅钼蓝分光光度法测定 Si,据此计算碳化硅的质量分数。

c. 高频红外碳硫

将试样研磨成粉状,称量放入瓷坩埚中,以铁屑、钨粒、锡粒为助熔剂,在高频红外碳仪上测定总碳和游离碳的质量分数,并依据总碳减去游离碳的质量分数计算碳化硅的质量分数。

d. 红外吸收法

将准确称量好的试样置于方舟中在 750 ℃反复灼烧,干燥冷却多次至恒重后,加入混合熔剂和铁,在仪器(如 CS-344)自动分析。

e. X 射线荧光光谱法

在铂金坩埚中加入适量的无水四硼酸锂熔融挂壁,将试样置于碳化钨研钵内研磨成粉状,取适量的试样和碳酸锂于挂壁后的铂金坩埚中熔融除碳,冷却后再加入适量的溴化铵溶液,置于 1 050 ℃熔样炉中制成玻璃熔片,采用 X 射线荧光光谱法测定 Si,据此计算碳化硅的质量分数。

②二氧化硅的测定

试样用氯化铝-盐酸-氢氟酸处理,使二氧化硅溶解,加入钼酸铵使硅离子形成硅钼杂多酸,用 1,2,4-酸还原剂将其还原成硅钼蓝,在 700 nm 波长处测量,计算二氧化硅的质量分数。

③游离硅的测定

试样用硝酸钠-硝酸-氢氟酸处理,使二氧化硅及游离硅溶解,用硅钼蓝吸光光度法测定总的质量分数,减去二氧化硅的质量分数,可得游离硅的质量分数。

(2)碳的测定

①总碳的测定

试样加助熔剂在氧气流中高温加热,使碳化硅中的碳及游离碳全部生成二氧化碳,用苏打石灰管吸收,根据增加的质量可计算总碳的质量分数。

②游离碳的测定

试样在 850 ℃左右加热,5 min 内碳化硅几乎不分解,而游离碳燃烧生成二氧化碳,以苏打石灰吸收生成的二氧化碳,由其增加的质量可计算得游离碳的质量分数。

(3)三氧化二铁的测定

分光光度法:在 pH 为 8～18.5 的氨溶液中,三价铁离子会与磺基水杨酸放应生成黄色的磺基水杨酸铁络盐,于 420 nm 处测其吸光度,从而可测定其三氧化二铁的质量分数。

微波消解-等离子体发射光谱法:取合适的试样采用微波消解法熔融,用硝酸稀释成合适的浓度,采用等离子体发射光谱法测定。

(4)三氧化二铝的测定

分光光度法:在 pH 为 4～6 的溶液中铝离子会与铬天青 S 生成紫红色络合物,根据分光光度法在 550 nm 处测其吸光度,可测定三氧化二铝的质量分数。

微波消解-等离子体发射光谱法:取合适的样品用采用微波消解法熔融,用硝酸稀释成合适的浓度,采用等离子体发射光谱法测定。

(5)氧化钙和氧化镁的测定

配位滴定法:分离铁、铝等干扰元素的试液,在 pH≈13 时以钙试剂羧酸盐作为指示剂,以 EDTA 滴定法可滴定测量 CaO 的质量分数,在 pH≈10 时,以铬黑 T 作为指示剂,以 ED-TA 滴定法可滴定测量 MgO 的质量分数。或者以射线荧光法(RFA)、原子吸收光谱法(AAS)测定氧化钙与氧化镁的质量分数。

微波消解-等离子体发射光谱法:取合适的试样采用微波消解法熔融,用硝酸稀释成合适的浓度,采用等离子体发射光谱法测试。

(6)氧的测定

取一定量研磨粉碎的试样装入镍囊中,在石墨坩埚中惰性气氛(氩气)作用下被高温熔融,样品中的氧以一氧化碳形式析出,由载气携带进入红外检测器检测一氧化碳的质量分数,再计算氧的质量分数。

4. 氮化硅纤维成分测定

氮化硅纤维组成有 Si(55%～60%)、C(0.4%～1.5%)、N(22%～37%)、O(2.7%～8%)四种元素,硅元素采用归一法差减得到。

(1)氮的测定

①惰性气体——碱融滴定法

打开氩气瓶,调整气流至 45 mL/min,将管式炉升温至 350 ℃。在镍坩埚内加入 5 g 氢氧化钾,称取 10.0 mg 氮化硅试样放进镍坩埚中,再加 5 g 氢氧化钾覆盖在试样上,将坩埚放入管式炉中,塞好橡皮塞(不能漏气),开始计时,出气口末端插进内盛 100 mL0.1%硼酸吸收液的锥形瓶的溶液中。待 1 h 后取下吸收液瓶,加入 5 滴指示剂,用盐酸标准溶液滴定颜色由草绿色变为粉红色即到终点,记下消耗的盐酸毫升数,用式(19.26)计算氮的质量分数[33]。

$$w(\mathrm{N}) = \frac{c_{\mathrm{HCl}} \times V \times \dfrac{14}{1\,000}}{m} \times 100 \tag{19.26}$$

式中　c_{HCl}——标准盐酸溶液的质量浓度,$\mu\mathrm{g/mL}$;

　　　V——消耗盐酸标准溶液的体积,mL;

　　　m——试样质量,g。

②脉冲加热熔融——红外吸收法和热导法

氮氧分析仪采用氦气做载气,装入镍囊中,以锡粒作为助熔剂,在石墨坩埚中惰性气氛(氦气)作用下被高温熔融,样品中的氧以一氧化碳形式析出,氮以氮气体形式析出。两种析出气体由载气携带先载入红外检测器检测一氧化碳含量(经软件处理得到氧含量值)。然后经过氧化铜催化炉,将一氧化碳转化为二氧化碳,由碱石棉吸收剂吸收二氧化碳,载气携带剩余氮气进入热导检测器,检测氮的质量分数。最后由计算机软件处理后,同时得到试样中氧和氮的质量分数。

(2)碳的测定

非水滴定法:试样在没有熔剂的情况下,于800 ℃氧气气氛下燃烧,以非水溶液(四丁基氢氧化铵)滴定法测定游离碳。

高频红外分析法:将试样研磨成粉状,称量放入瓷坩埚中,以铁屑、钨粒、锡粒为助熔剂,在高频红外碳仪上分析碳的质量分数。

(3)氧的测定

脉冲熔融红外吸收光谱法:称取试样0.050 0 g与铜粉0.100 0 g混合均匀后,装入锡囊中,制成小粒装于石墨坩埚中置于样托上,以下进样的方式装入氮氧分析仪,脱气后,自动加热分析。

(4)硅的测定

X射线荧光光谱法:在铂金坩埚中加入适量的无水四硼酸锂熔融挂壁,将试样置于碳化钨研钵内研磨成粉状,取适量的试样和碳酸锂于挂壁后的铂金坩埚中熔融除碳,冷却后再加入适量的溴化铵溶液,置于1 050 ℃熔样炉中制成玻璃熔片,采用X射线荧光光谱法测定Si,据此计算氮化硅的质量分数。

5. 无机纤维化学成分分析标准

GB/T 1549—2008《纤维玻璃化学分析方法》;

GB/T 31292—2014《碳纤维碳　含量的测定　燃烧吸收法》;

JC/T 2336—2015《碳纤维中硅、钾、钠、钙、镁和铁含量的测定》。

19.3.2　有机纤维

有机纤维主要包括芳纶纤维、超高分子量聚乙烯纤维、聚酰亚胺纤维、聚苯硫醚纤维、PBO纤维、聚四氟乙烯纤维等,化学成分的差异性决定了纤维的不同特性。有机纤维中的元素测定一般采用元素分析仪法。但是由于有机纤维是以高分子量的形式存在,单纯的测定元素的质量分数不能表征认定其属于某种特种有机纤维,因此对有机纤维的测定方法主要集中在纤维定性认定和特种有机纤维在混合有机纤维中的占比测定。常用的定性方法有傅里叶变换红外光谱法、热重分析法、裂解法、核磁法等,纤维的占比测定主要使用定向溶解有机纤维的溶剂溶解分离法。

(1)结构及定性鉴定方法

①芳纶纤维

将芳纶纤维剪成细末,与 KBr 混合,研磨均匀后压片。在傅里叶转换红外光谱仪上进行红外光谱分析。芳纶纤维红外谱图中在苯环取代区吸收峰较复杂,依据苯环的多种取代形式判定芳纶纤维。

②聚酰亚胺纤维

红外光谱法:利用傅里叶变换红外光谱仪对纤维进行红外光谱扫描,每个试样扫描 32 次,选择自动增益,分辨率 4 cm^{-1},光谱范围为 4 500～400 cm^{-1},并对光谱进行自动基线校正处理。可以作为聚酰亚胺定性鉴别依据的特征基团有 1 774.75 cm^{-1} 处的 C≡O 反对称伸缩振动吸收峰、17 016.51 cm^{-1} 处的 C≡O 对称伸缩振动吸收峰、1 393 cm^{-1} 处的苯环 C≡C 骨架吸收振动峰、716 cm^{-1} 处的 C≡O 弯曲振动吸收峰。

热重分析法:称取 10.0 mg 左右的纤维放入铂金坩埚中,一般升温程序为氮气氛围下(200 mL/min)从 30 ℃升温到 800 ℃,升温速率为 10 ℃/min。聚酰亚胺纤维具有耐高温的特性,其在 30～500 ℃左右纤维的质量基本不变,聚酰亚胺的开始分解温度为 563.12 ℃,分解结束温度为 597.13 ℃,其热分解温度为 580.22 ℃,以此热重分析结果可以作为聚酰亚胺纤维的定性依据[34]。

裂解—气质联用法:采用管式炉型裂解器,选择 600 ℃作为裂解温度,依靠自由落体方式将样品舟跌落到垂直安置的石英裂解管中,可取适量纤维进行热裂解气相色谱—质谱联用试验,得到纤维的总离子流色谱图,在裂解温度为 600 ℃条件下,纤维裂解产物中有邻苯二甲酰亚胺($C_8H_5NO_2$)和 N-苯基邻苯二甲酰亚胺($C_{14}H_9NO_2$)可定性其含有聚酰亚胺纤维[34]。

(2)有机纤维在混合纤维中的定量测定方法

①芳纶纤维与其他纤维的混合物定量化学分析方法——纤维定量分析溶解法

用80%甲酸把聚酰胺纤维从已知干燥质量的混合物中溶解去除,收集残留物,热水连续洗涤若干次,再用稀氨水[将 80 mL 浓氨水($\rho = 0.880$ g/mL)加蒸馏水稀释至 1 L]中和两次,再用冷水洗涤烘干和称重,用修正后的质量计算芳纶纤维占混合物干燥质量分数。由差值得出聚酰胺纤维的质量分数。

②纤维素纤维与其他纤维的混合物定量化学分析方法——75%硫酸法

a.原理

用75%硫酸溶液把纤维素纤维从试样中溶解去除,收集残留物,清洗、烘干、称量,计算残留物占混合物的质量分数。差值得出纤维素纤维的质量分数[35]。

b.测定步骤

称取试样不少于 1 g 放在索式萃取器内,用石油醚萃取 1 h,每小时循环不少于 6 次。取出,待试样中的石油醚挥发后,把试样浸入冷水中浸泡 1 h,再在(65±5)℃的水中浸泡 1 h。两种情况下水浴比均为1:100,不时地搅拌溶液,挤干,抽滤,或离心脱水,以去除试样中的多余水分,自然干燥试样。把准备好的试样放入三角烧瓶中,每克试样加入 200 mL 硫酸溶液,塞上玻璃塞,摇动烧瓶将试样充分润湿后将烧瓶保持(50±5)℃,振荡 1 h[35]。

用已知干重的玻璃砂芯坩埚过滤,真空抽吸排液。用少量硫酸溶液将残留物清洗到玻璃坩埚中,真空抽吸排液。再依次用水清洗、稀氨水中和,最后用水连续清洗残留物,每次洗涤后先重力排液,再用真空抽吸排液。烘干操作在密闭的通风烘箱内进行,温度为(105±3)℃,时间一般不少于 4 h,但不超过 16 h。将称量瓶和试样连同放在旁边的瓶盖一起烘干。烘干后,盖好瓶盖,再从烘箱内取出并迅速移入干燥器内直至完全冷却,任何情况下冷却时间不得少于 2 h,将干燥器放在天平旁边。冷却后,从干燥器中取出称量瓶或坩埚,并在 2 min 内称取质量,精确到 0.000 2 g。

混合物中不溶组分的质量分数,以其占混合物质量分数来表示。以净干质量为基础的计算方法见式(19.27)[35]。

$$w = \frac{m_1}{m_0} \times 100 \tag{19.27}$$

式中　w——不溶组分净干质量分数,%;

　　　m_0——试样的干燥质量,g;

　　　m_1——残留物的干燥质量,g。

参考文献

[1]　祖群,赵谦.高性能玻璃纤维[M].北京:国防工业出版社,2017.

[2]　全国玻璃纤维标准化技术委员会.增强材料　纱线试验方法　第 5 部分:玻璃纤维纤维直径的测定:GB/T 7690.5—2013[S].北京:中国标准出版社,2013.

[3]　全国玻璃纤维标准化技术委员会.碳纤维　纤维直径和横截面积的测定:GB/T 29762—2013[S].北京:中国标准出版社,2013.

[4]　全国日用玻璃标准化技术委员会.玻璃密度浮力法:GB/T 5432—2008[S].北京:中国标准出版社,2009.

[5]　陈静.二并哌嗪合成工艺和反应动力学及热力学性质的研究[D].上海:华东理工大学,2012.

[6]　全国塑料标准化技术委员会.塑料　非泡沫塑料密度的测定　第 1 部分:浸渍法、液体比重瓶法和滴定法:GB/T 1033.1—2008[S].北京:中国标准出版社,2009.

[7]　王玲,李勇,尹利影.比重瓶法测定玻璃纤维密度[J].玻璃纤维,2017(3):40-42.

[8]　王宝瑞,李建国,纪原,等.纤维密度测定的研究[J].纤维复合材料,2009(3):43-46.

[9]　全国纤维增强塑料标准化技术委员会.碳纤维　密度的测定:GB/T 30019—2013[S].北京:中国标准出版社,2014.

[10]　王青利,谢慧丽,何吉欢,等.北极熊毛纤维清洗前后的密度[J].毛纺科技,2012,40(8):52-54.

[11]　全国玻璃纤维标准化技术委员会.增强制品试验方法　第 1 部分:含水率的测定:GB/T 9914.1—2013[S].北京:中国标准出版社,2014.

[12]　张战永.玻璃纤维中浸润剂含量的调整控制[J].玻璃纤维,2002(2):22-23.

[13] 全国玻璃纤维标准化技术委员会.增强制品试验方法 第 2 部分:可燃物含量的测定:GB/T 9914.2—2013[S].北京:中国标准出版社,2014.

[14] 全国玻璃纤维标准化技术委员会.碳纤维 浸润剂含量的测定:GB/T 29761—2013[S].北京:中国标准出版社,2013.

[15] 严香叶.绒线在椅凳类家具设计中的应用研究[D].长沙:中南林业科技大学,2012.

[16] 王力敏.浅谈玻璃纤维物理性能在生产中的重要作用[J].河北煤炭,2007(5):58-59.

[17] 全国玻璃纤维标准化技术委员会.增强材料 纱线试验方法 第 1 部分:线密度的测定:GB/T 7690.1—2013[S].北京:中国标准出版社,2014.

[18] 全国玻璃纤维标准化技术委员会.增强材料 纱线试验方法 第 2 部分:捻度的测定:GB/T 7690.2—2013[S].北京:中国标准出版社,2014.

[19] 全国玻璃纤维标准化技术委员会.增强材料 纱线试验方法 第 4 部分:硬挺度的测定:GB/T 7690.4—2013[S].北京:中国标准出版社,2013.

[20] 全国玻璃纤维标准化技术委员会.碳纤维体积电阻率的测定:GB/T 32993—2016[S].北京:中国标准出版社,2016.

[21] 全国玻璃纤维标准化技术委员会.碳纤维单丝拉伸性能的测定:GB/T 31290—2014[S].北京:中国标准出版社,2014.

[22] 方允伟.玻璃纤维浸胶纱拉伸破坏模式的研究[J].玻璃纤维,2012(3):15-19.

[23] 王斌,贾寅峰,周玉玺,等.有机纤维束纱弹性模量测试分析[J].固体火箭技术,2007(2):94-97.

[24] 全国玻璃纤维标准化技术委员会.增强材料 纱线试验方法 第 3 部分:玻璃纤维断裂强力和断裂伸长的测定:GB/T 7690.3—2013[S].北京:中国标准出版社,2014.

[25] 全国玻璃纤维标准化技术委员会.纺织品 卷装纱 单根纱线断裂强力和断裂伸长率的测定(CRE法):GB/T 3916—2013[S].北京:中国标准出版社,2013.

[26] 全国纺织品标准化技术委员会基础标准分技术委员会.碳纤维 浸胶纱拉伸性能的测定:GB/T 26749—2011[S].北京:中国标准出版社,2011.

[27] 刘玉申,尹华,吴小来.原子吸收分光光度法中的干扰及其消除[J].农业与技术,2010(2):157-158.

[28] 时玉珍.火焰原子吸收光谱分析中的影响因素和消除方法[J].水泥技术,2009(3):78-81.

[29] 原子吸收光谱分析中的干扰及消除[J].生命科学仪器,2007,5(1):54-55.

[30] 马娟.Pt 系催化剂的制备及其电催化性能的研究[D].苏州:苏州大学,2011.

[31] 张有毅,胡桂花,郑会清,等.电感耦合等离子体原子发射光谱法测定钛铁中锰、磷、铜、硅、铝、钒和锡[J].理化检验-化学分册,2014,47(9):525-527.

[32] 宋苏环,黄衍信,谢涛,等.波长色散型 X 射线荧光光谱仪与能量色散型 X 射线荧光光谱仪的比较[J].现代仪器,1999(6):47-48.

[33] 朱文举,王婉瑛.氮化硅中氮的测定方法研究[J].分析试验室,1992(1):67-68.

[34] 张笑冬,楚珮,郭荣幸,等.聚酰亚胺纤维的定性鉴别方法[J].中国纤检,2015(2):84-86.

[35] 姚伟民.纤维素纤维与聚酯纤维混合物定量化学分析方法的探讨[J].中国纤检,2013(15):70-71.

第 20 章 织物性能测试与评价

织物作为纤维增强复合材料承受载荷的主要载体,其性能极大程度上决定了先进复合材料的性能。织物性能测试和评价是用物理或化学的方法对织物的质量与性能进行定性或定量的测试。从产品的用途和使用条件出发,分析和研究产品的成分、结构、性质及其对产品质量的影响,确定产品的使用价值,为纤维增强复合材料的设计和生产提供技术支撑。织物性能评价的参数主要有组织结构、经纬密度、织物紧度、厚度、单位面积质量、拉伸性能、撕破性能等。

20.1 二维织物性能测试

20.1.1 组织结构

织物组织的概念是针对机织物和针织物而言的。对于机织物,织物组织指的是经纱和纬纱相互交织的规律和形式。根据经纬纱的沉浮规律,分为原组织、变化组织和复杂组织。原组织是各种组织的基础,包括平纹、斜纹和缎纹三种。分析织物组织即找出经、纬纱交织的规律。在分析织物组织之前,首先确定织物的正反面和织物的经纬向。一般根据其外观来判断织物的正反面,织物正面的花纹、色泽均比反面清晰美观。对于玻璃纤维织物其组织比较简单,不强求区别出正反面,只需要分析出组织结构即可,正面通常为纬面组织,反面通常为经面组织。

在其他条件相同的情况下,平纹组织织物的强度和伸长率要大于斜纹组织织物,斜纹组织织物的强度和伸长率又大于缎纹组织织物。织物在一定长度内,纱线的交织次数越多,浮线越短,则织物的断裂强度和伸长率越大。

1.组织结构分析方法

组织结构分析的工具有照布镜、分析针和剪刀。方法有直接观察法和拨拆法两种。

(1)直接观察法

直接观察法是直接用眼睛或用照布镜对织物进行观察得到其组织结构,方法相对简单,适用于有经验的人员。将观察得到的经纬纱线交织规律即经组织点和纬组织点逐次填入意匠纸的方格中[1]。为了能正确地找出织物的组织循环,可以多填几根经纬纱交织情况。该方法主要是用来分析密度不大的简单组织。

(2)拨拆法

拨拆法适用于初学者,对于经纬密度比较大的复杂组织或多层织物较为适用。这种方法又分为分组拆纱法与不分组拆纱法两种。

①分组拆纱法

一般取试样 15 cm×15 cm,确定拆纱方向。如果经纱密度较大,则将经纱拆开,使纬纱露出 10 mm 的长度;如果纬纱密度较大,则拆开纬纱,使经纱露出 10 mm 的长。

选择织物组织比较清楚的一面来进行分析,用挑针把纱线轻轻拨开,找出它与另一系统纱线交织的规律,在意匠纸上把经纱与纬纱的交织情况记录下来,再来判断织物组织。

在布样的一边先拆除若干根经纱(或纬纱),使织物的纬纱(或经纬)露出 10 mm 长度的纱缨,然后将奇数组的纱缨和偶数组的纱缨分别剪成两种不同的长度。这样,就可以清楚地分析出被拆的纱线与奇数组和偶数组纱缨的交织规律,并记录在意匠纸的方格上。

②不分组拆纱法

不分组拆纱法不需将纱缨分组,只需把拆纱轻轻拨入纱缨中,并观察和记录经纱与纬纱交织的规律。

2.组织分析步骤

(1)在纱线上作好织物分析的起点记号,然后逐根检查和记录交织情况,经组织点用×或○标识。

(2)记录一个完整的组织循环,将分析结果绘在意匠纸上。

(3)确定组织图。

分析某织物的组织图,填绘组织点(图 20.1),竖直方向代表经向,经 1、经 2……代表第几根经纱;水平方向代表纬向,纬 1、纬 2……代表第几根纬纱。

	经1	经2	经3	经4	经5	经6	经7	经8
纬8			×	×			×	×
纬7		×	×				×	
纬6	×	×			×	×		
纬5	×				×			×
纬4			×	×			×	×
纬3		×	×			×	×	
纬2	×	×			×	×		
纬1	×			×	×			×

×:经组织点

图 20.1　意匠纸填绘的织物组织点图

根据上面填绘的织物组织点图找出最小经纬纱循环图,如图 20.2 所示。

	经1	经2	经3	经4
纬4			×	×
纬3		×	×	
纬2	×	×		
纬1	×			×

图 20.2　经纬纱组织图

该织物的组织循环规律符合 2/2 斜纹组织的提综规律,最终分析得出该织物的组织结构为 2/2 斜纹。

20.1.2　经纬密度

织物单位长度中所排列的纱线根数称为织物密度,有经纬密度之分。密度表示织物中纱线排列的疏密程度,密度越大,织物中纱线排列的越紧密;密度越小,织物中纱线排列的越稀疏[2]。织物的经纬密度通常以宽 25 mm 或 10 mm 中的纱线根数为计算单位。

织物密度大小对织物性能,如透气性、强力等有很大的影响,同时也关系到生产成本和生产效率的高低。经纬密度的改变对织物强度有显著的影响。当织物经纬密度同时变化或任一方向的密度改变时,织物的断裂强度随之改变。若经向密度不变,仅使纬向密度增加,则织物纬向强度增加,而经向强度有下降的趋势。若织物的纬向密度不变,仅增加经向密度,则不仅织物的经向强度增加,纬向强度也有增加的趋势[3]。对某一品种的织物来说,经纬密度都有一定的极限值,若超过了极限值,由于密度增加后纱线所受的张力、反复作用次数以及纱线屈曲程度过分增加,就会给织物强度带来不利的影响[4]。

1. 测试方法

测试使用的仪器为密度镜以及带有毫米刻度的直尺,如图 20.3 所示。测定原理:使用合适的纱线计数装置,测量单位长度内的经向和纬向的纱线根数。可以基于固定的纱线根数,测量首尾纱线之间的距离,也可以基于固定的长度,测量该长度内的纱线根数。测试方法有以下两种。

图 20.3　密度镜

(1)直接测试法

直接测试法使用工具是照布镜或织物密度分析镜。织物密度分析镜的刻度尺长度一般为 5 cm,在分析镜头下面,一块长条形玻璃片上刻有一条红线,该红线用于对准织物纱线与刻度尺刻度。在分析织物密度时,移动镜头,将玻璃片上红线和刻度尺上红线同时对准某两根纱线之间,以此为起点,边移动镜头边数纱线根数,直到 50 mm 刻度线为止,数出纱线根数。若数到终点时,超过 0.5 根,而不足一根时,应按 0.75 根算;若不足 0.5 根时,则按 0.25 根算。在经纬向各测出 3～5 个数据,然后取其算术平均值作为织物经向密度和纬向密度的测定结果。

(2)间接测试法

间接测试法适用于经纬密度大、纱线线密度小,组织规则的织物。分析织物组织及其组织循环经纱数和纬纱数。用循环经纱数或纬纱数乘以 10 mm 或 25 mm 中组织循环个数,所得的乘积即为经(纬)纱密度。

上述经纬密度测试方法不仅适用于二维织物,同样也适用于三维织物。

2. 测试步骤

(1)确定织物的经纬向,如被分析织物的试样是有布边的,则与布边平行的纱线是经纱,与布边垂直的是纬纱;对于上浆的织物,含有浆分的是经纱,不含浆分的是纬纱;一般织物密度大的为经纱,密度小的为纬纱;织物中若纱线的一组是股线,而另一组是单纱时,则通常股线为经纱,单纱为纬纱;筘痕明显的织物,筘痕方向为经纱。

(2)距离织物的边至少 50 mm 的无折痕或变形区域测量,数出规定长度的纱线根数或测量规定纱线根数的织物长度。

按式(20.1)计算织物的经纬密度 N,数值以 10 mm 或 25 mm 内的纱线根数为单位,织物密度测定值通常取三位有效数字。

$$N = nl/a \tag{20.1}$$

式中　n——测量的纱线根数,根;

$\quad\quad l$——单位长度,10 mm 或 25 mm;

$\quad\quad a$——与测量的纱线根数相对应的距离,mm。

3. 测试标准

GB/T 4668—1995《机织物　密度的测定》;

GB/T 7689.2—2013《增强材料　机织物试验方法　第 2 部分:经、纬密度的测定》;

ISO 4602:2010《增强材料　机织物　经纬纱密度》;

ASTM D3775-17《机织物经纬纱密度的测定》。

20.1.3　织物紧度

织物紧度是反映织物结构相对紧密程度的一组指标,是织物织造的重要工艺参数之一,它与织物的外观、物理机械性能有着紧密的关系。由不同线密度的纱线制成的织物紧密程度不能用织物经纬密度指标来度量,常采用紧度指标度量。因为密度相同的两种织物,纱线线密度高的织物比较紧密,而纱线线密度低的织物比较稀疏。织物紧度包括织物经向紧度、纬向紧度和总紧度。织物经纬向的紧度是指经纬纱的直径与两根经纱或纬纱间平均中心距离之比,总紧度是指织物中经纬纱所覆盖的面积与织物总面积之比,用%表示。经纬向紧度和总紧度分别按式(20.2)、式(20.3)和式(20.4)进行计算。

$$E_T = d_T \cdot \rho_T \tag{20.2}$$

式中　E_T——经向紧度,%;

$\quad\quad d_T$——经纱直径,mm;

$\quad\quad \rho_T$——经纱线密度,根/10 cm。

$$E_W = d_W \cdot \rho_W \tag{20.3}$$

式中　E_W——纬向紧度,%;

$\quad\quad d_W$——纬纱直径,mm;

$\quad\quad \rho_W$——纬纱线密度,根/10 cm。

$$E_Z = E_T + E_W - \frac{E_T + E_W}{100} \tag{20.4}$$

式中　E_Z——总紧度,%;

20.1.4　长度和宽度

长度是一段整幅织物两端最外边完整纬纱间的垂直距离,以 m 为单位。宽度是织物横向最外侧两根经纱外缘之间的垂直距离,亦称幅宽,一般以 mm 为单位。

1. 测试方法

长度和宽度的测定仪器一般为直尺、卷尺、配备转盘的计数器。用一个带有刻度盘或计数器的测量转筒测量织物长度,精确到 1 m。宽度测量的位置沿着织物的经向距离,至少测量 2 次,2 次测量间隔至少为 100 cm,取两次测定值的平均值,精确到 0.1 mm。如有需要时也可测试包括毛边的整幅布的宽度。该方法同样适用于三维织物的长度和宽度的测定。

2. 测试标准

GB/T 4666—2009《机织物长度的测定》;

GB/T 4667—1995《机织物幅宽的测定》;

GB/T 7689.3—2013《增强材料 机织物试验方法 第 3 部分:宽度和长度的测定》;

ISO 5025:1997《增强制品 机织物 宽度和长度的测定》。

20.1.5 厚度

厚度是指在规定的压力下织物正反两个表面之间的垂直距离,以 mm 表示。织物的厚度与纱线的线密度、织物的组织结构以及纱线的弯曲程度有关。在制作纤维增强塑料层合板时,织物的厚度是计算层合板厚度的重要参数,即在设计层合板厚度时,要根据织物厚度来计算织物的使用层数。织物厚度的均匀性直接影响层合板厚度和其相应的性能。

图 20.4　厚度测量仪

厚度的测定原理是将试样放在厚度计的测座上,用规定直径的测柱压脚对试样施加规定的压力,测量测座平面和测柱压脚平面之间的距离,得到试样的厚度。压力、测柱压脚面积(织物的测试面积)和压重时间决定了织物厚度的测定值,压强大,厚度测定值小,压强小,厚度测定值大,所以在选择测试参数时,应根据产品规范的要求选择测试方法标准。图 20.4 为常用的织物厚度测量仪。

1. 测试方法

选择表面无折叠或变形的织物区域。测量点距布卷的始端或终端不得少于 300 mm,距离布边不少于 50 mm。确定测柱压脚直径和试样施加的压力。给试样施压一定时间后,读取测定值。在整幅织物上等间隔测量 10 个点或更多点,各测量点间隔不少于 75 mm。取所有单值的算术平均值作为织物的厚度。该方法同样适用于部分规则平板类三维织物厚度的测定。

2. 测试标准

GB/T 3820—1997《纺织品和纺织制品厚度的测定》;

GB/T 6006.3—2013《玻璃纤维毡试验方法 第 3 部分:厚度的测定》;

GB/T 7689.1—2013《增强材料 机织物试验方法 第 1 部分:厚度的测定》;

ISO 3616:2001《玻璃纤维-短切纤维和连续纤维毡 平均厚度、加载厚度和压缩后复原度的测定》;

ISO 4603:1993《玻璃纤维　机织物　厚度的测定》。

20.1.6　单位面积质量

织物单位面积质量指每平方米织物的质量,即织物的质量与面积的比。它反映织物生产的均匀性和质量的稳定性。

1.测试方法

（1）称重法

称重法测定织物单位面积质量时,要使用金属模板、扭力天平、分析天平等工具。试样的面积一般取 10 cm×10 cm。在称重前,需将织物烘干,至质量恒定,称其干重,按式（20.5）计算单位面积质量。

$$G = \frac{m \times 10\,000}{L \times b} \qquad (20.5)$$

式中　G——试样的单位面积质量,g/m^2;

　　　　m——试样的质量,g;

　　　　L——试样长度,cm;

　　　　b——试样宽度,cm。

（2）计算法

在织物密度很小,试样面积很小用称重法不够准确时,可以根据已知的经纬纱线密度和经纬纱密度按式（20.6）进行计算。

$$G = \frac{\rho_j \times 100 \times N_j + \rho_w \times 100 \times N_w}{1\,000} \qquad (20.6)$$

式中　G——试样的单位面积质量,g/m^2;

　　　　ρ_j——经向密度,根/cm;

　　　　ρ_w——纬向密度,根/cm;

　　　　N_j——经纱线密度,tex;

　　　　N_w——纬纱线密度,tex。

方法要点:用金属模板采取试样时,刀片要垂直立在抛光的金属模板,沿着模板边缘准确裁切,防止由于人为操作导致的测定结果发生偏差,确保试样的面积误差在 1% 以内。若织物的含水率大于 0.2%,应将试样置于通风烘箱干燥后,称其质量。

2.测试步骤

（1）切取一条整幅宽度至少 35 cm 的织物作为试样。

（2）在距离织边至少 5 cm 的试样区域,每 50 cm 宽度取 1 个面积为 100 cm^2 的试样,如图 20.5 所示。模板取样时呈倾斜角度,依次取 3 个样,每个试样尽可能包含不同的经纱和纬纱。

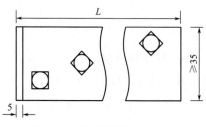

图 20.5　裁取试样(单位:cm)

（3）当含水率超过 0.2% 时，应将裁取好的试样置于通风烘箱中进行干燥，干燥后取出放入干燥器冷却至室温。

（4）称量三个试样的质量，取其平均值。

3. 测试标准

GB/T 4669—2008《纺织品　机织物　单位长度质量和单位面积质量的测定》；

GB/T 9914.3—2013《增强制品试验方法　第 3 部分：单位面积质量的测定》；

GB/T 13762—2009《土工合成材料　土工布及土工布有关产品单位面积质量的测定方法》；

GB/T 24218.1—2009《纺织品　非织造布试验方法　第 1 部分：单位面积质量的测定》；

GB/T 29256.6—2012《纺织品　机织物结构分析法　第 6 部分：织物单位面积经纬纱线质量的测定》；

ISO 3374:2000《增强制品　毡和织物　单位面积质量的测定》；

ISO 9864:2005《土工合成材料　土工布及土工布有关产品单位面积质量的测定方法》。

20.1.7　拉伸性能

高性能纤维织物在实际使用过程中遭到损坏的因素很多，其中最基本的是由拉伸、弯曲、压缩等机械力作用所致。拉伸性能、撕破性能等各项力学性能是评定其质量的主要内容，其性能好坏取决于纤维的种类、织物经纬密度、经纬纱线密度、织物组织和织造上机张力。拉伸性能通常是由断裂强力、断裂伸长率来表示，用来表征织物在规定条件下进行拉伸试验过程中被拉伸直至断裂时所受的最大力和相应的试样伸长率。拉伸试验原理是将一定尺寸的试样，按等速伸长方式拉伸至断裂，测其承受的最大力（断裂强力）及对应的长度增量（断裂伸长）。

1. 测试方法

根据织物的品种不同，织物拉伸性能的试验方法有拆边纱条样法、剪切条样法和抓样法三种方法。这三种方法不仅适用二维织物，同样也适用于三维织物拉伸性能的测定。

（1）拆边纱条样法

裁剪试样，其宽度比规定的有效试验宽度宽 5 mm 或 10 mm（按织物紧密程度而定），然后拆去边纱至试样宽度符合规定要求，然后对试样两端进行处理后夹入夹具内测试。

（2）剪切条样法

将试样剪切成规定尺寸，不扯边纱，全部夹入夹具内，适用于部分针织物及其他不易拆边纱的机织物。

（3）抓样法

抓样法是将规定尺寸的织物试样的一部分宽度夹入夹具内的一种测试方法。试样宽度大于夹持宽度。适用于机织物，特别是经过重浆整理的，不易抽边纱的和高密度的织物。

方法要点：用于拉伸断裂强力和断裂伸长测试的夹具夹持面应平整且互相平行，表面尽可能平滑。在测试过程中，如施加的夹持力稍小会出现试样打滑，稍大的夹持力会导致试样异常断裂，如根部断裂等。为了防止和避免测试过程中试样异常断裂而导致的数据失真，可在稍小夹持力情况下使用锯齿形或波形的夹具,在稍大夹持力情况下推荐使用纸、毡、皮革、塑料或橡胶片等作为衬垫材料,或两种方式同时使用。在夹持试样的过程中应使试样垂直、平整,确保试样纵向中心轴线与夹具前沿中心对中,对试样施加预载荷。测试过程中观察试样断裂位置,如果断裂在距离夹具接触线的 10 mm 内,舍去该值,重新测试。

2. 测试步骤

(1)试样制备。在距离织边一定距离的区域裁取规定尺寸的经向和纬向试样条和过渡试样条,每组试样不少于 5 个。为真实反映织物的断裂性能,经向试样应在织物的宽度上等距离裁取,确保经向试样组代表不同的经纱;纬向试样应在织物长度方向上等距离裁取,确保纬向试样组代表不同的纬纱。试样的宽度通常是 25 mm 或 50 mm,夹具内有效试样长度是 100 mm 或 200 mm。

(2)如需要,在织物两端 75 mm 的端部区域内涂覆合适的胶黏剂,试样中间有效长度部分不涂覆,试验前将试样烘干。

(3)设置强力机试验参数,夹持试样,应确保试样中心与夹具对中,并对试样施加预张力。预张力通常是试样预期强力的 0.75%～1.25%,或根据织物单位面积质量来确定,小于 200 g/m² 的织物为 2 N;(200～500)g/m² 的织物为 5 N;大于 500 g/m² 的织物为 10 N。

(4)拉伸试样直至试样断裂。如果试样的实际宽度不是刚好为 50 mm 或 25 mm,则应根据织物经纬密度将实际宽度的试样断裂强力换算到试样条 50 mm 或 25 mm 宽时的强力,按式(20.7)进行计算。

$$F_{50(或25)} = FbN/n \qquad (20.7)$$

式中　$F_{50(或25)}$——试样宽度为 50 mm 或 25 mm 的拉伸断裂强力,N;

　　　　F——试样拉伸断裂强力实际测试平均值,N;

　　　　b——试样的换算宽度,cm;

　　　　N——试样的经向或纬向密度,根/cm;

　　　　n——试样的纱线根数,根。

计算经向和纬向断裂伸长率的算术平均值,保留两位有效数字,按式(20.8)进行计算。

$$S = \frac{L - L_0}{L} \times 100\% \qquad (20.8)$$

式中　S——试样拉伸断裂伸长率,%;

　　　　L——试样断裂瞬间夹具之间的距离,mm;

　　　　L_0——夹具之间的初始距离,mm。

3. 测试标准

GB/T 3923.1—2013《纺织品织物拉伸性能　第 1 部分:断裂强力和断裂伸长的测定(条样法)》;

GB/T 3923.2—2013《纺织品　织物拉伸性能　第 2 部分:断裂强力的测定(抓样法)》;

GB/T 7689.5—2013《增强材料　机织物试验方法　第 5 部分:玻璃纤维拉伸断裂强力和断裂伸长的测定》;

ISO 4606:1995《纺织玻璃纤维　机织物　条样法测定断裂强力和断裂伸长》。

20.1.8　撕破性能

织物经过一段时间的使用后,会由于织物局部的纱线受到集中应力而撕裂破坏,或织物局部被握持,将织物撕成两半,这种损坏通常称为撕破或撕裂。撕破强力反映织物的坚韧程度。

1.测试方法

目前常用的撕破性能测定方法有梯形法、舌形法、裤形法。测试原理是在试样上开一个切口,并将试样切口的两边分别夹持在拉伸试验机的上下两个夹具内,启动试验机对试样施加拉力,使撕破沿着原切口方向延伸。根据连续的自动记录仪给出的载荷—位移曲线,计算撕破强力。

（1）梯形法

梯形法是目前普遍使用的方法,试样如图 20.6 所示。将试样沿着虚线夹持在夹具内,使夹头钳口线与试样的横向纱线呈一角度,试样条在两夹头间,一边呈绷紧状态,一边呈松弛状态。在紧边中央处切开一个 10 mm 宽的撕裂口,随着载荷的增加,织物沿着切口线向织物松弛的一方逐根断裂。

（2）舌形法

在长方形试样短边的中间切开一个沿试样长度方向的 100 mm×50 mm 的舌形部分,如图 20.7 所示。将舌形部分夹持在上夹具内,拉伸撕裂,使试样沿着两个切口方向撕破至 1 点处。本方法不适用于针织物、机织弹性织物。

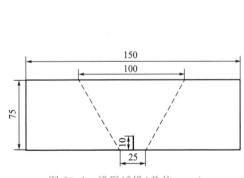

图 20.6　梯形试样（单位:mm）

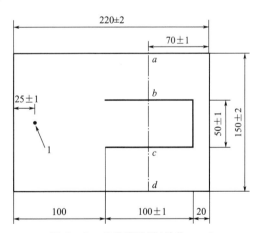

图 20.7　双舌形试样（单位:mm）

（3）裤形法

裤形法是将长方形试样沿纵向剪一切口,使试样分成两个舌头,如图 20.8 所示。将试样条的两个舌头分别夹持在强力机的上下夹具内,施加载荷,使两舌片沿着切口方向撕开。如织物经纬向的强度和密度相差过大,会产生不沿着切口方向撕裂的现象,不适用于裤形法,可用梯形法。

2. 测试步骤

(1)沿织物经纬向裁取 5 个长方形试样,依据不同测试方法标注夹持线和切口。

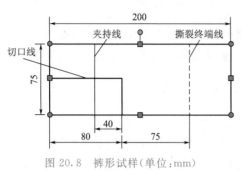

图 20.8　裤形试样(单位:mm)

(2)调整试验机上下夹钳间的距离,设置拉伸速度。

(3)启动试验机,使试样的撕破沿切口方向延伸至撕破,如不沿着切口撕裂,不作记录。

表示撕破性能的方法有多种,如以撕破载荷—时间曲线中的最大载荷值表示,以撕破曲线中各个最大值的中值表示,以撕裂曲线中的面积即撕裂功表示,一般以最大值来表示居多。

3. 测试标准

GB/T 3917.1—2009《纺织品　织物撕破性能　第 1 部分:冲击摆锤法撕破强力的测定》;

GB/T 3917.2—2009《纺织品　织物撕破性能　第 2 部分:裤形试样(单缝)撕破强力的测定》;

GB/T 3917.3—2009《纺织品　织物撕破性能　第 3 部分:梯形试样撕破强力的测定》;

GB/T 3917.4—2009《纺织品　织物撕破性能　第 4 部分:舌形试样(双缝)撕破强力的测定》;

GB/T 13763—1992《土工布梯形撕破强力的试验方法》;

ISO 9073-4:1997《纺织品　非织造布试验方法　第 4 部分:抗撕裂的测定》;

ISO 13937-2:2000《纺织品　织物撕破性能　第 2 部分:裤形试样(单峰)撕破强力的测定》;

ISO 13937-3:2000《纺织品　织物撕破性能　第 3 部分:翼形试样(单峰)撕破强力的测定》;

ISO 13937-4:2000《纺织品　织物撕破性能　第 4 部分:舌形试样(双峰)撕破强力的测定》;

ASTM D4533/D4533M-16《土工布梯形撕破强度的测定》;

ASTM D5587-15(2019)《织物梯形撕破强度的测定》。

20.1.9　透气性

透气性一般主要用于评价工业上过滤用织物,织物的透气性与过滤效率有直接的关系,但通过研究表明,织物的透气性与复合材料的质量有着密切的关系,透气性好坏会影响织物与树脂复合的效果,从而影响复合材料的质量。

透气性是指空气透过织物的性能,以在规定的试验面积、压降和时间条件下,气流垂直通过试样的速率表示[5],单位为 mm/s 或 cm/s。其测试原理是:在规定的压差条件下,测定一定时间内垂直通过规定面积的试样的气流流量,计算出透气率。气流速率可直接测出,也可通过测定流量孔径两面的压差换算而得到。影响织物透气性的因素很多,最主要是织物的密度和厚度,其次是纤维的界面形态、纱线的细度和织物的后处理加工。在其他条件相同的情况下,织物的经纬密度大,织物的透气性越差,若织物的密度不变而经纬纱变细时,透气性增加。透气性还受织物组织的影响,平纹组织织物的透气量最小,斜纹组织织物较大,缎纹组织织物更大。

透气量的测试以固定压差 P 作为透气量试验的基准,各国试验标准规定的压差并不一致,日本的 JISL 1096 规定为 127.4 Pa;法国 NFG 07-111 规定为 196 Pa;德国 DIN 53387 规定过滤织物及工业用织物为 200 Pa;英国 BS 5636 规定为 98 Pa 等;我国标准 GB/T 5453《纺织品织物透气性的测定》规定产业用织物为 200 Pa 或按产品标准的规定进行测试。

20.1.10 耐磨性

芳纶聚酰亚胺和 PBO 等纤维织物的应用已由特种防护领域延伸至民用服装领域。织物的耐磨性是防护和服装服用性能的主要评价参数之一,耐磨性能影响防护和服装的耐用性能。耐磨性指织物抗磨损的性能,织物在使用过程中与周围接触的各种物体相互摩擦,会造成织物不同程度的磨损甚至损坏,影响其服用性能[6]。耐磨性评价对有机纤维织物在特种防护和民用服装领域十分重要。

1. 测试方法

根据试样在磨损时的状态特征的不同,可以将磨损分为平磨、曲磨、翻动磨和摆动磨等。平磨是最主要的一种摩擦方式,是织物试样平面与磨料在一定压力下以一定的运动形式做平面摩擦;曲磨是使织物试样在弯曲状态下受到反复摩擦;翻动磨是试样在受到特定模拟装置的摩擦、撞击以及拉伸、弯曲、压缩等作用力反复作用而受到的磨损。翻动磨模拟纱线和织物在实际使用、洗涤时的结构变化;摆动磨是织物试样在受到摆动力作用后的磨损。

2. 测试步骤

(1)平磨

平磨的试验仪器主要为马丁代尔耐磨试验仪。依据标准裁剪试样,将试样在规定的负荷下,以轨迹为利萨如(Lissajous)图形的平面运动与标准磨料互相接触,使试样受到多方向的均匀磨损。通常判断其耐磨性指标有终点法、质量损失法与外观变化法三种方法。

①终点法:以摩擦次数作为耐磨性的判定指标,启动仪器对试样进行连续的摩擦,当机织物中至少两根独立的纱线完全断裂;针织物一根纱线断裂造成外观上的一个破洞;起绒或割绒织物表面绒毛被磨损至露底或有绒脱落;非织造布上因摩擦出现一个不小于 0.5 mm 的孔洞;涂层织物的涂层部分被破坏至漏出基布或有片状涂层脱落,记下摩擦次数作为耐磨性指标。

②质量损失法:根据质量损失确定织物的耐磨性能,试样在测试前称得质量 A,依据标准经过一定的摩擦次数 n 后称得的质量 B,则质量损失为 $A-B$,用总摩擦次数除以质量损

失作为试样的耐磨指数评价试样的耐磨性。

③外观变化法：试样经过一定的摩擦次数（协议摩擦次数）后，评定试样摩擦区域表面变化状况，如试样表面变色、起毛、起球以及磨损程度等外观变化作为耐磨性指标。

（2）曲磨

曲磨是依据标准裁剪一定尺寸的试样，将试样绕过一把作为磨料的刀片，然后两端分别被夹持在上下平板的夹头内，刀片借重锤给予一定的张力。随着下平板的往复运动，使试样受到反复磨损和弯曲作用。判定结果以试样破裂时的摩擦次数作为摩擦性能指标，也可以把试样在摩擦一定次数后的拉伸强度下降率作为摩擦性能指标。

（3）翻动磨

翻动磨是通过模拟实际洗衣时的摩擦状态来评价织物的耐磨性能，主要采用埃克西来测试仪模拟洗衣状态。试验时为防止织物试样边缘的纱线脱落先将织物试样四周用黏合剂黏合并称取试样质量，然后将试样投入埃克西来测试仪的试验筒内，试验筒内壁衬有不同的磨料并安装有叶片，根据需要选择不同的磨料（如塑料层、橡胶层或金刚砂层等）和叶片转速，试样在叶片的翻动下连续受到摩擦、撞击、拉伸、压缩与弯曲等作用。经过规定的翻动时间后，取出试样，再称其质量，计算其质量损失率，通过质量损失率来评定试样的耐磨性能。

（4）摆动磨

摆动磨是用标准摩擦介质作为磨料，将磨料装在仪器的半圆柱上，试样受到一定的张力和压力，与在做摆动运动的装在半圆柱上的磨料进行摩擦，用摩擦次数或摩擦前后拉伸强度保留率来评定试样的耐磨性能。摩擦次数记录从开始直到纱线断裂为止。强度保留率把试样摩擦一定次数后，在强力机上测试其拉伸强度得到拉伸强度保留率。

3. 测试标准

GB/T 21196.2—2007《纺织品　马丁代尔法织物耐磨性的测定　第 2 部分：试样破损的测定》；

GB/T 21196.3—2007《纺织品　马丁代尔法织物耐磨性的测定　第 3 部分　质量损失的测定》；

GB/T 21196.4—2007《纺织品　马丁代尔法织物耐磨性的测定　第 4 部分：外观变化的评定》；

ISO 12947-2:2016《纺织品　马丁代尔法织物耐磨性的测定　第 2 部分：试样破损的测定》；

ISO 12947-3:1998《纺织品　马丁代尔法织物耐磨性的测定　第 3 部分　质量损失的测定》；

ISO 12947-4:1998《纺织品　马丁代尔法织物耐磨性的测定　第 4 部分：外观变化的评定》；

ASTM D4966:1998《纺织品抗耐磨测试（马丁代尔法）》；

ASTM D3885-07a(2019)《纺织品耐磨性试验方法（曲磨法）》；

ASTM D3886-99(2015)《纺织物耐磨性的标准试验方法（膨胀膜法）》；

AATCC 93—2005《织物的耐磨性能：埃克西来测试仪法》；

ASTM D4157-13(2017)《纺织纤维耐磨性的标准试验方法（摆辊式耐磨试验法）》。

20.1.11　弹道冲击性能

芳纶织物、超高分子聚乙烯和 PBO 织物广泛应用于个体防护材料，如防弹服等。个体防护材料主要是通过材料的应变、断裂和应变的传递来吸收弹体的动能，起到对弹体的防护作用[7]。不同材料不同织造结构都会对防弹性能和抗冲击性能产生影响。对防弹材料防弹能力最直接的评价方式就是弹道实验。弹体穿透靶板过程类似于弹体侵彻多层叠合的纤维织物的过程，在对弹击侵彻机理和性能预测没有深刻认识之前，大部分研究工作是围绕着弹道实验进行的[8]。通过弹道冲击试验可以对不同材料、不同织造结构的织物进行抗冲击性能分析。

1. 测试方法

弹道冲击试验的评价分为穿透性试验和非穿透性试验两种形式。穿透性试验主要适用于单层或少量布层，通过弹丸的能量损失评价织物的防弹性能，测量弹丸的射入速度和射出速度来计算弹丸的动能损失，用动能损失表征能量损失。非穿透性试验适用于较多的织物铺层，子弹的动能不足以穿透织物铺层，防弹性能可通过被穿透试样的层数或者背部支撑材料中弹坑的深度进行表征。

方法要点：穿透性试验的要点在于弹丸射入速度和射出速度的测定，目前较成熟的方法是采用红外射线测速法。采用两组红外射线，弹丸穿过每组红外射线时，产生两次电压脉冲。两次电压脉冲的时间间隔就是穿过每组射线的时间，从而可获得弹丸的速度[8]。弹道冲击试验示意如图 20.9 所示。

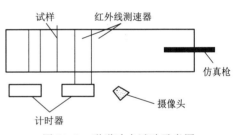

图 20.9　弹道冲击试验示意图

2. 测试步骤

（1）将所有射线测速仪等电子设备预热至稳定状态。

（2）试样按照不同要求条件进行预处理。

（3）裁剪合适尺寸的试样紧固于夹具上，固定位置留出射击区域。

（4）在试样上标注弹着点，调整各点的射击距离和入射角度。

（5）检查是否有效击中，如有穿透计算能量损失，若未穿透查看穿透层数或者测量凹陷深度。

3. 测试标准

NIJ 0101.06《防弹衣弹道防护标准》；

GA 141—2010《警用防弹衣》；

GJB 4300—2002《军用防弹衣安全技术性能要求》。

在实际的弹道贯穿试验中,目前只能监测子弹的入射速度和穿透织物后的剩余速度,在分析贯穿过程中的作用有限,远远不能满足研究需要。尽管目前人们已经采用高速摄影仪、红外测速仪、激光测速计或微速传感器等先进手段,但在捕捉贯穿过程中包括如弹体速度、弹体加速度变化历程和织物变形过程及织物破坏模式等的一些历史变化过程信息作用有限,而这些信息对于分析织物在贯穿侵彻过程中的变形以及贯穿破坏模式和弹道侵彻机理都是十分重要的信息,而且测定结果经过数学处理后往往误差较大[9]。芳纶、超高分子聚乙烯和 PBO 等织物的弹道冲击性能仍需继续深入研究。

20.2　三维织物性能测试

三维织物(又称为立体织物)是二组或多组高性能纤维按一定规律形成三维空间连续、多向、相互交织的单元结构。它在立体面上排列,并且三个方向纱线在空间上相互交织连接,从而形成一个稳定的三维整体结构[10]。三维织物与二维织物相比结构更加复杂,因此如何对三维织物的性能进行有效的评价成为技术难题。三维织物各项性能的评价还未制定相应的国家标准或行业标准,本节内容主要基于现有的检测评价技术能力,围绕典型的三维织物介绍相关性能的测试技术。

在三维织物所需要测试和评价的性能中,长度、宽度、经纬密度和拉伸性能的测试方法与二维织物的测试方法相同,此处不再重复介绍。

20.2.1　厚度

三维织物的厚度是指在规定压力下两参考板间的垂直距离。

1. 测试方法

将规定压力施加于织物规定面积上,经过规定时间后记录参考板间的垂直距离。三维织物中部分规则的平板类三维织物可利用二维织物厚度测定的测厚仪进行测量,其他三维织物有的是厚度较大,有的是复杂异形结构,因此一般无法用常规的测厚仪直接进行厚度测量,而是采用插针法或三坐标测量仪等方法进行测量。图 20.10 为插针法测量三维织物厚度示意图,以下重点介绍插针法厚

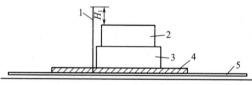

图 20.10　插针法测量示意图

1—针;2—砝码;3—压脚;
4—织物;5—参考板

度测定步骤。

2. 测试步骤

(1)将织物平放于参考板,压脚和砝码(根据试样种类选择)放置在织物上。

(2)测量针的长度 L,砝码的厚度 H_2,压脚的厚度 H_3。

(3)把针竖直插入织物中,测量针的上端到砝码上表面的垂直距离,记为 H_1,织物厚度 H 按式(20.9)计算。

$$H = L - H_1 - H_2 - H_3 \tag{20.9}$$

(4)重复上述步骤,进行多次测量,以多次测量的算术平均值作为织物厚度测量结果。

20.2.2　直径

三维织物的直径是指形状为圆柱形或者圆锥形的立体织物某一圆形横截面的直径。

1. 测试方法

三维织物的直径测试是选用合适的仪器测量出被测圆截面圆周上距离最长两点之间的距离。

2. 测试步骤

(1)将三维织物放置于水平操作平台面上。

(2)确定三维织物横截面位置。

(3)在确定的横截面位置测出三维织物在该截面位置圆周上距离最长两点之间的距离。

20.2.3　形面偏差

立体织物形面测定是利用三维激光扫描仪等仪器测得织物形面的相关数据,并通过专用软件进行三维重构,与设计形面进行比对,获得立体织物形面偏差。

1. 测试方法

三维激光扫描仪是利用激光测距的原理,通过记录被测物体表面大量密集点的三维坐标、反射率和纹理等信息,快速复建出被测织物型面的三维模型及线、面、体等各种数据模式[11]。三维扫描检测设备主要包含三维激光扫描仪和数据分析软件,图 20.11 为三维激光扫描仪跟踪器。

2. 测试步骤

(1)将三维扫描仪联机,等待扫描。

(2)对成型后的织物形面进行扫描,获取三维数字模型的点云图。

(3)利用数据分析软件对数据点云图进行处理。

(4)对模型进行降噪处理,使得数据模型表面更加光滑,更符合实际情况。

(5)通过软件对织物型面数据模型分析,评定织物形面的质量。

图 20.11　三维激光扫描仪
光学跟踪器

20.2.4　层密度

为了表征三维织物特别是正交三向和细编穿刺织物厚度方向上的密实程度,提出了层密度的概念。对于正交三向织物,层密度是指织物厚度方向单位长度内经、纬纱层数;对于细编穿刺织物,层密度则指单位长度内单元层的数量,单位为层/cm。

1. 测试方法

正交三向织物长、宽横截面内厚度方向上计数单位长度内经、纬纱层数。细编穿刺织物计数厚度方向(高度方向)单位长度单元层数量。

2. 测试步骤

(1)将织物置于水平台面上,织物应平整无褶皱,纱线无倾斜现象。

(2)将钢直尺(或其他合适量具)轻放在织物横截面上,计数一定长度内经、纬纱层数或单元层数量,多区域测量求取平均值。

20.2.5 z 向纱密度

z 向纱密度是指单位长度内 z 向纱线根数,它用于表征正交三向、细编穿刺类三维织物的细密化程度。有的也以 z 向纱束中心距来表征,z 向纱束中心距是指沿 z 向纱束与纱束之间的距离。

1. 测试方法

织物长、宽方向横截面分别计数单位长度内 z 向纱根数。

2. 测试步骤

(1)将织物置于水平台面上,织物应平整无褶皱,无明显纱线倾斜。

(2)将织物密度镜或钢直尺轻放在织物横截面上,计数一定长度内的 z 向纱线根数或一定根数纱线的长度,多区域测量求取平均值。

20.2.6 花节长度和编织角

花节长度指三维编织物表面沿织物长度方向(编织成型方向)上取向相同的相邻编织纱

图 20.12 三维编织物结构示意图

线间的间距,即一个编织机器循环所形成的织物长度。花节宽度指三维编织物表面沿宽度方向上取向相同的相邻编织纱间的间距。编织角指三维编织物表面相同取向的编织纱线形成的倾斜纹路线与编织长度方向的夹角,具体如图 20.12 所示。

1. 测试方法

在织物规定区域内长宽方向分别计数花节个数,换算至单位长度或 10 cm 长度内花节个数,或者采用长度/5 花节、长度/10 花节表示。

编织角利用量角器进行直接测量。

2. 测试步骤

(1)将织物置于水平台面上,织物应平整无褶皱。

(2)将钢直尺(或其他合适量具)轻放在织物表面,计数一定长度内的花节个数或一定花节数的长度,多区域测量求取平均值。

(3)用量角器测量织物表面相同取向的编织纱线形成的倾斜纹路线与编织长度方向的

夹角,直接读取编织角度,多区域测量取平均值。

(4)编织角也可通过式(20.10)进行计算得到。

$$\tan \alpha = \frac{w}{h} \tag{20.10}$$

式中 α——编织角,(°);

h——花节长度,mm;

w——花节宽度,mm。

20.2.7 体积密度

体积密度指单位体积内所包含的织物质量。

1.测试方法

织物在标准环境中调湿或烘干后,通过测定织物长度、宽度、厚度和质量,计算单位体积内质量。

2.测试步骤

(1)称取调湿或烘干后的织物质量。

(2)测量织物长度、宽度和厚度。

(3)按式(20.11)计算织物体积密度。

$$\rho = \frac{m}{l \times w \times h} \times 10^{-3} \tag{20.11}$$

式中 ρ——体积密度,g/cm³;

m——试样质量,g;

l——织物长度,mm;

w——织物宽度,mm;

h——织物厚度,mm。

(4)重复以上步骤,对多个试样进行测定直至测试完所有试样,求取平均值。

20.2.8 弯曲性能

弯曲性能评价主要适用于三维编织物。

1.测试方法

弯曲性能采用三点弯曲方法,无约束支撑,以恒定速度加载直至试样破坏或达到预定的挠度值。在整个过程中,连续记录施加在试样上的载荷和试样挠度[12]。试样沿织物经、纬向裁剪(图20.13),尺寸参见表20.1。

图 20.13 弯曲试样示意图

表 20.1 弯曲性能测定试样尺寸

厚度 h/mm	宽度 b/mm	最小长度 L/mm
$1 \leqslant h \leqslant 3$	15 ± 0.5	
$3 \leqslant h \leqslant 5$	15 ± 0.5	
$5 \leqslant h \leqslant 10$	15 ± 0.5	
$10 \leqslant h \leqslant 20$	30 ± 0.5	$20h$
$20 \leqslant h \leqslant 35$	50 ± 0.5	
$35 \leqslant h \leqslant 50$	80 ± 0.5	

2. 测试步骤

(1) 调节跨距及上压头位置，将试样对称地放在两支座上，如图 20.14 所示。

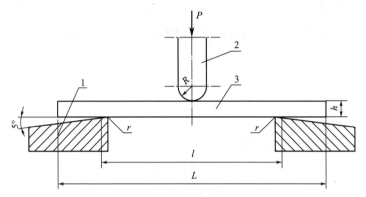

图 20.14 弯曲性能试验示意图

1—试样支座；2—加载上压头；3—试样；l—跨距；P—载荷；L—试样长度；

h—试样厚度；R—加载上压头圆角半径；r—支座圆角半径

(2) 设置试验速度为 2 mm/min，持续加载至试样破坏或达到预定的挠度值。

(3) 按照记录的试验曲线计算弯曲应力和弯曲弹性模量。

挠度为 1.5 倍试样厚度时的弯曲应力按式（20.12）进行计算。

$$\sigma_{\mathrm{f}} = \frac{3P \times L}{2b \times h^2} \times \left[1 + 4 \times \left(\frac{S}{L}\right)^2\right] \tag{20.12}$$

式中 σ_{f}——挠度为 1.5 倍试样厚度时的弯曲应力，MPa；

P——挠度为 1.5 倍试样厚度时的载荷，N；

L——跨距，mm；

h——试样厚度，mm；

b——试样宽度，mm；

S——试样跨距中点处的挠度，mm。

弯曲弹性模量按式（20.13）进行计算。

$$E_{\mathrm{f}} = \frac{L^3 \times \Delta P}{4b \times h^3 \times \Delta S} \tag{20.13}$$

式中 E_{f}——弯曲弹性模量，MPa；

ΔP——载荷—挠度曲线上初始直线段的载荷增量，N；

ΔS——与载荷增量 ΔP 对应的跨距中点处的挠度增量，mm。

(4)按上述步骤对多个试样进行测定，以多个试样测量值的平均值作为测定结果。

20.2.9　面内剪切性能

相框剪切试验是研究织物面内剪切性能的一种有效的试验方法。

1. 测试方法

采用四边约束，以恒定的加载速度直至达到预定的位移值。

2. 测试步骤

(1)裁取试样，将织物的四角去掉，保证相框臂绕铰链接处自由转动，同时避免铰链处对织物过早的挤压，引起织物局部过早的产生折皱。

(2)去掉部分边界纱线，防止在边框附近由于挤压，过早地产生局部折皱。为避免金属框上螺丝对织物造成破坏，将织物四边取到 110 mm×110 mm，即实际发生纯剪切变形的区域为 110 mm×110 mm。如图 20.15 所示，在夹持部位贴上加强片(涂覆环氧树脂或粘贴铝片)，防止织物在夹持过程中发生脱落或滑移现象[13]。

(3)将试样平整地夹至相框夹具中，如图 20.16 所示，经纬向纱线平行于相框臂，织物要保持平整，施加大小为 0.01 N/cm 预张力。

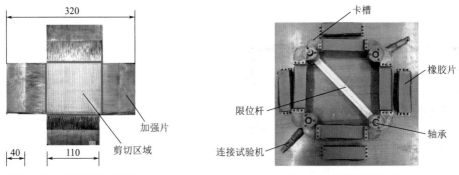

图 20.15　剪切试样(单位:mm)　　　　　图 20.16　相框剪切夹具

(4)在相框两个相邻臂上增加定位条，保证相邻臂垂直。

(5)将已夹好试样的相框夹具安装到拉伸试验机上，采用对角拉伸的方法，一端固定，另一端以 50～200 mm/min 速度匀速移动进行试验[13]。

(6)按上述步骤对多个试样进行测定，按式(20.14)、式(20.15)计算织物剪切角和相框夹角，以多个试样测量值的平均值作为测定结果。

基于相框变形的几何关系(图 20.17)，剪切角以及相框夹角可以分别表示为

$$\gamma = \frac{\pi}{2} - \theta \qquad (20.14)$$

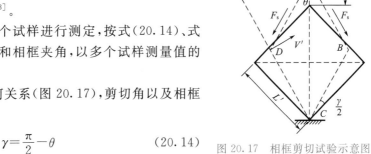

图 20.17　相框剪切试验示意图

$$\cos\frac{\theta}{2}=\frac{\sqrt{2}L+\delta}{2L} \tag{20.15}$$

式中　L——相框臂边长，mm；

　　　δ——相框沿对角线位移，mm；

　　　θ——相框夹角，(°)；

　　　γ——剪切角，(°)。

20.2.10　面外压缩性能

面外压缩性能测试有两种方法，分别为等速法和恒定法。试样裁剪成方形或圆形，试样面积不小于压脚尺寸且压脚应完全压在试样上，推荐压脚尺寸 100 cm²、50 cm²、20 cm²，压脚尺寸不小于织物一个完整组织。

1. 等速法

(1) 测试方法

压脚以一定速度连续对参考板上的试样进行压缩，当压力从零增加至最大压力（或设定值）时，压脚以相同速度返回。记录以上过程中定压厚度、压缩功及回复功。压缩功指压力从零增加到最大值（或设定值）的连续压缩过程中所做的功。回复功指压力从最大值（或设定值）减至零的连续回复过程中所做的功。

(2) 测试步骤

图 20.18　面外压缩试验图

①将试样平整无张力地置于参考板上，如图 20.18 所示。

②启动仪器，设定最大压力，压脚以 1～5 mm/min 的速度匀速连续对试样加压，压力达到设定最大压力时压脚立即同速返回。

③重复上述步骤，对多个试样进行测定直至测完所有试样，计算多个试样的平均值，以平均值作为测定结果。

压缩率、压缩弹性率、压缩功和回复功分别按式(20.16)、式(20.17)、式(20.18)和式(20.19)进行计算。

$$C=\frac{T_0-T_{\min}}{T_0}\times100\% \tag{20.16}$$

式中　C——压缩率，%；

　　　T_0——初始厚度，mm；

　　　$T_{\min}$——最小厚度，mm。

$$R=\frac{W_r}{W}\times100\% \tag{20.17}$$

式中　R——压缩弹性率，%；

　　　W_r——回复功，cN·cm/cm²；

W——压缩功,cN·cm/cm^2。

$$W = \int_0^{h_m} P_1 \mathrm{d}x \tag{20.18}$$

$$W_r = \int_{h_m}^0 P_2 \mathrm{d}x \tag{20.19}$$

式中　P_1,P_2——压缩、回复过程中压力,kPa。

2. 恒定法

(1)测试方法

恒定压缩试验是指试样保持恒定压力或恒定变形一定时间后,记录其厚度或压力变化。恒定法又分为恒定压力法和恒定变形法。

(2)恒定压力法测试步骤

①将试样平整无张力地置于参考板上。

②启动仪器,压脚以 1~5 mm/min 的速度匀速连续对试样加压,压力达到设定压力时保持压力不变,保持规定时间后提升压脚卸除压力[14]。

③重复上述操作,对多个试样进行测定直至测完所有试样。

按式(20.20)、式(20.21)计算压缩率、压缩弹性率。

$$C = \frac{T_0 - T_m}{T_0} \times 100\% \tag{20.20}$$

式中　T_m——达到规定压力时厚度,mm。

$$R = \frac{T_r - T_m}{T_0 - T_m} \times 100\% \tag{20.21}$$

式中　R——压缩弹性率,%;

　　T_r——回复厚度,mm;

(3)恒定变形法测试步骤

①将试样平整无张力地置于参考板上。

②启动仪器,压脚以 1~5 mm/min 的速度匀速对试样加压,当达到设定压缩率时停止压缩并记录此时刻压力,保持压脚位置不变,规定松弛时间后记录松弛压力[14]。

③重复上述操作,对多个试样进行测定直至测完所有试样。

按式(20.22)、式(20.23)计算应力松弛率、厚度变化率。

$$R_P = \frac{P_i - P_s}{P_i} \times 100\% \tag{20.22}$$

式中　R_P——应力松弛率,%;

　　P_i——初始压力,kPa;

　　P_s——松弛压力,kPa。

$$R_T = \frac{T_0 - T_s}{T_0} \times 100\% \tag{20.23}$$

式中　R_T——厚度变化率,%;

　　T_s——松弛厚度,mm。

20.2.11　密度均匀性

三维织物密度均匀性用于表征立体织物编织纱线在其内部的分布情况。其测定原理是：利用X射线的穿透性，在穿过物质时能量会产生衰减，射线的衰减程度不仅与射线源的

图20.19　CT扫描系统

本身能量有关，还取决于被测物质的材料、密度、厚度[15]。通过观测各部位的断面或立体图像，进行内部结构差异分析。

将三维织物水平放置于CT扫描系统试样平台上，如图20.19所示，调整左右方位使扫描中心线对准立体织物的中心线，以确保扫描的每张照片垂直于立体织物的中轴线。采用专业软件逐一对不同位置的截面图进行分析，对测量点的数据进行整理分析，从而判断立体织物内部均匀性的情况。

20.2.12　三维织物结构

三维织物结构是指纱线在织物中交织相互之间的空间关系。三维织物的结构决定了织物的机械物理性能，同时也决定了立体织物的外观。其检测原理是：利用CT扫描系统对三维织物在多个角度分别进行二维X射线扫描，然后对所有二维检测数据进行三维重建，从而得到被检测样件内部的三维信息[15]。

将立体织物水平放置于CT扫描系统操作平台上，调整左右方位使扫描中心线对准立体织物的中心线，以确保扫描的每张照片垂直于立体织物的中轴线。调整射线源距探测器的距离以及射线源至样品距离，根据需要确定扫描每一帧的间隔距离，对立体织物进行三维扫描，得到原始二维图集，运用代数迭代方法进行立体织物内部三维图像的重建，重建出来的立体织物的三维模型可以清晰地观测出立体织物内部纱线交织规律等信息。

20.2.13　三维织物褶皱缺陷

织物的内部褶皱是指样品内部单胞表面的一种扁形突起，是纤维连续弯曲构造的形式。褶皱检测是评定织物内部均匀性的一项重要指标，可采用CT扫描系统进行检测。

通过CT扫描系统或X射线仪扫描获取的图像，利用分析软件得到织物内部密度分布情况，分析可能存在的褶皱缺陷，判断织物内部质量。

20.2.14　三维织物中的异物检测

异物是指在制造过程中意外混入三维织物内部的不属于编织材料的其他物质。其检测原理是：利用射线扫描出立体织物的内部情况，从而确定异物位置和形态。

将立体织物水平放置于CT扫描系统平台上，调整左右方位使扫描中心线对准立体织

物的中心线,以确保扫描的图像垂直于立体织物的中轴线。用专用读图软件中逐一对不同位置的截面图进行分析,有异物夹杂的位置图片会显示出异常。通过检测可以确定异物的位置、大小及形状。

参考文献

[1] 胡艳.机织物图像自动纠偏及组织分析的研究[D].杭州:浙江理工大学,2010.

[2] 朱美男.织物绝对厚度的测算方法[J].国外丝绸,2004(5):14-16.

[3] 汪黎明,李立.平纹织物拉伸断裂强力的理论分析[J].青岛大学学报(工程技术版),1999(2):44-47.

[4] 刘勤,谢光银,熊艳丽.不同结构相涤纶平纹织物的拉伸与撕裂性能分析[J].纺织科技进展,2009(1):70-71.

[5] 祖群,赵谦.高性能玻璃纤维[M].北京:国防工业出版社,2017.

[6] 李金秀.织物耐磨性的测试方法及影响因素[J].今日科苑,2009,22:30-31.

[7] 周杰才,吴登鹏,殷祥芝,等.防弹防刺服的现状及发展趋势探讨[J].江苏纺织,2011(12):40-43.

[8] 周熠,陈晓钢,张尚勇,等.超高分子质量聚乙烯平纹织物在柔性防弹服中的应用[J].纺织学报,2016,37(4):60-64.

[9] 刘元坤,常浩,汤伟,等.织物及其复合材料的弹道冲击性能研究进展[J].纤维复合材料,2009(4):47-52.

[10] 叶冬茂.三维织物复合材料在运动护具上的应用前景[J].产业用纺织品,2012(2):4-7.

[11] 王光亚,徐明轩,龚绪龙.苏锡常地区地裂缝成因及预警[J].江苏科技信息,2019,36(6):79-82.

[12] 中国建筑材料工业协会.纤维增强塑料弯曲性能试验方法:GB/T 1449—2005[S].北京:中国标准出版社,2005.

[13] 李姗姗,陈利,焦亚男.2.5维机织物剪切性能实验研究[J].材料工程,2009(S2):56-59.

[14] 谢永丰,李姗姗,陈利.2.5维机织物压缩性能实验研究[J].天津工业大学学报,2010(3):21-25.

[15] 汤丹芬,乔志炜,房坤鹏,等.基于工业CT扫描的编织预制体内部质量检测应用技术研究[J].玻璃纤维,2017(3):36-39.